Vocabulaire du génie enzymatique

Vocabulary of Enzyme Engineering

AF810892

Sous la direction du
**Dr Edgard Delvin et de
Gisèle Pham**

Under the Direction of
**Dr. Edgard Delvin and
Gisèle Pham**

WITHDRAWN
FROM COLLECTION
VPL

Bulletin de terminologie 217

Terminology Bulletin 217

VANCOUVER
PUBLIC LIBRARY
APR 28 1994
GOVT. DOCS

Projet conjoint du
CONSEIL DE RECHERCHES
MÉDICALES DU CANADA
et de
SERVICES GOUVERNEMENTAUX
CANADA

Joint Project of the
MEDICAL RESEARCH
COUNCIL OF CANADA
and
GOVERNMENT SERVICES
CANADA

Illustration

Conception : Mark Lepik
Hôpital Shriners
Université McGill
Montréal (Québec)

Design: Mark Lepik
Shriners Hospital
McGill University
Montréal, Quebec

© Ministre des Approvisionnements et Services Canada 1993

En vente au Canada chez

votre libraire local

ou par la poste auprès du

Groupe Communication Canada - Édition
Ottawa (Canada) K1A 0S9

N° de catalogue S52-2/217-1993
ISBN 0-660-58874-9

© Minister of Supply and Services Canada 1993

Available in Canada through

your local bookseller

or by mail from

Canada Communication Group - Publishing
Ottawa, Canada K1A 0S9

Catalogue No. S52-2/217-1993
ISBN 0-660-58874-9

Données de catalogage avant publication (Canada)

Delvin, Edgard

Vocabulaire du génie enzymatique = Vocabulary of enzyme engineering

(Bulletin de terminologie = Terminology Bulletin ; 217)
Texte en français et en anglais.
Publ. par les Services de traduction, Direction de la terminologie et des services linguistiques. Projet conjoint du Conseil de recherches médicales du Canada.
Comprend des références bibliographiques.
ISBN 0-660-58874-9
N° de cat. MAS S52-2/217-1993

1. Enzymes — Applications industrielles — Dictionnaires. 2. Génie biochimique — Dictionnaires. 3. Anglais (Langue) — Dictionnaires français. 4. Enzymes — Applications industrielles — Dictionnaires anglais. 5. Génie biochimique — Dictionnaires anglais. 6. Français (Langue) — Dictionnaires anglais. I. Pham, Gisèle. II. Canada. Services gouvernementaux Canada. III. Canada. Services gouvernementaux Canada. Services de traduction. Direction de la terminologie et des services linguistiques. IV. Conseil de recherches médicales (Canada). V. Titre : Vocabulary of enzyme engineering. VI. Coll. : Bulletin

Canadian Cataloguing in Publication Data

Delvin, Edgard

Vocabulaire du génie enzymatique = Vocabulary of enzyme engineering

(Bulletin de terminologie = Terminology Bulletin ; 217)
Text in English and French.
Issued by Translation Services, Terminology and Linguistic Services Directorate. Joint project of the Medical Research Council of Canada.
Includes bibliographical references.
ISBN 0-660-58874-9
DSS cat. no. S52-2/217-1993

1. Enzymes — Industrial applications — Dictionaries. 2. Biochemical engineering — Dictionaries. 3. English language — Dictionaries — French. 4. Enzymes — Industrial applications — Dictionaries — French. 5. Biochemical engineering — Dictionaries — French. 6. French language — Dictionaries — English. I. Pham, Gisèle. II. Canada. Government Services Canada. III. Canada. Government Services Canada. Translation Services. Terminology and Linguistic Services Directorate. IV. Medical Research Council (Canada). V. Title: Vocabulary of enzyme engineering. VI. Series: Bulletin

de terminologie (Canada. Services gouvernementaux Canada. Services de traduction. Direction de la terminologie et des services linguistiques) ; 217.

QP601.D44 1993 574.192’5’03
C93-099616-XF

de terminologie (Canada. Government Services Canada. Translation Services. Terminology and Linguistic Services Directorate) ; 217.

QP601.D44 1993 574.192’5’03
C93-099616-XE

Table des matières

Table of Contents

Avant-propos

Le Conseil de recherches médicales du Canada (CRM) est un organisme fédéral chargé de promouvoir la recherche dans le domaine des sciences de la santé au Canada. Il assure son appui aux chercheurs des universités et des autres établissements qui s'intéressent à la recherche médicale, et il concourt à leur formation. La formation des professionnels de la santé et l'utilisation des connaissances récentes en milieu clinique sont également au nombre de ses préoccupations constantes.

Il était évident, depuis quelques années, que le manque d'uniformisation de la terminologie des sciences de la santé avait des répercussions sur la recherche, l'enseignement et les soins de la santé.

Pour remédier à la situation, le Conseil de recherches médicales, de concert avec la Direction de la terminologie et des services linguistiques des Services de traduction du gouvernement canadien, a décidé, en 1984, de lancer une série de projets de terminologie dans ce domaine. L'initiative visait, notamment, à promouvoir l'usage d'une terminologie de qualité, dans les deux langues officielles, chez les universitaires, les chercheurs, les praticiens et autres.

Foreword

The Medical Research Council of Canada (MRC) is a federal agency established to promote research in the health sciences field. It is responsible for providing support and assistance for research conducted in Canadian universities and other medical research institutions as well as for the training of the researchers involved. The training of health professionals and the use of new information in the clinical field are the main concerns of the Council.

For some years now, research, teaching and health care have been affected by the lack of official terminology in the health sciences field.

A series of terminology projects was initiated in 1984 by the Medical Research Council, in co-operation with the Terminology and Linguistic Services Directorate of the Canadian government's Translation Services. These projects were undertaken with a view to promoting correct terminological usage in both official languages among university staff, students, researchers, practitioners and all those who use health sciences terminology.

Un comité de direction formé de représentants de cinq universités canadiennes (Laval, McGill, Montréal, Ottawa et Sherbrooke), des Services de traduction et du CRM a été mis sur pied. Son rôle consistait à définir les grandes orientations des projets, à planifier les modalités d'exécution et de diffusion des travaux, et à faciliter l'acceptation de leurs résultats par le milieu concerné.

Deux équipes composées de terminologues et de spécialistes ont aussi été constituées; l'une travaille en sémiologie, sous la direction du docteur André Lussier de l'Université de Sherbrooke, l'autre, en biotechnologie, sous la direction du docteur Edgard Delvin de l'Université McGill.

Ces équipes ont déjà à leur crédit plusieurs publications dans la série des Cahiers de terminologie et dans celle des Bulletins de terminologie des Services de traduction.

Pour que l'effort de normalisation déployé par les deux équipes de chercheurs donne bien les résultats escomptés, nous avons versé le contenu de ces publications dans TERMIUM, la banque de données linguistiques du gouvernement du Canada. Comme une vaste clientèle de la fonction publique fédérale et de l'extérieur a accès à celle-ci, il va sans dire que la terminologie du domaine des sciences de la santé connaîtra une très large diffusion.

A steering committee was formed, the members of which were representatives of five Canadian universities (Laval, McGill, Montréal, Ottawa and Sherbrooke) as well as employees from Translation Services and the MRC. The committee was responsible for setting the guidelines pertaining to the planning, preparation and promotion of the projects in the scientific community.

The projects were assigned to two teams of terminologists and specialists. One team is presently conducting research on signs and symptoms terminology under the direction of Dr. André Lussier of the Université de Sherbrooke, and the other is working on biotechnology research, under Dr. Edgard Delvin of McGill University.

The teams have already completed a number of publications in the Terminology Series and the Terminology Bulletin Series of Translation Services.

In order to ensure that the standardization work completed by two research teams produces the results expected, the contents of these publications have been loaded into TERMIUM, the Government of Canada Linguistic Data Bank. Since TERMIUM is now available to a large number of federal departments and outside organizations, it should prove to be an effective medium for communicating terminology to a very broad range of users in the health sciences field.

Au nom du Conseil de recherches médicales et de Services gouvernementaux Canada, nous aimerions remercier tous ceux et celles qui ont participé à cet important travail qu'a constitué la préparation des vocabulaires de sémiologie et de biotechnologie. Sans leur précieuse collaboration, le Conseil et la Direction de la terminologie et des services linguistiques n'auraient pu présenter cette série.

On behalf of the Medical Research Council and Government Services Canada, we would like to thank all those who participated in this important undertaking. Without their help, the Council and the Terminology and Linguistic Services Directorate could not have completed the semiology or the biotechnology vocabularies.

Le président
(Conseil de recherches médicales du Canada),

Henry G. Friesen, OC, MD, FRCPC, FRSC
President
(Medical Research Council of Canada)

Le sous-ministre adjoint
(Services de traduction),

Roger Gagnon

Assistant Deputy Minister
(Translation Services)

Introduction

La biotechnologie est un secteur d'activité qui connaît une expansion rapide dans les pays industrialisés. Or, dans ce domaine scientifique comme dans d'autres, la langue véhiculaire prédominante est actuellement l'anglais. Le Conseil de recherches médicales du Canada a donc jugé nécessaire de favoriser l'uniformisation de la terminologie française pertinente et de promouvoir l'usage de celle-ci, tant chez les spécialistes de la médecine que chez les traducteurs et les rédacteurs scientifiques.

La biotechnologie regroupe l'ensemble des méthodes et des techniques qui, appliquées à des microorganismes, à des cellules ou à des parties de celles-ci, produisent des cellules modifiées, des organismes nouveaux ou des substances connues et ce, à l'aide de procédés biologiques nouveaux. Pour les besoins de notre projet, nous avons divisé ce vaste domaine en trois volets : le génie génétique, le génie cellulaire et le génie enzymatique, objet de la présente publication.

Le génie enzymatique a été défini comme une technique par laquelle un enzyme ou un groupe d'enzymes, isolés ou fixés, sont « harnachés » pour catalyser des réactions chimiques. Une mise en

Introduction

In most industrialized countries, biotechnology has become one of the fastest growing sectors. In this scientific field and others, English is currently the dominant language. For these reasons, the Medical Research Council of Canada has deemed it necessary to promote the standardization of relevant French-language terminology and encourage its use among medical specialists as well as translators and scientific writers.

Biotechnology can be defined as the methods and techniques which, when applied to micro-organisms, cells or parts of cells, produce modified cells, new organisms or already known substances through new biological processes. Our terminology research project divides this vast field into three areas: genetic engineering, cell engineering and enzyme engineering, the subject of the present publication.

Enzyme engineering provides the techniques by which an enzyme or group of enzymes, isolated or immobilized, are harnessed to catalyze chemical reactions. By applying knowledge and

oeuvre de connaissances et de techniques permet de mettre les enzymes au travail dans le but de produire des substances utiles ou de les faire servir à d'autres fins.

techniques, enzymes can be put to work to produce useful substances or to serve other ends.

Technologie nouvelle, le génie enzymatique regroupe plusieurs disciplines connexes dont la biologie cellulaire, la biochimie, la biophysique et l'enzymologie.

The development of enzyme engineering technology is a new scientific area combining several related disciplines such as cell biology, biochemistry, biophysics and enzymology.

Conçu dans le but de mettre une terminologie de pointe à la disposition d'un public spécialisé, le présent document comprend un noyau de termes utilisés dans les techniques de production industrielle d'enzymes, noyau sur lequel viennent se greffer des termes relevant des domaines d'application ou des domaines connexes. Nous nous sommes fixés comme objectif de répertorier, d'abord, tous les termes jugés nécessaires à la compréhension du génie enzymatique, qu'il s'agisse des termes spécifiques à ce domaine ou des termes fondamentaux des principales techniques qui s'y rattachent; ces termes sont expliqués par des contextes et parfois par des définitions. Nous avons ajouté ensuite quelques termes qui n'exigent aucune autre forme d'explication et qui sont conséquemment présentés en simple équivalence.

Designed to provide a specialized public with up-to-date terminology, this vocabulary builds on a nucleus of basic terms used in industrial enzyme production, to which have been added terms concerned with recent applications and related subjects. Our objective was to list all terms required to understand enzyme engineering and to explain their meaning by means of contexts and definitions. We also have added some self-explanatory terms which are simply listed with their equivalents.

Le *Vocabulaire du génie enzymatique* aborde trois thèmes:

The *Vocabulary of Enzyme Engineering* covers three themes:

1. Les enzymes et leurs différents types d'applications

1. Enzymes and their applications

Des 2 000 enzymes répertoriés, nous en avons retenus une vingtaine des plus importants

Of 2,000 known enzymes, we have retained approximately 20 believed to be most relevant in the

employés à grande échelle à titre d'exemple dans la production de glucose et de ses dérivés, d'antibiotiques, d'hormones, de protéines, et de vitamines.

large-scale production of glucose and its derivatives, of antibiotics and hormones, of proteins and vitamins.

2. Les phénomènes biologiques

Nous avons défini les phénomènes qui permettent d'accroître l'efficacité de certaines réactions biologiques dans les domaines pharmaceutique, et agro-alimentaire.

2. Biological phenomena

We have defined the phenomena which improve the effectiveness of certain biological reactions in the production of pharmaceuticals and agri-food.

3. Le développement de techniques faisant appel à des outils biologiques

Les méthodes utilisées pour obtenir ou transformer les matières ou sous-produits que nous avons répertoriés sont :

- la fermentation et les fermenteurs;
- l'optimisation des rendements par différents types de bioréacteurs;
- le comportement des cellules en réacteurs;
- la détection et le marquage, réalisés par des isotopes, ou des enzymes fixés;
- la mesure et le dosage, par des techniques de radio-immunologie, d'immuno-enzymologie, ou de micro-méthodes analytiques;
- la séparation, par des techniques d'ultracentrifugation, d'électrophorèse, de chromatographie d'affinité;
- la purification, par des techniques d'ultracentrifugation et de chromatographie, etc.;
- l'extraction.

3. The development of different techniques requiring biological tools

We described the main methods used to obtain or transform raw materials or by-products, such as:

- fermentation and fermenters;
- optimization of yields by different kinds of bioreactors;
- the behaviour of cells in reactors;
- detection and labelling, achieved through isotopes or immobilized enzymes;
- measurement and dosage, either by radioimmunology and immunoenzymology techniques, or by analytical micromethods;
- separation by ultracentrifuge, electrophoresis and affinity chromatography;
- purification by ultracentrifuge and chromatography, etc.;
- extraction.

La recherche documentaire, effectuée par une équipe composée de terminologues et de scientifiques, s'appuyait sur l'interrogation des banques bibliographiques comme Medline et Excerpta Medica pour l'anglais, Pascal pour le français.

The documentation search, conducted by a team of terminologists and scientists, involved querying bibliographic data banks such as Medline and Excerpta Medica in English and Pascal in French.

Le choix final des documents ainsi relevés a été fait par le comité constitué d'experts du domaine étudié, comité qui s'est efforcé de maintenir un juste équilibre entre les ouvrages de langue anglaise et ceux de langue française. Comme la biotechnologie est un domaine récent, les ouvrages disponibles étaient surtout unilingues anglais, ce qui explique que le corpus documentaire ait consisté davantage en revues scientifiques qu'en monographies. Le grand nombre des textes répertoriés s'explique par ailleurs par le fait que le domaine étudié chevauche plusieurs champs d'activité.

The final selection of documents found in the bibliographic data banks was made by a committee of experts. The committee made every effort to strike a balance between English- and French-language publications. Because biotechnology is a new field, the available books were mostly unilingual English, which explains why the documentation consisted more of scientific journals than of monographs. The large number of documents identified can be attributed to the fact that the field in question overlaps several areas of activity.

Le dépouillement dans les deux langues s'est fait avant tout à partir de documents originaux, c'est-à-dire non traduits. Cependant, pour la rédaction des fiches, certains ouvrages traduits ont servi de référence; dans ce cas-là nous avons tenu compte des connaissances de l'auteur et du traducteur.

In almost all cases, original untranslated documents were scanned in both languages. However, for preparing records, certain translated documents were used as a reference; in such cases, both the author's and the translator's knowledge were taken into consideration.

Le *Vocabulaire du génie enzymatique* est le fruit du dépouillement systématique de la documentation scientifique, de la compilation et de l'étude approfondie des données recueillies. Ouvrages scientifiques, revues spécialisées, articles d'encyclopédies, dictionnaires scientifiques,

The *Vocabulary of Enzyme Engineering* was put together by systematically scanning scientific documentation, then compiling and studying the information in depth. Scientific papers, specialized journals, encyclopedia entries and scientific, technical and general dictionaries were used to validate this information.

techniques et généraux ont servi d'instruments pour valider ces données.

Sauf de rares exceptions, les termes en entrée principale sont accompagnés, soit d'une définition, soit d'un contexte, soit des deux. De façon générale, nous avons utilisé trois types de définitions : la définition textuelle, reproduction exacte de la source consultée; la définition rédigée, inspirée de données tirées de sources spécialisées et reformulées en une synthèse critique de fragments de définitions existantes; la définition créée après consultation des spécialistes ou proposée par ces derniers.

With very few exceptions, main entry terms are accompanied by a definition or context, or both. In general, three types of definitions are used: definitions reproduced exactly from the sources consulted; definitions written by combining elements of existing definitions in the light of information drawn from specialized sources; and definitions formulated following consultations with specialists or suggested by them.

Le contexte, pour sa part, est le plus souvent définitoire ou comporte au moins un trait sémantique permettant d'établir le crochet terminologique nécessaire ou de préciser la notion.

Contexts are for the most part explanatory or emphasize at least one semantic feature making it possible for the reader to establish the necessary textual correspondence and to understand the concept.

Les entrées reflètent deux types de dossiers terminologiques : le dossier complet, pour lequel la recherche a été effectuée et consignée en anglais et en français, et le dossier partiel pour lequel, malgré une recherche approfondie, aucun équivalent n'a été attesté dans l'autre langue. Ceci est dû soit à l'inaccessibilité de certains documents, soit à la nouveauté des concepts véhiculés dans la langue de départ mais absents des textes dépouillés en langue cible. L'utilité des entrées provenant de tels dossiers réside néanmoins en ceci, qu'elles familiarisent le lecteur avec des concepts nouveaux, et contiennent, dans la plupart des cas, des néologismes proposés par nos

The document comprises two types of terminological entries: complete entries, for which the research has been carried out and its results recorded in English and French, and open-ended ones for which, in spite of in-depth research, no equivalent was found. This usually happens either because all documentary resources are not equally accessible or because some new concepts named in the source language have not yet been dealt with in the written texts of the target language. Such entries are nevertheless useful because they may at least inform the reader about the semantic characteristics of new or little known concepts. For most open-ended entries, our specialists suggested the adoption

spécialistes. En l'absence de telles suggestions, certaines entrées sont restées unilingues.

La multitude d'applications que connaît le génie enzymatique témoigne de son évolution constante. Nous nous sommes donc bien gardés de limiter la portée du document par des définitions trop restrictives qui ne pourraient refléter à leur juste valeur les développements scientifiques futurs.

À première vue, on pourrait penser que les vocabulaires bilingues s'adressent aux traducteurs seulement. Tel n'est pas le cas ici car, au sein de la communauté biomédicale, il existe un besoin impérieux d'homogénéiser les terminologies et de les gérer rigoureusement. Nous avons conçu le présent vocabulaire, tout comme les autres ouvrages de cette collection, en vue d'uniformiser la terminologie et de faciliter l'enseignement et la recherche biomédicale.

Tous commentaires, observations et suggestions des lecteurs seront reçus avec plaisir. Prière de les faire parvenir au docteur Edgard E. Delvin, à l'adresse suivante :

Directeur
Département de biochimie
Hôpital Ste-Justine
3175, Chemin de la Côte
Ste-Catherine
2e étage
Montréal (Québec)
H3T 1C5

of neologisms that were marked accordingly. In some instances however, they felt that such suggestions would be unwarranted, and kept the entry unilingual.

The many applications of enzyme engineering bear witness to its constant evolution. We have therefore been careful not to limit the scope of the document by over-restrictive definitions which may not do justice to future scientific developments.

At first glance, bilingual vocabularies might seem to be merely translation tools. Such is not the case here. This vocabulary, like the others in the series, answers pressing needs in the biomedical community to standardize the terminology and to facilitate teaching and biomedical research.

Readers' observations, comments and suggestions are welcome. We would ask that they be forwarded to Dr. Edgard E. Delvin at the following address:

Director
Department of Biochemistry
St. Justine Hospital
3175 Côte Ste-Catherine Road
2nd floor
Montréal, Quebec
H3T 1C5

Nous remercions sincèrement Donna Ann Cero et Marie-Louis d'Auteuil pour leur inestimable contribution.

We would like to express our sincere appreciation to Donna Ann Cero and Marie-Louis d'Auteuil for their invaluable contribution.

Edgard E. Delvin, Ph.D.
Directeur de projet

Gisèle Pham, M.A.
Coordonnatrice du projet

Projet de terminologie du Conseil de recherches médicales du Canada en biotechnologie

Edgard E. Delvin, PhD
Director

Gisèle Pham, MA
Coordinator

Terminology Project of the Medical Research Council of Canada in Biotechnology

Remerciements

Nous tenons à remercier François Goulet et Chantal Robinson de l'Office de la langue française pour leur précieuse collaboration à la réalisation de ce projet.

Dr Edgard Delvin
Gisèle Pham

Acknowledgments

We would like to thank François Goulet and Chantal Robinson of the Office de la langue française for their invaluable contribution to this project.

Dr. Edgard Delvin
Gisèle Pham

Comité de direction

Le comité de direction est composé de représentants d'universités, de Services gouvernementaux Canada, du Conseil de recherches médicales du Canada, de l'Association des facultés de médecine ainsi que des coordonnatrices des projets de terminologie.

Universités

André Lussier
MD Montréal, FRCPC
Professeur titulaire
Unité des maladies rhumatismales
Département de médecine
Université de Sherbrooke et
Centre hospitalier universitaire de Sherbrooke

Maurice Beaulieu
BSc Montréal, MSc PhD McGill
Professeur et Doyen adjoint
Études prédoctorales
Faculté des sciences de la santé
Université d'Ottawa

Edgard Delvin
PhD Montréal
Directeur du département de biochimie
Hôpital Ste-Justine
Professeur titulaire
Département de biochimie
Faculté de médecine
Université de Montréal

Steering Committee

The Steering Committee includes representatives of the Universities, Government Services Canada, the Medical Research Council of Canada, and the Association of Canadian Medical Colleges, as well as the coordinators of the terminology projects.

Universities

André Lussier
MD Montréal, FRCPC
Full Professor
Rheumatic Diseases Unit
Department of Medicine
Université de Sherbrooke and
Centre hospitalier universitaire de Sherbrooke

Maurice Beaulieu
BSc Montréal, MSc PhD McGill
Professor and Assistant Dean
Undergraduate Studies
Faculty of Health Sciences
University of Ottawa

Edgard Delvin
PhD Montréal
Head, Department of Biochemistry
St. Justine Hospital
Full Professor
Department of Biochemistry
Faculty of Medecine
Université de Montréal

Services gouvernementaux Canada

Silvia Pavel
BA, MA Bucarest
MA Ottawa
Direction de la terminologie et des services linguistiques

Malcolm Williams
BA Leicester, MA McMaster
Directeur
Direction de la terminologie et des services linguistiques

Conseil de recherches médicales du Canada

Al Belliveau
BA, M Comm, CGA
Directeur
Gestion intégrée

Andrew Sherrington (secrétaire)
MA BM BCh Oxford
MMSBC Tulane, DHMSA London
Chef des publications

Association des facultés de médecine du Canada

Harvey Barkum
MD Montpellier
Directeur général

Coordonnatrices des projets de terminologie à Montréal

Sylvie Dionne
BA Traduction Ottawa
(Appareil locomoteur)

Gisèle Pham
BA, MA Terminologie Montréal
(Biotechnologie)

Government Services Canada

Silvia Pavel
BA, MA Bucharest
MA Ottawa
Terminology and Linguistic Services Directorate

Malcolm Williams
BA Leicester, MA McMaster
Director
Terminology and Linguistic Services Directorate

Medical Research Council of Canada

Al Belliveau
BA, M Comm, CGA
Director
Corporate Management

Andrew Sherrington (Secretary)
MA BM BCh Oxford
MMSBC Tulane, DHMSA London
Chief of Publications

Association of Canadian Medical Colleges

Harvey Barkum
MD Montpellier
Executive Director

Coordinators of the Terminology Projects in Montréal

Sylvie Dionne
BA Translation Ottawa
(Musculoskeletal System)

Gisèle Pham
BA, MA Terminology Montréal
(Biotechnology)

Comité de travail

Edgard Delvin
PhD Montréal
Directeur du département de biochimie
Hôpital Ste-Justine
Professeur titulaire
Département de biochimie
Faculté de médecine
Université de Montréal

Gisèle Pham
MA Terminologie, Montréal
Coordonnatrice, Projet de terminologie du CRM (biotechnologie)
Professeur de terminologie
École de traduction
Université York, Downsview

Marcel Bastin
PhD Liège
Professeur agrégé de microbiologie
Université de Sherbrooke

Margaret D. Mamet-Bratley
BA Cornell
PhD University of California (Berkeley)
Professeur titulaire
Département de biochimie
Université de Montréal

Guy Czaika
PhD Montréal
Assistant de recherche
Département de biochimie
Université de Montréal

Working Committee

Edgard Delvin
PhD Montréal
Head, Department of Biochemistry
St. Justine Hospital
Full Professor
Department of Biochemistry
Faculty of Medecine
Université de Montréal

Gisèle Pham
MA Terminology, Montréal
Coordinator, MRC Terminology Project (Biotechnology)
Professor of Terminology
School of Translation
York University, Downsview

Marcel Bastin
PhD Liège
Associate Professor of Microbiology
Université de Sherbrooke

Margaret D. Mamet-Bratley
BA Cornell
PhD University of California (Berkeley)
Full Professor
Department of Biochemistry
Université de Montréal

Guy Czaika
PhD Montréal
Research Assistant in Biochemistry
Université de Montréal

Eveline de Medicis
DSc Louvain
Professeur titulaire
Département de biochimie
Université de Sherbrooke

Donal Hickey
BSc NUI, PHD Harvard
Professeur agrégé de biologie
Université d'Ottawa

Denis Rivard
BA Linguistique, Montréal
Terminologue spécialisé en environnement
Division de Montréal
Direction de la terminologie et des services linguistiques
Services gouvernementaux Canada

Robert Tanguay
BA BSc Sherbrooke, DSc Laval
Professeur titulaire
Département de médecine
Université Laval

Eveline de Medicis
DSc Louvain
Full Professor
Department of Biochemistry
Université de Sherbrooke

Donal Hickey
BSc NUI, PhD Harvard
Associate Professor of Biology
University of Ottawa

Denis Rivard
BA Linguistics, Montréal
Terminologist specialised in environment
Montréal Division
Terminology and Linguistic Services Directorate
Government Services Canada

Robert Tanguay
BA BSc Sherbrooke, DSc Laval
Full Professor
Département de médecine
Université Laval

Guide d'utilisation

Pour alléger la présentation du vocabulaire et en faciliter la consultation, nous avons établi les règles suivantes :

Dans le vocabulaire proprement dit, les entrées sont disposées suivant l'ordre strictement alphabétique des vedettes anglaises avec renvoi au terme anglais recommandé. Ces termes sont accompagnés d'équivalents français et suivis de contextes ou de définitions.

Le classement des termes par ordre alphabétique ne tient pas compte des espaces ou des traits d'union. Il n'est pas tenu compte non plus, pour le classement, des chiffres ou des lettres grecques qui précèdent un terme (les composés chimiques, par exemple).

Les entrées principales sont inscrites en caractères gras, ce qui permet de les distinguer des termes liens et de les présenter selon l'ordre proposé par le Comité.

Abréviations et symboles

NOTA annonce une observation qui éclaire sur le sens de la vedette et de ses synonymes en consignant des renseignements supplémentaires d'ordre linguistique ou

User's Guide

To streamline the vocabulary and facilitate its use, the following rules have been observed:

The vocabulary is arranged in strict alphabetical order of English terms, with cross-references to the recommended English term. These terms are accompanied by a French equivalent, followed by a context or a definition.

The terms are alphabetized as if they were one word only, spaces and hyphens are not taken into account. Also for this purpose, numerals and Greek letters are ignored when preceding a term (such as a chemical formula, for example).

Main entry terms are presented in bold type to distinguish them from alternate terms and they are in the order proposed by the Committee.

Abbreviations and Symbols

NOTE refers to an observation which gives details on the meaning of the main entry term and its synonyms by providing additional linguistic or semantic information or by

sémantique ou en soulignant la pertinence par rapport au domaine. Il peut ainsi servir à décrire une particularité linguistique, comme une instabilité au niveau de l'usage d'un terme, une relation de générique à spécifique.		emphasizing relevance to the particular field. It may be used to describe a linguistic feature, such as variations in the usage of a term or a generic/specific relationship.
	v.	verb

A

absorption spectrum

Spectrum observed after light has passed through, and been partially absorbed by a solution or translucent substance; many molecular groupings have characteristic light absorption patterns, which can be used for detection and quantitative assay.

spectre d'absorption

Spectre qui reflète la capacité d'un composé à absorber la lumière en fonction de la longueur d'onde.

NOTA Quand un photon frappe un atome ou une molécule capable d'absorber la lumière à une longueur d'onde donnée, l'énergie est absorbée par certains des électrons et l'atome ou la molécule passe à un état excité, riche en énergie. Seuls les photons de certaines longueurs d'onde peuvent exciter un atome ou une molécule donnée, l'excitation des molécules n'étant pas continue mais quantifiée; ceci veut dire que l'énergie lumineuse n'est absorbée que par fractions discrètes sur la base d'une loi de «tout ou rien», conduisant au terme de quantum.

abzyme
catalytic antibody
antibody catalyst
absyme

An antibody prepared to a haptenic group which resembles the transition state of a given reaction. The combining sites of such antibodies should be complementary to the transition state and should cause an acceleration by forcing bound substrate to resemble transition state. These antibodies have catalytic activity.

abzyme
AC-zyme
anticorps catalytique

Anticorps dirigé contre un composé qui ressemble à l'état de transition d'une réaction bien définie. C'est en stabilisant l'état de transition qu'ils augmenteraient la vitesse de réaction. Comme les enzymes, les anticorps catalytiques montrent une spécificité stricte à l'égard du substrat et peuvent être inhibés compétitivement par des analogues du «composé de transition». Leur activité dépend du pH du milieu réactionnel.

accelerant
SEE **catalyst**

acid-base catalysis

Acceleration of reactions by acids and bases.

catalyse acido-basique
catalyse acide-base

Accélération de certaines réactions par la présence en solution d'ions H^+ ou OH^-.

actinomycetes

A group of rod-shaped, filamentous, gram-positive eubacteria that lack cross-walls and resemble miniature fungi (diameter less than 0.5 μm). This group includes soil organisms that display oxidative metabolism (including *Streptomyces*, *Nocardia* and *Mycobacterium*), as well as parasitic or fermentative forms which include the genus *Actinomyces* proper. *Streptomyces* species are used for the production of antibiotics and enzymes.

actinomycètes

Organismes eubactériens (bactéries gram positives) composés de cellules ordonnées en hyphes, c'est-à-dire en longs filaments fins. Par exemple : les *streptomyces* qui produisent des antibiotiques utiles.

activated carrier
SEE **activated support**

activated complex
SEE **transition state**

activated support
activated carrier

A matrix material that has been treated so that the surface contains a large number of chemically reactive groups. A few carriers, such as ethylene-maleic anhydride copolymer are able to react with the enzyme directly; more frequently, however, an activation process is required. The activated carrier is able to bind enzyme but, without activation, it is not. The process of activating

support activé

Support qui a été traité de façon à contenir de nombreux groupes réactifs permettant l'établissement de liaisons covalentes entre des groupements fonctionnels d'une protéine (enzyme) et le support ainsi activé. Les divers groupements fonctionnels des enzymes pouvant être impliqués dans l'établissement de la liaison covalente sont les fonctions aminée, carboxylique, thiol et

activated support (cont'd)

the carrier consists of introducing onto the surface of the carrier, and frequently inside the pores of the carrier, chemical species which can react with the reactive groups of the protein.

hydroxyle, de même que les noyaux phénolique et imidazole.

activation energy
SEE **free energy of activation**

activator

Molecule that increases the catalytic activity of an enzyme.

activateur

Molécule capable d'accroître l'activité enzymatique.

NOTA Les activateurs sont de natures très diverses. Les uns sont des activateurs vrais : c'est le cas de beaucoup d'ions métalliques. D'autres sont essentiellement des anti-inhibiteurs : c'est le cas de l'ion cyanure (CN^-) qui peut lever l'inhibition exercée sur l'uréase par les sels de cuivre. D'autres encore sont des agents protecteurs : c'est le cas de la cystéine qui protège les groupements thiols du site actif de nombreuses enzymes. D'autres enfin activent des pro-enzymes : c'est le cas de l'entérokinase du suc intestinal qui transforme le trypsinogène inactif en trypsine active.

active bead
biocatalyst bead
catalyst bead

A small manufactured bead, containing entrapped enzyme activity, used in reactor systems. Production methods vary. In one procedure, an aqueous solution containing enzyme and acrylic monomers is dispersed in a hydrophobic phase and

microsphère active*
bille active*

Petite bille contenant des enzymes immobilisées qui est utilisée dans les réacteurs enzymatiques.

NOTA* Équivalent proposé par l'auteur.

active bead (cont'd)

polymerized, resulting in well defined spherical beads. The beads contain entrapped active enzyme and show good mechanical stability and high flow rates in column processes.

active site
catalytic site

site actif

That portion of an enzyme molecule at which the actual reaction proceeds; considered to consist of one or more residues or atoms in a spatial arrangement that permits interaction with the substance to effect the reaction of the latter.

Petite portion de l'enzyme impliquée dans la fixation et le positionnement du substrat ainsi que dans la réaction de catalyse. L'enzyme, après avoir fixé le substrat, va ensuite le transformer. À cet effet, sa structure spatiale est telle que dans un même voisinage et à des distances adéquates se trouvent des groupements fonctionnels dont les actions différentes et complémentaires réalisent la réaction.

active site mapping

étude topologique des sites actifs

An approach in which the general features of enzyme active sites are studied by correlating the rates of reactions with the structures of the substrates.

NOTE By comparing the rates of hydrolysis of a large number of amide derivatives of amino acids it has been demonstrated that chymotrypsin has a strong preference for substrates containing aromatic or bulky hydrophobic R groups, whereas elastase has a strong preference for substrates containing small hydrophobic R groups. Clearly the substrate-binding sites of these enzymes must contain features which account for the observed specificities.

Identification des groupements fonctionnels du site actif d'une enzyme donnée, des acides aminés et de leur disposition à l'intérieur du site actif.

NOTA Cette identification est difficile : elle repose sur la convergence d'un ensemble de techniques dont les principales sont :

- l'emploi de réactifs chimiques spécifiques de divers groupements supposés fonctionnels;
- l'emploi d'analogues structuraux du substrat de l'enzyme;
- la détermination de séquence primaire de la chaîne polypeptidique;

active site mapping (cont'd)

- l'emploi d'un ensemble de techniques physico-chimiques (optique, cristallographie, etc.).

active-site titration

Combination of steady state and pre-steady state kinetics whereby the concentration of active enzyme is related to an initial burst of product formation. This type of situation occurs when an enzyme-bound intermediate accumulates during the reaction.

NOTE It is not sufficient to calculate this specific concentration value from the relative molecular mass of the protein and its concentration, since isolated enzymes are not always 100% pure.

titrage des sites actifs

Méthode cinétique qui permet de relier la vitesse pré-stationnaire de réaction à la concentration d'enzymes actives.

NOTA Il est souhaitable de comparer l'activité spécifique de l'enzyme immobilisée à celle de l'enzyme en solution. D'ailleurs, la Commission Internationale qui a proposé la nomenclature des enzymes immobilisées a conseillé de caractériser ces complexes par leur vitesse initiale de réaction (micromoles/min) par mg de préparation ou par unité de surface s'il s'agit de membrane en précisant la teneur en protéines et l'activité spécifique de l'enzyme avant sa fixation.

activity
SEE **enzyme activity** (2)

activity ratio

The ratio between the rates of two enzymatic reactions, the product of one enzyme being the substrate of the other.

rapport des activités

Rapport entre les vitesses de deux réactions enzymatiques, le produit d'une des enzymes servant de substrat pour l'autre.

acylation

Any process whereby the acyl group, a radical formed from an organic acid by removal of a hydroxyl group, is incorporated into a molecule by treatment with a carboxylic acid, its anhydride or its chloride.

acylation

Substitution, dans une molécule, d'un atome d'hydrogène par un radical acyle R-CO-. C'est une des réactions les plus importantes de la synthèse organique. C'est en général une substitution électrophile, où le réactif peut

acylation (cont'd)

être un ester, un chlorure ou un anhydride d'acide, et dont l'intervention est bien étudiée en biochimie.

adaptive enzyme
SEE **inducible enzyme**

adsorbed enzyme

Enzyme adsorbed onto a carrier.

enzyme adsorbée

Enzyme immobilisée par adsorption sur un support.

adsorption

Process which occurs at the surface of a liquid or solid as a result of the attractive forces between the adsorbent and the solute. These forces may be physical, such as Van der Waal's forces, or weakly chemical, as in the case of hydrogen bonding.

NOTE Do not confuse with absorption, which is the penetration of substances into the bulk of the solid or liquid.

adsorption

Phénomène par lequel des solides ou des solutions retiennent à leur surface des molécules ou des ions en phase gazeuse ou liquide. L'adsorption est un phénomène superficiel qui se produit à la couche séparatrice de deux milieux de natures différentes : solide plongé dans une solution ou entouré d'un gaz, surface de contact de deux liquides non miscibles, ou d'un liquide et d'un gaz.

adsorption chromatography

Chromatography in which the adsorptive force is provided by molecules adhering to the surface of a solid packed in a column, spread as a thin film on a glass or plastic sheet, or as a coating inside a tube; the various components move through the stationary phase at different velocities, according to their degree of attraction to it, and are deposited at specific sites on the adsorbent.

chromatographie par adsorption
chromatographie d'adsorption

Type de chromatographie dont le processus élémentaire est constitué par un cycle d'adsorption-désorption; il se répète en principe de grain en grain à mesure que le fluide mobile progresse le long du solide.

aerobic digestion

Biological stabilization of sludge in which the solids are decomposed over long periods of time in the presence of aerobic micro-organisms.

digestion aérobie

Oxydation des boues pendant plusieurs jours. Après digestion, le poids des matières sèches des boues est diminué d'environ un tiers et celui des matières volatiles de moitié; de plus, leur évolution spontanée est devenue très lente, ce qui permet une mise en décharge contrôlée ou facilite une utilisation agricole ultérieure.

affinity chromatography

Technique by which substances can be separated on the basis of their differing strengths of interactions with a support material which has been modified to contain groups with specific interactions.

chromatographie d'affinité

Procédé de purification des substances biologiquement actives, dont le principe est basé sur la création d'interactions spécifiques entre un ligand et le composé que l'on veut isoler.

affinity elution

An affinity purification technique based on "non-specific" adsorption to an ion exchanger. Cation exchangers appear to be particularly useful for this purpose. Purification specificity is achieved using gradient elution with substrate.

élution par un substrat

Technique de séparation qui est l'inverse de la chromatographie d'affinité. Par exemple, l'enzyme est adsorbée sur un échangeur d'ion et éluée par une solution de substrat, d'inhibiteur compétitif ou d'effecteur allostérique.

affinity label

Chemically reactive compound that is designed to resemble a substrate of an enzyme, so that it binds specifically to the active site and forms covalent bonds with thc protein residues.

marqueur d'affinité

Analogue de substrat qui, se combinant au site actif, pourrait y subir une réaction normale, mais qui, au moment voulu choisi par l'expérimentateur, se combine irréversiblement avec un acide aminé du site.

affinity labeling

Method of studying the active site of enzymes using a chemical inhibitor that has all the structural requirements of a good substrate.

marquage d'affinité

Moyen permettant d'identifier les groupements fonctionnels essentiels des sites actifs des enzymes. Il consiste à faire réagir

affinity labeling (cont'd)

It can bind covalently to the enzyme active site with a parallel loss of enzyme activity. Subsequent structural studies are particularly useful in identifying residues present in the active site.

l'enzyme avec une molécule synthétique, ressemblant au vrai substrat et préparée de telle sorte qu'elle se fixe sur le site actif comme le vrai substrat, mais qui possède en plus un groupement fonctionnel capable d'une réaction covalente rapide avec un groupement spécifique de l'enzyme situé près du site actif, ou sur le site même.

affinity partitioning
affinity partition

Purification technique based on the preferential distribution of a soluble affinity ligand-product complex to one of the phases in an aqueous polymer two-phase system. To achieve this, the affinity ligand is covalently attached to a carrier which is preferably the less polar polymer in the two-phase system, usually PEG (polyethylene glycol) 6000.

séparation d'affinité par partage de phase

Séparation par partage de phase dont l'efficacité est augmentée en rendant affine pour une biomolécule à purifier l'un des polymères constituant l'une des phases liquides. Le polymère ainsi modifié contrôlerait la répartition de la biomolécule au sein du système biphasique.

affinity precipitation

Purification technique in which the ligand is attached to a soluble carrier, either forming bifunctional reagents capable of directly precipitating oligomeric proteins, or giving polyfunctional polymer derivatives which can be precipitated by, for example, a change of pH.

précipitation par affinité

Technique de purification qui consiste à faire précipiter le complexe ligand/molécule ou macroligand/molécule à purifier. Les premiers travaux ont tiré profit d'agents bifonctionnels et affines pour la molécule à purifier, tel le BIS-NAD (N_2, N_2-adipohydrazido-bis (N^6-carbonylméthyl)-NAD). En présence de pyruvate, cet agent, affine pour la lactate déshydrogénase (LDH), précipite l'enzyme sous forme d'agrégats macromoléculaires. Après récupération des agrégats par centrifugation, l'enzyme est dissociée du BIS-NAD par addition de NADH.

affinity purification

Purification technique based on a selective and reversible formation of a complex between the substance to be purified and another substance, most often called the ligand.

purification par affinité

Technique de purification basée sur la susceptibilité d'une substance à purifier de se combiner, de façon réversible et très spécifique, à une autre substance, le plus souvent appelé ligand.

ageing
SEE **molecular ageing**

alanine

An aliphatic nonpolar amino acid, with a one-carbon side chain, considered to be a dibasic acid in its fully protonated form, which can donate two protons during its complete titration with a base.

NOTE Alanine occurs in two forms: alpha-alanine, $CH_3CH(NH_2)$-COOH, 2-aminopropionic acid, and beta-alanine, CH_2NH_2-CH_2COOH, 3-aminopropionic acid.

Ala and A are abbreviations for alanine.

alanine

Aminoacide simple, glucoformateur, c'est-à-dire dont le catabolisme aboutit à la formation d'acide oxalo-acétique ou d'acide pyruvique (interrelation métabolique du cycle de Krebs).

NOTA On distingue deux alanines. L'α-alanine, de formule CH_3-$CH(NH_2)$-CO_2H, existe à l'état naturel sous forme dextrogyre et est un constituant essentiel des protéines. La β-alanine, de formule H_2N-$(CH_2)_2$-CO_2H, est un des constituants de l'acide pantothénique. L'un et l'autre composés peuvent être préparés par synthèse.

Ala et A sont des abréviations pour désigner l'alanine.

β-(p-hydroxyphenyl) alanine
SEE **tyrosine**

alcoholic fermentation
alcohol fermentation

An anaerobic metabolic process that occurs in certain yeasts, bacteria and fungi. Glucose is degraded to pyruvic acid by glycolysis with subsequent

fermentation alcoolique

Dans le catabolisme du glucose, processus de déshydrogénation dans lequel l'accepteur final d'hydrogène est un dérivé de l'acide pyruvique, l'acétaldéhyde

alcoholic fermentation (cont'd)

production of carbon dioxide and (alcohol) ethanol. This is the major route of production of potable, agricultural and fuel alcohols. Yeast-based fermentations form the basis of large-scale fuel alcohol production.

NOTE Since the alcohol produced in this process is ethanol, ethanolic fermentation is often used as a synonym of alcoholic fermentation.

qui est par la suite transformé en éthanol.

alkylation method

Immobilization method based on the alkylation of amino, thiol, or aromatic hydroxyl groups in enzyme molecules with reactive supports containing active halides, oxirane, vinylsulphonyl, or vinylketo groups.

alkylation

Méthode de fixation des enzymes par liaisons covalentes réalisée par la condensation des groupes amine, phénol ou sulfhydryle des protéines et d'un groupement halogéné du support, bromoacétylcellulose ou iodoacétylcellulose.

allosteric control
allosteric regulation
allosteric modulation

The regulation of enzyme activity via cooperative protein-ligand interactions and via effector ligands which either switch on or off individual enzymes.

régulation allostérique
modulation allostérique

Régulation où la fonction catalytique des enzymes est physiologiquement réglée par l'intermédiaire de changements de conformation de la protéine, provoqués par l'interaction avec elle des molécules de substrats, d'une part, et de molécules dites allostériques, d'autre part, stériquement différentes du substrat. Ces dernières s'associent à un site dit allostérique.

allosteric effector
SEE **effector**

allosteric enzyme

Enzyme whose activity is altered when its structure is distorted by an organic compound at a nonsubstrate site. It has at least two distinct non-overlapping receptor sites. One of these, the active (or catalytic) site, binds the substrate and is responsible for the biological activity of the protein. The other, the allosteric site, is complementary to the structure of another low-molecular molecule, the so-called allosteric effector, which binds specifically and reversibly.

enzyme allostérique

Enzyme dont la configuration structurale et le comportement fonctionnel sont modifiés par certains électrolytes ou par des produits métaboliques à poids moléculaire faible. Ces agents, appelés effecteurs allostériques, ont une structure différente de celle du substrat et de celle du produit de transformation du substrat et agissent soit comme activateurs, soit comme inhibiteurs de ces enzymes.

NOTA Lorsqu'on étudie la cinétique d'action d'une enzyme allostérique et qu'on inscrit en abscisse les concentrations du substrat et en ordonnée l'activité enzymatique (quantité du substrat transformé), on obtient une courbe sigmoïde en forme de S, caractéristique des enzymes allostériques.

allosteric modulation
SEE **allosteric control**

allosteric modulator
SEE **effector**

allosteric regulation
SEE **allosteric control**

allosteric site
regulatory site

A topologically separate site of an enzyme which lacks catalytic activity but which can exert regulatory control over the active site.

NOTE The term allosteric denotes "another space" or "another structure"; allosteric enzymes possess, in addition to the catalytic site, the "other space", to which

site allostérique
site régulateur

Site d'une enzyme qui peut se combiner à un effecteur (activateur ou inhibiteur) de l'activité enzymatique au niveau du site actif.

NOTA Les deux types de site sont séparés sur la molécule. Dans certaines enzymes ils appartiennent même à des chaînes polypeptidiques différentes.

allosteric site (cont'd)

the specific effector or modulator is reversibly and noncovalently bound. In general, the allosteric site is as specific for binding the modulator as the catalytic site is for binding the substrate.

La désensibilisation de l'enzyme résulte de l'inactivation des sites régulateurs. Lorsqu'un inhibiteur allostérique se fixe au site allostérique, il se produit aussi une transition allostérique (également réversible), entraînant une modification au niveau du site actif, qui cette fois prend une conformation moins favorable à la fixation du substrat.

allosteric transition

The conformational change of a regulatory enzyme or of an allosteric protein as a result of its interaction with an effector. This transition is often associated with a change in catalytic activity.

transition allostérique

Modification structurale dans une enzyme allostérique lorsque des effecteurs allostériques se fixent sur l'enzyme à un segment ou à des segments différents du centre actif et du site des coenzymes. Leur fixation modifie la structure tridimensionnelle et la coordination des atomes des molécules enzymatiques de telle sorte, que le centre actif catalytique devient plus apte (ou moins apte) à se combiner avec le substrat qu'en l'absence de l'effecteur allostérique.

alpha-amino-beta-hydroxy butyric acid
SEE **threonine**

alpha helix
SEE α **helix**

amidination reaction

Method for formation of amido ester groups on polyacrylonitrile and for reacting them with enzymes to form immobilized enzymes. It is claimed that enzymes in the immobilized form are more stable than the parent enzyme.

amidination

Méthode de fixation des enzymes par liaisons covalentes réalisée par la condensation des enzymes avec des groupes amido-ester du polyacrylonitrile.

aminoacetic acid
SEE **glycine**

amino acid

Any of a group of water-soluble organic compounds that possess both a carboxyl (-COOH) and an amino ($-NH_2$) group attached to the α-carbon atom and that can be represented by the general formula $R-CH(NH_2)COOH$. R may be hydrogen or an organic group and determines their properties.

acide aminé
aminoacide

Molécule organique qui possède une fonction amine (NH_2) et une fonction acide (CO_2H) portées par le même atome de carbone asymétrique. À l'exception de la glycine, ils peuvent exister sous les formes D et L qui diffèrent par leur pouvoir de dévier la lumière polarisée.

NOTA La plupart des acides aminés naturels possèdent une fonction acide carboxylique. Cependant, on peut ranger parmi les acides aminés au sens large les amino-acides sulfoniques (taurine, $NH_2-CH_2-CH_2SO_3H$) ou phosphoniques (acide amino-éthylphosphonique, $NH_2-CH_2-CH_2-PO_3H_2$. La fonction amine est généralement primaire (ex. : glycine, NH_2-CH_2-COOH), mais peut aussi être secondaire (proline, sarcosine) ou tertiaire (N-diacétylglycine). Il existe même des acides ammoniums quaternaires (bétaïnes).

amino acid composition

Number of each amino acid residue per protein.

composition en aminoacides

Nombre de molécules de chaque acide aminé par molécule protéique.

amino acid substitution
amino acid replacement

The substitution of an amino acid for another at a particular site within a protein.

substitution d'acide aminé

Substitution d'un acide aminé par un autre à un site donné dans une molécule protéique.

2-amino-4-(methylthio)butyric acid
SEE **methionine**

1-amino-2-hydroxy butanoic acid
SEE **threonine**

2-amino-3-hydroxybutyric acid
SEE **threonine**

2-amino-3-hydroxypropanoic acid
SEE **serine**

α-amino-β-hydroxypropionic acid
SEE **serine**

α-amino-β-imidazole propionic acid
SEE **histidine**

amino-indole-propionic acid
SEE **tryptophan**

α-amino-β-3-indole propionic acid
SEE **tryptophan**

2-amino-3-indolepropionic acid
SEE **tryptophan**

α-aminoisocaproic acid
SEE **leucine**

2-amino-3-mercaptopropionic acid
SEE **cysteine**

2-amino-3-methylpentanoic acid
SEE **isoleucine**

2-amino-4-methylpentanoic acid
SEE **leucine**

α-amino-β-methylvaleric acid
SEE **isoleucine**

2-amino-3-phenylpropionic acid
SEE **phenylalanine**

2-amino-3-(4-imidazolyl) propionic acid
SEE **histidine**

α-amino-β-(4-imidazolyl) propionic acid
SEE **histidine**

2-amino-3-(p-hydroxyphenyl) propionic acid
SEE **tyrosine**

amylase

Any of a group of closely related enzymes that degrade starch, glycogen, and other polysaccharides. They cleave the long polysaccharide chains, producing a mixture of glucose and maltose.

NOTE "Diastase". A popular name for crude enzyme preparations with amylase activity.

amylase

Enzyme catalysant l'hydrolyse de l'amidon en dextrine puis en maltose. Elle est très répandue dans la nature, dans la salive, le suc pancréatique, dans la levure de bière, l'orge germée.

NOTA «Diastase» est la désignation spécifique de l'ensemble des amylases du malt.

amylopectine 6-glucananhydrolase
SEE **glycogen 6-glucanohydrolase**

anaerobe

Organism that can grow in the absence of oxygen.

anaérobie

Organisme qui peut se développer en l'absence d'oxygène libre.

anaerobic digester

A fermenter or bioreactor designed to optimize anaerobic digestion. The simplest types are: batch-fed, unstirred tanks, typified by the so-called Chinese digester; semi-plug flow reactors; simple stirred tanks.

NOTE Such digesters are suited to wastes of a high solids content such as sewage sludge or animal manure. The term second generation digesters has been applied to such alternatives which include the anaerobic filters, sludge blankets, fluidized beds and two-stage reactors.

digesteur anaérobie

Enceinte ou bioréacteur dans laquelle est réalisée une digestion anaérobie pour obtenir des produits de biodégradation.

anaerobic digestion

Strictly anaerobic process in which complex organic biopolymers and other organic materials are broken down leading to the possible production of biogas.

digestion anaérobie

Dégradation anaérobie de la matière organique mettant en jeu différents groupes de micro-organismes anaérobies facultatifs ou stricts qui préparent ou accomplissent la fermentation méthanique.

anaerobic fermentation

Fermentation process by which many organisms extract chemical energy from various organic fuels in the absence of molecular oxygen. There is no net oxidation of the fuel.

fermentation anaérobie

Procédé de fermentation qui a lieu en l'absence d'oxygène. Parmi les fermentations anaérobies microbiennes de résidus organiques (en solution ou semi-solide) il en est une particulièrement intéressante : la fermentation méthanique. C'est une filière de la valorisation énergétique de la biomasse.

anaerobiosis

Mode of life in the absence of molecular oxygen.

anaérobiose
anoxybiose

Mode de vie d'un organisme en l'absence d'oxygène libre. La source d'oxygène se trouve dans les constituants organiques (glucides, lipides et même protides).

NOTA On distingue l'anaérobiose obligatoire (par exemple les Sulfobactéries) et l'anaérobiose facultative.

anhydration
SEE **dehydration**

anisotropic membrane
anisotropic diffusive membrane

A highly consolidated, but very thin skin (0.1-5 μm) supported by a relatively thick (20 μm-1 mm) porous substructure which acts as a support.

membrane anisotropique

Membrane complexe formée d'une partie active très mince de 0,1 à 5 μm supportée par une structure poreuse épaisse de 20 μm-1 mm.

antibiotic

A natural substance of relatively low molecular weight, produced by a micro-organism, which in dilute solution inhibits growth or destroys other organisms. Toxicity is generally selective.

antibiotique

Substance produite par un micro-organisme et qui a le pouvoir d'inhiber la croissance d'autres micro-organismes en solution diluée et même de les détruire.

antibody catalyst
SEE **abzyme**

antifoam

Compound added to fermentations in order to reduce the production of foams.

antimousse

Substance évitant la formation de mousses, au cours de fermentations menées dans des bioréacteurs, empêchant ainsi leur débordement.

antigen

Substance or entity, usually a protein, that induces the production of antibodies or activates the cellular mediated immunity.

antigène

Substance qui, introduite dans un organisme, est capable d'y provoquer la stimulation des cellules immunocompétentes responsables de la production d'anticorps ou d'une réaction immunitaire à médiation cellulaire.

NOTA Ag : symbole pour antigène.

apatite
SEE **hydroxyapatite**

apoenzyme

The protein moiety of an enzyme without the cofactor necessary for catalysis. The cofactor can be a metal ion, an organic molecule, or a combination of both.

apoenzyme

Partie protéique d'une enzyme dont la forme active comporte aussi un groupe prosthétique ou un ion métallique.

apparent enzyme induction

Increase in enzyme activity in response to a change in a specific environmental factor.

induction enzymatique apparente

Accroissement de l'activité enzymatique en réponse à un changement au niveau d'un facteur environnemental spécifique.

apparent K_m
apparent Michaelis constant

The Michaelis constant of an immobilized enzyme.

NOTE In the case of the carrier binding method, electrostatic interaction between the carrier and substrate is considered to be one of the reasons for changes of K_m value upon immobilization. In order to explain the change of K_m value upon immobilization of enzymes, theoretical analysis was carried out as in the case of optimum pH shift. When the charges of the carrier and substrate are opposite apparent K_m decreases, while when the charges are same, apparent K_m increases.

constante apparente de Michaelis
K_m apparent

Constante de Michaelis d'une enzyme immobilisée.

NOTA Lorsque le support n'est pas électriquement neutre, on constate une interaction de ses charges non seulement avec les protons, mais également avec le substrat si celui-ci est chargé. Ainsi, par exemple, si le support a un caracatère anionique (charges négatives), il repoussera ou attirera le substrat selon que ce dernier sera chargé négativement ou positivement. Dans les deux cas, la concentration en substrat au voisinage de l'enzyme diffèrera de celle de la masse de la solution et sera respectivement inférieure ou supérieure. De ce fait, la saturation «apparente» de l'enzyme ne sera pas atteinte pour la même concentration que le cas de l'enzyme en solution. La présence de charges électriques sur le support et sur le substrat se traduira par une variation de la constante de Michaelis apparente de l'enzyme immobilisée, qui augmentera si les deux charges sont de même signe et diminuera si elles sont de signe opposé.
K_m est une abréviation de constante apparente de Michaelis.

arginine

An aliphatic, basic, and polar alpha amino acid that contains the guanidino group. It is an intermediate of the ornithine/citrulline (urea) cycle.

NOTE Arg and R are abbreviations for arginine.

arginine

Amino-acide dérivé de la guanidine qui est un des 20 constituants fondamentaux des protéines. (Elle a un caractère basique marqué et joue un rôle important dans la croissance.)

NOTA Arg et R sont des abréviations d'arginine.

arm
SEE **spacer**

aromatic ring

The resonance-stabilized ring characteristic of aromatic organic compounds.

NOTE It appears that humans, because of the course of evolution, do not have the biochemical ability to synthesize the benzene ring. As a result, phenylalanine and tryptophan derivatives are essential in the human diet.

noyau aromatique

Partie mono- ou polycyclique d'un composé aromatique qui renferme le système d'électrons π, siège de l'aromaticité du composé. (Le groupe C_6H_5 – constitue le noyau aromatique de l'aniline $C_6H_5 - NH_2$.)

Arrhenius equation

Equation relating chemical reaction rate (k) to the absolute temperature (T) by the equation (d ln K/dT) = (Δ E/RT^2).

équation d'Arrhenius

Formule donnant l'expression de l'effet de la température sur la vitesse de réaction

$$k = s \cdot e^{-E/RT}$$

avec E énergie d'activation, T la température absolue, R la constante des gaz et *s* le facteur de fréquence.

NOTA Dans le cas des enzymes, en particulier du fait de la dénaturation thermique, l'application de la loi d'Arrhenius n'est qu'une vue approchée d'une réalité bien plus complexe. En fait, on observe une variation de l'énergie d'activation en fonction de la température.

asparagine

An aliphatic, polar alpha amino acid that is the amide of aspartic acid; the L-form is one of the 20 amino acids directly coded in proteins. Coded independently of aspartic acid.

NOTE Asn, $AspNH_2$ and N are abbreviations for asparagine.

asparagine

Acidc aminé constitutif des protéines, formé à partir de l'acide aspartique par l'asparagine synthétase et détruit par l'asparaginase.

NOTA Asn, Asp-NH_2 et N sont des abréviations pour désigner l'asparagine.

aspartic acid

An aliphatic and polar alpha amino acid that is also acidic because it contains an extra carboxyl group.

NOTE Asp and D are abbreviations for aspartic acid.

acide aspartique

Acide aminé non indispensable possédant deux fonctions carboxyliques. Constituant des protéines et glucoformateur, il intervient dans le cycle de l'urée et donne naissance par transamination à l'acide oxalo-acétique. Il intervient aussi dans la biosynthèse des nucléotides puriques et pyrimidiques.

NOTA Asp et D sont des abréviations pour désigner l'acide aspartique.

atomic fluctuation

The motions of individual atoms within a protein molecule. These motions are random, very fast and rarely cover more than 0.5 Å. The energy for these motions comes from the kinetic energy inherent in the protein as a function of temperature.

mouvement atomique

Mouvement des atomes dans une protéine. Les mouvements de plus grande amplitude sont ceux des atomes situés à la surface des protéines, car les atomes y sont moins tassés : alors que les atomes du coeur d'une protéine se déplacent au plus de 0,05 nanomètre (longueur du même ordre de grandeur que le rayon d'un atome), les atomes de surface peuvent parcourir des distances quatre fois plus longues.

ATP: creatine phosphotransferase
SEE **creatine kinase**

autolysis

The spontaneous disintegration of tissues or of cells by the action of their own enzymes, such as occurs after death and in some pathologic conditions.

autolyse
autophagie

Autodigestion d'un tissu ou d'une cellule abandonné à lui-même et aboutissant à sa destruction, sous l'influence de ferments protéolytiques propres à ce tissu ou à cette cellule, en dehors de toute intervention extérieure à lui.

NOTA La libération des enzymes contenues dans les lysosomes est un facteur d'autolyse cellulaire.

autoradiography
radioautography

Technique in which a specimen containing radioactive atoms is overlaid with a photographic emulsion, which is subsequently developed, revealing the localisation of radioactivity as a pattern of silver grains.

autoradiographie

Radiographie obtenue en plaçant un film photographique au contact d'un objet contenant des substances radioactives. Le rayonnement émis par ces substances permet de connaître leur répartition au sein de l'objet.

azo coupling
SEE **diazotization**

B

backbone

The chain structure found in proteins that is built by linking amino acids head to tail: the amino group of one unit is joined to the carboxyl group of the next. The fusion is accomplished by removing a molecule of water, leaving the structure -CO-NH-. The carbon nitrogen linkage created in this way is called a peptide bond, and the protein chain is referred to as a polypeptide. The flexibility of the protein backbone is due to the free rotation of the bonds around the Cα. In principle then, any protein molecule can adopt an enormous number of different shapes, or conformations. However, under biological conditions, most polypeptide chains fold into only one of these conformations.

squelette

Chaîne principale des protéines constituée par l'enchaînement linéaire des acides aminés : le groupe amine d'un acide aminé est lié au groupe carboxyle de l'acide aminé suivant; la liaison résulte de l'élimination d'une molécule d'eau, de sorte qu'on observe la structure chimique -CO-NH- entre deux acides aminés successifs d'une protéine.

back mixing
backmixing

The tendency of reacted chemicals to intermingle with unreacted feed in reactors, such as stirred tanks.

remélangeage
mélange à contrecourant

État des produits de réaction qui se mélangent avec les matières introduites dans un réacteur pour y être traités.

back-mix reactor
SEE **continuous stirred-tank reactor**

bacterium

Any of the unicellular prokaryotic micro-organisms that commonly multiply by cell division (fission) and whose nuclear apparatus consists of a circular molecule of DNA.

NOTE The plural form of "bacterium" is "bacteria".

bactérie

Micro-organisme unicellulaire à chromosome unique circulaire ne comportant pas de noyaux (procaryote). Se reproduit par division cellulaire (asexualité).

basket centrifuge
perforated bowl basket centrifuge

Basket centrifuges are designed to operate at low g forces and are in essence centrifugal filters, the bowl being perforated to allow egress of filtrate. Porous bowl liners of some filter cloth are normally used. The main purpose of these machines is to collect large particulate material, and in the context of enzyme purification this usually means ion exchange cellulose or resins. Basket centrifuge may be useful for the collection of materials during batch adsorption of enzymes; they are also useful when ion exchangers are being regenerated or equilibrated.

centrifugeuse type à panier

Centrifugeuse en continu utilisée pour effectuer des séparations solide-liquide. La paroi du rotor est constituée d'une série d'éléments de filtration (filtre, paroi perforée, paroi poreuse) qui laissent passer le filtrat et qui retiennent le sédiment pendant la centrifugation.

batch culture
batch process

culture en batch
culture discontinue*
culture en discontinu
culture séquentielle
procédé discontinu

A discontinuous system used for culturing micro-organisms, waste treatment or manufacturing products of value, characterized by a single loading or inoculation into fresh medium at the start of the process and a single harvesting stage at the end, usually when the substrate has been exhausted.

Procédé de culture discontinue, qui commence par l'inoculation d'un milieu frais, dans une enceinte fermée. Puis la croissance cellulaire se poursuit pour être généralement arrêtée lors de l'épuisement des substrats.

NOTA* Le terme «culture discontinue» a été proposé par l'AFNOR en décembre 1986.

batch reactor

réacteur discontinu
réacteur à fonctionnement discontinu
réacteur périodique

Large stirred tank into which are placed enzyme and substrate. The reaction is allowed to proceed to completion, the reactor drained, and the product separated from the enzyme. The traditional stirred tank reactors consist of a vessel, a stirrer, and frequently baffles attached to the walls of the vessel to improve the mixing of the reactants.

Type de réacteur agité à support particulaire (ou fibres) avec lequel on doit procéder entre chaque cycle à la récupération de l'enzyme, par filtration, centrifugation ou sédimentation. Le réacteur est un récipient dans lequel le mélange des matières premières et du catalyseur biologique est effectué dans un environnement optimal permettant la réaction biologique. La température et le pH sont réglés et surveillés en permanence. De l'air filtré, parfois enrichi en oxygène, barbote dans le mélange. Après quelques heures ou quelques jours, on vide le réacteur pour isoler et purifier les produits de réaction.

β-bend
beta bend
β-turn

virage β
coude β

Reversal in the direction of the polypeptide chain. A so-called β-bend consists of a tight loop in

Retournement de la chaîne polypeptidique. Un virage β comporte un segment de la chaîne

β-bend (cont'd)

which a residue's carbonyl group forms a hydrogen bond with an amide group of a residue three positions further along the polypeptide chain.

polypeptidique de quatre acides aminés consécutifs, se retournant de 180°, et tels que la distance entre le premier et le quatrième soit inférieure à 7 Å et que ce segment ne forme pas d'hélice. Il existe différents types de virages β selon la valeur des angles dihédraux.

beta-4-imidazolyl alanine
SEE **histidine**

bifunctional reagent

A compound that has two reactive functional groups and that can interact either with two groups of another compound or with one group each of two different compounds.

agent bifonctionnel

Composé organique possédant deux fonctions réactives.

bimolecular reaction

A chemical process in which two substances or two molecules of a single substance are transformed into another substance or substances.

réaction bimoléculaire

Réaction chimique simple dans laquelle interviennent deux molécules.

binary complex

The relatively stable combination of two compounds into a larger molecule without covalent binding.

complexe binaire

Substance formée par l'ensemble de deux individus chimiques liés entre eux de façon non-covalente.

binding energy

Fundamental process involved in enzyme catalysis. It is generally considered that the structure of an enzyme should be complementary to the structure of the transition state rather than to the substrates or products. By this means, the increase in binding energy as the reaction proceeds lowers the activation energy of the chemical step – the "strain" theory of

énergie de liaison

Processus énergétique fondamental qui entre en jeu lors de la catalyse enzymatique. Au cours du processus de catalyse, une combinaison enzyme-substrat représente l'étape intermédiaire obligatoire. Ensuite, les profonds remaniements subis par cette combinaison conduisent à la libération des produits. C'est dire que la caractérisation des liaisons

binding energy (cont'd)

catalysis. On binding, the substrate is strained or distorted. In Haldane's words: "Using Fischer's lock and key simile, the key does not fit the lock perfectly but exercises a certain strain on it". Nowadays, the modified concept of transition state stabilization is gaining favor. According to this idea, it is not that the substrate is distorted but rather that the transition state makes better contacts with the enzyme than the substrate does, so that the full binding energy is not realized until the transition state is reached.

NOTE Binding energy can, in theory, also be used to alter the energy levels of enzyme-bound reagents and so alter the equilibrium constants between enzyme-bound substrates, intermediates and products. Protein engineering is eminently suited to studying and quantifying the role of binding energy in catalysis since side chains of the enzyme that interact with the substrate may be systematically modified to make small perturbations in the binding energy.

chimiques impliquées dans le processus doit être abordée dans une double perspective : d'une part les liaisons qui participeront à la reconnaissance du substrat par l'enzyme et à la constitution de la combinaison enzyme-substrat, et, d'autre part, les liaisons qui seront impliquées dans les mécanismes catalytiques proprement dits. Les énergies de liaison mises en oeuvre sont en effet fondamentalement différentes selon qu'il s'agit de l'un ou l'autre cas. Dans le processus de reconnaissance, ces énergies se situent dans la gamme des 10 k.cal/mole : seules des «liaisons faibles» seront impliquées. Dans le mécanisme catalytique, les énergies mises en jeu sont de l'ordre de 100 k.cal/mole ou plus : des «liaisons fortes» seront impliquées.

binding site

A specific arrangement of atoms or molecules that is recognized by, and forms the point of attachment for, an ion, compound, antibody, virus, cell or organism on another structure or organism.

site de fixation

Site qui reconnaît et fixe spécifiquement un ligand. Ce site peut faire partie d'une seule molécule (enzyme, anticorps, etc.) ou se trouver à la surface d'un complexe supramoléculaire (virus, cellule, etc.).

biocatalyst
biological catalyst

Biochemical catalyst, especially an enzyme.

biocatalyseur
catalyseur biologique

Macromolécule biologique, cellule, organite cellulaire, ou micro-organisme, porteur d'activité catalytique (enzymatique).

biocatalyst bead
SEE **active bead**

biocatalytic module
SEE **spirally-wound multipore**

biochemical fuel cell

Fuel cell which uses enzyme reactions to convert the fuel. The catalyst may be a free enzyme in solution, an immobilized enzyme, a micro-organism, or an immobilized micro-organism (whole cell). A variety of designs of biochemical fuel cells have been developed, each utilizing as the source of electrical current the electrochemical oxidation of hydrogen at a platinum black electrode (anode).

génératrice biochimique productrice d'électricité

Unité biochimique qui a pour but de produire un courant électrique. Ce processus transforme l'hydrogène généré par des réactions enzymatiques en électricité, par oxydation de l'hydrogène à une électrode de platine.

biochemical reaction

In living organisms, process in which one or more substances are converted into one or more other substances.

réaction biochimique

Chez les êtres vivants, interaction de corps chimiques ayant comme résultat la formation d'autres composés.

biocompatibility

The ability of a material to perform with an appropriate host response in a specific application.

biocompatibilité

Compatibilité avec un organisme vivant.

bioconversion

Transformation of matter, from one form to another, by living organisms or enzymes.

bioconversion
conversion biologique

Terme général s'appliquant à toute transformation d'une substance en une ou plusieurs autres substances, réalisée par des biocatalyseurs libres ou immobilisés.

biodegradation
biological degradation

Process in which material is broken down to its chemical constituents by the action of living organisms. The term is often restricted to the breakdown of wastes released into the environment.

NOTE In general, biodegradation is regarded as a desirable process in contrast to biodeterioration.

biodégradation

Décomposition de certaines substances par des organismes vivants. C'est l'un des processus naturels efficaces qui interviennent pour limiter une pollution néfaste de la nature et de l'environnement humain.

biofuel

A solid, liquid or gaseous fuel obtained from biological raw materials (biomass). The conversion process may be accomplished by thermochemical or biological means.

NOTE The major biofuels produced biologically are biogas generated by anaerobic digestion (biomethanation) and fuel ethanol generated by a yeast-based fermentation of molasses, sugar cane juice or hydrolyzed starch.

biocombustible
biocarburant

Combustible solide, liquide ou gazeux tiré de la biomasse végétale.

biogas

Mixture of methane and carbon dioxide along with traces of other gases, such as hydrogen, nitrogen, hydrogen sulphide and water vapour, which is produced during anaerobic digestion or biomethanation.

biogaz

Gaz combustible produit par la décomposition de la matière organique, comme le méthane produit par la fermentation du fumier de ferme.

biological catalyst
SEE **biocatalyst**

biological degradation
SEE **biodegradation**

biological filter
SEE **percolating filter**

bioluminescence

Emission of light as a consequence of the cellular oxidation of some substrate (luciferins) in the presence of an enzyme (luciferases). It is present in bacteria, fungi, protozoa, and species belonging to 40 different orders of animals.

bioluminescence

Production de lumière par certains organismes vivants par l'intermédiaire d'une réaction d'oxydoréduction mettant en jeu un substrat (luciférine) et une enzyme (luciférase) en présence d'oxygène.

biomass

Total quantity of living organisms of one animal or plant species or of all the species in the community commonly referred to a unit area or volume of the habitat.

NOTE Since this material is largely of plant origin, it is more correctly referred to as phytomass. However, the term biomass has a wider and general acceptance.

biomasse

Ensemble des organismes et de leurs produits ou dérivés dans un milieu.

NOTA Le terme de biomasse recouvre aussi bien la biomasse végétale ou phytomasse que la biomasse animale ou zoomasse.

biomethanation

Anaerobic fermentation of organic material to produce biogas.

NOTE Methane fermentation organisms are found in the black mud of marshes, ponds, and estuaries and in the rumen of cud-chewing animals such as cows, goats, and sheep. In sewage disposal plants these organisms catalyze the terminal steps of the waste-digestion process.

fermentation méthanique

Type de fermentation anaérobie qui se produit dans les milieux humides où des matières organiques sont décomposées sous l'action des micro-organismes méthanigènes pour donner un gaz constitué de méthane et de gaz carbonique.

biomolecule

Molecules found in living matter. The organic compounds present in living matter occur in extraordinary variety, and most of them are extremely complex.

biomolécule

Molécule de substance vivante. Les composés organiques présents dans la matière vivante possèdent une extraordinaire variété de structures et la plupart d'entre eux sont extrêmement complexes.

bioreactor

Device in which materials are treated to promote biochemical transformation by the action of living cells or by in vitro cellular components such as enzymes. They are widely employed in the food and fermentation industries, in waste treatment, and in many biomedical facilities.

bioréacteur

Réacteur où est mis en oeuvre un biocatalyseur.

NOTA Terme générique recouvrant les bioréacteurs :

- réacteur à enzyme,
- fermenteur,
- cytoculteur,
- digesteur,
- cuve de fermentation.

biosensor

A device that uses an agent of biological origin, or a biological principle, for detecting or measuring a chemical compound. In general, biosensors use isolated enzymes, immunosystems, tissues, organelles or whole cells as catalysts.

biocapteur

Système de détection qui comporte des composants biologiques (enzymes, anticorps, cellules vivantes). Il est constitué de deux éléments : un biocatalyseur (une enzyme ou un micro-organisme, par exemple) qui provoque une réaction et un détecteur tel qu'une électrode, une sonde ou un colorant. Le biocatalyseur est immobilisé à la surface du biocapteur pour traduire la réaction dès qu'elle apparaît.

NOTA Terme ambigu souvent employé comme synonyme de «biopuce». Ainsi, un simple spectrophotomètre, appareillage dépourvu de composants biologiques mais capable de détecter des molécules biologiques, pourrait être assimilé à un biocapteur.

biosynthesis

Synthesis of the chemical components of the cell from simple precursors and their assembly into structures such as, e.g., membrane systems, mitochondria, nuclei, and ribosomes. The synthesis of the cell components and the cell's functional morphology are genetically programmed.

biosynthèse

Mode de formation des composés organiques qui se trouvent dans les êtres vivants, comme la photosynthèse chez les plantes vertes et certains aspects de l'anabolisme chez les animaux. Les constituants des animaux et des végétaux peuvent être apportés par le milieu extérieur ou être élaborés dans l'organisme.

biotechnics

Control and adaptation of living organisms to the needs and ends of man.

biotechnique

Technique qui met en oeuvre un outil biologique (micro-organismes, cellules animales ou végétales, ou composants, ou produits de ces cellules) pour obtenir ou transformer des matières premières ou des sous-produits.

biotechnology

Application of biological processes to the production of materials of use in medicine and industry. For example, the production of antibiotics, cheese, and wine rely on the activity of various fungi and bacteria.

biotechnologie

Application des principes de la science et de l'ingénierie au traitement de matières par des agents biologiques dans la production de biens et de services.

NOTA Les termes «biotechniques» et «biotechnologie» sont malencontreusement souvent employés l'un pour l'autre; or, leur sens est différent : le premier désignant la technique, et le second l'application des principes techniques.

biotransformation

Series of chemical alterations of a compound (e.g. a drug) which occur by enzymatic activity.

biotransformation

Terme général s'appliquant à toute transformation d'une substance par un biocatalyseur.

bisubstrate reaction

An enzymatic reaction involving two substrates. Most enzymes catalyze reactions with two interacting substrates; such reactions show much more complex kinetics than the simple one-substrate reactions. Enzymes catalyzing bisubstrate reactions include the large class of transferases, which catalyze the transfer of a specific functional group from one of the substrates to the other.

réaction à deux substrats

Réaction catalysée par une enzyme qui met en jeu deux substrats. Lorsque la réaction exige la participation de deux molécules de substrat réagissant entre elles pour donner deux molécules de produit, le processus enzymatique peut comporter de nombreuses variantes.

boundary simulation method

A method that eliminates the need to simulate an entire enzyme in a "box" of water; instead one simulates the active site of the enzyme and introduces a boundary region that confines the active-site water molecules and allows an exchange of energy across the boundary between the active site and its surroundings. The boundary simulation method is now being applied to a number of proteins, including the enzyme ribonuclease, which cleaves ribonucleic acid (RNA) by cutting between two nucleotides, the units that make up a strand of RNA.

simulation des bords

Méthode qui permet d'étudier la catalyse enzymatique sans prendre en compte tous les atomes de l'enzyme et du solvant qui l'entoure. Dans cette méthode, on ne simule que le site actif de l'enzyme et l'on replace les atomes éliminés par une région frontalière où les molécules d'eau du site actif sont confinées, tout en permettant l'échange d'énergie entre le site actif et son environnement. On a appliqué cette méthode de simulation à un grand nombre de protéines, notamment la ribonucléase, une enzyme qui coupe l'acide ribonucléique (ARN) entre deux nucléotides (les nucléotides constituent les sous-unités de l'ARN).

breathing
reversible unfolding

Structural fluctuations that have been observed on compact globular regions of proteins that allow solvent to penetrate without a mandatory unfolding of the protein. This implies fluctuation in the protein structure on the nanosecond time scale.

respiration protéique

Fluctuation spatiale des squelettes des protéines globulaires dans une molécule protéique globulaire permettant au solvant de pénétrer sans qu'il n'y ait déroulement de la protéine. Ces mouvements se font sur une période de temps de l'ordre de la nanoseconde.

burst

The rapid presteady-state release of the first product in a two products enzymatic reaction.

surproduction temporaire
jet

Phénomène d'exposition exponentielle du premier produit d'une réaction enzymatique à deux produits, au cours de la phase préstationnaire.

C

cage effect

Mechanism of stabilization of the active structure of an enzyme in polyacrylamide gels. The reason for the cage effect can be due both to the dehydration of polypeptide chains or a mechanical stabilization of the enzyme structure by the polyacrylamide gel.

effet de cage

Phénomène par lequel une enzyme incluse dans une matrice réticulée, comme le gel de polyacrylamide, jouit d'une stabilité accrue par rapport à l'enzyme soluble.

calibration

Adjustment of an instrument, using authentic standards or known methods, to obtain an absolute result in subsequent determinations. Chromatographic, electrophoretic and centrifugal methods are calibrated using standards of known chemical composition, molecular weight or density.

calibration

Opération qui consiste à étalonner ou à fournir des références à des appareils de mesure.

carbamoylation
carbamylation

Transfer of the carbamoyl of carbamoyl phosphate to an amino group with elimination of inorganic phosphate.

carbamoylation
carbamylation
carbaminoylation

Introduction du radical carbamyle (NH_2-CO) dans un produit organique.

carbamoylation (cont'd)

NOTE Many polymers containing isocyanate or isothiocyanate functional groups have been used as carbamylating or thiocarbamylating reagents, respectively, to effect coupling of proteins illustrating a class of immobilization technique. Polymers containing the isothiocyanate group have gained larger acceptance than those containing isocyanate owing to the higher stability of the former and the relative ease of its preparation. When isocyanates react in aqueous medium with proteins, the isocyanato groups are mainly hydrolyzed.

carbonyl
carbonyl group

Radical (CO) that is made up of one atom of carbon and one atom of oxygen connected by a double bound; found, for example, in aldehydes and ketones.

groupement carbonyle
carbonyle

Groupement bivalent CO, qui caractérise les aldéhydes et les cétones et qu'on retrouve également dans le groupement carboxyle et la liaison peptidique.

carboxy group
SEE **carboxyl group**

carboxyl
SEE **carboxyl group**

carboxylase

Enzyme that catalyzes a reaction in which carbon dioxide is incorporated into another molecule.

carboxylase

Enzyme qui catalyse la fixation du CO_2 sur une molécule (carboxylation).

NOTA Le terme est quelquefois utilisé pour désigner les enzymes qui détachent le CO_2 d'une molécule (décarboxylase).

carboxyl end
SEE **carboxy terminal**

carboxyl group
carboxyl
carboxy group

Functional group of carboxylic acids.

carboxyle
radical carboxyle
groupe carboxyle

Radical fonctionnel monovalent -COOH des acides organiques, dits acides carboxyliques, se composant des groupes carbonyle CO et hydroxyle -OH, qui s'influencent réciproquement jusqu'à perdre leur individualité.

carboxyl terminal
SEE **carboxy terminal**

carboxymethyl cellulose
CM-cellulose
sodium carboxymethylcellulose

Cellulose derivative bearing substituted carboxymethyl groups which, depending on the molecular weight and the degree of substitution, may comprise a fully soluble polymer or an insoluble polymer or an insoluble weak ion exchanger used for separation of neutral and basic proteins.

carboxyméthylcellulose
carboxyméthyl-cellulose
CM-cellulose
CM cellulose
carboxyméthylcellulose sodique
méthylcellulose carboxylate de sodium
cellulose glycolate de sodium

Éther glycolique de la cellulose, utilisé comme support en chromatographie d'échanges ioniques, pour la séparation et la purification des protéines.

NOTA CMC est une abréviation de carboxyméthylcellulose.

carboxymethyl group
CM group

($-OCH_2COOH$) a weak acidic group that may be complexed with various polymers such as dextran, sepharose or cellulose to form a weak ion exchange.

carboxyméthyl
CM

Groupe $-OCH_2-COOH$ polaire qui peut être fixé à des résines (par exemple : cellulose) employées en chromatographie sur colonne d'échangeurs d'ions.

carboxy terminal
carboxyl terminal
carboxy-terminal
C-terminal
carboxyl end

End of any polypeptide or protein that bears a free carboxyl group. The final amino acid on this end has its α-amino group involved in a peptide bond, but not its carboxyl group.

extrémité carboxylique
C-terminal
carboxyle terminal
extrémité C
COOH-terminal

Extrémité d'une chaîne de polypeptides dotée d'un groupe α-carboxyle libre.

carrier
SEE **support**

carrier-binding method

Immobilization method for enzymes characterized by the binding of enzymes to water-insoluble carriers.

NOTE Attachment of an enzyme to an insoluble carrier is the oldest and most prevalent method for enzyme immobilization. The artificial immobilization of enzymes can be subclassified according to the binding mode of the enzyme into: physical adsorption, ionic binding, chelation or metal binding, and covalent binding. In any of these methods the selection of the insoluble carrier as well as the binding method is of paramount importance.

fixation sur un support solide

Méthode d'immobilisation d'enzymes dans laquelle l'enzyme doit être fixée aussi solidement que possible au support. Il importe donc de prendre en compte les caractéristiques propres tant de la protéine que l'on veut fixer que du support : taille des particules, rapport molaire des groupements hydrophiles et hydrophobes, groupements réactifs.

carrier cross-linking method

Immobilization method based on the formation of cross-links between the amino groups of enzyme protein by means of bi- or multifunctional reagents, and solid carriers.

méthode de fixation par réticulation

Méthode par laquelle des protéines sont attachées covalentement à un support solide, par l'intermédiaire de réactifs bi- ou multifonctionnels.

carrier cross-linking method (cont'd)

NOTE Glutaraldehyde is most commonly employed as the functional reagent, and many enzymes have been immobilized by the formation of Schiff bases between the amino groups of carriers (e.g. DEAE-cellulose and DEAE-sepharose) and of enzyme protein.

carrier of hydrogen
SEE **hydrogen carrier**

carrier regeneration

Various methods of regenerating a carrier for reuse after the enzyme has lost its activity.

regénération du support solide

Méthodes utilisées pour recycler le support solide lorsque l'enzyme immobilisée a perdu son activité.

cartridge membrane

Device enabling a larger surface area to be obtained without making large and unwieldy stacks of flat membrane. One only has to mould the membrane into a tube and then incorporate a number of such membrane tubes into a cartridge; liquid can then be recirculated through the cartridge and sufficient pressure for ultra-filtration obtained by restricting the flow downstream of the cartridge. In some systems the membrane may be moulded round a plastic rod which is grooved to produce a thin channel effect; it has been suggested that this is more efficient in reducing concentration polarization than a hollow membrane tube. The cartridge system has been used in various large-scale units with membrane areas of up to several square feet.

cartouche à membranes

Cartouche dans laquelle l'élément filtrant est une membrane plissée, pour en augmenter la surface, protégée entre deux couches de matériau assurant une préfiltration et un drainage.

cartridge membrane (cont'd)

NOTE Molecular weight cut-off ranges from 500 to 300,000.

cascade fermentation
over-flow continuous fermentation

System in which the fermenting liquor or mash is fed through a series of fermenters as the process proceeds. In industrial-scale systems, up to 10 fermenters are present in series. The cells are separated from the last fermenter by sedimentation or centrifugation. These cells, which are yeast in the case of alcohol production where the technique has been widely applied, are returned to the first fermenter, any excess being sold off as animal feed or disposed of.

NOTE A number of patented modifications have been developed, which include methods of retaining or settling the yeast in intermediate tanks, in order to avoid the physical removal and recycling of the cells. This overcomes having to acid wash the yeast, which in conventional processes is usually performed to reduce the possibility of infection during recycling. With yeast, fermentation times of between 10 and 18 hours are achieved.

fermentation en cascade
fermentation en série

Technique de fermentation dans laquelle la liqueur ou le broyat de départ passe par une série de fermenteurs au fur et à mesure de la progression de la fermentation. Les micro-organismes sont séparés du dernier fermenteur par sédimentation ou centrifugation. Une partie de ceux-ci est ensuite retournée au premier fermenteur; l'excédent est éliminé ou utilisé comme nourriture pour animaux.

cassette mutagenesis

Site-directed mutagenesis technique based on the use of an oligodeoxynucleotide cassette (a synthetic double-stranded DNA fragment). The strategy involves the introduction of unique silent restriction sites designed to closely flank the target codon. Digestion with appropriate restriction enzymes produces a gap that can

mutagénèse par cassette

Technique de mutagénèse dirigée *in vitro* qui consiste à créer dans le gène une «cassette» encadrée par deux sites d'enzyme de restriction. Il est ensuite aisé de remplacer cette cassette par une autre, constituée de deux brins d'ADN synthétique, pour introduire la mutation que l'on veut dans la zone de la cassette. Les deux sites

cassette mutagenesis (cont'd)

be filled with a duplex synthetic oligonucleotide cassette. The cassette is designed to restore the coding sequence in the gap and to introduce an altered target codon.

de restriction seront souvent obtenus par mutagénèse dirigée.

NOTA Cette méthode est très efficace puisque l'on ramène la mutagénèse à un simple clonage, et se prête bien à l'exploration systématique de la séquence d'une petite protéine dont on aura éventuellement synthétisé tout le gène (cas du tPA), ou d'une zone définie d'une protéine plus grosse, comme les zones hypervariables des anticorps par exemple.

catabolic

Descriptive of an enzymic reaction that leads to the breakdown of a complex biological molecule into less complex components. Such reactions may either yield energy in the form of ATP or generate metabolic intermediates used in subsequent anabolic reactions.

catabolique

Relatif au catabolisme. C'est-à-dire à l'ensemble des phénomènes de désassimilation et dégradation de la matière vivante, dont une partie se transforme constamment en déchets. (Le catabolisme constitue, avec l'anabolisme, les deux phases du métabolisme.)

catabolism

Overall processes involved in the breakdown of complex organic compounds to provide energy in the form of ATP.

catabolisme
désassimilation

Ensemble des réactions de dégradation des composés organiques qui ont lieu chez les êtres vivants au cours du métabolisme, qui ont pour effet de libérer de l'énergie sous forme de chaleur ou de liaisons chimiques, servant à diverses activités physiologiques, et avec élimination de déchets inutiles.

catabolite repression

Control phenomenon in which glucose, or metabolites produced from glucose, inhibit pathways of enzyme synthesis.

répression par les catabolites
répression catabolique

Type de répression enzymatique chez des bactéries poussant sur glucose ou sur une autre bonne source de catabolites.

catabolite repression (cont'd)

NOTE The underlying cause of catabolite repression is that in cells that are provided with a rapidly utilizable carbon source there is a sharp decrease in the intracellular concentration of cyclic 3′, 5′-adenosine monophosphate (cAMP). In the absence of sufficient cAMP the structural genes coding for the particular enzymes are not transcribed effectively, and little or no enzyme is synthesized.

NOTA On a constaté à maintes reprises que le glucose et d'autres substrats énergétiques majeurs inhibent la synthèse de nombreuses enzymes inductibles. Ainsi, lorsque le glucose est source de carbone, la bactérie utilise préférentiellement la voie catabolique la plus primitive, c'est-à-dire la glycolyse ou la fermentation, en bloquant toutes les autres voies cataboliques productrices d'énergie.

catalase

Haem enzyme containing ferric ion, of molecular weight 250,000. It catalyses the decomposition of hydrogen peroxide into water and oxygen. It occurs in many tissues, especially liver, where it is located in thc peroxisomes.

catalase

Enzyme du groupe des chromoprotéines porphyriniques contenant du fer ferrique qui catalyse la décomposition de l'eau oxygénée en eau et oxygène, empêchant ainsi toute accumulation d'eau oxygénée dans les tissus.

catalysis

Promotion of a chemical reaction by addition of a substance or enzyme (catalyst) that partakes in, but is not permanently affected by the reaction. In the case of enzymes, it is mediated by the functional groups found in amino acid side chains and coenzymes. Notably, the amino acid side chains of histidine, serine, cysteine, lysine, glutamate, and aspartate are frequently directly involved in the catalytic process. Coenzymes or metals work in conjunction with enzymes to provide a greater variety of functional groups than is available through amino acid side chains alone.

catalyse

Accélération d'une réaction chimique grâce à la présence, en petite quantité, d'une substance (appelée catalyseur), qui est retrouvée inchangée à la fin de la réaction.

catalyst
catalyzer
accelerant

Substance that increases the rate of chemical reaction, but remains unchanged at the end of the reaction.

catalyseur

Substance qui augmente la vitesse d'une réaction chimique sans paraître participer à cette réaction.

catalyst bead
SEE **active bead**

catalytic activity

Ratio of the space velocity of a catalyst being tested, to the space velocity required for a standard catalyst to give the same conversion as the catalyst under test. In the case of enzymes, it is dependent on temperature, as in the case of ordinary chemical catalysts, but the activity is lost at temperatures above a certain limit due to the denaturation of enzyme protein. Therefore, it is considered that studies on temperature dependence caused by immobilization may provide useful information for comparisons of enzymes and chemical catalysts.

activité catalytique

L'activité catalytique étant le caractère essentiel de toute enzyme, elle sert à en définir les unités. L'établissement de celles-ci suppose que la réaction catalysée est connue sans ambiguïté, que la quantité de substrat consommé ou la quantité de produit formé est mesurable par une méthode analytique fiable, que la réaction est effectuée en présence d'une quantité non limitante de substrat et que l'observation de la réaction porte sur une période suffisamment courte pour que la concentration en substrat puisse y être considérée comme constante et celle du produit comme négligeable. Dans ces conditions, l'unité standard ou unité internationale U.I. d'activité enzymatique est la quantité d'enzyme qui catalyse la transformation de 1 micromole de substrat par minute (dans des conditions de milieu, de pH et de température qu'il convient à chaque fois de préciser).

catalytically active residue
SEE **catalytic residue**

catalytic antibody
SEE **abzyme**

catalytic constant
SEE $\mathbf{k_{cat}}$

catalytic efficiency

Recent advances in DNA technology have enabled a range of modifications to be engineered into the amino acid sequence of a protein. The applications of these techniques can be used to make new or improved proteins of clinical interest or of industrial value by optimizing the thermal stability, pH optimum, catalytic efficiency or specificity of the proteins. As a consequence of the ability to prepare synthetic enzymes, we will be able to elucidate and confirm enzyme reaction mechanisms. We also may be able to reduce the tendency of an enzyme to denature, to produce completely new catalytic functions, and to enhance enzyme solubility in organic solvents.

efficacité catalytique

Quatre facteurs principaux semblent contribuer à l'efficacité catalytique des enzymes :

1) L'enzyme pourrait fixer la molécule de substrat de telle sorte que la liaison sensible à l'attaque soit (a) très proche du groupement catalytique sur le site actif, et (b) orientée par rapport au groupement catalytique, de manière à ce que l'état transitoire se forme facilement.

2) Certaines enzymes pourraient se combiner avec leur substrat afin de former un intermédiaire covalent instable qui subirait plus facilement la réaction permettant d'en former les produits.

3) En fournissant des groupements fonctionnels capables d'agir comme donneurs ou accepteurs de proton, l'enzyme pourrait amener une catalyse acide général ou base générale.

4) L'enzyme pourrait produire une tension ou une distorsion dans la liaison sensible à l'attaque de la molécule de substrat, rendant cette liaison plus facile à couper.

catalytic power

Designates the ability of an enzyme to accelerate a chemical reaction.

pouvoir catalytique

Capacité d'une enzyme à accélérer une réaction chimique.

catalytic rate constant
SEE $\mathbf{k_{cat}}$

catalytic residue
catalytically active residue

Amino acid residue directly involved in the covalent bond changes during enzyme action.

résidu catalytique
aminoacide catalytiquement actif

Chacun des acides aminés d'une enzyme qui partipent à la transformation chimique du substrat. Ils constituent la partie catalytique du centre actif.

catalytic site
SEE **active site**

catalytic subunit

Distinct polypeptide chain in which lies the domain accomodating the catalytic site of complex enzymes. It is completely separated from the domain building up the binding site for the regulatory effector(s).

sous-unité catalytique

Dans le cas d'une enzyme allostérique, chaîne polypeptidique distincte douée d'activité catalytique (dont l'activité n'est plus modifiable par les effecteurs allostériques et pour laquelle la cinétique se traduit par une hyperbole conforme à l'équation de Michaelis) et en sous-unités régulatrices capables de fixer l'effecteur allostérique (mais dépourvues d'activité catalytique), ce qui montre que les sites catalytiques et allostériques sont non seulement distincts, mais portés par des chaînes polypeptidiques différentes réunies dans la structure quaternaire de l'enzyme.

catalyze (v.)

To act as a catalyst, i.e. to cause or produce catalysis. In the living cell, the vast majority of chemical reactions that are of value to the organism have a kinetic barrier preventing their spontaneous occurrence. This kinetic barrier is overcome by the enzyme catalyst. The directive role of the enzyme catalyst is to make energetically favorable reactions take place at a rate that is conducive to sustaining and promoting growth.

catalyser

Agir comme catalyseur dans une réaction.

catalyzer
SEE **catalyst**

cavitation

Formation of gas- or vapor-filled cavities within liquids by mechanical forces: broadly includes bubble formation when water is brought to a boil and effervescence of carbonated drinks; specifically, the formation of vapor-filled cavities in the interior or on the solid boundaries of vaporized liquids in motion where the pressure is reduced to a critical value without a change in ambient temperature.

cavitation

Formation de vide partiel dans un liquide dû à une séparation de constituants ou à un départ de gaz, notamment par action des ultrasons mais plus fréquemment au sein d'un liquide en mouvement, lorsque la pression dans le liquide devient inférieure à la tension de vapeur de celui-ci.

NOTA Voir «sous-unité catalytique».

Celite

Diatomaceous earth composed of calcium carbonate and silicate. This material has been successfully used in enzyme purification.

NOTE Celite is a trademark.

célite

Matière pulvérulente, de faible densité apparente (0,24 à 0,34), à base de silice (93% SiO_2) de diatomées, originaire de Californie (Lompoc). Agent d'adsorption et de filtration; support de catalyseurs.

cell

The fundamental unit of which all organisms are composed, consisting of a mass of protoplasm contained within a plasma membrane. The protoplasm, in a eukaryotic cell, is divided into a nucleus and cytoplasm. The cytoplasm contains a variety of organelles including mitochondria, ribosomes, lysosomes, plastids, granules, lipid vacuoles, etc.

cellule

Unité biologique de base de tout organisme. Une cellule est toujours limitée par une membrane plasmique. Les cellules eucaryotes comportent deux parties fondamentales : le cytoplasme et le noyau. Elles possèdent des organites spécialisés où se déroulent les fonctions fondamentales et qu'on retrouve dans tous les types cellulaires.

cell disruption

Procedure used to liberate the content of cells. These may be mechanical and result in cell breakage or depend on cell lysis induced by addition of solvent

rupture de cellule

Homogénéisation ou rupture des membranes limitantes des cellules par divers traitements mécaniques ou chimiques. La rupture de cellule peut s'effectuer par

cell disruption (cont'd)

which affects the cell membrane, antibiotics or antimetabolites which disrupt or disorganize cell wall growth.

broyage au mixer, autolyse par du toluène et parfois par pression accompagnée ou non d'un léger chauffage (cas de la zymase), par traitement à l'acétone et à l'éther; si toutes ces méthodes sont insuffisantes, on peut faire agir les ultra-sons.

cell-free extract

Solution obtained by rupturing cells and removing all particulate matter.

extrait acellulaire

Extrait dépourvu des structures de la cellule intacte. À partir de telles préparations, il devient possible d'accumuler des intermédiaires métaboliques en utilisant des inhibiteurs enzymatiques spécifiques par inactivation d'enzymes spécifiques ou par élimination ou inactivation de coenzymes indispensables.

cell-free metabolism

Metabolic reactions that occur in the absence of whole cells.

métabolisme acellulaire

Transformations métaboliques qui ont lieu en l'absence des structures de la cellule intacte.

cell recycle

Process used in fermentation and anaerobic digestion in which the cells are removed from the product or effluent stream and recycled into the reactor, which is run in a continuous, cascade or batch mode. The technique is of value when the cells are being used to produce a secondary product or to treat effluents where: (1) cell growth is not required; (2) the growth of cells causes diversion of substrate into unwanted biomass; (3) the rate of cell production or growth, or cell concentration is a rate-limiting step.

recyclage des cellules

Récupération des cellules d'un fermenteur en vue de leur réutilisation. Le recyclage des cellules est particulièrement important en dépollution biologique dans les procédés de contact. Dans le cas du recyclage interne, on utilise les aptitudes floculantes des cellules, ce qui entraîne une hétérogénéité quant à la répartition des cellules dans le réacteur. Le soutirage du produit s'effectue là où la densité des micro-organismes est la plus faible. Le fermenteur APV mis au point pour fabriquer de la bière en

cell recycle (cont'd)

continu était basé sur ce principe : le temps de séjour du fluide était de deux heures alors que celui des micro-organismes atteignait quatre cents heures. Le recyclage externe consiste à récupérer les levures à la sortie du réacteur et à les réintroduire dans celui-ci : ceci peut se faire par décantation, ultrafiltration ou centrifugation.

cell structure

Although Louis Pasteur recognized that fermentation is catalyzed by enzymes, he postulated in 1860 that they are inextricably linked with the structure and life of the yeast cell. It was therefore a major landmark in the history of enzyme research when, in 1897, E. Buchner succeeded in extracting from yeast cells the enzymes catalyzing alcoholic fermentation. This achievement clearly demonstrated that these important enzymes, which catalyze a major energy-yielding metabolic pathway, can function independently of cell structure.

structure cellulaire

La préparation et la purification, plus facile pour les enzymes solubles, se fait en utilisant des techniques de précipitation fractionnée. Pour les enzymes liées aux structures cellulaires, il faut broyer les tissus et isoler les éléments cellulaires contenant les enzymes que l'on désire extraire. La cristallisation est une étape importante dans la purification.

cellulase

Complex enzyme system that hydrolyzes cellulose to sugars of lower molecular weight, including cellobiose and glucose.

cellulase

Enzyme qui catalyse l'hydrolyse de la cellulose. Elle est produite par certaines bactéries et certains champignons. L'enzyme est aussi sécrétée par l'intestin de certains herbivores, ce qui leur permet de digérer la cellulose.

cellulolytic activity

Ability of an enzyme to degrade cellulose.

NOTE The methods are used to assay the activities of complete cellulase systems and of the individual components as follows. Complete cellulase: release of reducing sugars from cotton; loss of weight of avicel; decrease in turbidity of solutions of filter paper; release of dye from dyed cellulose; clarification of cellulose-agar or decrease in tensile strength of fibres of solka-floc. Endoglucanase: release of reducing sugars from carboxymethyl cellulose; decrease in viscosity of solutions of hydroxyethyl cellulose; clarification of agar. Exocellobiohydrolase: production of reducing sugar from amorphous cellulose; production of cellobiose from oligosaccharides; release of p-nitrophenol from p-nitrophenyl-β-D-cellobioside. Exoglucohydrolase: release of reducing sugar from amorphous cellulose; production of glucose from cellobiose; release of p-nitrophenol from p-nitrophenyl-β-D-glucoside.

activité cellulolytique

Capacité d'une enzyme à hydrolyser la cellulose.

cellulose

White solid polysaccharide obtained either by digesting wood chips or in an almost pure state from cotton. It is a polymer of glucose (joined by β-1,4-glucoside linkages) forming the skeleton of most plant structures and of plant cells.

NOTE Cellulose is one of the most commonly used materials for chromatography, and in partition

cellulose

Polymère linéaire du D-glucose $(C_6H_{10}O_5)n$ en β(1->4), c'est le polysaccharide de structure de la paroi cellulaire le plus abondant du règne végétal.

cellulose (cont'd)

systems is employed with either aqueous or organic stationary phases. Acetylated cellulose is employed in reversed phase systems and other chemically modified forms are suitable for ion exchange chromatography.

cellulose ion exchanger
ion exchange cellulose

Substituted cellulose derivative that is used in bead form as weak ion exchanger. The most frequently used products are DEAE-cellulose (diethylaminoethyl) and CM-cellulose (carboxymethyl), which are weak base (anion) and weak acid (cation) exchangers, respectively. They are prepared from cellulose by substitution of some primary and secondary hydroxyl groups of the anhydroglucose units with diethylaminoethyl or carboxymethyl groups, respectively, joined through ether linkages.

NOTE These exchangers have an open structure, which is readily penetrated by large molecules, and a large surface area giving them a high capacity for absorption of protein. The binding is usually freely reversible. DEAE-cellulose is used for chromatography of acidic and slightly basic proteins at pH values above their isoelectric point. The most useful range is pH 6-8. CM – cellulose is used for separation of neutral and basic proteins, which bind at around pH 4.5. Desorption of proteins from the ion exchangers is accomplished by changing the pH or increasing the ionic strength of the eluant.

cellulose échangeuse d'ions

Cellulose substituée qui sert de support hydrophile en chromatographie sur échangeur d'ions. Le diéthylaminoéthyl (DEAE) – cellulose porte une charge positive tandis que le carboxyméthyl (CM) – cellulose porte une charge négative.

cellulosic

Descriptive of a substance that is formed of or relating to cellulose.

cellulosique

Qui est de la nature de la cellulose ou qui en contient.

central complex
SEE **ternary complex**

centrifugation

Process of separating components of a mixture on the basis of differences in densities of the different components using a centrifuge. According to Newton's first law, a moving object continues in a straight line unless a force is exerted to deflect it. When an object is moved in a circular path, the reaction against the deflecting force is the centrifugal force. The force is directly proportional to the radius and is proportional to the square of the speed. The fact that centrifugal force is proportional to the square of the speed allows very high gravitational fields to be reached in small diameter rotors.

centrifugation

Action de séparer des matériaux de densité inégale en les soumettant à des accélérations radiales centrifuges, qui peuvent atteindre 500 000 fois, ou même un million de fois, l'accélération de la pesanteur.

centrifuge

Mechanical device, usually driven by an electric motor, that enables a rotor to be driven at high speed resulting in the production of high gravitational forces.

centrifugeuse

Machine utilisant le principe de la force centrifuge pour séparer les constituants de différentes densités d'un produit.

NOTA Le terme centrifugeur est généralement réservé pour désigner le dispositif partiel d'une centrifugeuse exécutant plus particulièrement l'opération de centrifugation.

chain folding
folding

Optimal application of protein engineering technology will require understanding how the

repliement des chaînes
pliage de la chaîne

La structure tertiaire est due aux repliements des chaînes polypeptidiques, conférant à la

chain folding (cont'd)

amino acid sequence of a polypeptide chain specifies its spatial conformation. It is now clear that polypeptide chain folding and subunit assembly proceeds through sequential pathways involving defined intermediates. The critical amino acid instructions directing these pathways appear to be dispersed through the sequence. Very similar patterns of chain folding and domain structure can arise from different amino acid sequences that show little or no homology. The immunoglobulins are a prime example of conservation of structure despite extensive differences in amino acid sequence.

molécule protéinique la forme globuleuse. Les protéines contiennent des régions formées d'hélices α, des feuillets β, des régions sans structure rigide, des repliements souvent dus à la présence de proline. Un aspect particulièrement critique de l'enroulement des chaînes polypeptidiques en leur conformation native est la très grande vitesse à laquelle il se produit biologiquement.

channelling

A cause of non-ideal flows in biochemical reactors. It is caused by excessive pressure drops, irregular packing of the support and the uneven application of the substrate to the column. Thus the fluid tends to find a preferential path through the column, usually down one side when friction of substrate with packing material is greater than that with the walls, or down the centre of the column when friction of substrate with the walls slows fluid flow. Therefore some of the particles in the column do not come into contact with the substrate, and contact with the rest of the particles is variable.

effet de canalisation

Dans les réacteurs enzymatiques, cheminements préférentiels dus au compactage des particules du support. Ce compactage est aussi une cause des variations de débit et des modifications de la courbe de distribution des temps de séjour.

charge distribution

The substrate can be considered to be destabilized by changes, associated with its binding to the enzyme, and the consequent strain resulting from charge distribution (electrostatic effects) and mechanical distortion. Nucleophilic and electrophilic centres are brought into juxtaposition with each other to allow new covalent bonds to be formed. Solvation of the enzyme may be of great importance as a temperature-dependent transducer of energy in the interaction of the enzyme surface with the aqueous environment of the enzyme, leading to changes in the interior of the enzyme.

distribution de charge

Après une phase fondée sur l'emploi de méthodes dites semi-empiriques, notamment pour traiter des problèmes concernant les conformations moléculaires, on assiste depuis une dizaine d'années à un développement important des calculs dits *ab initio*, notablement plus perfectionnés mais aussi plus coûteux. Ces calculs permettent par exemple d'obtenir une représentation beaucoup plus perfectionnée des distributions de charges moléculaires (charge, dipôle et quadrupôle sur chaque atome et milieu de liaison, par exemple), d'où un perfectionnement correspondant dans l'évaluation des énergies d'interactions intermoléculaires. En combinant les distributions de charge de fragments moléculaires, il devient possible de représenter raisonnablement la distribution de charge de très grandes molécules.

chelate

Chemical structure in which a central polyvalent metal ion is combined with a ring of organic compounds or radicals.

chélate

Complexe métallique où l'ion métal est dissimulé par chélation. De tels complexes se rencontrent souvent en analyse et y jouent un grand rôle pour la précipitation des métaux; ce sont des non-électrolytes, généralement vivement colorés. Les études faites jusqu'ici sur leur structure, par spectrographie infrarouge et par magnétisme, semblent montrer qu'il s'agit, en réalité, de corps hétérocycliques dans lesquels le métal joue le rôle d'hétéro-atome.

chelating agent
sequestering agent

Organic compound (e.g. EDTA) that can bind metal ions by forming two or more coordinate bonds with cations preventing them from interacting with other constituents of the medium.

chélateur
agent chélateur

Produit qui a la propriété de se combiner avec les ions positifs bi- et trivalents (par exemple, calcium, magnésium, fer, mercure), en formant des complexes stables.

chelation
metal binding

Technique involving the use of transition metal compounds as a means of activating the surface of the support and allowing direct coupling of the enzyme, etc. without prior derivatization of the activated support, through formation of chelates. Supports wich have been used include glass, chitin, celite, alginic acid, gelatin, poly-(4- and 5-acrylaminosalicyclic acids) and cellulose, and they have been used to immobilize enzymes and antibiotics.

chélation par les métaux
chélation

Technique qui utilise le fait que de nombreux métaux de transition sont capables de coordonner des molécules contenant des hétéroatomes — oxygène, soufre, azote — et de former des complexes avec les composés aromatiques. Dans ce contexte, on peut coupler sur une matrice un agent chélatant comme l'acide iminoacétique, susceptible de complexer des métaux (cuivre, zinc, cobalt, nickel) et d'interagir avec les cystéines et les histidines des protéines. D'autres aminoacides — tryptophane, tyrosine, phénylalanine — peuvent être adsorbés par du cuivre et du zinc chélatés sur support insoluble. Les applications de tels supports s'étendent aux enzymes immobilisées.

chemical bond

The strong attractive force that links two atoms of a chemical compound. The first explanations of the nature of these bonds were advanced by G.N. Lewis and W. Kössel. Two major types of bonds were proposed. 1. The ionic or electrovalent bond (following the transfer of one or more electrons from one atom to another to create ions). 2. The covalent bond

liaison chimique

Interactions d'origine électrique dues à la présence de charges positives et négatives (noyaux et électrons) au sein de ces atomes ou de ces ions.

chemical bond (cont'd)

(a bond that results when atoms share electrons). The central idea in their work on bonds is that atoms without electronic configurations of noble gases generally react in a way that produces such configurations.

chemical kinetics
reaction kinetics

That branch of physical chemistry concerned with the mechanisms and rates of chemical reactions.

NOTE Studies of reaction velocity have not only played a fundamental role in the growth of theoretical chemistry; the concepts developed in these studies have also been highly fruitful in industry, especially in the field of catalysis. A case in point is the Haber process for the manufacture of ammonia which is based in part on studies of reaction kinetics. Furthermore, reaction kinetics may be used to determine the path or mechanism of a somewhat puzzling reaction. Both theoretical and practical research in the field of reaction kinetics was by mid-century underway in hundreds of laboratories.

cinétique chimique
cinétique de réaction chimique

Ensemble des travaux ayant pour finalité de décrire qualitativement ou quantitativement l'évolution des systèmes chimiques, de comprendre le mécanisme selon lequel, au niveau de la molécule, s'opère le réarrangement des liaisons chimiques qui conditionne la réaction, d'expliciter les forces motrices ou antagonistes qui déterminent cette évolution.

NOTA Certains auteurs utilisent l'expression «dynamique chimique» dans un sens équivalent à celle de cinétique chimique. Le domaine d'application de la cinétique s'étend à toute évolution de la matière, qu'elle soit très lente ou très rapide, mettant en cause des modifications d'espèces chimiques au sein de celles-ci.

chemical reaction

Change in which a substance (or substances) is changed into one or more new substances.

réaction chimique

Opération chimique dans laquelle des corps mis en présence, ou même un seul corps, disposés dans des conditions convenables, donnent de nouvelles espèces.

chemical stability
stability

The property of a chemical compound which is not readily decomposed and does not react with other compounds.

stabilité chimique
stabilité

Propriété d'un corps, d'un système, etc., qui est dans son domaine d'équilibre et, par suite, ne peut être le siège d'aucune réaction chimique spontanée.

chemical synthesis

Formation of one chemical compound from another.

synthèse chimique

Obtention d'une espèce chimique composée à partir des corps simples. Ainsi la combinaison du soufre, corps simple, avec l'oxygène, autre corps simple (par combustion), donne l'anhydride sulfureux, corps composé. C'est une synthèse typique.

chemiluminescence
chemi-luminescence
chemoluminescence

The emission of light as the result of a chemical reaction. It occurs due to the interaction of components added to liquid scintillation cocktails, giving spurious results. This may be associated with peroxidation and can be overcome by leaving the samples in the dark for about 24 hours prior to counting.

chimiluminescence
chimioluminescence

Luminescence provoquée par l'énergie libérée lors d'une réaction chimique à basse température. Elle est généralement liée à des phénomènes d'oxydo-réduction.

chemiluminometric assay

Assay which utilizes luciferase to carry out very sensitive analysis of enzymes or substrates which are involved in reactions utilizing ATP. The firefly luciferase converts ATP to ADP + light which is measured by a scintillation counter.

dosage chemiluminescent
essai à la luciférase

Dosage de l'ATP par réaction à l'aide de la luciférase qui catalyse sa conversion en ADP et photons. L'émission de lumière est généralement mesurée dans un compteur à scintillation.

chemoluminescence
SEE **chemiluminescence**

chemostat

Fermentation vessel or bioreactor in which steady-state growth is maintained by providing the cells with a constant input of nutrients. The rate of growth can be regulated by the level of a specific nutrient and the dilution rate (rate of removal of organisms from the vessel) matched to the cell growth rate.

chemostat

Type de réacteur dans lequel on contrôle la réaction par l'intermédiaire du flux entrant. On fixe la concentration d'une substance nutritive critique à une valeur telle que les autres substances nutritives se trouvent en excès. La substance nutritive critique impose alors une limite à la prolifération des micro-organismes.

chromatofocusing

Technique used for the purification of macromolecules. It combines chromatographic and electrophoretic principles.

chromatofocalisation

Technique de séparation des macromolécules, basée à la fois sur l'électrophorèse et sur la chromatographie.

chromatographic detector
detector

Instrument used to monitor and quantify the products eluted from a chromatography column. Techniques used are based on the physical, chemical or biological properties of the molecules and may involve prior conversion by chemical or enzymic means to produce a coloured or fluorescent complex. Physical methods include the use of spectrophotometers, colorimeters, spectrophotofluorometers, refractometers, polarimeters, etc.

détecteur

Appareil servant à déceler, à révéler la présence d'un corps dans un échantillon. Les détecteurs en chromatographie mettent en évidence les constituants du mélange. Un bon détecteur doit être stable, sensible, linéaire, pratique d'emploi et ne doit pas altérer les séparations réalisées par la colonne.

chromatography

Any of a diverse group of techniques used to separate mixtures of chemical compounds into individual components based on differences in their relative affinities for two different media: one is the mobile phase (e.g. a

chromatographie
analyse chromatographique

Méthode analytique consistant à séparer, en vue de leur identification et, éventuellement, de leur dosage, les constituants d'un mélange grâce à la migration différentielle de ces constituants au travers de systèmes formés par

chromatography (cont'd)

moving fluid (solvent) or a moving gas) and the other, the stationary phase or sorbent (e.g. a porous solid, gel or liquid bound to a porous inert solid support).

deux ou plusieurs phases qui leur manifestent des affinités préférentielles.

chromatography
SEE **hydrophobic chromatography**

chromatography column

colonne chromatographique
colonne de chromatographie

Tubular container used to hold and support the solid stationary phase in chromatographic separations. Columns are made of glass, plastic or metal, and vary in size and length according to the technique used. Very long, narrow columns are used for gas chromatography; large-scale gel filtration or ion exchange columns may be wider than they are long in order to reduce pressure drop and compression effects on the packing.

Tube de verre, de plastique, de métal, cylindre de plâtre, etc., garni d'une substance adsorbante sur laquelle on verse la solution dont on veut séparer les constituants ou dans laquelle on fait passer le mélange gazeux à analyser.

chymosin
SEE **rennin**

chymotrypsin

chymotrypsine

Digestive enzyme able to act on almost any protein, as it must if it is to act upon the varied types of proteins consumed as food. This enzyme and trypsin are endopeptidases; that is, they cleave internal pepticle bonds. These two proteinases perform the major share in hydrolyzing proteins to small peptides. Digestion to amino acids is completed by the exopeptidases.

Enzyme protéolytique catalysant l'hydrolyse des liaisons peptidiques à l'intérieur des chaînes, au niveau des acides aminés aromatiques.

clarification

Removal of suspended particulate material from a solution. It may be a necessary part of either pre- or post-fermentation processing of feed solutions or product streams: for example, where byproducts of food processing, such as molasses, are used as feed. Removal of particulate material may be necessary to reduce the solids load passing through the system, in order to reduce fouling of heat exchangers in particular, to increase the purity of the final product, to remove potential inhibitory materials or to recover a desired product.

clarification

Opération consistant à rendre limpide un liquide qui contient des particules en suspension. (Pour ce faire, on utilise la filtration, la fermentation, la chaleur, des résines échangeuses d'ions, des matières englobantes ou adsorbantes.)

classification number
EC number
enzyme commission number
enzyme number

A four-part number which is used where accurate and unambiguous identification of an enzyme is required, as in international research journals, abstracts, and indexes. The first number of the code places the enzyme into one of six groups, indicating the type of reaction involved. The next two numbers indicate the groups involved in the reaction and the fourth number provides the absolute identification of the enzyme.

NOTE The enzyme number is preceded by the abbreviation E.C., or EC, which stands for enzyme commission.

numéro de code
numéro de classification

Numéro procédé des lettres E.C. (Enzyme Commission) et comportant quatre chiffres séparés par des points. Le premier chiffre indique l'appartenance à l'un des six groupes de réaction. Le deuxième et le troisième chiffre constituent des sous-classes qui précisent d'abord le type de réaction puis le type de molécule sur lequel elle a lieu. Enfin le dernier chiffre est un simple numéro d'ordre de l'enzyme dans le sous-groupe considéré et désigne le substrat particulier sur lequel porte la réaction, ou éventuellement les substrats s'ils sont plusieurs à participer à la réaction.

CM-cellulose
SEE **carboxymethyl cellulose**

CM group
SEE **carboxymethyl group**

CoA
SEE **coenzyme A**

coacervation

The separation, by addition of a third component, of an aqueous solution of a macromolecule colloid (polymer) into two-liquid phases, one of which is colloid-rich (the coacervate) and the other an aqueous solution of the coacervating agent (the equilibrium liquid).

coacervation

Démixtion en phases colloïdales liquides en équilibre contenant en proportions différentes les mêmes constituants.

co-crosslinking

Immobilization method which is particularly useful when, owing to its chemical nature, insolubilization of an enzyme cannot be achieved by glutaraldehyde crosslinking alone. To eliminate the loss of enzyme activity due to diffusion effects caused by crosslinking reactions enzymes, at low concentrations, are crosslinked via glutaraldehyde to a nonenzymic protein which is rich in L-lysine residues (such as bovine serum albumin), and the resultant immobilized enzyme can be insolubilized by gel entrapment methods.

coréticulation

Méthode d'immobilisation dans laquelle la protéine enzymatique active est copolymérisée avec une protéine inerte à l'aide du même agent de pontage. La protéine inerte peut jouer un rôle important au niveau de la structure tridimensionnelle obtenue et également au niveau catalytique par le maintien de la concentration à un niveau donné (apport du cosubstrat oxygène pour les oxydases).

NOTA L'enzyme immobilisée de cette façon a un comportement différent de l'enzyme en solution. Substrats et produits sont soumis à des contraintes de diffusion. La conjugaison diffusion-réaction potentialise la réaction enzymatique faisant intervenir des concentrations locales en effecteurs.

coenzyme

Organic nonprotein molecule, frequently a phosphorylated derivative of a water-soluble vitamin, that is necessary for the activity of an enzyme. It binds with the associated protein (apoenzyme) to form the active enzyme (holoenzyme).

coenzyme

Molécule organique non-protéique indispensable à l'action de certaines enzymes. Plusieurs coenzymes dérivent de facteurs vitaminiques. Les coenzymes sont fixées à l'apoenzyme, les unes de façon très solide (groupements prosthétiques), les autres faiblement (elles servent alors habituellement de transporteur).

coenzyme A
CoA

Coenzyme consisting of pantothenic acid linked to a mononucleotide based on adenine. It is an intermediate involved in the transfer of acetyl groups (with which it combines to form acetyl-CoA) and other fatty acyl groups which are bound to a thiol group on the molecule. It plays an important role in fatty acid synthesis and oxidation, as well as in the first step of the TCA cycle.

NOTE CoA and CoA-SH are abbreviations for coenzyme A.

coenzyme A
co-enzyme A

Coenzyme formée par l'union d'adénosyl pyrophosphate 3'-phosphorylé et de phosphopantothéine. Par son groupement thiol, la coenzyme A se lie par une liaison riche en énergie avec un radical acyl, servant ainsi de transporteur de radicaux acyl.

NOTA CoA et CoA-SH sont des abréviations de coenzyme A.

coenzyme Q
ubiquinone

Substituted benzoquinone that plays a role in the respiratory electron transport chain, where it receives hydrogen or electrons from a flavoprotein and is reduced to a quinol, which then reduces the next member of the chain (a cytochrome).

NOTE CoQ is an abbreviation for coenzyme Q.

ubiquinone
coenzyme Q
co-enzyme Q

Quinone mitochondriale intervenant dans la chaîne respiratoire.

NOTA CoQ est une abréviation de coenzyme Q.

cofactor

Non-protein compound that is essential for catalytic activity. They may be organic compounds (coenzymes) or metal ions such as magnesium, manganese, calcium, zinc, potassium, etc. When tightly associated with the protein in the holoenzyme they are generally termed prosthetic groups.

cofacteur

Molécule non protéique nécessaire à l'activité enzymatique : terme englobant les oligo-éléments (ions métalliques divalents), les agents stabilisateurs de structure protéique et les coenzymes.

co-immobilization
co-immobilisation

Immobilization of two or more enzymes so as to form multifunctional catalysts. These should be capable of more complex conversions than are possible using a single enzyme. For instance, glucose oxidase and catalase have been co-immobilized so that the hydrogen peroxide produced by the glucose oxidase is degraded by the catalase before it can inactivate the glucose oxidase.

coimmobilisation

Immobilisation de deux ou plusieurs enzymes de façon à permettre des transformations enzymatiques plus complexes.

cold shock

Phenomenon caused by a rapid reduction from normal growth temperature to 0°C. The effect, which only occurs under specialized conditions, results in a loss of viability and release into the surrounding medium of 260 nm absorbing material, amino acids, and ATP.

NOTE As a technique for bacterial disruption on a large-scale, cold shock would be difficult to employ. Two of the major limitations imposed by this technique are firstly that cold shock has little or no effect on cell suspensions with a density greater than 10^8/ml, and secondly bacteria

choc au froid

Phénomène causé par une baisse rapide de la température de croissance d'un micro-organisme jusqu'à 0 °C . Les cellules perdent leur viabilité et relâchent dans le milieu des substances absorbant la lumière à 260 nm, des acides aminés et de l'ATP.

NOTA Cette technique ne peut pas être utilisée sur une grande échelle à cause de la taille des récipients et de la sophistication de l'équipement nécessaire. De plus, le choc au froid a peu ou pas d'effet sur les cultures cellulaires présentant une densité supérieure à 10^8/ml. Les cellules bactériennes sont aussi plus susceptibles au

cold shock (cont'd)

are considerably more susceptible to cold shock when in the exponential growth phase. On the large scale the size of vessel and sophistication of equipment required to ensure success with this method would be unpractical.

choc au froid lorsqu'elles sont en phase exponentielle de croissance.

collagen

Main structural protein in the white fibres of connective tissue. It is composed of units made up of three polypeptide chains (tropocollagen) and is characterized by a high hydroxyproline content.

collagène

Macromolécule glycoprotidique très répandue dans le règne animal et qui, chez l'homme, représente approximativement un tiers des protéines de l'organisme. Cette protéine fibreuse est formée de grosses molécules de tropocollagène synthétisées dans les fibroblastes, comportant chacune trois chaînes peptidiques d'environ 1 000 acides aminés s'enroulant en hélice et formant, à elles trois, une super-hélice. Il contient essentiellement de la glycine (1 résidu sur 3), de la proline ou de l'hydroxyproline (1 résidu sur 4).

collective motions

Movements of groups of atoms that are covalently linked in such a way that the group moves as a unit. The size of the group ranges from a few atoms to many hundreds of atoms. Entire structural domains may be involved, as in the case of the flexible Fc portion of immunoglobulins, where rigid-body motion of a 50,000 dalton unit occurs. There are two types of these motions: those that occur fast but infrequently (internal tyrosine ring flips belong to this category), and those that occur slowly (the cis-trans

mouvements collectifs

Mouvements des atomes ou groupes d'atomes d'une molécule. Dans les protéines, sur de courts intervalles de temps (quelques dixièmes de picoseconde), les mouvements les plus importants sont des mouvements locaux des peptides ou des chaînes latérales, qui tournent de 20 à 60 degrés autour des liaisons covalentes les reliant au reste de la chaîne principale. Ce sont cependant les mouvements collectifs de durée de plusieurs picosecondes qui constituent l'essentiel des déformations moléculaires des protéines : les atomes sont si

collective motions (cont'd)

isomerization of proline is one example).

NOTE The energy for collective motions also derives from the thermal energy inherent in a protein as a function of temperature. The time scale of these motions [from picoseconds to nanoseconds or slower] allows some of them to be studied by such techniques as NMR and fluorescence spectroscopy. Evidence that collective motions occur in proteins comes predominantly from molecular dynamics simulations.

tassés, à l'intérieur de la protéine, qu'un atome donné ne peut bouger sans mettre en mouvement les atomes voisins.

colloid

Stable suspension of very small particles dispersed in a liquid medium.

NOTE Colloids are generally classified into two systems, reversible and irreversible. In a reversible system the products of a physical or chemical reaction may be induced to interact so as to reproduce the original components. An irreversible system is one in which the products of a reaction are so stable or are removed so effectively from the system that its original components cannot be reproduced. All colloidal systems can either be generated or eliminated by nature as well as by industrial and technological processes. The colloids prepared in living organisms by biological processes are vital to the existence of the organism. Those produced with inorganic compounds in the Earth and its waters and atmosphere are also of crucial importance to the well-being of life forms.

colloïde

Système dans lequel des particules se trouvent suspendues dans un fluide. De taille supérieure à une molécule de taille courante, dispersées dans une phase liquide, ces particules sont susceptibles de donner, suivant leur concentration, des solutions plus ou moins visqueuses.

column chromatography

Any form of chromatography in which a column or tube is used to hold a solid adsorbent, support, or a liquid stationary phase deposited on the column. The term was originally used for liquid-solid adsorption chromatograms and liquid-liquid partition chromatograms run under normal conditions of temperature and pressure in glass tubes.

chromatographie sur colonne

Procédé de chromatographie dans lequel la solution à analyser est passée à vitesse constante à travers une colonne de matière absorbante, dans laquelle les divers constituants sont adsorbés en couches distinctes à des hauteurs différentes.

column reactor

Bioreactor or fermenter where the height is several times the diameter. Typically a column packed with a fixed bed is used for immobilized cells or enzymes.

réacteur en colonne*

Type de bioréacteur où l'enzyme, fixée sur un support particulaire, est disposée dans une colonne percolée par la solution à traiter.

NOTA* Équivalent proposé par l'auteur.

common name
SEE **recommended name**

competitive inhibition
selective inhibition

Blocking of the action of an enzyme on its substrate by replacing the latter with a similar but inactive compound, one capable of combining with the active site of the enzyme but not being acted upon or split by it; e.g. sulfonamide vs. p-aminobenzoic acid.

inhibition compétitive
inhibition concurrentielle
inhibition par association exclusive

Ralentissement ou arrêt d'une réaction enzymatique sous l'effet d'une molécule semblable au substrat qui, sans prendre part à cette réaction, peut se lier de façon réversible à la place du substrat sur le site actif.

NOTA L'inhibition partiellement compétitive est un cas particulier de l'inhibition non compétitive dans lequel la constante d'association de l'inhibiteur est différente selon qu'il réagit avec l'enzyme libre ou le complexe enzyme-substrat.

competitive inhibitor

Substance that inhibits an enzyme reaction by complexing with the enzyme at the same binding site as the substrate. Inhibitor and substrate therefore compete for the same site, forming enzyme-substrate (ES) and enzyme-inhibitor (EI) complexes, respectively; ESI complexes are not produced. This type of inhibition is completely overcome by high substrate concentrations and reciprocal plots yield apparent Michaelis constants that are larger than the Michaelis constants in the absence of inhibitor.

inhibiteur compétitif

Inhibiteur qui doit ses propriétés au fait que sa configuration moléculaire a une certaine similitude avec celle de la substance active qu'il inhibe. Grâce à son analogie structurale et stérique avec le substrat, cet inhibiteur peut prendre sa place au niveau du site actif.

completely mixed bioreactor
completely mixed digester
completely mixed continuous digester
fully mixed digester

A stirred tank fermenter or a continuous single-stage, once through microbial process that does not involve recycling of the cell biomass. The contents of the bioreactor are mixed by intermittent or continuous stirring of the liquid. This is achieved by mechanical means (using an impeller) or by recycling liquid or passing a gas through it.

digesteur infiniment mélangé
réacteur de type infiniment mélangé

Digesteur qui comporte un dispositif d'agitation du contenu ainsi qu'un système de chauffage permettant à la réaction de s'effectuer à une température optimale constante. Ce type de digesteur est particulièrement utile pour la fermentation des déjections qui demande un temps de séjour relativement long.

computer graphics

The process of pictorial communication between humans and computers, in which the computer input and output have the form of charts, drawings, or appropriate pictorial representation; such devices as cathode-ray tubes, mechanical plotting boards, curve tracers, coordinate digitizers, and light pens are employed.

infographie

Application de l'informatique à la représentation graphique et au traitement de l'image. (Les écrans de visualisation, les tables traçantes automatiques, reliés à un ordinateur, constituent les matériels d'infographie usuels.)

concentration (1)

Ratio of the mass or volume of a solute to the mass or volume of the solution or solvent. It can be expressed in terms of molarity, molality, normality, or mol fraction.

NOTE See "concentration" (2).

concentration (1)

Quantité d'une espèce chimique existant dans un mélange homogène. On l'exprime habituellement :

- soit par la masse du constituant rapporté à l'unité de volume de la solution,
- soit par le nombre de moles de molécules du constituant, rapporté à l'unité de volume de la solution (molarité).

NOTA Voir «concentration» (2).

concentration (2)

Increase in the ratio of a substance in solution, for example by evaporation.

NOTE See "concentration" (1).

concentration (2)

Action d'augmenter la proportion d'une substance dans une solution, notamment par évaporation du solvant.

NOTA Voir «concentration» (1).

concentration gradient

The graded difference in the concentration of a solute throughout the solvent phase. A continuous concentration gradient is formed by mixing a concentrated solution with a less concentrated solution, or pure solvent, in a continuous manner. A step-wise gradient is produced by layering a series of gradually less concentrated solutions one above the other in a suitable container, often a centrifuge tube.

gradient de concentration

Variation de la concentration d'un soluté à travers une solution.

concentration polarization
concentration polarisation
membrane polarization

Phenomenon which arises as a result of the build-up of a layer of rejected solute at the membrane surface which impedes solvent flow. The resistance to flow due to this layer thus increases until a

polarisation de concentration
polarisation de membrane

Phénomène, observé au niveau des supports membranaires utilisés dans les systèmes de filtration, qui se traduit par une accumulation des composés de haut poids moléculaire sur la face amont de la

concentration polarization (cont'd)

point is reached where the rate of diffusion of solute away from the polarization layer equals the rate of deposition. This phenomenon also explains why the solvent flux often becomes invariant with an increasing transmembrane pressure drop. Although solvent flux through a membrane is a hydraulic pressure-activated process and should increase with increasing pressure, a point is reached where the rate of build-up of the solute polarization layer is such that flow is impeded and further increases in pressure have no effect.

membrane et un colmatage des pores.

concerted transition model
SEE **symmetry model**

conformation

Any one of a molecule's instantaneous orientations in space caused by free rotation about its single bonds.

conformation

Dans une molécule, disposition spatiale des substituants qui peuvent occuper de nombreuses positions différentes, sans destruction de liaisons, en raison de rotation possible autour de liaisons simples.

NOTA Ne pas confondre conformation et configuration. Le terme configuration désigne la disposition dans l'espace des groupes substituants des stéréoisomères; ces structures ne peuvent être interconverties l'une en l'autre sans destruction d'une ou de plusieurs liaisons covalentes.

conformational change
SEE **conformational transition**

conformational mobility

The work by Zaks and Klibanov beautifully demonstrates the linkage between conformational mobility, enzyme specificity and the thermo-inactivation process. It provides an additional route to enzyme stabilization for operations carried out in an unnatural environment simply by strict control of water content. Now that the effect of low levels of water in hydrophobic medium is better understood, it may be used to design enzymic bioconversions with narrowed specificity at elevated temperatures.

mobilité conformationnelle

L'ADN est impliqué dans une série de réactions compliquées associées à sa réplication et à des réarrangements de segments d'ADN à l'intérieur du génome. Dans toutes ces réactions, la réactivité et la mobilité conformationnelle de l'ADN jouent un rôle important. Il est vraisemblable qu'au cours de la décennie à venir, les méthodes de chimie structurale et physique, combinées aux techniques puissantes qui sont maintenant disponibles pour isoler et manipuler des séquences d'ADN déterminées, élucideront les mécanismes de ces réactions biochimiques.

conformational stability

In globular proteins, disulfide bonds provide conformational stability, although the detailed mechanisms by which these bonds influence not only the stability of native structures but also pathways of folding and unfolding have yet to be defined. Changes and restriction of conformation may be achieved by immobilization of enzymes to support molecules. Increases in conformational stability can also be achieved by cross-linking the enzyme, in addition to the natural disulphide cross-links in the tertiary structure of some enzymes. These new cross-links may be across the quaternary structure too, so preventing the dissociation of sub-unit structures normally held together by non-covalent bonding.

stabilité de la conformation*

Quatre types essentiels d'interactions ou de liaisons faibles coopèrent pour stabiliser la structure tertiaire des protéines : 1) les liaisons hydrogène entre les liaisons peptidiques comme dans l'hélice α ou dans les feuillets plissés β; 2) les liaisons hydrogène entre les chaînes latérales des aminoacides; 3) les interactions hydrophobes entre les chaînes latérales des aminoacides non polaires; 4) des liaisons ioniques entre les fonctions chargées positivement ou négativement, comme le COO- de l'aspartate et du glutamate et le NH3+ de la lysine. Des études sur la contribution relative de chacun de ces quatre types de liaisons faibles dans la stabilité de la conformation des protéines natives indiquent

conformational stability (cont'd)

clairement que les interactions hydrophobes entre les chaînes latérales non polaires sont de loin les plus importantes.

NOTA* Équivalent proposé par l'auteur.

conformational transition
conformational change
conformation change

changement de conformation
modification de conformation
changement conformationnel
transconformation

In recent years studies of enzymes conformational changes have become highly sophisticated. By a variety of physical techniques they have revealed the great complexity of response of enzymes to small molecules. One method uses ultrasonics to study the pH induced conformational transition in the active centers of the enzymes. The method utilizes the observation that ultrasonic cavitation produces hydroxyl and hydroperoxyl free radicals in water solution. Penetration of these radicals into the enzyme active center results in enzyme inactivation due to destruction of certain functional groups important for the catalytic activity, typically tryptophan residues. Thus, a kinetic study of the enzyme ultrasonic inactivation allows us to determine the parameters associated with the conformational changes in the enzyme active center.

La conformation du centre actif n'est pas rigide. Elle a une flexibilité importante. L'association du substrat au centre actif induit très régulièrement un changement de conformation qui aboutit à un ajustement induit de la structure du centre actif. Les chaînes latérales qui participent au fonctionnement du centre actif, soit au centre de spécificité, soit dans la partie catalytique du centre actif, changent de position au cours de la fixation du substrat pour former le complexe enzyme-substrat, mais très souvent aussi au cours de la transformation catalytique du complexe pour former les produits de réaction.

conjugated protein

Protein that contains or is linked to other non-protein moieties: for

protéine conjuguée

Protéine qui comporte en plus de la partie protéique, une partie non

conjugated protein (cont'd)

example, metalloproteins (contain metals), lipoproteins (contain lipids) and nucleoproteins (contain nucleic acids).

protéique ou groupement prosthétique. L'association de la partie non protéique se produit soit au cours de la biosynthèse pendant l'élongation de la chaîne polypeptidique (événement co-traductionnel), soit après terminaison de la chaîne (événement post-traductionnel).

consecutive enzyme-catalyzed system

System in which the product of one enzyme-catalyzed reaction is the substrate for another enzyme in a sequence.

$$A \xrightarrow{E_1} B \xrightarrow{E_2} C \xrightarrow{E_3} D \rightarrow \rightarrow$$

An understanding of the behavior of these reactions is highly desirable in order to gain an insight into the exact sequence of events during metabolic processes and to create more efficient and complex enzyme reactors.

NOTE Several synthetically prepared consecutive enzyme-catalyzed reaction systems have been described. These have been constructed either by simultaneous or sequential immobilization.

système de réactions enzymatiques couplées

Séquence de réactions enzymatiques où le produit d'une réaction sert de substrat pour la réaction suivante.

NOTA Les voies métaboliques sont des exemples naturels de systèmes de réactions enzymatiques couplées. On peut créer de tels systèmes artificiellement à l'aide d'enzymes immobilisées, soit simultanément, soit en séquence.

constitutive enzyme

Enzyme that is synthesized under all conditions of growth, and does not require a specific substrate to induce its synthesis. It is wrong to assume that such an enzyme is always produced at its maximum potential level. The cell will have widely different requirements for different proteins, even where those needs are not affected by external conditions. Furthermore,

enzyme constitutive

Enzyme synthétisée que le substrat spécifique soit ou non présent.

constitutive enzyme (cont'd)

the levels of these enzymes may be affected by non-specific changes in conditions such as those that affect the rate of growth of the organism.

continuous cell recycle reactor

Fermentation system in which cells are continually removed from the effluent and returned directly to the fermentation vessel. The fermenter may be a simple continuous stirred tank fermenter. The cells are often separated by centrifugation. Cell recycle maintains a high cell concentration and hence a high concentration needs to be used. A low rate of cell growth may be necessary to maintain a viable culture.

NOTE The disadvantage of higher capital costs is counterbalanced by improved productivity and reduced equipment size. Several alternatives to a centrifuge for cell harvesting have been investigated.

réacteur à recyclage cellulaire continu

Réacteur dont les effluents sont traités pour récupérer les micro-organismes afin de les y retourner. Dans un tel système, il est nécessaire de favoriser une vitesse de croissance lente, pour maintenir la viabilité des cellules qui sont en concentration élevée.

NOTA La récupération des micro-organismes, souvent effectuée par centrifugation, est un processus coûteux qui est rentabilisé grâce à une productivité accrue et la diminution de la taille de l'équipement.

continuous culture

Technique that is used to maintain a culture of bacteria or cells in a condition of stable multiplication and growth. This is usually achieved by supplying the fermenter or bioreactor with a continuous supply of nutrient solution at the same rate as cells are washed out of the reactor by spent medium.

NOTE See "chemostat".

culture en continu
culture continue

Culture de micro-organismes ou de cellules avec alimentation continue, limitée par la quantité d'éléments nutritifs, et faisant l'objet d'un soutirage continu ou de prélèvements discontinus.

continuous fermentation

Fermentation process in which the cells are kept in a state of exponential growth, or in which stationary cells continually produce a secondary product. In general, a suitable medium will be fed into the fermenter at the same rate as the effluent is removed so that conditions remain constant. If the objective is the production of cell biomass, the dilution rate will be adjusted to match the doubling rate of the cells. If the objective is to produce a secondary product, the cells will be retained in the fermenter by some device and the feed rate adjusted to the rate at which the substrate is being further metabolized to form the required end product.

fermentation en continu

Procédé de fermentation mis en oeuvre de façon à assurer une production continue soit en permettant l'obtention d'une densité cellulaire élévée, soit en maintenant les cellules en phase exponentielle.

continuous flow centrifuge

Type of centrifuge in which the deposited solids are retained in the centrifuge bowl and the clarified supernatant is continuously discharged. There are three basic designs of centrifuge which can retain several kilograms of solid and operate at sufficiently high flow rates; these are the disc type centrifuge, the hollow bowl centrifuge, and the basket centrifuge. In the early stages of any large-scale enzyme purification process it may be necessary to remove solids from several hundred litres of suspension.

centrifugeuse à flux continu

Centrifugeuse alimentée en continu par une suspension; les solides sédimentent dans le rotor tandis que le surnageant est évacué au fur et à mesure.

NOTA Ce type de centrifugeuse permet de traiter des volumes importants, parfois des centaines de litres.

continuous reactor

With the introduction of immobilized enzymes, continuous operation has become a reality in enzyme catalyzed reactions, and with it the advantages of automatic control, ease of operation, and quality control of products. Based upon the method of charging and discharging, enzyme reactors may be broadly classified as batch and continuous-flow reactors. Continuous reactors can be divided into two basic types, depending on the relative flow patterns; continuous feed stirred tank reactors and plug-flow reactors.

réacteur continu
réacteur enzymatique continu

L'immobilisation des enzymes est nécessaire pour leur utilisation prolongée en réacteur continu. Elle n'est pas justifiée dans les grands procédés industriels conventionnels où le coût du traitement enzymatique est souvent inférieur à 1 % de celui de la matière à transformer. Les investissements importants dans des équipements coûteux, les risques de contamination par des micro-organismes, l'apparition de sous-produits et la baisse d'activité due aux limitations de la diffusion des produits et des substrats ont été la plupart du temps les obstacles à l'utilisation de réacteurs continus.

continuous stirred-tank reactor
back-mix reactor

Batch reactor modified so that fresh nutrient and substrate can continually be added and the products of the reaction can continually be removed.

NOTE CSTR is an abbreviation of continuous stirred-tank reactor.

réacteur à fonctionnement continu
réacteur agité à alimentation continue
réacteur fonctionnant en continu

Réacteur dans lequel les substances nutritives et les matières premières arrivent sans interruption.

controlled pore ceramic

Controlled pore support based on silica, alumina, and titania. They are cheaper than controlled pore glass. However, their chemical durability demands attention in the choice of which support is chosen for a particular process. Thus titania and alumina are more suitable to applications in alkaline solutions, whilst silica is more suitable for acidic solutions.

céramique à pores contrôlés

Support poreux fait de silice, d'alumine ou de titane, dont la dimension des pores est étroitement contrôlée.

controlled pore glass

Controlled pore support prepared by heating borosilicate glass to 500-700°C, when it undergoes a phase separation. Subsequent leaching of the borate component leaves a porous support with closely controlled pore sizes. However, it is not suitable for industrial purposes owing to its high price and lack of stability due to the continuous leaching of silica from the particles during prolonged usage in continuous flow systems, especially in alkaline media.

NOTE CPG is an abbreviation of controlled pore glass.

verre à porosité contrôlée

Support en verre dont la dimension des pores est étroitement contrôlée.

NOTA CPG est une abréviation souvent citée dans les ouvrages français.

controlled pore support

Porous materials have distinct advantages due to the high surface area to unit weight ratio which allows high enzyme loading with most of the enzyme being immobilized on internal surfaces which protect it from the high flow turbulence which exists around the external surfaces, particularly in industrial reactors. The size of the pores must be such that not only can the enzyme be accommodated, but there must also be sufficient space to allow facile access for the substrate and product molecules.

support à porosité contrôlée

Matrice solide qui sert à immobiliser les enzymes dans des cavités de dimensions choisies en fonction de la taille de l'enzyme et de l'accessibilité aux substrats et aux produits. Les enzymes immobilisées de cette manière sont protégées des turbulences des flux générés dans les réacteurs industriels.

Coomassie brilliant blue
Coomassie blue

Stain used to reveal the position of proteins on gels, following separation by electrophoresis.

bleu de Coomassie

Colorant utilisé pour détecter la position de protéines séparées par électrophorèse en gel.

copolymer

Polymer in which two or more monomers or base units are combined. Many commercial polymers are actually such polymers, a wider range of properties being possible than with single monomers.

copolymère
hétéropolymère

Composé formé de macromolécules renfermant des motifs monomères de natures différentes. Ils sont obtenus par des opérations de copolymérisation (ou copolycondensation) qui consistent à polymériser ou polycondenser les mélanges de monomères correspondants.

copolymerization

Polymerization reaction that forms a copolymer.

copolymérisation

Opération de synthèse qui consiste à créer une chaîne macromoléculaire à partir de motifs monomères de natures différentes. (Selon la nature des copolymères obtenus, la polymérisation est dite statistique, alternée, séquencée [ou par blocs] ou greffante.)

coulomb interaction
SEE **electrostatic interaction**

coupled enzyme system

An enzyme system used to determine the activity of another enzyme or to assay substrate or product concentration of a given enzyme. Ex: the enzyme to be assayed, asparate aminotransferase, produces oxaloacetate which is a substrate for the second enzyme, malate dehydrogenase. This oxidizes its other substrate, reduced NAD, so that the reaction is readily followed by the decrease in extinction at 340 nm. If the assay is to be accurate the oxaloacetate must not accumulate; only if it is used as soon as it is formed will the rate of formation of NAD be a true measure of the activity of

réaction enzymatique couplée

Système enzymatique servant au dosage du substrat S ou du produit P d'une enzyme ou encore à la mesure de l'activité d'une enzyme. Par exemple lorsque l'enzyme E, dont on mesure l'activité, n'est pas une déshydrogénase à NAD^+ ou $NADP^+$, et que ni le substrat S, ni le produit P ne possèdent de propriétés spectrales particulières, on couple la première réaction à une deuxième, catalysée par une déshydrogénase dont P est le substrat. Dans certaines conditions, mesurer l'activité de la deuxième équivaut à mesurer l'activité de la première. La deuxième réaction est dite «réaction indicatrice» de la

coupled enzyme system (cont'd)

asparate (sic) aminotransferase. Since the second enzyme has to function with a minute substrate concentration, a great excess has to be present in the assay mixture.

NOTE It has been calculated that even with a 100-fold excess of the second enzyme, compared to the first, there was likely to be a 4% error in the initial rate measurements. Thus these coupled enzyme systems are likely to be very expensive, and it is essential that the second enzyme be free from any contaminating activities that might interfere.

première, appelée «réaction principale».

NOTA Dans ces conditions la réaction principale est limitante pour la seconde, les vitesses des deux réactions sont alors égales. Pour cela, le NADH, H^+ doit être en large excès et l'activité potentielle de E_2 doit être grandement supérieure à celle de E_1 (environ cent fois plus).

coupled reaction

Linking of an exogonic reaction and an endogonic reaction in such a way that there is only a small net change in free energy, resulting in an overall reversible reaction. In living organisms, anabolic reactions are coupled with catabolic reactions resulting in the build up of complex molecules, but with an overall loss of energy as metabolic heat.

réaction couplée

Couplage énergétique d'une réaction exergonique avec une réaction endergonique. Les cellules vivantes doivent effectuer un certain nombre de réactions endergoniques; ce sont non seulement des réactions anaboliques, mais encore certaines réactions de transports, de transmissions, des travaux mécaniques, fonctionnement du système nerveux, réactions cataboliques, en particulier lorsque les substrats doivent être activés avant de pouvoir être dégradés. L'énergie nécessaire est fournie par les réactions exergoniques grâce au couplage énergétique. Ce couplage énergétique est une des grandes caractéristiques des êtres vivants. D'une part, il implique que la réaction exergonique qui fournit l'énergie ait un $\Delta G'$ négatif plus élevé en valeur absolue que le $\Delta G'$ positif de la réaction endergonique qui lui est

coupled reaction (cont'd)

couplée. D'autre part, les deux réactions couplées doivent avoir un intermédiaire commun.

coupling agent
SEE **crosslinking agent**

covalent binding
covalent bonding
covalent fixation
covalent immobilization
covalent coupling
covalent linkage
covalent grafting

fixation par liaison covalente

Method based on the covalent attachment of enzymes to water insoluble matrices. It is the most widespread and one of the most investigated approaches to enzyme immobilization. The selection of conditions for immobilization is more difficult than in the cases of the other carrier binding methods described, and frequently involves more complicated and less mild conditions than the other methods, but, since covalent bonds are being formed, stable immobilized enzyme preparations which do not leach enzyme into solution in the presence of substrate or high ionic concentration solutions are formed in almost all cases. The immobilization of an enzyme by covalent attachment to a support matrix must involve only functional groups of the enzyme that are not essential for catalytic action, and therefore no reagents must be used which could affect the binding and active sites of the enzyme.

Technique d'immobilisation, largement employée dans le cas des enzymes, qui met en jeu une réaction chimique créant une liaison irréversible entre la molécule enzymatique et les groupes réactifs du support. À ce type de liaison se surajoutent toujours des phénomènes d'adsorption électrostatique qui consolident la fixation.

covalent bond
electron pair bond

Bond in which the electrons are shared (not transferred) between two atoms, e.g., the C-H bonds in methane, CH_4. They may also be classified as polar or nonpolar, depending on whether the electrons are unevenly (with the charge distribution nearer to one atom of the bond) or evenly shared.

liaison covalente
liaison de covalence

Liaison entre atomes par paires d'électrons.

covalent bonding
SEE **covalent binding**

covalent catalysis
intermediate formation

Catalysis where an electrophilic or nucleophilic group on the peptide chain of the enzyme forms a covalent bond with the substrate. This highly reactive covalent intermediate between the enzyme and the substrate has a high probability of entering the transition state permitting the substrate to find a lower pass over the activation-energy barrier.

catalyse covalente

Catalyse utilisée par certaines enzymes pour augmenter la vitesse d'une réaction chimique, en formant un intermédiaire covalent hautement réactif entre l'enzyme et le substrat qui possède une grande probabilité d'entrer dans l'état transitoire; ceci permet au substrat de trouver un passage plus bas pour traverser la barrière d'énergie d'activation. La catalyse covalente est de règle dans les réactions auxquelles participent les coenzymes : ainsi, le pyridoxal-phosphate participe à la décarboxylation oxydative des acides aminés par l'intermédiaire d'une base de Schiff, aisément mise en évidence par son spectre optique caractéristique. La majorité des réactions enzymatiques comprennent au moins une étape de catalyse covalente.

covalent chromatography

Chromatography based on the specific chemical (covalent) reaction of the chromatographic material with only one of the components of a mixture. After removal of the other components by washing, the covalently bonded component is released by reaction with a suitable reagent. The reaction that releases the component of interest should preferably leave the chromatographic material in a form that can readily be reactivated. This type of chromatography differs from conventional affinity chromatography by its reliance on scission and formation of covalent bonds during the separation process and by the lack of a requirement for specific adsorptive binding areas of the activating ligand.

NOTE Used mainly in the study of proteins and peptides although it has been used also in the study of mercurated polynucleotides. It provides considerable economies in both time and materials.

chromatographie covalente

Chromatographie basée sur la formation d'une liaison chimique. Elle met à profit une réaction largement utilisée dans la nature pour la réticulation des chaînes peptidiques. Il s'agit de la condensation de deux thiols (les cystéines en synthèse de protéines) pour former un pont disulfure R-S-S-R. La liaison entre les deux atomes de soufre est facilement réductible. On peut donc récupérer sans problèmes les substances retenues par cette méthode. Celle-ci concerne avant tout les protéines et peptides contenant des groupes thiols qui se lient au thiol du ligand.

NOTA On peut aussi séparer des oligonucléotides préalablement mercurés par formation de liaisons Hg-S également réversibles.

covalent coupling
SEE **covalent binding**

covalent fixation
SEE **covalent binding**

covalent grafting
SEE **covalent binding**

covalent immobilization
SEE **covalent binding**

covalent linkage
SEE **covalent binding**

covalently modulated enzyme

Enzyme that is interconverted between active and inactive forms by the action of other enzymes. Some of these also respond to noncovalent allosteric modulators.

NOTE Covalently modulated enzymes are responsive to alterations in the metabolic state of a cell or tissue on a relatively short time scale within minutes. The classical examples are the digestive enzymes pepsin, trypsin, and chymotrypsin, which are synthesized as the inactive zymogens pepsinogen, trypsinogen, and chymotrypsinogen, respectively. When these enzymes are secreted into the gastrointestinal tract, they are converted into their active forms by the selective hydrolytic cleavage of one or more specific peptide bonds in the zymogen molecule.

enzyme modulée de façon covalente

Enzyme régulatrice dans laquelle les formes actives et inactives sont interconverties par des modifications covalentes de leur structure, catalysées par d'autres enzymes. L'exemple type de ce genre d'enzyme régulatrice est la glycogène phosphorylase des tissus animaux qui catalyse la décomposition du polysaccharide de réserve, le glycogène, un polymère du glucose, pour donner le glucose 1-phosphate.

NOTA Les enzymes modulées de façon covalente répondent à des changements de métabolisme d'une cellule ou d'un tissu, en un temps relativement court : quelques minutes.

covalent modification

Modification of enzymes, which is often, but not always, accomplished by the addition of a phosphate group to a specific serine, threonine, or tyrosine residue in the enzyme. The phosphate comes from ATP and its transfer is catalyzed by enzymes known as protein kinases. Phosphorylation alters the shape of an enzyme in such a way as to increase or inhibit its activity. The subsequent removal of the phosphate group, which reverses the effect of the phosphorylation, is achieved by a second enzyme, called a phosphoprotein phosphatase.

modification covalente

Modulation réversible de l'activité enzymatique par la fixation covalente et transitoire de certains composés chimiques. L'exemple historique est celui des enzymes responsables du métabolisme contrôlé du glycogène. En fait, il s'agit ici du type de contrôle que peuvent exercer certaines hormones, dont la noradrénaline, sur des activités enzymatiques.

creatine kinase
creatinekinase
creatine phosphokinase
ATP: creatine phosphotransferase
Lohmann's enzyme

Enzyme of skeletal muscle and the myocardium and of brain tissue that catalyzes the transfer of a phosphate group from phosphocreatine to ADP, producing creatine and ATP. It occurs as three isoenzymes each having two components labeled M and B: the form in brain tissue is BB, in skeletal muscle MM, and in myocardial tissue both MM and MB. The form normally found in serum is virtually all MM isoenzyme.

NOTE The recommended name of this enzyme, that is normally used, is creatine kinase, and the systematic name, based on the reaction catalyzed, is ATP: creatine phosphotransferase.
CPK is an abbreviation for creatine kinase.

créatine kinase
créatine-kinase
créatine-phosphokinase
créatine phosphokinase
créatine-phospho-kinase

Enzyme musculaire catalysant la phosphorylation de la créatine en présence d'ATP. La créatine phosphate ainsi formée possède une liaison riche en énergie et constitue la forme de stockage de l'énergie au niveau du muscle.

NOTA CK et CPK sont des abréviations de créatine kinase.

crosslinkable monomer

Monomer having a plurality of CH_2=C< groups. As specific examples there can be mentioned divinylbenzenes, divinyltoluenes, divinylnaphthalenes, ethylene glycol dimethacrylate, 1,3-butylene glycol dimethacrylate, pentaerythritol tetramethacrylate, 1,3-butylene glycol diacrylate, triallyl isocyanurate, diallylmelamine and the like. They may be employed alone or in mixture. Among these monomers, monomers having 2 to 4 vinyl groups are preferred.

monomère polyinsaturé

Monomère contenant plus d'une fonction insaturée, qui, lorsqu'il polymérise par condensation, forme des polymères branchés.

crosslinked enzyme membrane

Microporous nonfibrous filter membrane in the pores of which an enzyme capable of bringing about a specific chemical alteration in a substrate has been crosslinked by means of a bifunctional coupling agent. Enzyme membranes of this process are prepared by first impregnating the membrane pores with a suitable enzyme. This can be done either by forcing an enzyme solution through the pores of the membrane or by immersing the membrane in the enzyme solution for 3 to 10 hours, thereby allowing the enzyme molecules to diffuse into the pores of the membrane. The enzyme-loaded membrane is then immersed into a solution of a bifunctional crosslinking agent to effect the crosslinking of the enzyme in the membrane pores.

membrane porteuse d'enzymes réticulées

Membrane sur laquelle des molécules d'enzymes ont été immobilisées par réticulation. De telles préparations sont douées de propriétés mécaniques supérieures.

crosslinking
cross-linking

Enzyme immobilization method is based on the formation of covalent bonds between enzyme molecules, by means of bi- or multi-functional reagents, leading to three-dimensional crosslinked aggregates which are completely insoluble in water but which do not require the use of water insoluble carriers. This method involves the addition of the appropriate amount of crosslinking agent to an enzyme solution under conditions which give rise to the formation of multiple covalent bonds.

NOTE Optimum conditions for obtaining maximum insolubility whilst retaining high enzymic

réticulation

Procédé d'immobilisation chimique d'une enzyme en l'absence de support par la mise en jeu de liaisons intermoléculaires de type covalent entre l'enzyme et un agent bi ou multifonctionnel.

NOTA La technique de réticulation entre enzymes et protéines inactives donne souvent des complexes de haute activité et de grande résistance à la dégradation protéolytique que l'on explique par des phénomènes d'encombrement stérique.

On parle de «coréticulation» dans le cas d'immobilisation chimique

crosslinking (cont'd)

activity must unfortunately be determined for each system by trial and error until sufficient is known about the enzyme's primary, secondary, and tertiary structures to allow prediction of the best conditions which will exhibit minimal distortion of the enzyme upon its reaction to give a crosslinked immobilized enzyme.

simultanée d'une enzyme et d'un support de nature protéique par un agent bifonctionnel.

crosslinking agent
cross-linking agent
crosslinking reagent
cross-linking reagent
coupling agent

A reagent required for crosslinking. It has two identical functional groups (homobifunctional reagents) or two or more different functional groups (heterobi-heteromulti-functional reagents), the latter being more common in binding enzymes to insoluble carriers than in intermolecular crosslinking reactions.

agent de couplage
agent de réticulation
agent de pontage

Substance qui initie ou régularise la réaction de réticulation. Les agents de couplage enzyme-support sont en bonne règle des agents bifonctionnels, actifs dans des conditions douces (glutaraldéhyde, carbodiimides, etc.). Souvent, la liaison n'est pas effectuée en une seule étape, mais le support est d'abord activé, puis la protéine lui est fixée. Cette approche, qui n'a pas encore eu d'usage industriel à grande échelle à proprement parler, est en fait réservée à des enzymes rares, du fait du prix des opérations. Cependant, les produits obtenus sont particulièrement stables.

crude extract
original extract

Preparation made from biological material in which the cells have been disrupted and the cellular debris removed by centrifugation or precipitation, but little (if any) further attempt has been made to purify the sample.

extrait brut

Extrait peu purifié obtenu à partir de cellules bactériennes ou de tissus végétaux ou animaux. Seulement les débris cellulaires ont été éliminés.

crust*
SEE **scum**

crystallize (v.)
crystalize (v.)

To cause to form crystals or assume crystalline form. At least 200 different enzymes have been crystallized for the purpose of structural analysis.

cristalliser

Amener une substance à l'état de cristaux, lui donner la contexture régulière des cristaux. Pour cristalliser une protéine, on place des échantillons en présence d'agents précipitants : solutions salines, solvants organiques ou polyéthylène glycol, dont on augmente progressivement la concentration par diffusion en phase gazeuse ou liquide. Pour les protéines membranaires, ces expériences se font en présence de détergents «doux». Comme la solubilité des protéines dépend du PH, de la température, de la présence d'ions métalliques ou de petites molécules qui se fixent sur la protéine, etc., des centaines de tests sont souvent nécessaires pour mettre au point une cristallisation.

crystallographic model

Molecular model, such as a ball and stick or a framework model, in which the bond lengths and the bond angles are clearly indicated.

modèle cristallographique

Modèle moléculaire qui montre les squelettes covalents et les angles de liaisons et leurs dimensions, mais n'indique pas l'espace occupé réellement par la molécule.

crystallography

Branch of science that deals with the geometric description of crystals and their internal arrangement. Since most solid matter is crystalline, the properties of crystals are to a large extent also the properties of ordinary solid materials. Solid matter in which the atoms, molecules or ions are arranged in a regularly repeating pattern throughout is

cristallographie

Étude de l'arrangement des noeuds constitutifs d'un cristal, basée sur la diffraction des rayons X ou des électrons.

crystallography (cont'd)

said to be crystalline; all other solid matter is said to be amorphous (noncrystalline), although the distinction is not always sharp.

CSTR/UF membrane reactor
SEE **ultrafiltration reactor**

C-terminal
SEE **carboxy terminal**

cyanogen bromide

A reagent used e.g. for the immobilization of a protein on the surface of a support; CNBr binds to the support (forming a CNBr-activated support) and then binds spontaneously to primary amino groups on the protein. The instability of the isourea bond (between the activated support and protein) may lead to some loss of the immobilized protein; this may be avoided e.g. by cross-linking the protein with glutaraldehyde.

NOTE Supports activated with cyanogen bromide include water-insoluble polysaccharides, cellulose, cross-linked dextran, and agarose.
Chemical formula: CNBr.

bromure de cyanogène

Agent utilisé pour activer certains supports pour la préparation d'enzymes immobilisées. L'étape d'activation nécessite la présence de groupes vicinaux, elle s'applique donc essentiellement aux supports polyosidiques.

NOTA Formule chimique : CNBr.

cysteine
2-amino-3-mercaptopropionic acid
thioamino propionic acid

Sulphur-containing amino acid. One of the 20 common amino acids found in proteins. It contributes to the secondary and tertiary structure of proteins since disulphide bridges may be formed

cystéine
thiol-alanine
thioalanine
β-mercaptoalanine
acide α-amino β-mercaptopropionique

Aminoacide constituant essentiel des protéines, qui donne par oxydation la cystine. Il est soufré (groupement -SH). Cet acide aminé n'est pas indispensable, car il est synthétisé à partir de la

cysteine (cont'd)

between two cysteine molecules in the same or adjacent polypeptide chains.

NOTE CYS and C are abbreviations for cysteine.

méthionine et de la sérine. Il est glucoformateur.

NOTA CYS, CYS-SH et C sont des abréviations de cystéine.

cysteine class

Class of enzymes in which a covalent thioester bond is formed between an acyl group of the substrate and the sulfhydryl group of a specific cysteine residue in the active site of the enzyme. These include glyceraldehyde-phosphate dehydrogenase and the proteolytic enzyme papain.

classe des enzymes à cystéine
classe de la cystéine

Classe d'enzymes dans laquelle il y a formation d'une liaison thioester covalente entre un groupement acyle du substrat et le groupement sulfhydryle d'un résidu cystéine spécifique au site actif de l'enzyme.

cystine
3,3 '-dithiobis (2-aminopropanoic) acid
dicysteine
β-dicysteine

Chemical compound that consists of two cysteine molecules joined by a disulphide bond.

cystine
dicystéine
acide cystidique
dithiodialanine
dithio bis (2-amino propanoïque)
acide di-α-amino-β-thiolpropionique
acide 3-3 '-dithio bis (2-amino propionique)

Acide aminé, comportant un pont disulfure, formé par l'union de deux molécules de cystéine, sous l'effet d'une oxydation. Elle joue un rôle d'agent de réticulation dans la structure protéique.

D

databank

Compilation of numerical, statistical, or structural (for example, chemical) data in machine-readable form. However, unlike similar data found in standard handbooks and in critical tables, those found in some banks may not be properly validated, a serious deterrent to their widespread use.

banque de données
banque d'informations

Réalisation informatique comprenant : un ensemble d'informations enregistrées, appelé base de données, ensemble le plus complet possible portant sur un sujet ou une population; un ensemble de programmes permettant d'apporter de nouvelles informations à la base, de les corriger et d'obtenir des réponses rapides et précises à tout type de questions portant sur le contenu de cette base.

database

Collection of computer files containing the operational data of an organization. The system includes not only the stored information but also the data sublanguage (DSL), a group of subroutines used to retrieve, update, insert, and delete information; and the administrator, the person responsible for the integrity of the data and programs.

base de données

Ensemble de données automatisées, renvoyant à des unités documentaires primaires.

deactivation
SEE **inactivation**

deactivation kinetics

When the deactivation is produced by a chemical, the points to be investigated are:

(1) the modifications in the deactivation kinetics, as compared

cinétique d'inactivation

Dans le cas d'un mélange d'enzymes, de même type d'action mais possédant une thermostabilité différente, la cinétique d'inactivation à une température donnée est biphasique. La

deactivation kinetics (cont'd)

to thermal denaturation, in terms of mechanism, kinetic constants, characteristics of the distribution of intermediate structures; and (2) the extent of the enzyme stabilization by linear-chain polymers, if any. These effects have been shown for a wide variety of different enzymes and of stabilizing polymers as well. However, the results refer to single-step thermal deactivation kinetics:

$$N \rightarrow D$$

where N is the native enzyme and D is a totally inactive structure (possibly random coil).

Deactivation kinetics other than irreversible first-order are followed quite commonly. Indeed, nonlinear log(activity) versus time curves have been often described in the literature.

première phase correspond à l'inactivation rapide de l'enzyme thermosensible, et la seconde à celle de l'enzyme thermostable. Cette propriété est fréquemmment utilisée en enzymologie pour faire la différence entre les enzymes présentes dans un mélange.

deactivation temperature

Température at which enzyme activity decreases due to protein denaturation.

température d'inactivation

Température à laquelle l'activité enzymatique baisse. Ceci est dû au phénomène de dénaturation thermique.

DEAE-cellulose
diethylaminoethylcellulose

Positively charged resin used in ion-exchange chromatography to which diethylaminoethyl groups have been attached.

DEAE cellulose
diéthylaminoéthyl-cellulose
diéthyl-amino-éthyl cellulose

Cellulose chargée positivement utilisée comme échangeuse d'anions dans la séparation chromatographique des protéines.

DEAE group
SEE **diethyl amino ethyl group**

deaminase

Enzyme that catalyzes the removal of an amino (-NH_2) group from a chemical compound (usually an amino acid or amine).

désaminase

Enzyme catalysant l'élimination du groupement NH_2 des acides aminés ou d'une autre molécule organique (désamination oxydative ou désamination hydrolytique).

deamination

Enzyme-catalyzed process in which an amino (-NH_2) group is removed from an amino acid or other amine.

désamination

Réaction provoquant la disparition, notamment dans un acide aminé, du groupement aminé (-NH_2) et catalysée par une désaminase.

debranching enzyme
debrancher enzyme

Enzyme that hydrolyzes the (1,6)-links found in amylopectin and similar polysaccharides.

enzyme débranchante

Enzyme scindant les liaisons 1,6-glucosidiques des polysaccharides ramifiés (glycogène et amylopectine) qui n'agit qu'après action d'une phosphorylase, en libérant du glucose libre et un polysaccharide, à partir d'une dextrine limite.

decarboxylase

Enzyme that catalyzes the removal of a carboxyl group from a compound (often an organic acid).

décarboxylase
carboxylyase
carboxylase

Enzyme qui catalyse le détachement de CO_2 d'une molécule, les acides gras et les acides aminés étant les substrats les plus fréquemment attaqués.

decay
SEE **radioactive decay**

decay constant

The activity of several immobilized amyloglucosidase preparations could be described as

constante de désintégration enzymatique

L'activité d'une enzyme immobilisée varie en fonction du temps. Dans le cas d'une

decay constant (cont'd)

a function of time by the following equation:

$$E = E_o/(1 + K_D t)$$

where E = enzyme activity, E_o = initial enzyme activity, t = elapsed time, and K_D = decay constant. Written in differential form, this equation becomes

$$\frac{dE}{dt} = -\left(\frac{K_D}{1 + K_D t}\right)E_o$$

the same form as the first order decay model, except that the decay constant is no longer invariant with time and is now,

$$-K_D/(1 + K_D t)$$

For the case of substrate-independent thermal denaturation of enzymes, the rate of catalyst decay under isothermal reactor operation may be approximated by first-order kinetics:

$$-(d_E/dt) = K_d E_o$$

where E_o is the effective enzyme concentration in the reactor, K_d is the enzyme decay constant, and t is the reactor operating time.

NOTE K_D and K_d are abbreviations of decay constant.

dénaturation simple, la cinétique de désintégration est d'ordre un suivant l'équation :

$$-\frac{dE}{dt} = K_d E_o$$

où E est l'activité enzymatique, E_o, l'activité enzymatique initiale, t, le temps, et K_d, la constante de désintégration enzymatique. Plusieurs enzymes immobilisées suivent une cinétique plus complexe où la constante de désintégration enzymatique varie au cours du temps :

$$K_d = \frac{K_D}{1+K_D t}$$

deep jet fermenter

A fermentation system in which the contents are mixed and aerated by injection of a high pressure air stream into the top of the reactor. This type of system is suitable for the production of cell biomass (single cell protein) or for fermentations that become highly viscous, since they do not employ stirrers, baffle plates or draught

fermenteur à jet
fermenteur deep-jet

Un des types de bioréacteurs avec agitation par pompage et recirculation. La pompe aspire le milieu de fermentation au fond du fermenteur et le recycle à son sommet en passant par une colonne de faible diamètre, dans laquelle sont installés les échangeurs de chaleur. Avant de rentrer à nouveau dans le

deep jet fermenter (cont'd)

tubes. Such systems are also easier to keep aseptic, since they do not require the formation of an aseptic seal around a rotating shaft as in the case of a stirred tank system.

NOTE The term may also be applied to a system in which the jet consists of part of the liquid being recycled and is reinjected at high pressure to cause agitation. Such a system is used with anaerobic organisms or in true fermentations.

fermenteur, le moût passe dans un dispositif du type Venturi qui va aspirer l'air (O_2) nécessaire à la réaction. Un tube va, à la sortie du Venturi, diriger le jet de liquide dans le milieu, avec une grande force qui permet un excellent brassage.

dehydration
anhydration

Removal of water from any substance.

déshydration

Opération physique permettant d'éliminer par la chaleur, le vide ou par un corps hygroscopique, toute ou une partie de l'eau mélangée ou combinée avec un produit,

dehydrogenase

Enzyme that catalyzes oxidation-reduction reactions by transfering hydrogen from one compound to another; a type of oxidoreductase.

déshydrogénase

Enzyme catalysant le transfert d'hydrogène d'une molécule (le donneur) à une autre (l'accepteur). Ces enzymes ont généralement une étroite spécificité.

NOTA Déshydrase et déhydrase sont des termes désuets à éviter.

denaturant
SEE **denaturing agent**

denaturation

Loss of the native configuration of a macromolecule resulting from specific treatment (e.g. heat treatment).

dénaturation

Changement apporté dans la structure d'une molécule, ce qui entraîne une perte de ses propriétés. Elle peut être produite soit par effet thermique soit par des procédés chimiques.

denatured protein

Protein that has lost its natural configuration by exposure to a destabilizing agent such as heat.

protéine dénaturée

Protéine ayant perdu sa structure intramoléculaire ordonnée. On peut obtenir la dénaturation en élevant la température, ou en soumettant la protéine à l'action de solvants spéciaux qui interfèrent avec les forces intramoléculaires non covalentes maintenant sa structure organisée. La dénaturation s'accompagne souvent d'une précipitation de la protéine, les molécules tendent en effet à former des agrégats qui ne restent pas en solution. Les enzymes dénaturées sont invariablement catalytiquement inertes (c'est-à-dire que la fonction enzymatique est perdue).

denaturing agent
denaturant

A physical or a chemical agent that can bring about denaturation.

agent dénaturant
réactif dénaturant

Tout agent physique ou chimique dont l'action interfère avec les forces intramoléculaires non covalentes maintenant la structure organisée d'une protéine.

densitometer

Device used to scan chromatographic plates or electrophoretic gels to evaluate the amount of various compounds present on the plate or gels. The essential parts consist of a light source, a sample holder and a detector (photomultiplier). The sample is passed continually through the light (visible or ultraviolet) beam and the changes in density, reflected light or fluorescence (depending on the mode of operation) are recorded on a chart or using a data logger.

densitomètre

Instrument destiné à la mesure des densités optiques, composé essentiellement d'une cellule photoélectrique, éclairée par un faisceau diaphragmé, devant laquelle est disposé le gel ou la plaque dont l'opacité doit être déterminée.

densitometer (cont'd)

The samples being scanned are often stained using a suitable dye prior to analysis.

density gradient

Carefully contrived solution or mixture of solutions of suitable salts, sugars or polymers treated in such a way that the concentration, and hence the density of the solution, varies in either a continuous or a discontinuous manner. They are used to enhance the separation of components of different density using centrifugation.

gradient de densité

Variation, le plus souvent continue, de la concentration, donc de la densité, d'une substance (CsCl, saccharose, acrylamide par exemple) en solution.

density gradient centrifugation
SEE **rate zonal centrifugation**

density gradient sedimentation equilibrium
isopycnic centrifugation
isodensity centrifugation
equilibrium sedimentation

Density gradient centrifugation that is performed in an analytical ultracentrifuge and that permits the separation of macromolecules which differ only slightly in their densities. The technique involves centrifuging a concentrated salt solution that contains macromolecules, such as a cesium chloride solution, until the salt achieves its equilibrium distribution and thereby produces a density gradient in the cell; the macromolecules band in this density gradient at positions where their densities equal those of the gradient.

centrifugation à équilibre de densité
centrifugation isopycnique
équilibre de sédimentation

Centrifugation qui met en jeu un liquide de support en gradient de concentration de très forte densité. On peut utiliser comme liquide de support une solution 8 M de chlorure de cesium, CsCl (poids atomique du Cs, 133), de densité très élevée, dans laquelle on a mis en suspension ou dissout le mélange à fractionner. Sous l'action de la force centrifuge, les ions Cs^+ tendent à sédimenter et un gradient de concentration, donc de densité, s'établit compris entre 1,55 et 1,80 g/cm^3. Les particules ou molécules qui y avaient été ajoutées se rassemblent en bandes transversales selon leur densité propre apparente.

desalting

Procedure in which salts are removed from a mixed solution of high molecular weight biological molecules. This is achieved by gel filtration, dialysis or ultrafiltration. Similar techniques are used for removing other small molecules from solutions of proteins or nucleic acids (e.g. removal of phenol in extracts of nucleic acids or excess stain in fluorescent labelling of antibodies).

dessalage

Opération qui permet l'élimination des sels (de même que les composés de faibles poids moléculaires) en solution avec des macromolécules biologiques. Le déssalement peut faire appel à plusieurs techniques dont les principales sont la filtration sur gel, la dialyse et l'ultrafiltration.

desorption

Process of removing a sorbed substance by the reverse of adsorption or absorption.

désorption

Phénomène inverse de l'absorption et de l'adsorption.

NOTA Voir «absorption» et «adsorption».

detector
SEE **chromatographic detector**

detoxifying enzyme

An enzyme that can degrade toxic substances into nontoxic materials. Examples of toxic substances treated in this fashion include pesticides and herbicides. An enzyme derived from the nerve fibres of squid and immobilized on agarose beads has been used to render harmless obsolete stocks of the nerve gas soman (1,2,2, trimethyl propylmethyl phosphorofluoridate) and its derivatives.

enzyme de détoxification*

Enzyme capable de dégrader spécifiquement des molécules toxiques (pesticides, composés chlorés, phénols, sulfures, oxydes d'azote) ou d'extraire du milieu des ions métalliques toxiques (mercure, chrome).

NOTA Diverses industries appliquent de nouveaux systèmes enzymatiques ou bactériens à la détoxification d'effluents plus ou moins spécifiques. Ainsi aux États-Unis on annonce l'émergence de méthodes biologiques pour traiter les sulfures de tannerie, les phénols des industries de transformation du charbon et divers toxiques chimiques y compris la dioxine. Actuellement ces enzymes sont le

detoxifying enzyme (cont'd)

résultat de recherches très actives dans le domaine de la lutte contre la pollution des eaux.

* Équivalent proposé de l'auteur.

dextran

Uncharged polysaccharide formed by bacteria (e.g. Acetobacter species and Leuconostoc mesenteroides) and yeasts. It consists of branched chains of D-glucose residues. It is characterized by its viscous, near-newtonian behaviour and its ability to complex divalent ions.

NOTE Dextran is used in the production of media for gel filtration chromatography (Sephadex), plasma volume expanders, ion exchangers and flow improvers. It also causes fouling problems and distorts crystal shape, producing long needles, in sugar processing. Dextran is produced commercially by growing Leuconostoc mesenteroides on sucrose-based media.

dextrane

Polysaccharide d'origine bactérienne, constitué de chaînes ramifiées d'unités de D-glucose, produit industriellement par fermentation du saccharose par Leuconostoc mesenteroïdes.

dextran bead

Proprietary product made from cross-linked dextrans that is used as media for gel filtration chromatography, as support media for the culture of anchorage-dependent cells, for the immobilization of affinity groups, production of ion exchangers or immobilization of enzymes.

bille de dextrane

Matériel utilisé comme support solide pour la chromatographie d'exclusion, pour la culture de cellules, pour l'immobilisation des ligands enzymatiques ou l'immobilisation d'autres ligands utilisés en chromatographie d'affinité et en chromatographie échangeuse d'ions.

dextrose equivalent

An expression of the extent of hydrolysis of a polysaccharide (usually starch) to glucose. It is measured by determining the reducing sugar content of a syrup and comparing this with an authentic sample of pure glucose and expressed as a percentage. A completely hydrolyzed sample of starch would thus have a value of 100.

NOTE DE is an abbreviation for dextrose equivalent.

dextrose équivalent
DE

Quantité de sucre réducteur exprimée en dextrose par rapport à la matière sèche, mesurant ainsi l'intensité de l'hydrolyse du polysaccharide substrat.

NOTA DE est une abréviation de dextrose équivalent.

β-D-fructofuranosidase
invertase
sucrase
fructofuranosidase

Enzyme catalysing the hydrolysis of sucrose to glucose and fructose, so-called because the sugar solution changes from dextro- rotatory to laevorotatory during the course of the reaction.

β-D-fructofuranosidase
invertase
saccharase
sucrase
fructosidase

Enzyme amylolytique hydrolysant le saccharose et le transformant en glucose et fructose. Le mélange de ces deux sucres est lévogyre; aussi appelle-t-on ce mélange, sucre inverti.

NOTA «Invertine» : synonyme désuet.

diafiltration

Ultrafiltration process that permits the rapid removal of low molecular mass solutes, such as ethanol or water from protein solutions. In this process the liquid lost as ultrafiltrate is continuously replaced by fresh buffer, thus maintaining a constant volume of solution in the ultrafiltration cell. By suitable choice of ultrafiltration apparatus this technique is applicable to any scale of operation ranging from a few millilitres to hundreds (or thousands) of litres.

diafiltration

Procédé d'ultrafiltration dans lequel du solvant ou du tampon est injecté en continu pour remplacer le liquide qui a traversé la membrane.

diagnostic enzyme

Enzyme used as a specific diagnostic agent in order to obtain a qualitative or quantitative indication of the presence of a given compound which serves as the enzyme substrate.

enzyme de diagnostic

Enzyme utilisée pour le dosage de substances biologiques. Les enzymes solubles peuvent être avantageusement remplacées par des enzymes immobilisées sur des supports de papier ou de nylon. Il existe aussi des électrodes biologiques (électrodes à enzymes) qui servent à doser le glucose ou l'urée dans des échantillons de sang par exemple.

dialysis

Separation of substances of different molecular weight by diffusion through a selectively permeable membrane. It is used to remove low molecular weight compounds such as salts from solution of high molecular weight compounds such as proteins. The mixed solution is placed in a sealed semipermeable membrane which is immersed in water or a suitable buffer. Low molecular weight compounds diffuse through the membrane, whereas the high molecular weight materials are retained.

dialyse

Opération de séparation de composés dissous par passage au travers d'une membrane semi-perméable, de la solution la plus concentrée vers la plus diluée, sous l'action du gradient de concentration réel transmembranaire.

NOTA Si l'on établit une différence de potentiel des deux côtés de la membrane, on fait de l'électrodialyse.

dialysis fermentation

Technique in which the cells are retained within a fermenter using a membrane at some point. The substrate and/or the product can diffuse through the membrane, thus maintaining a high biomass concentration in the reactor.

fermentation couplée à un dialyseur

Procédé qui, par couplage de la fermentation avec une dialyse, empêche le produit de la réaction d'atteindre une concentration inhibitrice en l'éliminant du milieu réactionnel au fur et à mesure de sa production.

dialyzable

Low molecular weight solute that can be removed from a solution through a semipermeable

dialysable

Molécule pouvant traverser une membrane naturelle ou artificielle, par dialyse ou ultrafiltration.

dialyzable (cont'd)

membrane during dialysis or ultrafiltration. The exact molecular weight at which a solute may be removed by dialysis depends on both the shape of the molecule and the type of membrane used.

Ainsi les molécules sont séparées selon leur taille et les dimensions des pores de la membrane.

α-έ-diaminocaproic acid
SEE **lysine**

2,6-diamino-hexanoic acid
SEE **lysine**

α, δ-diaminovalerianic acid
SEE **ornithine**

diaminovaleric acid
SEE **ornithine**

diazotization
diazonium salt reaction
azo coupling
diazo coupling

diazotation

Procedure based on the formation of a diazo linkage between enzyme proteins and aryldiazonium electrophilic groups on the insoluble support. Supports containing aromatic amino groups are treated with sodium nitrite in acidic solutions and the resultant activated support reacts with aromatic residues such as the phenolic residue of L-tyrosine or the imidazole residue of L-histidine to give azo derivatives.

Méthode employée pour activer des supports en vue d'immobiliser des enzymes. Le support doit comporter des noyaux aromatiques porteurs d'une fonction amine. Celle-ci activée par le nitrite de sodium en milieu acide, donne un groupement diazonium sur lequel la molécule enzymatique peut se lier par un groupement aminé, le noyau imidazole d'une histidine ou le noyau phénolique d'une tyrosine. Parmi les supports activés de cette manière, le p. aminobenzoylcellulose ou le verre sont fréquemment employés.

dicysteine
SEE **cystine**

β-dicysteine
SEE **cystine**

diethylaminoethylcellulose
SEE **DEAE-cellulose**

diethyl amino ethyl group
DEAE group

Ion exchange group incorporated into polymeric carriers, such as dextran or cellulose, in the formation of weak ion exchangers of importance in the separation and purification of proteins and other compounds of biological origin.

groupement DEAE

Groupement chargé positivement qu'on fixe sur des supports hydrophiles comme les celluloses ou les dextranes. Ces supports sont alors utilisés pour la chromatographie sur échangeurs d'ions.

differential pressure
SEE **pressure drop**

diffuser

Device, such as a perforated plate, inserted in a fermenter and through which air is introduced. Its purpose is to give a widespread output of small bubbles in order to favour the rapid and effective dissolution of oxygen in the medium.

couronne d'aération

Dans un réacteur, dispositif servant à cisailler les bulles d'air, permettant ainsi d'améliorer le transfert d'oxygène.

diffusional limitation
diffusional restriction

Phenomenon by which the rate of diffusion of substrate into and products out of an enzyme, cell, tissue or aggregate of immobilized cells becomes limiting. Increased size of biological particles, microbial flocs, immobilized organisms or enzymes, etc., leads to limitations on substrate ingress and/or product egress, which in turn leads to reduced overall specific rates of reaction.

limitation de nature diffusionnelle
contrainte diffusionnelle

Phénomène par lequel la vitesse réactionnelle, d'une enzyme immobilisée ou non, est limitée par la vitesse de la diffusion des produits et des substrats au niveau du site actif. Par exemple, il arrive parfois que la réaction catalytique consomme le substrat plus vite qu'il ne diffuse jusqu'au site actif. Le transfert de matière est alors l'étape limitante.

diffusive ultrafilter

Type of ultrafiltration membrane. It is essentially an homogeneous hydrogel membrane through which solvents and solutes are transported by molecular diffusion under the action of a concentration or activity gradient. The transportation of a molecule requires considerable kinetic energy and is a thermally activated process.

NOTE A diffusive ultrafilter contains no "pores" in the conventional or classical sense, and they are not plugged by retained solute because the concentration of any solute within the membrane is low and time-independent. There is no decrease of solvent permeability in these filters with time at constant pressure.

ultrafiltre à diffusion

Type de membrane d'ultrafiltration constituée de gel homogène à travers lequel les solvants et les solutés pénètrent par diffusion moléculaire, sous l'effet d'un gradient d'activité. Ce type de transport dépend de l'énergie cinétique des molécules et est donc activé par la chaleur.

digestion (1)

Breakdown of complex foodstuffs by mechanical and chemical means into simpler molecules that can be absorbed into the body.

NOTE See "digestion" (2)

digestion (1)

Ensemble des transformations subies par les aliments dans le tube digestif avant de parvenir à l'état sous lequel ils sont assimilables par les cellules.

NOTA Voir «digestion» (2)

digestion (2)

Breakdown of samples of material for experimental or analytical purposes *in vitro*. For example, samples of proteins or carbohydrates may be digested with either enzymes or dilute acids prior to analysis on the constituent amino acids or sugars.

NOTE See "digestion" (1)

digestion (2)

Dégradation du matériel d'un échantillon (protéine, glucide, acide nucléique, etc.) par diverses méthodes pour des fins analytiques ou expérimentales.

NOTA Voir «digestion» (1)

4,5-Dihydro-2-(6-hydroxy-2-benzothiazolyl)-4-thiazolecarboxylic acid
SEE **luciferin**

dilution rate

In continuous fermentation, a measure of the rate at which the existing medium is replaced with fresh medium. It is the reciprocal of the hydraulic detention time.

NOTE Dilution rate has the same dimensions as specific growth rate (i.e. 1/time) and its unit is hour $^{-1}$. Under steady-state conditions dilution rate is numerically equal to specific growth rate. The critical dilution rate (D_c) is the dilution rate which corresponds to µmax; if the dilution rate exceeds D_c the culture is eventually diluted to extinction and is said to undergo "wash-out".

taux de dilution
taux de renouvellement de fluide

Dans un réacteur à flux continu, le rapport du débit de soutirage (ou d'apport qui lui est égal) au volume réactionnel.

disc electrophoresis
disc gel electrophoresis

Gel electrophoresis in which a discontinuity of pH or gel pore size is introduced near the point of origin producing a very thin starting zone and sharp separations.

NOTE The terms "disc" was originally proposed by the inventor primarily to express the idea of discontinuity, secondarily to reflect the discoid shape of the separate bands.

électrophorèse discontinue

Méthode dérivant de l'électrophorèse de zones où le mélange protéique qui doit être analysé est soumis à un champ électrique dans un gel retardateur qui est séparé en deux portions différant par leur porosité et tamponnées à pH différents. Le mélange de protéines migre du gel le plus poreux vers le gel le moins poreux, ce processus s'accompagnant d'une modification de pH. Chaque espèce de protéines se concentre ainsi dans une zone plutôt étroite, en bandes minces, ce qui permet d'obtenir une très grande résolution, plus élevée que celle obtenue avec un tampon continu.

disc electrophoresis (cont'd)

NOTA *Disc electrophoresis* et *disc-electrophoresis* sont des termes anglais souvent cités dans les ouvrages français. À déconseiller.

disintegration
SEE **radioactive decay**

disk type centrifuge
disk centrifuge

Type of centrifuge that consists of a stack of thin disks in the shape of cones. The sedimentation takes place in the radial direction in the space between adjacent cones. Feed enters at the center line of the rotating bowl and is accelerated by fins or channels at the bottom of the disk stack assembly before it is introduced into the bowl proper. The heavy liquid separates quickly and settles to the bowl wall. Light liquid with some of the heavy liquid entrained as small drops enters the outside of the disk stack and flows up the sloped surfaces to the central portion of the disks. The entrained drops of heavy liquor are separated in the shallow layers between the disks and settle back to the bowl wall. Any solids contained in the feed are also settled to the bowl wall. The bowl used with these machines contains a central stack of coned discs which ensures an almost constant length of flowpath, and the deposition of solids at the bowl wall produces only a minor reduction in the flowpath.

centrifugeuse à disques

Type de centrifugeuse de décantation à haute vitesse. L'intérieur du bol des centrifugeuses à disques comporte un empilage d'une centaine de disques qui divisent le bol en fines couches entre lesquelles circule la suspension. Ces appareils ont souvent un bol percé d'orifices calibrés qui permettent une sortie en continu des solides décantés et d'une partie de la phase liquide lourde. Les centrifugeuses à disques constituent le matériel de séparation le plus compact que l'on puisse trouver : une machine qui débite 200 m^3/h occupe un espace au sol inférieur à 4 m^2.

dispersion number

Dimensionless number which like its reciprocal, the Bodenstein number, characterizes the degree of dispersion, being zero for plug-flow and infinity for perfect mixing. It may be calculated experimentally from tracer studies. As real reactors inevitably exhibit a certain degree of back-mixing (dispersion), it is important to determine both its extent and its effect upon reactor performance.

NOTE The smaller the dispersion number, the less severe the backmixing. It is apparent that increasing linear velocity or bed depth will decrease the dispersion number and thus the backmixing. At higher conversion levels, the effect of backmixing on reactor performance is more severe than at lower conversions. The dispersion number can be written in terms of the Peclet number.

critère de Peclet
nombre de Peclet

Valeur numérique mesurant l'intensité du phénomène de diffusion axiale et radiale des réactifs dans un réacteur.

NOTA Le réacteur se présente sous forme d'une colonne garnie par un lit fixe d'enzymes immobilisées. On peut l'alimenter soit à flux descendant, soit à flux ascendant. Dans le cas idéal, toutes les molécules traversent le réacteur à la même vitesse et y séjournent donc pendant le même temps. On dit alors que l'on a un écoulement piston. Dans la réalité, il y a un certain échange de matière par diffusion, ce qui se traduit par l'apparition d'une distribution des temps de séjour (DTS). Cette DTS est caractérisée par le critère de PECLET :

$$P = \frac{\iota . L}{D}$$

ι = vitesse moyenne du fluide
L = longueur du réacteur
D = coefficient de diffusivité

Pour un écoulement piston, P est infini (D = Ø). Pour un réacteur parfaitement homogène P = Ø (D = ∞). Le réacteur à lit fixe réel a un comportement intermédiaire entre ces deux cas extrêmes : P diminue d'autant plus que les phénomènes de diffusion sont importants et la courbe de DTS devient de plus en plus large.

distillation

Process in which a mixture of liquids or solutes and liquids are heated; the more volatile components are vaporized, collected, and then condensed

distillation

Technique de séparation des composés qui repose sur la différence existant entre la composition d'un mélange liquide et celle de sa vapeur en équilibre.

distillation (cont'd)

into one or more fractions. The distillate is thus separated from the less volatile components or solids present in the mixture.

En règle générale, le liquide d'alimentation est vaporisé partiellement ou totalement par apport de chaleur et la vapeur récupérée est condensée partiellement ou totalement par refroidissement et/ou compression.

disulfide bond
disulfide bridge
S-S bridge
disulphide bond

The - S-S - link binding two peptide chains (or different parts of one peptide chain). It occurs as part of the molecule of the amino acid, cystine, and is important as a structural determinant in many protein molecules, notably keratin, insulin, and oxytocin.

liaison disulfure
pont disulfure

Dans une protéine, liaison covalente (pont) qui comporte deux atomes de soufre (S) provenant d'acides aminés soufrés de même nature (cystéine).

3,3'-dithiobis (2-aminopropanoic) acid
SEE **cystine**

domain

Combinations of α-helices and β-sheets that are particularly stable and occur frequently in many different proteins. These "structural clichés" often form the basis for the next higher level of structure.

domaine

Unité de repliement de la chaîne polypeptidique. Son existence dans les protéines résulte vraisemblablement de la fusion ou de l'insertion de gènes au cours de l'évolution.

double-displacement reaction
ping-pong reaction

Bisubstrate reaction in which one substrate must be bound and one product released before the entry of the second substrate and the departure of the second product. In such reactions the first substrate reacts with the enzyme to yield a chemically modified form of the

réaction à double déplacement
réaction ping-pong

Réaction à deux substrats où un substrat doit être fixé et un produit libéré avant l'entrée du second substrat et le départ du second produit. Dans de telles réactions, le premier substrat réagit avec l'enzyme pour produire une forme chimiquement modifiée de cette

double-displacement reaction (cont'd)

latter, usually by transfer of a functional group. In the second step this functional group is transferred from the enzyme to the second substrate.

dernière, habituellement par transfert d'un groupement fonctionnel. Dans la seconde étape, ce groupe fonctionnel est transféré de l'enzyme au second substrat.

double-reciprocal plot
SEE **Lineweaver-Burk plot**

dry cell weight
dry weight

Weight of cells contained in an aliquot obtained after drying to constant weight in an oven at 105°C.

NOTE Dry weights are often expressed in terms of grams of material per litre or cubic metre of fermenter volume.

matière sèche

Poids des cellules, contenues dans un échantillon prélevé d'un fermenteur, mesuré après séchage complet dans un four. La matière séche est souvent exprimée en grammes par litre.

E

Eadie plot
Eadie-Hofstee plot

Graphical method of treating data from investigations of enzyme kinetics in order to obtain straight line plots from which the various kinetic constants can be calculated. It represents one of the linearized forms of the Michaelis-Menten equation:

$$(V) = (-V/[S])\ (K_m) + (V_{max})$$

NOTE The Eadie-Hofstee plot not only yields V_{max} and K_M in a very simple way but also magnifies departures from linearity which might not be apparent in a double-reciprocal plot.

représentation d'Eadie-Hofstee
graphique d'Eadie-Hofstee

Représentation graphique d'une transformation pratique de l'équation de Michaelis-Menten qui donne :

$$v_0 = -\ K_M \frac{(v_0)}{([S])} + V_{max}$$

En portant v_0 en fonction de $v_0/[S]$, on obtient la représentation.

NOTA Dans le graphique d'Eadie-Hofstee, K_m et V_M apparaissent très facilement. En outre, d'éventuels défauts de linéarité d'une droite expérimentale sont facilement repérables, ce que

Eadie plot (cont'd)

la représentation de Lineweaver et Burk a tendance à minimiser. Il existe bien d'autres modes de représentation des cinétiques enzymatiques et de calcul de V_M et K_m : Hanes, Kuhn, Dixon, etc. Elles n'apportent rien de fondamental au problème, sauf celle de Dixon qui permet de corriger quelques erreurs lorsque la concentration de [S] est voisine de la valeur de K_m.

EC number
SEE **classification number**

Eddy diffusion
turbulent diffusion

Irregularity in the diffusion of solute molecules that occurs in a porous chromatographic support, by the rapid process of mixing of the swirling eddies of the fluid. The phenomenon is due to the fact that (a) the pathlength for some solute molecules is either shorter or longer than that for the bulk of the molecules; and (b) the rate of solvent flow varies in different regions of the porous support.

NOTE Non-ideal flow occurs when different elements of substrate move through the reactor at varying rates such that they are in contact with the enzyme for variable periods owing to their differing residence times in the reactor giving an opportunity for different extents of reaction to take place and for further reaction of the desired product and side-reactions to take place. Non-ideal flow can be caused by factors such as back-mixing, channelling, or the presence of

diffusion turbulente
diffusion tourbillonnaire

Irrégularité dans la diffusion des particules de soluté lors de leur passage au travers d'un support chromatographique. Ce phénomène est dû au grand nombre de cheminements en zigzag, de longueurs et de largeurs variées, que doit emprunter l'éluant durant la chromatographie.

Eddy diffusion (cont'd)

stagnant flow regions within the reactors. Eddy diffusion also causes inhomogeneous distribution of fluid. This effect occurs when there are variations in the size and shape of the support particles and because of the tendency of the larger particles to become packed close to the walls of the column such that the flow rate varies over the cross-section of the column.

Edman degradation technique
Edman method
Edman chemistry

In protein analysis, an approach to amino-end-group determination involving the use of a reagent, phenylisothiocyanate, that can be applied to the liberation of a derivative of the amino-terminal residue without hydrolysis of the remainder of the peptide chain.

NOTE The great advantage of the Edman method is that the rest of the peptide chain after removal of the N-terminal amino acid is left intact for further cycles of this procedure; thus the Edman method can be used in a sequential fashion to identify several or even many consecutive amino acid residues starting from the N-terminal end. This great advantage has been further exploited by Edman and G. Begg, who have perfected an automated amino acid "sequenator" for carrying out sequential degradation of peptides by the phenylisothiocyanate procedure.

dégradation d'Edman

Réaction pour étudier la structure des polypeptides : l'azote de l'acide aminé N-terminal donne une thio-urée dont la dégradation acide ménagée fournit une phénylthiohydantoïne sans toucher aux liaisons peptidiques restantes.

NOTA Les progrès importants réalisés dans les méthodes d'analyse séquentielle ont permis de connaître la structure primaire d'un nombre croissant de protéines. Ces méthodes reposent, d'une part, sur l'utilisation de réactifs chimiques appropriés (par exemple, méthodes d'Edman au phényl-isothiocyanate), d'autre part, sur l'emploi d'enzymes protéolytiques de spécificité connue, grâce auxquelles on peut couper en des endroits précis une longue chaîne polypeptidiques, la réduire en fragments plus petits, donc plus accessibles à l'étude.

Les ouvrages utilisent indifféremment les termes :

- méthode d'Edman
- réaction d'Edman

Edman degradation technique (cont'd)

- dégradation soustractive d'Edman
- technique d'Edman

pour décrire la dégradation d'Edman.

effective kinetics

Kinetics of immobilized biocatalyst in the presence of modifying factors.

cinétique effective

Cinétique obtenue avec des enzymes immobilisées et qui diffère de la cinétique inhérente (sans barrières de diffusion) et de la cinétique intrinsèque (sans effet du microenvironnement).

effectiveness factor

Ratio of the activity of the immobilized enzymes (or cells) and the activity of an equivalent quantity of free enzyme (or cells). Assay must be under the same conditions. The activities of immobilized enzymes are usually expressed in terms of the number of grams of product formed per gram of immobilized enzyme/cells used per hour, or as g of product formed per ml of reactor volume per unit time.

NOTE The combined effects of the factors which affect the intrinsic properties of the enzyme are expressed as effectiveness factors. These are sometimes referred to as coupling efficiencies or activity yields.

η is a symbol for effectiveness factor.

facteur d'efficacité

Facteur qui permet de passer du taux de réaction fictif calculé à partir des valeurs accessibles expérimentalement des différents paramètres au taux réel de réaction pour un système donné.

NOTA Dans les installations de grande capacité, les phénomènes de résistance aux transferts de matière sont très importants et on se trouve rarement en régime stationnaire. C'est pourquoi les courbes d'activité des enzymes immobilisées peuvent s'écarter sensiblement des courbes théoriques. Un facteur d'efficacité permet de relier les performances d'un procédé fonctionnant dans les conditions réelles d'hétérogénéité à celles du procédé homogène équivalent.

η est un symbole pour désigner le facteur d'efficacité.

effector
allosteric effector
allosteric modulator
modulator
modifier

A metabolite that, when bound to an allosteric enzyme, alters the catalytic activity of the enzyme. It generally alters either the Michaelis constant of the enzyme or the maximum velocity of the reaction.

effecteur
effecteur allostérique
modulateur allostérique
modulateur
modifieur
modificateur

Petite molécule organique qui intervient dans les processus de régulation du métabolisme cellulaire au niveau de l'activité des enzymes, en se combinant avec une enzyme dont il modifie l'affinité pour le substrat.

effluent

Mixed liquor flowing out of a reactor. The term may be used more specifically to refer to a liquid, with or without suspended particles, or a solid discharge from a reactor or process plant that does not represent the required product and is thus regarded as a waste and will require further treatment or will cause pollution problems.

effluent

Liquide sortant d'un bassin, d'un réservoir ou d'une installation de traitement (notamment dans le cas d'eaux usées).

NOTA L'effluent, au sortir des digesteurs, subit une décantation (le taux d'épuration de la DCO est alors de 95 %) et, selon les besoins, il est, soit utilisé pour l'irrigation des cultures, soit dirigé vers une «lagune verte» où sont cultivées des jacinthes d'eau; ces plantes absorbent une large part de l'azote et des sels minéraux présents dans l'eau. Après cette seconde phase d'épuration l'effluent rejoint les bassins d'une pisciculture intensive où sont élevées des carpes et des tanches.

E.I.A.
SEE **enzyme immunoassay**

electrochemical reactor

Specialized form of reactor in which redox enzymes are used, in combination with electrodes, as analytical devices, fuel cells to produce electricity, or to achieve chemical conversions using electrical energy. There is a problem of obtaining satisfactory coupling (electron transfer) between the various redox components and the electrodes.

réacteur électrochimique

Réacteur où peut avoir lieu une transformation chimique par apport d'énergie électrique, ou inversement production d'énergie à partir du changement d'enthalpie libre associé à une réaction chimique catalysée par des enzymes redox.

electroendosmosis
SEE **electroosmosis**

electrofocusing
SEE **isoelectric focusing**

electron carrying coenzyme
SEE **hydrogen carrier**

electron density map

A map, derived from X-ray diffraction experiments, that shows the electron density of a molecule.

carte de densité électronique

Carte indiquant la densité d'électrons dans une molécule. Elle est déduite par le patron de la diffraction des rayons X.

electron pair bond
SEE **covalent bond**

electroosmosis
electro-osmosis
electroendosmosis

Movement of liquid across an electrophoretic support medium due to the migration of hydrated ions of the charge opposite that of the charged functional group in the support medium (e.g. $-CH_2COO-$ in cellulose acetate).

électro-osmose
électroosmose
électroendosmose
osmose électrique

Électrisation superficielle d'origine chimique des parois des canalicules d'une masse poreuse laissant filtrer une solution. Cette dernière n'étant plus neutre, les ions qui la constituent sont mis en mouvement sous l'effet d'un champ électrique en entraînant par viscosité le solvant qui les entoure.

electrophoregram
SEE **electrophoretogram**

electrophoresis

Technique for separating molecules based on their differential mobility in an electric field. It is used routinely to separate the protein fractions of serum, urine, or cerebrospinal fluid; to separate serum lipoproteins; to separate the lactate dehydrogenase and creatine kinase isoenzymes; and to detect hemoglobin variants. It is also used in conjunction with immunodiffusion to separate proteins and identify them by antigenic differences.

NOTE The rate of movement of a species is governed by the charge it carries and also by its size and shape. In order to minimize convection currents, the buffer (electrolyte) solution is soaked into a support (paper, cellulose powder, starch, or polyacrylamide gels). The position of a protein on the support can be determined by use of a stain such as Coomassie Blue which binds to proteins.

électrophorèse
ionophorèse

Technique physicochimique permettant la séparation de diverses substances contenues dans un mélange, grâce à leur différence de mobilité sous l'influence d'un champ électrique (courant continu); mobilité qui, en présence d'une solution tampon de pH déterminé, est fonction, suivant le support utilisé, de la taille, de la forme, et surtout de la charge électrique de ces molécules.

NOTA Dans une électrophorèse continue, on assure un renouvellement constant des particules au fur et à mesure de leur migration. S'il n'en est pas ainsi, l'électrophorèse est dite discontinue. Dans les deux cas la migration s'effectue dans un liquide. On distingue :

1. L'électrophorèse en phase liquide, où le liquide est contenu dans un tube dont le diamètre est très grand par rapport aux dimensions de la particule. Dans ce cas les parois du récipient ne donnent pas lieu à des phénomènes secondaires, notamment d'électro-osmose.

2. L'électrophorèse sur support, réalisée dans une matière poreuse qui se comporte alors comme une association de tubes capillaires dans lesquels se produisent des phénomènes secondaires (électro-osmose, échauffement par effet Joule).

electrophoretic analysis

Separation of macromolecules by electrophoresis on the basis of their charge/mass ratio and molecular conformation. The technique may be used to characterize complex mixtures or to determine the molecular weight of macromolecules under specific conditions.

NOTE Double-stranded DNA has a uniform charge/mass ratio, hence migration in an electrical field is proportional to the length of a fragment. Single-stranded DNA and RNA require denaturation to destroy regions of self-hybridization. Proteins require denaturation with sodium dodecyl sulphate and mercaptoethanol to give a uniform structure and charge for accurate molecular weight determinations.

analyse électrophorétique

Séparation de macromolécules par électrophorèse en vue de déterminer les caractéristiques des molécules séparées (par exemple poids moléculaire, hétérogénéité dans le contenu d'un échantillon, etc.).

electrophoretic mobility
mobility

Velocity with which a charged particle moves in electrophoresis divided by the electric field strength that is applied across the support; generally expressed in units of $cm^2/(sec)(V)$.

NOTE μ is a symbol for electrophoretic mobility.

mobilité électrophorétique
mobilité

Vitesse de déplacement d'une particule ou d'une macromolécule, dans un liquide donné à une température donnée, sous l'effet d'un champ électrique unité. Elle s'obtient en divisant la vitesse d'électrophorèse par la valeur du champ électrique dans le canal.

NOTA μ, μe et ∅ sont des symboles pour désigner la mobilité électrophorétique.

electrophoretogram
electrophoregram

Pictorial representation of a column or plate following separation and visualization of a

électrophorégramme

Enregistrement graphique représentant les résultats d'une électrophorèse.

electrophoretogram (cont'd)

complex mixture using electrophoresis. The position of the compounds is usually revealed by staining with a dye and the result photographed. This is because the gels or colours that develop may not be very stable or easy to keep for a long time.

electrostatic interaction
coulomb interaction

Attractive and repulsive electrical forces between charged particles – atoms, and/or groups of atoms, and/or molecules – that are caused both by the presence of ionized species and by the electropositive and electronegative properties of the atoms.

interaction électrostatique

Interaction attractive ou répulsive entre des espèces électriquement chargées.

ELISA
enzyme-linked immunosorbent assay

Sensitive analytical technique in which an enzyme is complexed to an antigen or antibody. A substrate is then added which generates a colour proportional to the amount of binding.

NOTE The main advantage of the enzyme-linked immunoassay, ELISA, is the stability of the labeled reagents. Antibodies and antigens can be easily and reproducibly labeled with enzymes such as alkaline phosphatase or peroxidase. The assay gives a sensitivity comparable to assays utilizing radioactive isotopes but is less expensive to perform and requires less sophisticated equipment. A simple photometer is adequate for testing on a small scale, but the assay also lends itself to automation.

ELISA

Technique utilisée pour détecter des anticorps antibactériens ou antiviraux, ou des virus, au moyen d'anticorps spécifiques conjugués à une enzyme (phosphatase, peroxydase). La fixation du conjugué est révélée au moyen d'un substrat chromogène de l'enzyme (lecture photométrique).

NOTA Abréviation de l'anglais enzyme-linked immunosorbent assay.

elution

Removal of a compound from a solid matrix using a suitable solvent. In liquid chromatography, the term is applied to the process by which various compounds are removed in sequence from the solid phase by passing a liquid through the material packed in a column.

élution

Opération de désadsorption d'une substance préalablement fixée sur un support (résines échangeuses d'ions, papier, cellulose, par exemple) grâce à un liquide dit liquide d'élution. Cette technique est fréquemment utilisée au cours des chromatographies.

elution profile
elution curve

Diagrammatic representation of the amounts of material eluted from a liquid chromatography column, and the sequence and position in which they occur. For a given column the position, defined by the elution volume, will be indicative of the identity of the compound. The profile is obtained by passing the eluant.

courbe d'élution

Courbe représentant la quantité de chacun des produits séparés par chromatographie en fonction de leur volume d'élution.

elution volume

In chromatography, volume of liquid required to remove a given component of a mixture from the column.

NOTE V_e is an abbreviation of elution volume.

volume d'élution

Les différents volumes d'éluant nécessaires pour faire sortir de la colonne les molécules de différents poids moléculaires.

EMIT
SEE **enzyme multiplied immunoassay technique**

encapsulation

Immobilization method by which cells or enzymes are enveloped inside semi-permeable membranes which allow the passage of substrate and product molecules, but which do not allow the enzyme to pass. The membranes can be formed from nylon, silastic resin

encapsulation

Action de placer des enzymes ou des cellules dans des petites capsules munies de membranes. Ceci permet de prolonger l'action d'un biocatalyseur en l'isolant du milieu environnant.

encapsulation (cont'd)

or cellulose nitrate, but do not appear to be strong enough for large-scale use.

NOTE Various methods for immobilizing enzyme molecules have been examined. Physical adsorption and chemical bonding of enzyme molecules to solid surfaces have been studied extensively, but these techniques often cause inactivation of the enzyme and, in extreme cases, denaturation. Encapsulation without chemical reactions would seem to be the best way to avoid these problems.

endoenzyme
SEE **intracellular enzyme**

endopeptidase

Trivial name for a group of peptidase enzymes that catalyze the hydrolysis of interior peptide bonds in polypeptide chains.

endopeptidase

Nom générique des enzymes telles que la pepsine et la trypsine, capables d'attaquer les liaisons peptidiques centrales d'un polypeptide.

end product
final product

The final product in a chain of metabolic reactions.

produit final
produit terminal
métabolite final

Le dernier produit formé dans une séquence métabolique donnée.

end-product inhibition
SEE **feedback inhibition**

energy barrier

Difference between the ground state energy of the activated complex of a reaction and the sum of the ground state energies of the reactants.

barrière d'énergie
barrière énergétique

Les enzymes augmentent la vitesse des réactions parce qu'elles abaissent les barrières d'énergie. Même lorsqu'une réaction est thermo-dynamiquement possible, c'est-à-dire quand les produits de

energy barrier (cont'd)

la réaction ont une énergie libre inférieure à celle des réactifs, il peut exister un état intermédiaire d'énergie libre supérieure à celle des réactifs; l'enzyme tend à «aplanir cette bosse» du chemin réactionnel.

energy of activation
SEE **free energy of activation**

engineered enzyme

An enzyme whose amino acid sequence has been altered in a predicted and desirable manner. Currently, site-directed mutagenesis is the favored technique to engineer novel enzymes with new or improved properties.

enzyme ingénierée

Enzyme dont la séquence en acides aminés a été modifiée par rapport à la séquence naturelle. La méthode la plus utilisée actuellement est la mutagénèse dirigée, une méthode du génie génétique où le gène muté est utilisé pour produire une protéine modifiée.

entrapment

Immobilization technique where a gel or membrane is formed around an enzyme by polymerization or where the enzyme is retained in a preformed polymer by subsequent formation of a cross-linked network.

NOTE Entrapment can be subclassified into gel entrapment, fibre entrapment, and microencapsulation.

piégeage
emprisonnement

Procédé d'immobilisation dans le cas où l'enzyme est retenue dans un espace délimité par une membrane ou par un champ électromagnétique.

Enzacryl

Cross-linked support material, result of the copolymerization of acrylamide with suitably reactive monomers, that forms gels in both water and organic solvents. It can be used in a wide range of gel filtration applications and it offers a wide range of groups functionally active in enzyme binding.

NOTE Enzacryl is a trademark.

Enzacryl

Copolymère hydrophile à base d'acrylamide et de dérivés de l'acrylamide. Il est utilisé dans la préparation d'enzymes insolubles dans l'eau.

enzymatic activity
SEE **enzyme activity** (1)

enzymatic activity
SEE **enzyme activity** (2)

enzymatic isomerization

Enzyme catalyzed process whereby a compound is converted into an isomer. In recent years, there has been increasing interest in glucose syrups due to the development of large scale processes for the enzymatic isomerization of glucose.

isomérisation enzymatique

Processus, catalysé par une enzyme, par lequel un composé est converti en son isomère. Par exemple, l'isomérisation enzymatique d'une fraction du glucose conduit à des sirops à 42 % de fructose (exprimés en matière sèche) dont le pouvoir sucrant est comparable à celui du saccharose.

NOTA Voir «isomère», «isomérase».

enzymatic reaction
SEE **enzyme reaction**

enzyme

Protein that acts as a catalyst in biochemical reactions.

NOTE Like all catalysts, enzymes do not alter the direction of the reaction but only the rate at which it proceeds; they cannot alter the Keg but do increase the reaction

enzyme

Macromolécule de nature protéique, capable de catalyser une réaction chimique spécifique. On en connaît six classes : les hydrolases, isomérases, ligases, lyases, oxydoréductases et transférases.

enzyme (cont'd)

rate by lowering the activation energy. Unlike other catalysts, enzymes are highly specific: a given enzyme generally catalyzes a single type of reaction involving a few closely related molecules (its substrates).

Obsolete terms: ferment; diastase.

NOTA Sans l'intervention d'enzymes, la plupart des réactions du métabolisme seraient impossibles aux températures compatibles avec la vie des organismes. La production des enzymes s'effectue sous le contrôle des gènes.

Termes désuets à éviter : ferment; ferment soluble; diastase; zymase; diatase.

enzyme activation

Mechanism in which the activity of an enzyme is increased by a direct effect on the enzyme, rather than due to new protein synthesis.

NOTE Enzyme activation may be brought about through binding of an activator molecule at an allosteric site on the enzyme resulting in a change in the enzyme conformation, which leads to a change in the shape of the active site. Alternatively, the enzyme may be activated through a chemical modification, which may in itself be catalyzed by an enzyme. For instance, a wide range of enzymes are activated by a mechanism involving ATP-dependent phosphorylation.

activation enzymatique

Mécanisme par lequel l'activité d'une enzyme est augmentée par un effet direct sur la molécule enzymatique (activation par les ions, par phosphorylation, par clivage d'un proenzyme, etc.).

enzyme activity (1)
enzymatic activity
enzymic activity

Ability of a given enzyme preparation to catalyze a specific reaction.

NOTE See "enzyme activity" (2).

activité enzymatique (1)

La capacité d'une enzyme à catalyser une réaction donnée.

NOTA Ne pas confondre avec «activité enzymatique» (2).

enzyme activity (2)
enzymatic activity
activity

Rate of reaction of a substrate that may be attributed to catalysis by an enzyme. It may be defined in terms of the number of moles of substrate converted, or the number of moles of product produced, in unit time per unit weight of protein (e.g. micro-moles per milligram protein per minute).

NOTE See "enzyme activity" (1).

activité
activité enzymatique (2)

Vitesse, d'une réaction enzymatique, exprimée par le nombre de molécules décomposées (ou le nombre de molécules produites) par unité de temps et par unité de masse (mg par exemple) d'enzyme, en précisant les conditions de la mesure : température, pH, concentration du substrat, etc.

NOTA Ne pas confondre avec «activité enzymatique» (1).

enzyme adaptation
SEE **enzyme induction**

enzyme amplification

Technique used to visualize or quantify an immunoreaction in an assay procedure in which the enzyme label in the immunoassay is used to provide the trigger substance for a secondary system that can produce a large amount of a coloured product.

amplification enzymatique

Technique qui utilise une réaction enzymatique pour amplifier le signal d'un essai immunologique.

enzyme assay (1)

Measurement of enzymatic activity that is based on a determination of either the rate or the extent of the formation of a product or the disappearance of a reactant.

NOTE See "enzyme assay" (2)

test d'activité enzymatique

Détermination de l'activité enzymatique d'un échantillon par la mesure de la quantité de substrat transformé ou de produit formé par unité de temps. Il est recommandé que les tests d'activité enzymatique permettent aussi souvent que cela est possible, de mesurer les vitesses initiales de réactions, afin d'éviter les complications dues au caractère réversible des réactions et à la formation d'inhibiteurs.

enzyme assay (2)

Assay used to determine the amount of a specific substance in a sample, where the means of detection is dependent on an enzyme-catalyzed reaction.

NOTE The design of such techniques is based on the assumption that the reaction shows Michaelis-Menten type kinetics (i.e. at high substrate levels rates of reactions are proportional to enzyme concentration, whereas at high enzyme and low substrate levels they are proportional to substrate concentration). The rate of reaction is usually measured over the initial period and extrapolated to zero time. This is because observed activity can change due to substrate being consumed or because end products may inhibit the reaction.

See "enzyme assay" (1)

analyse enzymatique

Dosage d'un composé au moyen d'une réaction catalysée par une enzyme.

enzyme catalysis

Increase in the velocity of a chemical reaction by the presence of an enzyme that is not consumed in the net chemical reaction.

catalyse enzymatique

Accélération d'une réaction chimique grâce à la présence d'une enzyme qui demeure inchangée à la fin de la réaction.

enzyme classification

System of rules by which enzymes are classified on the basis of the substrate they react with and the type of reaction catalyzed. Many enzymes, especially the more common ones, are known by short trivial names that usually end in the suffix -ase. However, this can lead to confusion, hence the use of a specific name according to the rules of the classification system is preferable.

classification des enzymes
classification internationale des enzymes

Classification officielle des enzymes adoptée en 1961. Elle permet de classer les enzymes en six groupes selon le type de réaction catalysée. À l'intérieur de chaque groupe il existe des sous-groupes, des sous-sous-groupes, désignés chacun par un numéro. Une enzyme donnée est désignée par EC suivi de plusieurs chiffres indiquant son mécanisme d'action et sa spécificité.

enzyme classification (cont'd)

NOTE This system provides both a systematic name and a four-part number code. The first number of the code places the enzyme into one of six groups, indicating the type of reaction involved. The next two numbers indicate the groups involved in the reaction and the fourth number provides the absolute identification of the enzyme. The main groups are as follows:

(1) oxidoreductases
(2) transferases
(3) hydrolases
(4) lyases
(5) isomerases
(6) ligases

Synonyms often used are:
- international enzyme classification
- international classification of enzymes
- systematic classification of enzymes
- classification of enzymes.

enzyme-coated tube
enzyme tube

Developments in the medical and analytical fields have been oriented toward exploration of the potential of immobilized enzymes for clinical and diagnostic application. Devices for continuous analysis using enzyme columns or enzyme-coated tubes have been developed to the stage where they can be commercialized.

NOTE In most of the enzyme tubes that have been reported, the inner diameter was around 1 mm. Therefore, the Reynolds number is small, and the flow of substrate

tube enzymatique

Tuyau de faible diamètre (1 mm), dont la surface intérieure est couverte d'enzymes immobilisées. De tels tubes sont susceptibles d'être utilisés dans les dosages en biochimie chimique.

enzyme-coated tube (cont'd)

solution is laminar. However, when the inner surface of the tube is covered with gel, turbulent flow occurs due to the coarse inner surface.

enzyme column
packed-bed column
packed column

Column packed with biocatalyst, usually in a particulate immobilized form. Columns can be operated in an expanded bed form at higher flow rates, so preventing fouling and compression and improving mass transfer. Alternatively packed biocatalyst particles can be used in a trickle-flow mode as in some waste-water processes employing microbial flocs. Packed columns allow a high concentration of biocatalyst to be used. The product molecules or other inhibitors produced during the reaction are constantly swept out of the reactor so that the concentration of products is minimized, thereby reducing product inhibition.

colonne d'enzyme
colonne tassée

Colonne, percolée par la solution à traiter, dans laquelle est disposée une enzyme fixée sur un support particulaire. Ce type de réacteur repose sur le passage lent du substrat, à une vitesse déterminée par l'expérience, au travers d'une colonne d'enzyme immobilisée. Essentiellement, le produit de réaction circule X fois à travers la même colonne, jusqu'à l'obtention du rendement adéquat. De ce fait, le problème de la couche non agitée le long du support solide est atténué.

Enzyme Commission nomenclature

Terminology generally agreed upon for use in relation to enzymes. The Commission on Enzymes of the International Union of Biochemistry has recommended various conventions for use in enzyme kinetics. The symbols v, V, K_m, K_s and K_i are used for observed reaction velocity, maximum reaction velocity (with enzyme saturated with substrate), Michaelis constant, substrate constant and inhibitor constant, respectively.

nomenclature des enzymes

Nomenclature normalisée par la Commission sur les Enzymes de l'Union internationale de Biochimie créée en 1955, afin de remédier à la confusion qui régnait alors dans ce domaine et risquait de s'aggraver avec les progrès rapides des connaissances sur les enzymes.

enzyme commission number
SEE **classification number**

enzyme conjugate

The result of the covalent or noncovalent combination of an enzyme with another molecule.

conjugué enzymatique

Se dit d'une enzyme unie à un autre composé.

enzyme control
SEE **enzyme regulation**

enzyme electrode

Electrode which results from the union of an enzyme with an electronic sensor (an ion-selective electrode). The electrode is useful for the assay of organic and inorganic compounds, in a manner as simple as a pH measurement with a glass electrode.

NOTE Indirect enzyme electrodes involve the detection of an enzyme reactant by a specific, usually ion-selective electrode. Direct enzyme electrodes incorporate redox enzymes coupled to an electrode with a flow of electrons between the cofactor involved in the enzyme reaction and the electrode.

électrode à enzyme
électrode à enzymes
électrode enzymatique

Électrode recouverte d'une couche enzymatique adaptée aux cas où la substance à doser ne permet pas une mesure électrique directe mais où l'un des produits de la réaction enzymatique permet cette mesure.

enzyme engineering

Industrial utilization of enzymes and/or the design of protein catalysts.

génie enzymatique

Ensemble des techniques mettant en oeuvre les propriétés catalytiques des enzymes, dans un but de production.

enzyme equilibrium

Expression that describes the state of an enzyme-catalyzed reaction in terms of the rates of forward and back reactions. A reversible reaction is in equilibrium when the

équilibre enzymatique*

État d'une réaction enzymatique réversible quand les deux réactions inverses se font à la même vitesse et qu'une limite se trouve atteinte.

enzyme equilibrium (cont'd)

rates of the forward reaction and the reverse reaction are the same; there is no net change in concentration of the reactants.

NOTE All equilibria involving combination of enzymes with substrates or inhibitors are expressed in terms of dissociation constants rather than association constants; other equilibrium constants are written as association constants.

NOTA* Équivalent proposé par l'auteur.

enzyme extraction

The removal of enzymes from contaminating materials in order to increase their specific activity. Techniques fall into two groups: those used to separate enzymes from solid substrate culture; those used to release enzymes from the interior of microbial cells. Where enzymes produced in solid fermentation are of the extracellular type, they may be removed by countercurrent washing. If enzymes are intracellular, the cells must be broken using chemical or biochemical methods. Diverse biochemical methods are then used for subsequent purification.

extraction d'enzyme

Opération consistant à extraire une enzyme à partir d'une culture ou d'un tissu. L'extraction d'une enzyme contenue dans un tissu ou dans des cellules bactériennes commence par la destruction de l'organisation cellulaire par broyage, ultrasons, lyse des parois, par exemple. Les débris cellulaires sont séparés par centrifugation; le matériel soluble est recueilli et dialysé pour éliminer les petites molécules. Diverses méthodes sont ensuite utilisées pour une purification ultérieure.

enzyme fermentation

A process in which a micro-organism is grown as a source of an industrial enzyme on a large scale. Industrial enzymes are produced by either solid substrate cultivations using fungal sources or conventional batch submerged culture techniques for bacterial sources.

NOTE See "solid substrate fermentation, submerged culture".

fermentation d'enzyme

Procédé par lequel une enzyme est produite à l'échelle industrielle à partir d'une culture de micro-organismes.

enzyme film
SEE **enzyme membrane**

enzyme immobilization

Conversion of a soluble enzyme to a bound or insoluble form.

NOTE The technique has two advantages: expensive enzymes can be recovered and used again; the enzyme can be used in a variety of configurations of bioreactors that permit continuous operation. These include packed bed continuous-fed columns and expanded bed systems. A wide range of techniques is used for enzyme immobilization. These are similar in many ways to the techniques used to produce preparations of immobilized cells.

immobilisation des enzymes

Technique de fixation des enzymes à un support soluble ou insoluble, de façon à les rendre très facilement récupérables en fin de réaction et être réemployées plusieurs fois et même fonctionner en continu dans des réacteurs. Il existe trois grands types d'immobilisation : l'inclusion, l'adsorption et la fixation par liaison covalente.

enzyme immunoassay
E.I.A.

Assay using catalytic properties of enzymes for the detection of immunologic reactions. Enzyme-labeled antibodies or antigens are reacted with ligand, and introduction of enzyme substrate with detection of catabolic products denotes the presence of an antigen-antibody reaction.

dosage immunoenzymatique
dosage enzymo-immunologique

Dosage qui prend avantage de la capacité catalytique des enzymes pour détecter les réactions immunologiques. La plupart des dosages immunoenzymatiques sont dits en phase hétérogène parce que, comme en radioimmunologie, la mesure du signal (enzymatique dans ce cas) est réalisée après séparation des fractions libre et liée. En 1972-1973 est apparu un nouveau principe dit en phase homogène dans lequel l'étape de séparation n'existe plus. Cela est rendu possible parce que le conjugué enzymatique utilisé n'a pas la même activité selon qu'il est libre ou qu'il se trouve combiné à un anticorps.

enzyme induction
enzyme adaptation
induction

Synthesis of an enzyme in response to an inducing agent which stimulates expression of the genes encoding the protein with a specific enzyme function.

NOTE Enzyme induction is a mechanism of control of gene expression. In bacteria, the genes coding for the enzymes involved in the metabolism of certain substrates are expressed only when the substrate is present. The genes are linked in an operon, which is transcribed to mRNA in response to the substrate. Similar mechanisms presumably operate in eukaryotes.

induction enzymatique
dérépression enzymatique
dérépression
induction

Synthèse d'une enzyme sous l'influence d'une substance qui peut être le substrat attaqué par l'enzyme; par exemple l'addition de lactose au milieu de culture d'*Escherichia coli* provoque la synthèse de la β-galactosidase qui catalyse la dégradation du lactose en galactose et glucose.

NOTA L'induction de la synthèse d'une enzyme est normalement un phénomène réversible; la synthèse s'arrête avec la disparition de l'inducteur dans le milieu.

enzyme inhibition

Mechanism whereby an enzyme is inactivated by a chemical agent. Enzymes are inhibited by binding of chemicals at either the active site or control (allosteric) sites.

NOTE Enzyme inhibition may be reversible or irreversible. There are two major types of reversible inhibition: competitive and noncompetitive. Competitive inhibition involves a compound similar in structure to the substrate, which forms a complex with the enzyme. In non-competitive inhibition the inhibitor and the substrate are not structurally related, and the inhibitor binds to a different site than the substrate. Non-competitive inhibition cannot be reversed by high concentrations of the substrate.

inhibition enzymatique

Phénomène au cours duquel un inhibiteur exerce une répression sur l'activité d'une enzyme. L'inhibiteur peut être un produit de la chaîne de synthèse (rétroinhibition).

NOTA L'inhibition enzymatique peut être réversible ou irréversible. L'inhibition réversible peut être compétitive ou non compétitive. Dans l'inhibition compétitive, l'inhibiteur possède une structure moléculaire semblable à celle du substrat. Dans ce cas, V_{max} n'est pas changée mais le K_m augmente. Dans l'inhibition non compétitive, l'inhibiteur n'a pas de parenté structurale avec le substrat; V_{max} est diminuée et K_m demeure inchangé.

enzyme-inhibitor complex

Complex that consists of an enzyme and an inhibitor which is bound either to the catalytic site of the enzyme or to some other site on the enzyme.

NOTE EI is an abbreviation of enzyme-inhibitor complex.

complexe enzyme-inhibiteur
combinaison enzyme-inhibiteur
complexe E-I
complexe EI

Complexe formé par l'association de l'enzyme avec l'inhibiteur. Dans l'inhibition compétitive, l'inhibiteur se combine avec l'enzyme libre et entre ainsi en compétition avec le substrat au niveau du site actif. L'inhibiteur compétitif réagit réversiblement avec l'enzyme pour former un complexe analogue au complexe enzyme-substrat.

NOTA Différent du complexe [ES], le complexe [EI] ne se dégrade pas en produits de la réaction.

enzyme kinetics

Study of the rates of enzyme-controlled reactions. At low substrate concentrations, the rate of reaction is proportional to the substrate concentration (first order), but at high substrate concentrations the reaction becomes saturated, reaches a maximum rate and is independent of substrate concentration (zero order).

cinétique enzymatique

Étude des enzymes dans leur fonctionnement. Elle se propose, en particulier, d'établir les relations qui existent entre la vitesse de la réaction enzymatique et les concentrations en substrat (S) et en enzyme (E), ainsi que l'influence de certains facteurs : pH, température, présence d'effecteurs et éventuellement activité de l'eau.

enzyme label

An enzyme that is attached to a biological molecule in order to follow the latter's fate in an assay. Enzymes function as labels because of the reaction that they catalyze. This results in an amplification effect, so that each molecule of active enzyme causes the conversion of many molecules of substrate to product.

enzyme marqueur (1)

Enzyme utilisée pour détecter une substance en amplifiant le signal de son dosage. L'enzyme qui sera utilisée pour le marquage devra posséder la plupart des caractéristiques suivantes : une activité spécifique élevée et un nombre de transfert, elle ne doit pas perdre de partie substantielle de son activité catalytique après couplage, elle doit être stable à la

enzyme label (cont'd)

NOTE Compare to "enzyme marker".

température du laboratoire et enfin, elle doit pouvoir être achetée dans le commerce. Tout ceci explique pourquoi, jusqu'à présent, les enzymes marqueurs sont limitées à un petit nombre; parmi celles-ci, la peroxydase de raifort est l'enzyme de premier choix.

NOTA Ne pas confondre avec «enzyme marqueur» (2). Voir *enzyme marker*.

enzyme-linked assay

By bonding a ligand or a ligand counterfeit to an enzyme while retaining enzymatic activity and then combining the enzyme-bound ligand to a receptor for the ligand, the presence and amount of ligand in an unknown solution may be readily determined. By competition for receptor sites between the enzyme-bound-ligand and the free ligand, the two ligand moieties being added to the receptor simultaneously or sequentially, the difference in enzymatic activity resulting from the presence or absence of ligand may be determined in accordance with a particular analytical scheme. This difference will be related to the amount of ligand present in the unknown solution.

dosage enzymatique par saturation

Un composé chimique peut être dosé dans un milieu en ajoutant une quantité connue du composé conjugué à une enzyme, en liant le mélange sur un récepteur spécifique du composé et en dosant l'activité enzymatique retenue. La quantité de composé chimique est déterminée par compétition pour le récepteur du composé libre et du composé lié à l'enzyme.

enzyme-linked immunosorbent assay
SEE **ELISA**

enzyme marker

Enzyme whose preferential localization makes it a specific marker for a given tissue, cell type, or subcellular fraction.

NOTE Compare to "enzyme label".

enzyme marqueur (2)

Enzyme dont la localisation est préférentielle dans tel ou tel organite subcellulaire de tel ou tel tissu. Sa présence, mieux même, l'augmentation de sa concentration (mesurée par l'intermédiaire de son activité enzymatique) est un signe de l'enrichissement progressif des fractions subcellulaires successivement obtenues, en l'organite recherché (noyaux, mitochondries, lysosomes, etc.).

NOTA Ne pas confondre avec «enzyme marqueur» (1). Voir *enzyme label.*

enzyme membrane
enzymic membrane
enzyme film

Membrane, used in various configurations in bioreactor systems, that contains immobilized enzyme activity. Enzyme membranes can be prepared by attaching enzymes to membrane-type carriers or by molding into membrane form after the enzymes have been enclosed within semipermeable membranes of polymers by the entrapping method.

NOTE In order to increase the surface area of enzyme film per unit volume, various devices have been developed as practical equipment. For example, a spiral-type reactor was reported. The spiral reactor configuration is formed by coiling alternate layers of the enzyme-membrane and a backing material around the central spacer element.

membrane à enzymes

Membrane directement porteuse d'activité qu'on utilise dans différents types de réacteurs. L'enzyme est alors adsorbée en surface (enzyme extramembranaire) ou incluse dans la trame du support.

NOTA Le module biocatalytique de Wang et Vieth, conçu sur ce principe, est constitué d'une pellicule de collagène et d'enzyme, préparée par électrodéposition puis fixée sur un film d'acétate de cellulose. Dans l'Enzymactor de la firme Worthington, une série de disques porteurs de membrane tournent autour d'un axe plongeant dans le milieu réactionnel. On a un système multi-étages dont chaque compartiment peut être équipé de membranes à enzymes différentes.

enzyme membrane reactor
membrane reactor
membrane filter bioreactor

Reactor that combines enzyme recycling with the advantages of homogeneous enzyme catalysis. Substrate is pumped into a loop reactor that contains the dissolved enzyme or the enzyme fixed on a solid support. The product solution that accumulates behind the membrane is free from enzyme and ready for work-up.

NOTE EMR is an abbreviation of enzyme membrane reactor.

réacteur à membrane
réacteur enzymatique à membrane

Réacteur à membrane microporeuse rotative, permettant la rétention de cellules dans le milieu réactionnel accroissant ainsi sa densité et permettant aux substrats et produits de diffuser librement.

NOTA Dans les réacteurs à membrane l'enzyme peut être sous forme native soluble ou fixée sur particules solides, ce qui accroît son volume et permet de travailler avec des seuils d'exclusion plus importants (taille des pores de la membrane) et des débits plus élevés. Plusieurs types de réacteurs sont équipés de membranes directement porteuses d'activitié. L'enzyme est alors adsorbée en surface (enzyme extramembranaire) ou incluse dans la trame du support.

enzyme mimic
SEE **synzyme**

enzyme multiplied immunoassay technique
EMIT

Type of enzyme immunoassay in which the ligand is labeled with an enzyme, and the enzyme-ligand-antibody complex is enzymatically inactive, allowing quantitation of unlabeled ligand.

E.M.I.T.
EMIT

Dosage enzymo-immunologique en phase homogène dont le principe est basé sur le fait que la fixation de l'anticorps sur l'antigène marqué entraîne le blocage du site actif de l'enzyme par encombrement stérique. Une particularité de cette méthode est la possibilité (qui n'existe pas en radio-immunologie) de se passer d'une phase de séparation du réactif dit lié et du réactif libre.

enzyme number
SEE **classification number**

enzyme production

Processes whereby industrial enzymes are manufactured. Some enzymes are formed at all times (constitutive enzymes), whereas others are only formed when needed (inducible enzymes). Few enzymes are produced by wild-type organisms in the quantities required for a viable commercial operation. Enzymes may be produced by extraction of very small amounts from very large quantities of cells or tissues, making them suitable for medical, diagnostic, analytical or research purposes.

NOTE Methods are available to overcome the control mechanisms that exert an inhibitory effect on the production of large amounts of enzymes by micro-organisms. These techniques are divided into two categories: (1) manipulation of the genetics (use of mutagens and selection, or more recently gene manipulation) in order to alter the regulation mechanisms or produce more copies of the gene responsible; (2) manipulation of the environment (addition of inducers, or removal or avoidance of end product repressors). This can be done using a mixed culture, the second organism removing the end product that represses the first.

production d'enzymes

Ensemble des procédés mis en oeuvre dans la production industrielle d'enzymes. Dès que le développement de la microbiologie a permis de mieux comprendre les systèmes qui président à la synthèse des enzymes chez les micro-organismes, la production industrielle d'enzymes s'est orientée vers les processus fermentaires. Les enzymes de fermentation présentent de nombreux avantages par rapport aux enzymes d'extraction.

enzyme reaction
enzymatic reaction
enzymic reaction

A highly specific chemical reaction that is catalyzed by an enzyme.

réaction enzymatique

Réaction catalytique réversible, hautement spécifique, dont le catalyseur est une enzyme.

enzyme reaction mechanism

mécanisme réactionnel enzymatique
mécanisme d'une réaction enzymatique

Basic principles involved in the physical and chemical reactions associated with an enzyme-catalyzed reaction. An enzyme functions by lowering the activation energy of a reaction. This is brought about by formation of a complex between the substrate and the enzyme. Most enzymes function according to the induced fit principle whereby binding of the substrate to the enzyme causes a change in shape, resulting in the alignment of catalytic groups. Electrostatic and hydrophobic interactions assist in the alignment and subsequent reaction.

Modalités d'attaque des liaisons et leur affaiblissement, la réalisation des substitutions de radicaux, au sens de la chimie organique. Dans cette optique particulière, on distingue :

- une mise en évidence des étapes essentielles de la réaction, ainsi que l'origine des radicaux impliqués;
- les mécanismes "organiques" de l'action catalytique : cette étape logique vise à regrouper l'ensemble des données précédentes dans un schéma réactionnel cohérent précisant la nature des états de transition, les rôles simultanés et séquentiels des différents aminoacides du site actif identifiés ou postulés;
- enfin la vérification, rarement possible, du mécanisme proposé.

enzyme reactor

réacteur à enzyme
réacteur enzymatique

Reactor that allows enzyme and substrate to come into contact for a sufficient period of time for the reaction to take place, and in which the product and the enzyme are easily separated.

NOTE Enzyme reactors differ from chemical reactors because they function at low temperatures and pressures, and differ from fermentations, which involve growing cells, in not behaving in an autocatalytic fashion.

Appareillage où est mise en oeuvre une réaction enzymatique.

enzyme recovery

The methods used in the recovery of industrial enzymes. In enzyme production by fermentation, the output of product is often low. It is necessary therefore to concentrate and partially purify the product. The overall process consists of enzyme extraction, followed by concentration and drying. Techniques used in concentration include ultrafiltration, precipitation, adsorption techniques using ion exchangers, affinity columns, etc. or the use of gel filtration.

NOTE Commercial enzyme preparations are available in solid or liquid form. Solid preparations are obtained by spray drying or freeze drying, or granulation in the presence of maltodextrin as a carrier. Liquid preparations may be stabilized by addition of divalent cations, buffers, glycerol, substrates or inhibitors. A few commercial enzymes are supplied in an immobilized form.

récupération d'enzymes

Ensemble des technologies mises en oeuvre pour la récupération, à l'échelle industrielle, d'enzymes (séparation, extraction, purification, etc.). Pour l'instant, on distingue très nettement les enzymes industrielles (environ 1 500 tonnes de protéines actives par an pour seize produits) des enzymes à très haute valeur ajoutée (thérapeutiques et de diagnostic) pour lesquelles le marché se mesure en kilogrammes.

enzyme regulation
enzyme control

Regulation of enzyme activity. Enzymes may be regulated at two levels: (1) at the level of gene expression and protein synthesis through induction and repression; (2) at the enzyme level through enzyme inhibition or activation as a result of the binding of effector molecules at allosteric sites on the enzyme.

régulation de l'activité enzymatique

Régulation du fonctionnement des enzymes. Deux mécanismes majeurs sont à la base de la régulation de l'activité enzymatique : le contrôle génétique et le contrôle de la catalyse. Le contrôle génétique fait intervenir un changement dans la quantité totale de molécules enzymatiques. Les exemples les plus connus de cette forme de régulation sont l'induction enzymatique et la répression chez les micro-organismes. Le contrôle de la catalyse fait intervenir un

enzyme regulation (cont'd)

changement dans l'activité enzymatique sans que change la quantité totale de l'enzyme synthétisée.

enzyme replacement
enzyme replacement therapy

Treatment of diseases that are characterized by the absence of a particular enzyme as a result of genetic malfunction or because of tissue malfunction which lead to the build-up of some products with disastrous results. Such diseases can be controlled by injecting the required soluble enzyme from, for example, microbial sources, but in an immobilized form to prevent immunological reactions.

traitement de substitution

Traitement palliatif aux maladies moléculaires dont font partie les enzymopathies. Ce traitement s'effectue par injection de l'enzyme manquante soigneusement purifiée. Pour stabiliser l'enzyme, on peut l'enfermer dans des particules, les liposomes, qui sont absorbées préférentiellement par le foie. Des succès partiels ont été obtenus dans certaines maladies de surcharge.

enzyme repression
repression (1)

Mechanism that prevents the synthesis of an enzyme by the formation of repressors that bind to DNA thereby preventing transcription.

NOTE Repression is a reflection of the principle of cellular economy: when the enzymes required for histidine biosynthesis are no longer required, they are no longer made. Most cases of enzyme repression involve enzymes participating in biosynthetic reactions. The entire sequence of enzymes required in histidine biosynthesis is repressed when histidine is added to the medium. Such repression of the synthesis of a group of enzymes catalyzing a sequence of consecutive biosynthetic reactions is called coordinate repression.

répression (1)
répression enzymatique

Blocage de la synthèse de nouvelles molécules d'enzyme par empêchement de la production du mRNA correspondant, ceci n'affectant pas les molécules d'enzymes existant dans la cellule, qui vont pouvoir continuer à fonctionner jusqu'à ce qu'elles disparaissent par suite des processus habituels de dégradation. Ce blocage n'empêche pas non plus que des molécules de mRNA déjà synthétisées continuent à être traduites. Elle a donc des effets moins rapides que la rétroinhibition.

NOTA Les lois qui régissent la répression enzymatique sont les mêmes que celles de l'induction :

. la répression se manifeste sur un ensemble d'enzymes agissant de manière concertée dans le cadre

enzyme repression (cont'd)

See "repression" (2).

d'une même réaction métabolique;

. c'est un phénomène très spécifique;

. la répression enzymatique est la règle pour les enzymes de l'anabolisme;

. les répresseurs sont, le plus souvent, les produits terminaux des chaînes de synthèse ou des analogues de ces produits terminaux.

Voir «répression» (2).

enzyme stabilisation
enzyme stabilization

Process of enhancing the resistance of an enzyme's properties to certain environmental changes. The problem of enzyme stabilisations is primarily concerned with restraining the enzyme from adopting conformations other than those that are optimal for (a) mutual access of substrate to its binding site on the enzyme (b) the continued ability of the enzyme to express its catalytic activity on the substrate at its active site and (c) the ability for the product or products of the reaction to freely diffuse, or be repelled from the binding site.

stabilisation des enzymes

Processus qui augmente la résistance d'enzymes face à des changements provoqués par le milieu environnant.

enzyme-substrate affinity

The affinity of an enzyme for a given substrate. A strong affinity is characterized by a low K_m value.

affinité d'une enzyme pour un substrat

L'affinité d'une enzyme pour un substrat est égale à $1/K_m$. Si K_m est élevé (il faut donc une concentration élevée en substrat pour avoir une vitesse égale à $V_{max}/2$), l'affinité est faible; si K_m est faible, l'affinité est grande (il suffit d'une faible concentration en

enzyme-substrate affinity (cont'd)

substrat pour avoir une vitesse égale à $V_{max}/2$).

NOTA Lorsqu'un activateur allostérique se fixe au site allostérique, il s'ensuit une légère modification de la conformation de l'enzyme – appelée transition allostérique – (d'ailleurs réversible), qui entraîne une modification de la conformation au niveau du site actif (catalytique). Ce site acquiert une conformation plus propice à la fixation du substrat, il y a augmentation de l'affinité de l'enzyme pour le substrat ($K_m' < K_m$).

enzyme-substrate complex
Michaelis-Menten complex
enzyme-substrate intermediate

A transitory complex of enzyme and substrate that eventually decomposes into enzyme and product (or products).

NOTE The enzyme-substrate complex in which the substrate is covalently linked to the enzyme is called "enzyme-substrate compound".

complexe enzyme-substrat
complexe ES

Complexe transitoire formé d'une enzyme et d'un substrat. Il se décompose par la suite en enzyme et produit(s).

enzyme technology

Any technology involved in the use, modification or production of enzyme activities.

technologie enzymatique

Technologie mise en oeuvre pour utiliser, purifier ou modifier des activités enzymatiques.

enzyme therapy
enzymotherapy

The administration of enzymes for therapeutic purposes.

NOTE The therapeutic benefits of enzyme injections are subject to serious limitations, mainly the short life of the injected molecules

enzymothérapie

Utilisation des enzymes dans un but thérapeutique (essentiellement des enzymes protéolytiques, fibrinolytiques ou digestives).

NOTA Les problèmes posés par l'enzymothérapie sont la toxicité

enzyme therapy (cont'd)

in vivo and the secondary effects resulting from immunological reaction.

des enzymes et la durée de leur action que l'on souhaite toujours aussi longue que possible. La toxicité d'une enzyme peut être due à des substances contaminantes de la préparation. La toxicité peut encore être consécutive au mécanisme même de la réaction enzymatique. Il s'agit alors d'un problème de conception du traitement, de définition précise des objectifs et de choix des moyens les plus propres à atteindre ces objectifs. Enfin, des réactions néfastes de nature immunologique (choc anaphylactique par exemple) peuvent survenir. Ce sont elles que l'on cherche à prévenir en modifiant ou en immobilisant l'enzyme.

enzyme tube
SEE **enzyme-coated tube**

enzyme unit
SEE **international unit**

enzymic activity
SEE **enzyme activity** (1)

enzymic membrane
SEE **enzyme membrane**

enzymic reaction
SEE **enzyme reaction**

enzymic resolution

Enzymic resolution of racemic mixtures of L and D amino acids is achieved by the use of acetylated amino acid DL mixtures of which only the L-form is hydrolyzed to the free L-amino acid by aminoacylase. Industrial

stéréo-purification enzymatique

Production de composés stéréochimiquement purs (D ou L) par traitement enzymatique d'un mélange racémique (DL). L'aminoacylase de *Aspergillus oryzae* permet d'obtenir un acide aminé L en hydrolysant

enzymic resolution (cont'd)

scale production has been carried out for about 10 years by the Tanabe Seiyaku Co. of Japan, using the aminoacylase from *Aspergillus oryzae* immobilized to DEAE-Sephadex and used in column reactors. This process is the first example of the use of an immobilized enzyme on a commercially viable scale; this resolution system is especially used for methionine, but resolution of phenylalanine, tryptophan and valine mixtures have also been described.

uniquement la forme L d'un mélange racémique DL d'acides aminés acétylés.

enzymology

Branch of science dealing with the chemical nature, biological activity, and biological significance of enzymes.

enzymologie

Branche de la biochimie consacrée à l'étude des enzymes.

enzymotherapy
SEE **enzyme therapy**

equilibrium constant

Expression of the relationship between the equilibrium activities of reactants and products in a reversible chemical reaction.

NOTE K and K_{eq} are symbols used to denote the equilibrium constant.

constante d'équilibre
K_{eq}

Rapport entre les concentrations à équilibre des réactifs et des produits d'une réaction chimique réversible.

equilibrium method

The most frequent use of purified enzymes in clinical analysis is in the measurement of the concentration of substrates in plasma or serum. The equilibrium method, which can only be used for the determination of substrates,

méthode de dosage enzymatique à l'équilibre

En biochimie clinique, les enzymes servent à mesurer la concentration des métabolites du plasma et du sérum. Le dosage enzymatique peut s'effectuer grâce à une méthode cinétique, ou à une méthode à l'équilibre. Dans la

equilibrium method (cont'd)

makes use of the data collected when the concentrations of product or substrate are time-independent.

NOTE Equilibrium methods are generally to be preferred to kinetics methods, but they have the major drawbacks of relatively high cost of enzyme and cofactors, and the length of time required per assay. However, kinetic methods are prone to large errors if enzyme activators or inhibitors are present, but undetected, in the biological material.

méthode à l'équilibre, les produits de la réaction enzymatique sont mesurés lorsque la réaction est terminée, c'est-à-dire, à l'équilibre.

equilibrium sedimentation
SEE **density gradient sedimentation equilibrium**

excess substrate inhibition

Type of reversible inhibition that occurs in the presence of excess substrate. It is caused by the formation of non productive complexes. These can be decreased by using a lower concentration of substrate.

inhibition par excès de substrat

Pour certaines enzymes, inhibition de l'activité par un excès de substrat.

NOTA Plusieurs interprétations ont été proposées. L'une considère que la fixation de substrat supplémentaire dans un second site actif de l'enzyme conduit à une modification de conformation de la protéine, inhibitrice à l'égard du site actif principal. L'autre, peut-être plus réaliste, considère qu'en présence d'un excès de substrats, deux ou plusieurs molécules de ce substrat ont accès au site actif, mais ne contractent avec lui que des liaisons partielles, ce qui rend la catalyse inopérante. On donne parfois à ce mode de relation enzyme-substrat le nom de combinaison dystopique.

excluded volume
SEE **void volume**

exclusion chromatography
SEE **gel filtration**

exergonic

Said of a chemical reaction for which ΔG (Gibbs free-energy change) is negative and free energy is released to the environment in converting reactants to products.

exergonique

Se dit d'une réaction chimique qui libère de l'énergie (par opposition à endergonique).

exoenzyme
lyoenzyme
extracellular enzyme

Enzyme localized on the outer side of the cell membrane. In bacteria, for instance, they may be released into the outer medium or lie in the space between the cell wall and the cell membrane.

exo-enzyme
exoenzyme
enzyme extracellulaire

Enzyme secrétée par la cellule dans un milieu extérieur à celle-ci.

exopeptidase

General name for a proteolytic enzyme that catalyzes the hydrolysis of terminal peptide linkages in a polypeptide chain, thus releasing free amino acids.

exopeptidase

Enzyme protéolytique catalysant la rupture des liaisons peptidiques en détachant un acide aminé terminal. On distingue des aminopeptidases et des carboxypeptidases.

exponential phase of growth
log phase growth

That stage of microbial growth when all foodstuffs and other requirements are present in excess, and the rate of growth is limited only by intrinsic properties of the organism. As each cell divides into two at regular intervals, the population numbers repeatedly double in an exponential fashion.

phase de croissance exponentielle
phase logarithmique
phase exponentielle de croissance
phase exponentielle
phase de croissance logarithmique

Phase de croissance qui correspond à l'étape d'assimilation la plus active des substrats contenus dans le milieu; à ce stade, toutes les bactéries sont vivantes et se divisent rapidement : les bactéries doublent en nombre à chaque temps de génération. La pente de la courbe de croissance durant cette phase est d'autant plus grande que les

exponential phase of growth (cont'd)

conditions de la culture sont mieux adaptées (température, pH, aération, substrats indispensables, etc.).

external diffusional limitation
external diffusional barrier

External diffusional limitations are caused by the rate of diffusion of substrate being restricted in the thin film of poorly mixed fluid surrounding each support particle. External diffusional restrictions can be decreased but not prevented by increasing the degree of agitation in well-mixed reactors. Another method is to increase the flow-rate in tubular reactors, or to use a more concentrated, or less viscous, substrate.

NOTE Diffusional effects often give rise to extended lag periods before a steady state is set up, because the substrate molecules must diffuse through the bulk solvent, then through the film of poorly mixed solvent around the support particle, the pores in the support, and then into the cell in the case of immobilized cells, before reaction can take place. Then the same extended diffusion pathway must be negotiated by product molecules in reverse before they can be detected and monitored in the bulk solvent.

barrière de diffusion externe

Contrainte imposée à la vitesse de réaction d'une enzyme immobilisée qui est due à la faible vitesse de diffusion des substrats et des produits à travers la couche liquide qui entoure l'enzyme portée par un support solide.

extracellular enzyme
SEE **exoenzyme**

extractive fermentation

Fermentation system in which the product is continuously removed by extraction with a solvent that is

fermentation extractive

Procédé de fermentation au cours de laquelle il y a production et extraction simultanées du produit.

extractive fermentation (cont'd)

insoluble in water, not harmful to the organism, simple to recover (e.g. by distillation) and in which the fermentation product is considerably more soluble than it is in water. The fermenter may be fed nutrient continuously or intermittently.

NOTE One advantage of this type of reactor is that products may be removed before they reach concentrations that limit the rate of fermentation by feedback inhibition. The disadvantage is that few, if any, solvents with the required properties have been identified.

Cette méthode a priori séduisante est cependant limitée par l'emploi de composés d'extraction qui peuvent avoir une action inhibitrice sur les micro-organismes.

F

fast protein liquid chromatography
FPLC

A modified form of HPLC in which high pressures are replaced by high flow rates. Separation techniques frequently involve ion exchange chromatography and are capable of both high capacity and high resolution. A variety of chromatographic support materials can be used.

chromatographie liquide rapide de protéines

Forme de chromatographie liquide où les colonnes de chromatographie sont soumises à des vitesses de flux élevées. Une variété de supports solides permet de séparer les protéines suivant leur taille et leur charge.

fed batch
feed batch

Said of an anaerobic digester or fermenter operated in a batch mode to which substrate, in either solid or concentrated liquid form,

à apport programmé
à alimentation programmée

Se dit d'un système fermentaire où l'on ajoute progressivement du substrat pendant la fermentation au fur et à mesure des besoins.

fed batch (cont'd)

is added several times during the run.

NOTA Certains ouvrages français utilisent le terme «fed-batch» pour désigner cette notion. Terme à déconseiller.

feed

Material supplied to a processing unit for treatment.

apport

Matière introduite dans un réacteur pour y être traitée.

feedback inhibition
end-product inhibition
retroinhibition

Control mechanism in which the activity of an enzyme associated with an early stage of a multi-step pathway is inhibited by a metabolite produced by a reaction further along the sequence. The mechanism of control may be due to binding of the product at an allosteric site on the enzyme.

rétroinhibition

Inhibition de la première enzyme d'une suite réactionnelle par le métabolite qui est le produit terminal de cette suite. La concentration intracellulaire de ce métabolite contrôle donc la vitesse de sa propre biosynthèse.

NOTA Les ouvrages utilisent indifféremment les termes :
- rétro-inhibition;
- inhibition par le produit terminal;
- inhibition par rétroaction;
- inhibition rétrograde;

pour désigner la rétroinhibition.

feed batch
SEE **fed batch**

feedforward enzyme activation
feedforward stimulation

An example of feedforward enzyme activation is found in the activation of glycogen synthetase by glucose 6-phosphate, i.e. a metabolite activates an enzyme concerned in its utilization. Enzyme induction is a positive feedforward process.

NOTE See "enzyme induction".

activation
stimulation

Principaux modes de régulation de l'activité enzymatique :
- La rétroinhibition.
- L'activation d'une enzyme par un précurseur du substrat ou par le substrat lui-même.
- L'activation par un produit de dégradation du métabolite terminal, permettant d'élever à nouveau la concentration de ce métabolite (qui peut être une

feedforward enzyme activation (cont'd)

substance à haut potentiel énergétique par exemple).
- L'activation d'une enzyme d'une suite métabolique conduisant à un métabolite A par un métabolite B, qui est synthétisé par une suite indépendante, lorsque A et B sont tous deux nécessaires à la synthèse des mêmes macromolécules, ce qui permet une production coordonnée des précurseurs.

fermentation

Enzymatic transformation of organic substrates, especially carbohydrates, generally accompanied by the evolution of gas in which the end products could be further oxidized.

NOTE The term "fermentation" has been used in countless ways in the scientific literature. It is often restricted to the breakdown of glucose to ethanol. It is also applied to the production of either ethanol or lactic acid by micro-organisms – lactic acid production in animal cells being called glycolysis. Both these uses lead to confusion between the terms "fermentation" and "glycolysis", and both tend to obscure the general occurrence of the same basic fermentation process in all living cells.

fermentation

Transformation que subissent certaines substances organiques, notamment les sucres, sous l'influence d'enzymes produites par divers micro-organismes.

fermentation engineering

Branch of biotechnology dealing with the design, development, construction and operation of the plant and equipment used in industrial biological processes.

génie fermentaire
génie des fermentations

Connaissances et techniques de l'ingénieur qui étudie les transformations moléculaires d'une substance d'origine organique sous l'influence d'enzymes produites par des micro-organismes.

fermenter
fermentor

Vessel or bioreactor used for fermentation. The most common configuration is the completely stirred tank reactor (CSTR). They can vary in size from less than a litre for bench-scale or experimental systems to thousands of litres for commercial systems; the only similarity is that they are closed tanks. The shape of tanks varies considerably from domed, square, rectangular, horizontal cylindrical, vertical cylindrical to conical, many designs having been developed for specific types of fermentation or techniques.

fermenteur

Enceinte stérilisable dans laquelle est conduite une fermentation.

fermenter agitation

Method of mixing or stirring the contents of a fermenter in order to prevent settling of the organism or product, to facilitate rapid gas exchange (oxygen uptake in particular), and to establish uniform temperature and nutrient distribution.

NOTE The most common means of fermenter agitation is the use of an impeller rotating at high speed. The fermenter may also be equipped with internal baffles to increase the degree of agitation of the broth by the creation of turbulence. Other methods of mixing include the injection, or recycling, of gas or liquid streams.

agitation

Dans un bioréacteur, opération qui crée ou accélère le contact entre deux ou plusieurs phases : solide (particulaire), liquide et gazeuse. On parle alors respectivement de suspension, de mélange et d'émulsion. Cette opération doit aussi favoriser, par turbulence, les échanges thermiques (chauffage ou refroidissement) entre la culture et le dispositif prévu à cet effet.

NOTA On classifie les bioréacteurs à cellules libres selon leur mode d'agitation : bioréacteurs avec agitation mécanique, bioréacteurs avec agitation pneumatique («air-lift») et bioréacteurs avec pompage et recirculation (fermenteurs à jet).

fermenter control

Various means used to control fermenters. Advanced fermentation processes may be equipped with a wide variety of automatic control and/or

contrôle de fermenteur

Mécanismes qui permettent de suivre et de régulariser les paramètres des fermenteurs. Les contrôles s'exercent généralement sur le pH, la température,

fermenter control (cont'd)

monitoring facilities using microprocessors.

NOTE Fermenter control includes: (1) control of temperature, pressure and pH by closed loop feedback; (2) control of foaming by on/off addition of an antifoam; (3) automatic sequencing to ensure correct adherence to protocols for sterilization, cleaning and filling, as well as harvest operations; (4) control of dissolved oxygen concentration; (5) automatic feeding of nutrients in response to dissolved oxygen concentration or biomass level, or feeding nutrients automatically according to a preset schedule; (6) control of the respiratory quotient in order to optimize cell mass production.

l'oxygène dissous, les mousses et l'évolution de la concentration en certains nutrients. De plus, la mesure de l'apparition de l'activité enzymatique est effectuée à intervalles réguliers par le laboratoire de contrôle. Cette mesure est importante puisqu'elle préside à la décision d'arrêt de la fermentation.

fermenter cooling

Removal of heat during fermentation. On a commercial scale, the most common methods of removing heat generated during fermentation are the use of cooling towers or refrigeration to provide cold water which is passed through a jacket or internal coil associated with the fermenter.

NOTE In hot climates, where natural water supplies are at a temperature similar to or above that of the optimum for cell growth, cooling can be a major problem. A cooling tower is not very effective in summer, when cooling requirements are greatest, because humidity is often quite high. The alternative – refrigeration – is relatively expensive. A large internal

refroidissement du fluide en fermentation

Enlèvement de la chaleur dégagée par les réactions à l'intérieur d'un fermenteur. On peut tout d'abord augmenter la surface d'échange thermique (serpentin, double enveloppe). On pratique parfois le refroidissement du fluide en fermentation dans un échangeur de chaleur à l'extérieur du bioréacteur.

fermenter cooling (cont'd)

cooling coil wastes a great deal of fermenter volume and decreases oxygen transfer rate and mixing quality, particularly for viscous broths. A jacket is limited in area to the dimensions of the fermenter. Hence recirculation through external heat exchangers may be used.

fermentor
SEE **fermenter**

fibre entrapment
fiber entrapment

Method of immobilization of enzymes by entrapment within the microcavities of synthetic fibres.

inclusion dans des fibres

Méthode d'immobilisation par inclusion dans laquelle les molécules d'enzymes sont retenues dans la trame de fibres insolubles dans l'eau.

fibrinolysin
SEE **plasmin**

fibrous protein

Class of insoluble proteins widely distributed in nature which are elongated, very asymmetric molecules whose length may be 10 or more times their diameter. The polypeptide chains may be coiled and may be cross-linked by disulfide bonds and by hydrogen bonds.

NOTE The principal structural difference between the compact globular proteins and fibrous structural proteins is that the latter are generally built from repeating motifs which enable them to grow into large structural assemblies. Silk fibroin is just such a large assembly, but with a different motif from collagen and α-keratin.

protéine fibreuse

Protéines physiquement résistantes qui constituent un matériel insoluble dans l'eau et les solutions salines diluées. Elles sont constituées de chaînes polypeptidiques rangées parallèlement le long d'un même axe pour former de longues fibres. Ces protéines forment les structures élémentaires du tissu conjonctif des animaux supérieurs.

field effect transistor

A transistor in which the resistance of the current path from source to drain is modulated by applying a transverse electric field between grid or gate electrodes; the electric field varies the thickness of the depletion layer between the gates, thereby reducing the conductance.

NOTE Field effect transistors that are impregnated with, or have covalently attached to them, organic substances such as enzymes or cells, are called BioF.E.T.s. For instance the concentration of small amounts of penicillin in fermentors can be achieved using β-lactamase.

FET and F.E.T. are abbreviations of field effect transistor.

transistor à effet de champ

Transistor qui utilise le fait qu'une tension inverse appliquée à une jonction crée une barrière isolante dont la largeur augmente avec la tension appliquée. La commande du transistor à effet de champ se fait à forte tension mais à débit de courant pratiquement nul.

NOTA L'idée d'associer une réaction biochimique et un système électronique pour constituer des biocapteurs permet de modifier profondément le secteur analytique des procédés biotechnologiques. Les transistors à effet de champs sont utilisés dans des applications où l'on a besoin de faible consommation et de grande rapidité.

«FET» est une abréviation anglaise souvent utilisée dans les textes français.

filtration

The process of separating solid particles from a liquid phase using a filter.

filtration

Opération consistant à séparer, à l'aide d'un filtre, une phase continue (liquide ou gazeuse) et une phase dispersée solide initialement mélangées.

final product
SEE **end product**

finger-printing technique

Method used to determine the structure of proteins or nucleic acids in which partial hydrolysis is followed by production of a two-dimensional map using gel electrophoresis and/or chromatography.

NOTE Finger-printing techniques are also used to compare the structure or sequences of

méthode des empreintes digitales

Technique utilisée pour la structure d'une protéine ou d'un acide nucléique. Une hydrolyse partielle est suivie par deux electrophorèses perpendiculaires avec des tampons différents (ou d'une chromatographie dans une direction suivie d'une électrophorèse dans l'autre). La «carte» obtenue est caractéristique de la molécule étudiée.

finger-printing technique (cont'd)

molecules from different sources or to identify a molecule or genome by comparison with a known standard.

first-order rate constant

A proportionality constant between the velocity of a chemical reaction and the concentration of the reacting species for a chemical reaction in which the velocity of the reaction is proportional to the concentration of one reactant.

NOTE First-order rate constants have the dimensions of reciprocal time, usually S^{-1}.

constante de vitesse des réactions du premier ordre

Constante de proportionnalité d'une réaction du premier ordre (dont la vitesse est exactement proportionnelle à la concentration d'un réactif). Les constantes de vitesse des réactions du premier ordre ont pour dimension l'inverse du temps, c'est-à-dire S^{-1}.

first-order reaction

Chemical reaction in which the rate of decrease of concentration of component A with time is proportional to the concentration of A.

réaction du premier ordre
réaction d'ordre un

Réaction dont la vitesse est exactement proportionnelle à la concentration d'un réactif. Soit une réaction fort simple dans laquelle une substance A se transforme en substance B. À tout instant chaque molécule A a une égale probabilité de subir la transformation; la vitesse globale de la réaction dépend donc de la concentration de A.

fixed bed

A stationary carrier system where active biomass or enzymes are immobilized. Almost all industrially enzyme-catalyzed continuous processes in which immobilized enzymes are used are performed in fixed beds, among other reasons because in an expanded or fluidized bed the particles having enzymatic activity

lit fixe

Support particulaire sur lequel est fixé le catalyseur. Ce dernier se présente sous la forme d'un film visqueux qui adhère sur un lit solide. Ce catalyseur peut être constitué par une culture naturelle de micro-organismes ou par des molécules d'enzymes.

fixed bed (cont'd)

are worn down during operation as a result of collisions between the individual particles.

fixed bed reactor
fixed-bed reactor

Bioreactor in which the active biomass or enzymes are immobilized on a fixed carrier system. The reactor may be run as a filter system, a packed column or a plug flow system.

NOTE The frequently used fixed-bed reactor has the advantage of high efficiency in terms of approaching plug flow performance, as well as the potential for the highest loadings of enzyme per unit volume of reactor.

réacteur à lit fixe
réacteur en lit fixe

Type de réacteur dans lequel le catalyseur (enzyme ou micro-organisme) fixé sur un support particulaire est disposé dans une colonne percolée par la solution à traiter. L'alimentation continue en substrat peut se faire par flux ascendant ou descendant et peut comporter un dispositif de recyclage. Plusieurs colonnes peuvent fonctionner en série avec des catalyseurs différents.

NOTA Les réacteurs à lit fixe ont l'avantage de renfermer un volume mort relativement faible et, pour un rendement identique, leur taille sera sensiblement plus réduite que celle des réacteurs agités et la quantité d'enzyme requise moindre. Ils sont également plus facilement automatisés, mais leur accès difficile limite leur emploi à des préparations enzymatiques très stables. Par ailleurs, les risques de tassage de la colonne nécessitent, pour ce type de réacteur, l'utilisation de supports peu compressibles.

fixed film

Layer of active biomass immobilized, or growing, on the surface of a fixed carrier.

film cellulaire
film de cellules

Résultat de l'immobilisation de micro-organismes ou de cellules.

NOTA Faute de rigueur scientifique, le terme film de biomasse est à éviter.

fixing of an enzyme

The action by which an enzyme is fixed on a support. The fixing of the enzyme is effected by any known method, either in the cold in aqueous solution buffered in accordance with the pH which is most compatible with the enzyme, or at higher temperatures in aliphatic, cycloaliphatic, or aromatic hydrocarbons.

fixation d'une enzyme

Action par laquelle l'enzyme est fixée à un support. Il importe de prendre en compte les caractéristiques propres tant de la protéine que l'on veut fixer que du support : taille des particules, rapport molaire des groupements hydrophiles et hydrophobes, groupements réactifs.

On distingue, selon le mode de liaison de l'enzyme :
- fixation par adsorption,
- fixation par liaison covalente.

flavin mononucleotide

Derivative of riboflavin that functions as a prosthetic group in flavoproteins and acts as an acceptor in oxidation – reduction reactions.

NOTE FMN is the oxidized form while $FMNH_2$ is the reduced form of flavin mononucleotide.

FMN
flavine mononucléotide

Dérivé de la riboflavine qui est un co-enzyme des déshydrogénases souvent appelées flavoprotéines ou ferments jaunes en raison de leur coloration, due au groupement chromophore constitué par le système de doubles liaisons conjuguées du noyau flavine. Il peut également participer aux processus d'oxydation cellulaire par fixation – réversible – de 2 H et formation d'un leuco-ferment incolore.

NOTA On emploie souvent FMN et $FMNH_2$ comme synonymes de flavine mononucléotide. Cependant FMN représente la forme oxydée, tandis que $FMNH_2$ représente la forme réduite.

flavoprotein

Protein conjugated with a flavin prosthetic group that functions as a dehydrogenase in the respiratory electron transport chain.

flavoprotéine
protéoflavine

Enzyme qui catalyse des déshydrogénations à l'aide de coenzymes flaviniques, FMN ou FAD, réduites respectivement en $FMNH_2$ et $FADH_2$. Les atomes d'hydrogène sont fixés

flavoprotein (cont'd)

transitoirement sur les atomes d'azote N_1 et N_{10} du noyau riboflavine du coenzyme. L'accepteur ultérieur des électrons en provenance des coenzymes flaviniques est généralement une quinone, dont la coenzyme Q (ubiquinone) est l'élément essentiel.

NOTA Beaucoup de flavoprotéines contiennent du fer ou du molybdène, indispensables au fonctionnement de l'enzyme. Le fer est de type non héminique. Elles contiennent aussi du soufre et représentent à ce titre, un certain modèle de centre fer-soufre.

Abréviation : F.P.

Synonyme désuet : ferment jaune.

flexibility

Although globular proteins are generally close-packed, they do have certain degrees of flexibility. The flexibility of the polypeptide backbone and of the side chains is what enables each globular protein to fold into its characteristic native, or average, structure.

Modes of motion and flexibility observed in proteins:

a. Molecular tumbling
b. "Breathing"
c. Segmental flexibility and "hinge bending"
d. Rotation of side chains
e. Static disorder and real motion.

NOTE Indirect evidence for the flexibility of crystalline proteins has existed for many years. A number of crystalline enzymes possess catalytic activity comparable to that found in

flexibilité

Comme la plupart des polymères, la chaîne polypeptidique est flexible et une liaison chimique simple laisse, aux deux parties de la molécule qu'elle joint, la liberté de tourner autour de l'axe de la liaison. Cette rotation permet à certaines parties de la chaîne de bouger indépendamment du reste de la molécule et, lors de ce mouvement, les chaînes latérales des acides aminés tournent naturellement avec le segment de chaîne polypeptidique en rotation. Par ailleurs, les chaînes latérales peuvent elles-mêmes tourner autour des liaisons qui les relient à la chaîne principale, ce qui augmente encore la flexibilité de la protéine.

flexibility (cont'd)

solution, so, if flexibility is important for function, at least a large measure of flexibility must be retained in the crystal. Oxygen-binding proteins such as hemoglobin and myoglobin, which are known to require flexibility of structure for oxygen binding, reversibly bind ligands in the crystalline state.

flow cell

Device used with analytical equipment that enables continuous readings to be taken or a liquid stream to be monitored continuously. For instance, a fluorometer, spectrophotometer, scintillation counter, colorimeter, pH meter or similar instrument may be fitted with a small glass cell with an inlet and outlet fixed in such a way that the sample passes continuously through it.

cuve à circulation
cuve à flux continu

Cuve montée dans un spectrophotomètre qui, grâce à un système d'aspiration automatique permettant de la remplir et de la vider en quelques secondes, est très utile lorsqu'il s'agit d'analyser des séries d'échantillons.

fluid-bed reactor
SEE **fluidized-bed reactor**

fluidized bed

Bed of small particles freely suspended in an upflow of a fluid (in biological systems usually water or a water/air mixture). At the point of minimum fluidization the pressure drop across the bed equals the total weight of particles in the bed, corrected for their buoyancy in the liquid. Increase in liquid flow results in an expansion of the bed until at high velocity the particles may become entrained and lost from the reactor.

lit fluidisé

Couche de particules mises en suspension dans un écoulement fluide ascendant.

fluidized-bed reactor
fluid-bed reactor

Bioreactor in which the active material is associated with a bed of particulate nature kept in suspension by the upward flow of the fluid phase.

NOTE Among its advantages are low pressure drop, leading to low pumping costs, and the ability to handle certain types of fine particulate feeds. The liquid velocities necessary to properly suspend the enzyme carrier particles may result in residence times insufficient to achieve the required conversion. Possible solutions to this problem include use of recycling or a series of fluidized beds.

réacteur à lit fluidisé

Type de réacteur à support particulaire dans lequel le catalyseur enzymatique est maintenu en suspension par la circulation ascendante de la solution à traiter ou par injection d'un gaz.

folding
SEE **chain folding**

food additive

Substance added to foods during processing to improve color, texture, flavor, nutritional value or keeping qualities; examples are antioxidants, emulsifiers, thickeners, preservatives, colorants, and enzymes.

additif alimentaire

Substance ajoutée intentionnellement à un aliment, généralement en petites quantités, pour en faciliter la conservation, pour stabiliser ou améliorer ses qualités, sa texture, sa saveur, son aspect ou pour faciliter sa préparation.

NOTA Un ingrédient est habituellement utilisé au contraire en plus grandes quantités et représente souvent un constituant original de la production d'aliments. Le mot «additif» est à différencier du mot «contaminant» avec lequel il est trop souvent confondu par erreur.

fouling

The adhesion of solids on a surface. Fouling causes a loss in the activity of immobilized biocatalysts. This is due to the deposition of solid or colloidal materials (originally suspended in the substrate, around, or in the pores of the support) preventing access of substrate to the enzyme. Physical fouling by insoluble debris, fats, microbial activity or synthetic side reactions of the enzymes producing "polymers" can be particular problems with porous supports. This is because the availability of the enzyme can be quickly reduced by even limited blockage of the pore structure.

encrassement

Formation de dépôts solides sur un élément. Par exemple, à la surface des membranes utilisées dans les procédés de filtration (ultrafiltration, osmose inverse), gênant l'écoulement des fluides.

Fourier electron-density map

Electron-density map of a molecule calculated via the Fourier transform; a function which relates a complex waveform to its component spectrum of frequencies.

Any resulting trial structure consisting of initial coordinates for some of the atoms is often sufficient for location of the other atoms by the application of the method of successive Fourier electron-density maps. The phases calculated from the initial parameters of the presumably known atoms, together with the observed F_{hkl}, are utilized to compute a density map. New coordinates are obtained not only for the peaks corresponding to these known atoms but also for the other peaks which it is hoped can be interpreted from stereochemical

transformée de Fourier
carte de densité de Fourier
représentation de Fourier

Chaque cristal possède une périodicité régulière, ce qui permet de représenter la diffraction des rayons X par une fonction périodique qui peut être décomposée par séries de Fourier. On peut donc théoriquement exprimer la densité électronique à chaque endroit de la maille du cristal, à partir du calcul de la transformée de Fourier, et localiser les atomes dans la maille, à partir de la carte des densités électroniques. En pratique, le signe des facteurs de structure de la transformée de Fourier n'est pas connu. On peut le déterminer à partir de quelques atomes dont les coordonnées sont connues et ensuite, par raffinements successifs, déterminer la position des autres atomes.

Fourier electron-density map (cont'd)

considerations as being due to additional atoms in the structure. The Fourier process is then reiterated, with the new phases calculated from the modified coordinates of the previous set of atoms plus the coordinates of newly located atoms.

FPLC
SEE **fast protein liquid chromatography**

fractionation

Separation of a mixture in successive stages, each stage removing from the mixture some proportion of one of the substances.

NOTE One of the most generally useful methods of protein fractionation involves chromatography, a technique that was originally developed for the fractionation of low molecular weight components, such as sugars and amino acids. The most common type of chromatography used to separate small molecules is known as partition chromatography. Proteins are most often fractionated by column chromatography, in which a mixture of proteins in solution is passed through a column containing a porous solid matrix and the different proteins are retarded to different extents by their interaction with the matrix.

fractionnement

Séparation, par étapes successives, des composants d'un mélange.

NOTA Parmi les méthodes de purification et fractionnement des protéines, on trouve : la dialyse, la lyophilisation, le relargage, les méthodes chromatographiques, les méthodes électrophorétiques, l'électrofocalisation, les techniques d'ultrafiltration et les techniques d'ultracentrifugation.

free amino acid

An amino acid not linked to another via a peptide linkage.

acide aminé libre
amino-acide libre

Se dit d'un acide aminé non engagé dans une liaison peptidique dans laquelle le groupe aminé d'un acide aminé est lié au groupe carboxylique d'un autre.

free electrophoresis
free flow electrophoresis
moving boundary electrophoresis

Electrophoresis performed in solution while zone electrophoresis refers to electrophoresis performed in a porous medium.

NOTE Although the moving-boundary method played a major role in the development of protein biochemistry, it is now mainly of historical interest and is rarely used.

électrophorèse libre
électrophorèse en veine liquide

Type d'électrophorèse où le déplacement de molécules chargées se fait dans un milieu fluide, par exemple une solution aqueuse d'électrolytes.

free energy

Measure of a system's ability to do work. It is defined by F = U - TS, where U is the internal energy. For a reversible isothermal process, ΔF represents the useful work available.

NOTE The change in free energy, G, is a measure of the tendency of a reaction at constant pressure to proceed spontaneously.

énergie libre

Fonction d'état d'un système à l'équilibre, notée souvent F et égale à U - TS, où U est l'énergie interne, T la température et S l'entropie du système. (Lors d'une transformation isotherme, la variation de cette énergie est égale au travail reçu par le système).

NOTA Pour caractériser une réaction, on parle aussi de variation d'enthalphie libre $\Delta G = \Delta U + P\Delta V - T\Delta S$ où P est la pression et ΔV, la variation de volume. En biochimie, on peut admettre que $\Delta V = 0$, car les variations de volume pour les réactions ayant lieu en solution sont négligeables. Ainsi, $\Delta G = \Delta U - T\Delta S = \Delta F$. Par conséquent ΔF se confond avec ΔG. Ceci est vrai surtout si les réactions font intervenir des liquides et des solides en solution (et aucun gaz) aux températures physiologiques qui sont basses.

free energy of activation
activation energy
energy of activation

Amount of energy required to bring the molecules of a substance at a given temperature to the transition state at the top of the activation barrier.

NOTE The rate enhancement referred to as catalysis originates from the lowering of the activation energy of a chemical reaction, whether the catalysis is by an enzymic or non-enzymic agent. Various studies on the activation energy of immobilized enzymes have been reported. The activation energies of immobilized enzymes were almost the same as those of the corresponding native enzymes in the case of lactase, invertase and glucoamylase.

énergie d'activation
énergie libre d'activation

Barrière de potentiel que doit franchir le système de départ pour que la réaction puisse avoir lieu. On sait en effet que l'énergie du système ne varie pas de façon monotone entre la valeur de départ et celle d'arrivée au cours d'une réaction chimique : l'énergie du système passe par un maximum correspondant à la formation de l'état de transition $T^{\neq}$, ou complexe activé.

NOTA Les enzymes agissent de façon comparable à celle d'un catalyseur minéral, en abaissant l'énergie d'activation des molécules, permettant la réalisation de nombreuses réactions chimiques dans des conditions physiologiques. Le calcul de l'énergie d'activation d'une réaction enzymatique n'est pas sans intérêt, notamment pour la recherche de meilleures conditions de fonctionnement de l'enzyme. De plus, la comparaison des énergies d'activation, avec ou sans catalyseur, permet d'évaluer l'efficacité du catalyseur, voire son état de pureté.

E_A est une abréviation d'énergie d'activation.

free enzyme

An enzyme that is not immobilized in any way. In the case of immobilized enzymes, the reaction rate does not reach a maximum in the same concentration range as for free enzyme, because the actual substrate concentration in the chamber of enzyme solution is

enzyme libre

Enzyme qui n'est d'aucune façon immobilisée. Une différence fondamentale apparaît entre le comportement cinétique d'une enzyme libre et d'une enzyme immobilisée. Prenons l'exemple d'un réacteur à lit fixe : aux faibles débits, il existe une

free enzyme (cont'd)

always lower than the bulk substrate concentration as a result of the enzyme reaction. Thus, the apparent Michaelis constant K_m(app) is often larger than the K_m of the free enzyme. For example, a bacterial alkaline phosphatase entrapped in the outside region of a cellulose hollow fiber had a K_m(app) 1,700 times larger than the K_m of the free enzyme.

différence significative entre la concentration moyenne en substrat dans la colonne et la concentration à proximité du site actif de l'enzyme. La valeur de K_m est plus élevée pour l'enzyme liée que pour l'enzyme libre.

free flow electrophoresis
SEE **free electrophoresis**

freeze-drying
SEE **lyophilization**

fructofuranosidase
SEE **β-D-fructofuranosidase**

fully mixed digester
SEE **completely mixed bioreactor**

functional group

Atom or group of atoms, acting as a unit, that has replaced a hydrogen atom in a hydrocarbon molecule and whose presence imparts characteristic properties to this molecule.

groupe fonctionnel
groupement fonctionnel

Ensemble d'atomes caractéristique de la structure et des propriétés d'une série de molécules, principalement en chimie organique.

fusion protein
SEE **hybrid protein**

G

galactosidase

Enzyme that converts lactose (milk sugar) to glucose and galactose, and also uses other galactose-containing compounds as substrates. The enzyme exists in several forms that are highly specific for the galactose residue, but much less specific for the aglycone. The enzyme also acts as a transferase in the formation of oligosaccharides. Some strains of *E. coli* produce large amounts of this enzyme.

NOTE Commercial preparations are generally obtained from lactose-fermenting yeasts such as *Saccharomyces fragilis* or fungi such as *Aspergillus niger*, grown on a lactose medium or on whey.

galactosidase

Enzyme hydrolysant le lactose en galactose et glucose ou, de façon générale, des liaisons osidiques dans lesquelles est engagée la fonction réductrice d'un galactose non substitué.

gamma-globulin

Class of serum proteins that migrates during electrophoresis to a zone designated as gamma. At pH 8.6, used in clinical analysis, all plasma proteins are negatively charged, the γ-globulins being the least so.

NOTE Most immunoglobulins and antibodies are gamma globulins.

gamma-globuline

Glycoprotéine dont la teneur dans le plasma est de 12 à 15 g/l. Cette fraction des protéines sériques a la plus faible mobilité électrophorétique à pH 8,6 et comprend la majorité des immunoglobulines, qui ont en commun une propriété fondamentale : ce sont des anticorps.

NOTA Les ouvrages utilisent indifféremment les termes :
- gammaglobuline
- γ-globuline
- γ globuline
- immunoglobuline gamma
- immunoglobuline G

gamma-globulin (cont'd)

- IgG
pour désigner la notion de gamma-globuline.

gas chromatography

chromatographie en phase gazeuse

Very sensitive analytical technique used in the analysis of complex mixtures of volatile substances. The chromatographic process depends on the relative speeds at which the various components pass through a long, narrow tube packed with inert material, which is coated with a non-volatile liquid. This rate in turn depends on the partition coefficients of the various components. Low molecular weight compounds and gases may also be separated on columns packed with porous materials. By heating the column in an oven in a programmed way, compounds of varying volatility are vaporized in sequence.

NOTE GC is an abbreviation of gas chromatography.
Also known as gas-liquid chromatography.

Méthode de séparation dont les principes généraux sont les mêmes que ceux énoncés pour la chromatographie en général, c'est-à-dire fondés sur la migration différentielle des constituants du mélange à analyser au travers d'un substrat choisi. La particularité du procédé est d'opérer en totalité sur des produits volatilisés, ce qui implique de maintenir une température minimale convenable, mais sans qu'il y ait volatilisation du substrat, et de travailler en circuit étanche aux gaz.

NOTA CPG est une abréviation de chromatographie en phase gazeuse.

gas holder
gasometer

gazomètre

Device for the storage of (bio)gas. This may be an expanding flexible bag, a membrane over an otherwise open digester or a floating holder.

Appareil dans lequel le biogaz est emmagasiné à volume variable et sous pression relativement constante, généralement de l'ordre de 100 à 300 mm d'eau.

NOTA Une cloche gazométrique est un type de gazomètre consistant en une cloche flottant sur la matière en fermentation, et servant à l'isolation thermique et à la collecte du biogaz. On rencontre aussi l'expression gazomètre à cloche ou cloche à gaz.

gas lift

Mixing and aeration device used in fermentation consisting of a vertical draught tube immersed in a liquid from the lower end of which compressed gas is expelled.

gazosiphon

Système à air injecté qui assure l'agitation et l'aération d'un fermenteur. Un fermenteur muni de ce système a un coût inférieur de construction, mais les transferts de masse sont médiocres et le manque d'homogénéité pose des problèmes aux micro-organismes dans les fermenteurs de grande taille.

gasometer
SEE **gas holder**

gas phase sequentor

Device used for determining the amino acid sequence of proteins in which gas phase reagents are used at critical points of the Edman degradation. The sample is treated with gas phase base and acid for the coupling and cleavage attachment of the sample to a carrier which may be dried onto a thin disc or glass filter paper coated with polythene.

séquenceur en phase gazeuse

Un centre de séquençage des protéines a été installé à Solaize (Rhône-Alpes). Ce nouvel équipement est constitué par un séquenceur en phase gazeuse, un analyseur de Phényl Thio Hydantoïne – Amino Acides (provenant de la dégradation des protéines) et une station informatique.

gelatin

Substance obtained by boiling the bones, skins, ligaments, etc. of animals in water. Similar substances are also obtained from plant residues. The material forms the basis for the manufacture of gels and glues, and is used as a solid support for culture of some micro-organisms.

gélatine

Substance protidique obtenue par chauffage à l'autoclave de collagène animal (tendons, cartilage, peau), présentée sous forme de feuillets translucides cassants, solubles dans l'eau chaude.

gel electrophoresis

Analytical or separation technique in which charged compounds are separated under the influence of an

électrophorèse en gel
électrophorèse sur gel

Méthode de séparation des molécules fondée sur leur migration différentielle au

gel electrophoresis (cont'd)

electrical field (electrophoresis) with a gel being used as the support matrix. Precast gels of starch, agar, agarose or polyacrylamide are used in slab form or in a narrow column. Separation depends on the mass/charge ratio of the compounds and their interaction with the porous structure of the gel.

travers d'une matrice lorsqu'on applique un potentiel électrique.

gel entrapment

Immobilization method that involves entrapping of enzymes within the interstitial spaces of crosslinked water-insoluble polymer gels. The usual method of gel formation is to polymerize acrylamide in an aqueous solution of the soluble enzyme and a crosslinking agent such as N,N-methylenebis (acrylamide). The resulting gel block can be mechanically dispersed into particles of desired size. The broad distribution of pore size of the gel inevitably results in leakage of the entrapped enzyme even after prolonged washing whilst the generation of free radicals in the course of the reaction may affect the activity of the entrapped enzymes.

inclusion dans un gel

Méthode d'immobilisation qui consiste à retenir une enzyme à l'intérieur du réseau d'une matrice : on disperse le catalyseur dans une solution de monomère dont la polymérisation ou la prise en masse conduit à la formation d'un réseau à l'intérieur duquel l'enzyme est emprisonnée. Les matières les plus utilisées sont les gels de polyacrylamide, les gels d'alginates, les fibres de polyacétate de cellulose.

gel filtration
exclusion chromatography
molecular-sieve chromatography

Form of chromatography used for separation of molecules on the basis of molecular weight. The sample is passed through a column packed with small porous hydrophobic beads. Large

filtration sur gel
chromatographie d'exclusion
chromatographie sur tamis moléculaire
tamisage moléculaire

Technique de séparation des molécules à travers un gel, en fonction de leur poids moléculaire : les molécules les plus grosses ne pénétrant pas dans le gel sont les premières

gel filtration (cont'd)

molecules pass straight through the column, but smaller molecules enter the pores and are retarded to a degree that relates to the properties of the gel and the molecule in question. Fractionation occurs because different volumes of the stationary phase are available to different solutes.

éluées lors de la chromatographie effectuée sur ce gel.

general-acid catalysis

Catalysis in solution in which the catalysts are proton donors in general as opposed to specific acid catalysis in which the catalysts are free protons H+, H_3O+.

catalyse générale acide

Catalyse, en solution, où une variété d'acides peut agir catalytiquement dans une réaction donnée.

NOTA Voir «catalyse générale basique» sous l'entrée anglaise *general-base catalysis.*

general-base catalysis

Reaction rate enhancement that is proportional to the concentration of general bases i.e. proton acceptors, as defined by J.N. Brönsted and T.M. Lowry.

catalyse générale basique
catalyse basique générale

Catalyse proportionnelle à la concentration des bases générales, au sens donné par J.N. Brönsted et T.M. Lowry, c'est-à-dire des accepteurs de protons.

globular protein

Protein of compact spherical or globular form, soluble in water, usually with added acid, alkali, salt or ethanol. Roughly so classified are: albumins, globulins, histones, and protamines.

protéine globulaire

Protéine constituée de chaînes polypeptidiques étroitement repliées en des formes compactes sphériques ou globulaires. La plupart de ces protéines sont solubles dans les systèmes aqueux et diffusent aisément. Elles sont habituellement mobiles et jouent un rôle dynamique dans les cellules.

NOTA Parmi les 2 000 enzymes environ connues à ce jour, presque toutes sont des protéines globulaires, comme le sont les anticorps, des hormones et de

globular protein (cont'd)

nombreuses protéines possédant des fonctions de transport, comme l'albumine sérique et l'hémoglobine.

globulin

Group of proteins that are soluble in salt solution, but sparingly soluble in water. They include the serum or gamma-globulins and are common in seeds as storage proteins, such as arachin from groundnuts.

globuline

Terme générique désignant un groupe de protéines peu solubles dans l'eau mais solubles dans les solutions salines.

α-glucose-β-galactoside
SEE **lactose**

glucose isomerase

Commercial preparation of bacterial enzymes used in the production of isoglucose or high fructose corn syrup (HFCS) from starch hydrolyzates. These enzymes were developed from the discovery that some bacterial enzymes can bring about isomerization of a free aldopentose (a five-carbon sugar) to the keto form.

glucose isomérase
glucose-isomérase
gluco-isomérase

Enzyme d'origine bactérienne qui transforme le glucose en fructose; on la fait travailler sous une forme immobilisée (enzymes ou micro-organismes fixés) en continu sur un support inorganique, dans l'industrie de l'amidonnerie.

glucose isomerization

The conversion of glucose to fructose. Both glucose and fructose have the same empirical formula, but differ in the arrangement of the individual atoms in the molecule. In alkaline solution, glucose undergoes a Lobry de Bruyn-Aldeberda van Ekenstein transformation, forming an equilibrium mixture with fructose. The conversion of

isomérisation du glucose

Transformation du glucose en un composé de même formule brute mais de formule développée différente (son isomère), le fructose, par l'action d'un micro-organisme ou de l'enzyme extraite (glucose isomérase).

glucose isomerization (cont'd)

glucose to fructose occurs in all living organisms, but involves the phosphorylated intermediates. The conversion of the free form of glucose to fructose is also catalyzed by enzymes isolated from bacteria.

NOTE The use of enzymes in isomerization of glucose derived from starch-based glucose syrups to an equilibrium mixture of glucose and fructose is now a major industry.

glucose oxidase

Enzyme that converts glucose to gluconic acid and hydrogen peroxide in the presence of oxygen. It is highly specific for β-D-glucose. The enzyme is a glycoprotein, with about 10 percent carbohydrate and containing two molecules of FAD per protein molecule.

glucose oxydase
glucose-oxydase

Enzyme catalysant l'oxydation du glucose par l'oxygène moléculaire et formant de l'acide gluconique et de l'eau oxygénée. Sa spécificité n'est que partielle. Elle n'accepte que le D-glucose comme donneur d'électrons. Par contre l'oxygène moléculaire, accepteur physiologique d'électrons, n'est pas le seul accepteur possible; il peut être remplacé par la benzoquinone. Cette enzyme constitue un excellent catalyseur de réduction non spécifique vis-à-vis du composé à réduire.

NOTA Glucose oxhydrase, terme désuet à éviter.

glucose syrup

Mixture of glucose and higher saccharides produced by acid or enzyme hydrolysis of starch. The starting material is often corn starch. However, starches from potato, wheat and cassava are also used.

sirop de glucose

Substance visqueuse et transparente constituée de divers sucres et obtenue par hydrolyse d'amidons ou de fécules alimentaires, eux-mêmes tirés du maïs, du riz, du blé, du manioc, de la pomme de terre. C'est un liquide très épais, filant, transparent, inodore, de saveur très faiblement sucrée.

glutamate*
SEE **glutamic acid**

glutamate dehydrogenase

Enzyme that catalyzes the conversion of L-glutamic acid to α-ketoglutaric (oxoglutaric) acid and ammonia, coupled with the reduction of NAD(P). It is found in the mitochondria of most cells, and is involved in the deamination and transamination of amino acids.

L-glutamate-déshydrogénase
glutamate déshydrogénase

Enzyme à NAD ou à NADP selon les organismes, qui catalyse l'interconversion entre l'acide glutamique et l'acide α-cétoglutarique par désamination oxydative ou amination réductrice.

NOTA Abréviation : G.L.D.H.

glutamate synthase

Enzyme that catalyzes the formation of two molecules of glutamic acid from one molecule of glutamine and one molecule of α-ketoglutarate (2-oxoglutarate). It is of importance in the assimilation of ammonia and in nitrogen metabolism associated with the C_2 pathway of photorespiration.

NOTE The enzyme is also known as glutamate oxoglutarate aminotransferase (GOGAT).

glutamate synthétase
glutamate synthase

Enzyme flavinique catalysant la transformation de la glutamine en acide glutamique (glutamate) selon la réaction : glutamine + α-cétoglutarate + NADPH + $H^+ \leftrightharpoons$ 2 glutamate + $NADP^+$.

NOTA Ne pas confondre avec «glutamine synthétase».

glutamic acid
glutamate*

One of the 20 common amino acids occurring in proteins. It and the amine derivative (glutamine) are involved in the primary assimilation of nitrogen (as ammonia) in many micro-organisms and plants, as well as in transamination and deamination.

acide glutamique
glutamate
acide 2 amino glutarique
acide 2 amino pentane dioïque
acide glutaminique
acide α-amino-glutarique

Acide aminé glucoformateur, non indispensable, précurseur du GABA (acide γ-aminobutyrique), de l'ornithine et de la glutamine. Il est le constituant du glutathion et des vitamines du groupe de l'acide folique; il intervient également dans les réactions de transamination.

glutamic acid (cont'd)

NOTE* In biochemistry, glutamate and glutamic acid are used interchangeably even though glutamate technically refers to the negatively charged ion.
GLU and E are abbreviations of glutamic acid.

NOTA GLU et E sont des abréviations d'acide glutamique.

glutamine

One of the 20 common amino acids occurring in proteins. It is of importance in the assimilation of nitrogen as ammonia in micro-organisms and higher plants, as well as in the metabolism of nitrogen associated with the C_2 pathway of photorespiration.

NOTE GLN and Q are abbreviations used in peptide and protein sequences, and in general, to denote the amino acid glutamine.

glutamine
glutamine L(+)
acide (α) amino glutamique

Un des 20 acides aminés communs, amide de l'acide glutamique, il est impliqué dans diverses transaminations et intervient dans la biosynthèse des bases puriques.

NOTA Abréviations de glutamine : GLN, $GLU-NH_2$, Q.

glutamine synthetase

Enzyme that catalyzes the formation of glutamine from glutamic acid and ammonia using energy from ATP. This is the primary reaction involved in the assimilation of nitrogen by many micro-organisms and by higher plants.

NOTE G.S. is an abbreviation of glutamine synthetase.

glutamine synthétase

Enzyme de structure complexe dont le poids moléculaire varie selon les espèces de 350 000 à 600 000 qui catalyse l'amidination de l'acide glutamique en présence d'ATP pour donner la glutamine. L'enzyme permettant ainsi la détoxification ammoniacale est répandue dans tous les tissus des animaux supérieurs (cerveau, muscles, organes glandulaires, etc.).

glutelin

Proteins that are soluble in dilute acids and bases, and insoluble in neutral solvents. They include plant storage proteins in cereal (e.g. glutelin from wheat).

glutéline

Classe de protéines végétales de réserve, insolubles dans l'eau, mais solubles dans les acides et les bases diluées.

glycine
aminoacetic acid

The simplest of the 20 common amino acids occurring normally in proteins. It is important in the synthesis of purines, porphyrins and creatine, as well as in nitrogen metabolism associated with the C_2 pathway of photorespiration.

NOTE GLY and G are abbreviations used to denote the amino acid glycine in protein sequences and elsewhere.

glycine
acide aminoacétique
acide amino acétique
acide α-aminoacétique
acide amino éthanoïque

Acide aminé glucoformateur, non indispensable, entrant dans la synthèse du glutathion, de la créatine, des prophyrines et des purines; le plus simple des acides aminés, il n'a pas de carbone asymétrique.

NOTA GLY et G sont des abréviations de glycine.
Glycocolle, glycolamine, aminocolle et sucre de gélatine sont des termes désuets à éviter.

glycogen 6-glucanohydrolase
isoamylase
amylopectine 6-glucananhydrolase

Enzyme that cleaves α-(1,6)-linkages when present in branch points in oligosaccharides and poly-saccharides.

glycogène 6-glucanohydrolase
α(1->6)-glucane-6-glucanohydrolase
α(->6) glucosidase
amylo-α-1, 6-glucosidase

Enzyme débranchante pouvant hydrolyser les liaisons (1->6) d'un polysaccharide de structure ramifiée, comme l'amylopectine, ou isoamylose, aux points de ramification.

glycogen phosphorylase

Enzyme that catalyzes the conversion of glycogen to glucose-1-phosphate.

glycogène phosphorylase

Enzyme des tissus animaux qui catalyse la décomposition du polysaccharide de réserve, le glycogène, pour donner le glucose-1-phosphate.

glycopeptide

Compound formed from a peptide covalently linked to a carbohydrate.

glycopeptide

Substance dans laquelle de courts chaînons glucidiques sont unis à des structures polypeptidiques dont le poids moléculaire ne dépasse pas 20 000. Il existe à l'état naturel ou résulte de l'hydrolyse des glycoprotéines.

glycoprotein

Compound in which carbohydrate side chains are covalently linked to a protein. Common side chains include D-galactose, D-mannose and N-acetyl-D-glucosamine.

glycoprotéine

Hétéroprotéine résultant de l'union d'une fraction glucidique avec une fraction protéinique, uniquement par l'intermédiaire de liaisons covalentielles. Elle est très largement répandue dans les tissus animaux et végétaux, ainsi que chez les micro-organismes.

NOTA Glucoprotéine, lycoprotéide et glucoprotéide sont des termes désuets à éviter.

gradient

Change in a variable quantity with distance or time.

NOTE Gradients of pH, concentration or density are used in centrifugation, chromatographic separation systems, electrophoretic analysis and other laboratory procedures.

gradient

Taux de variation d'une grandeur physique en fonction d'une distance ou du temps.

NOTA Des gradients de pH, concentration ou de densité sont utilisés lors de centrifugation ainsi que dans des systèmes de séparation par chromatographie ou par électrophorèse.

gradient elution

Continuous or step-wise increase in the concentration of a displacement agent in chromatography.

NOTE Gradient elution is easiest with two separate pumps jointly controlled to pump the two solvents at a predetermined changing rate into a small highly efficient mixing chamber from which the resulting mixture is passed directly to the column. The whole system is arranged to ensure that any delay between mixing and reaching the column is kept to a minimum. Gradient elution is used extensively in reversed phase systems.

élution par gradient

Processus par lequel les composants individuels d'un mélange sont successivement élués des colonnes chromatographiques; on passe des tampons de pH décroissant ou des solutions salines de force ionique croissante ce qui a pour effet de diminuer la liaison des composés à séparer avec le support chromatographique.

gradient former

Mechanical device used to generate solutions of varying pH, density, viscosity or concentration used in separation and analytical techniques. A typical device consists of two chambers linked at the bottom. A concentrated solution in one is progressively diluted with solvent either by gravity flow or use of a peristaltic pump.

mélangeur pour gradients

Appareil utilisé pour former des gradients (de concentration, de densité, de pH, etc.) en mélangeant deux solutions. Les mélangeurs pour gradients sont généralement constitués de deux récipients calibrés avec précision qui communiquent entre eux par un robinet. Une solution concentrée dans un des récipients est graduellement diluée par le solvant dans l'autre à l'aide d'une pompe péristaltique. Il en résulte un gradient.

gradient programmer

Electronic device used to produce density gradients or elution gradients. The machine consists of two or more channels, generally, peristaltic pumps, dispensing the required liquids of differing pH, concentration or composition, at controlled rates. Gradients of any shape can be constructed.

programmateur de gradient

Contrôle électronique d'une machine à gradient qui permet de mélanger des liquides dont la composition, la concentration, ou le pH sont différents et de produire à vitesse contrôlée un mélange dont le gradient de variation se conforme à n'importe quelle forme souhaitée.

gratuitous inducer

An analogue of the natural inducer which can act as an inducer but which cannot be metabolized by the cell.

inducteur gratuit

Analogue de structure d'un inducteur capable de la même induction mais non métabolisé dans la cellule bactérienne.

H

half-life

Time during which one-half of a substance will be converted to a product or eliminated by a process, e.g. a chemical reaction, radioactive decay, or biologic elimination.

demi-vie

Temps nécessaire à la disparition de la moitié du ou des réactifs.

half-life
SEE **radioactive half-life**

half the maximal velocity
half-maximal velocity

Vmax/2
VM/2
½Vm
moitié de la vitesse maximale

Velocity of an enzyme reaction when the substrate concentration reaches a concentration equal to the Michaelis-Menten constant (Km).

NOTE Vmax, V/2 and ½Vmax are abbreviations of half the maximal velocity.

Vitesse d'une réaction enzymatique lorsque la concentration en substrat est égale à la constante de Michaelis (Km).

hapten

haptène

A specific protein-free substance whose chemical configuration is such that it can interact with specific combining groups on an antibody, but which, unlike antigenic determinants, does not itself elicit the formation of a detectable amount of antibody. When coupled with a carrier protein, it does elicit the immune response.

NOTE In humoral immunity, the antibody specificity is directed primarily to the hapten; in cell-mediated immunity, to both the hapten and the carrier protein.

Substance généralement de faible poids moléculaire, incapable de susciter à elle seule la formation d'anticorps, mais pouvant devenir immunogénique et acquérir les propriétés d'un antigène vrai par couplage avec une protéine qui lui sert de support, ou par adsorption à la surface de particules en suspension.

heat denaturation
SEE **thermal denaturation**

heat exchanger

échangeur de chaleur
échangeur thermique

Mechanical device used to bring two fluids of different temperatures into close contact (without mixing) so that heat may be efficiently transferred from the fluid at the higher temperature to

Appareil destiné à réchauffer ou refroidir un liquide au moyen d'un autre liquide circulant à une température différente dans une enceinte distincte.

heat exchanger (cont'd)

that at the lower temperature. A wide variety of designs are used, the principal objective being to provide a large surface area for heat exchange.

heat stable
SEE **thermostabile**

heat stable enzyme
thermostable enzyme

An enzyme insensitive towards thermal inactivation. The use of heat stable enzymes can retard the staling of baked and leavened cereal products such as bread. A concentrated protective sugar medium has been developed to solubilize or disperse a fungal alpha-amylase enzyme before it is incorporated in a dough. This medium protects the enzyme against thermal denaturation, thereby enabling the enzyme to remain active during baking and until the starch of the dough becomes gelatinized and subject to enzyme attack.

enzyme thermostable

Enzyme relativement résistante à l'inactivation thermique. Dans le cas d'un mélange d'enzymes, de même type d'action mais possédant une thermostabilité différente, la cinétique d'inactivation à une température donnée est biphasique. La première phase correspond à l'inactivation rapide de l'enzyme thermosensible, et la seconde à celle de l'enzyme résistante à l'inactivation thermique. Cette propriété est fréquemment utilisée en enzymologie pour faire la différence entre les enzymes présentes dans un mélange.

heat transfer

Movement of heat from one body or region to another. It occurs by conduction, radiation or convection. In most biological chemical engineering processes, heat transfer is achieved using heat exchangers which are important in the cooling of bioreactors used in aerobic fermentation and the heating of anaerobic digesters or other reactions carried out at mesophilic or thermophilic temperatures. In heat exchangers,

échange thermique
échange de chaleur
transfert de chaleur

Chauffage ou refroidissement entre la culture et le dispositif prévu pour cela. Plusieurs moyens permettent d'évacuer les calories produites au cours de la fermentation. On peut tout d'abord augmenter la surface d'échange thermique (serpentin, double enveloppe). On pratique parfois le refroidissement du fluide en fermentation dans un échangeur de chaleur à l'extérieur du bioréacteur.

heat transfer (cont'd)

in general terms, the rate of heat transfer is proportional to the surface area and the temperature gradient between the fluids as well as the conductivity of the materials concerned.

NOTA Voir «échangeur de chaleur» sous l'entrée anglaise *heat exchanger.*

heavy isotope
stable isotope

Isotope that has a higher atomic weight than the usual (i.e. most abundant) natural isotope.

isotope lourd
isotope stable

Catégorie d'atomes contenant un nombre de neutrons supérieur à la normale et donc plus denses que l'isotope communément observé (par exemple ^{15}N et ^{13}C).

NOTA Selon l'usage international fixé par l'Union internationale de Chimie pure et appliquée, le nombre de masse dans les symboles des isotopes doit figurer à gauche en haut, l'emplacement habituel de l'exposant (à droite en haut) étant réservé à la charge ionique.

helix

A spiral or regular repeating turns, or units.

hélice

Structure spirale à schéma répétitif, décrite par deux opérations (rotation et translation) simultanées. C'est la conformation naturelle d'un grand nombre de polymères biologiques réguliers.

α **helix**
alpha helix

A secondary structure occurring in many proteins; it is a right-handed helix with 3.6 amino acid residues per turn stabilized by hydrogen bonds between the imino hydrogen of each peptide bond and the carbonyl oxygen of the peptide bond four residues further along the polypeptide chain.

hélice α
hélice alpha

Structure hélicoïdale d'enroulement d'une chaîne peptidique, en fonction des contraintes imposées par les liaisons peptidiques et leurs dimensions spécifiques. Dans cette structure, existent environ 3,6 résidus d'aminoacides par tour de spire. Les chaînes latérales R des

α **helix** (cont'd)

aminoacides se placent à l'extérieur de l'hélice formée par le squelette peptidique. Dans cette structure, l'unité périodique, un simple tour de spire de l'hélice, s'étend sur environ 0,54 nm le long de l'axe. La disposition des chaînes peptidiques sous forme d'hélice est favorisée par rapport aux autres structures hélicoïdales ou aux autres enroulements possibles, car elle permet l'établissement de liaisons par ponts hydrogènes entre les spires successives de l'hélice.

heterogeneous EIA

Enzyme immunoassay that requires a separation step involving solid-phase antibody or antigen, and usually a second enzyme-labeled antibody for identification of separated antigen-antibody complex. These assays use the catalyzing properties of enzymes for the detection of immunologic reactions. Enzyme-labeled antibodies or antigens are reacted with ligand, and introduction of enzyme substrate with detection of catabolic products denotes the presence of an antigen-antibody reaction.

ELISA hétérogène

Immuno-essai enzymatique qui nécessite une étape de séparation du complexe antigène-anticorps insoluble avant le dosage enzymatique.

heterogeneous reactor

Reactor in which more than one phase is present. In heterogeneous reactors there is often a continuous liquid substrate phase and a discontinuous solid immobilized biocatalyst phase.

réacteur hétérogène

Réacteur qui comporte plus d'une phase.

heterotropic enzyme

Allosteric enzyme that is stimulated or inhibited by an effector or modulator molecule other than its substrate. For the enzyme threonine dehydratase the substrate is threonine and modulator is L-isoleucine. In many cases the effectors are end products of a metabolic pathway, and when they inhibit (which is usually the case) these effectors are called end product or feedback inhibitors. Kinetically feedback inhibitors are usually partially competitive in that they can be partially overcome by high concentrations of the substrate.

enzyme hétérotrope

Enzyme allostérique stimulée ou inhibée par un effecteur ou un modulateur autre que son substrat. Pour l'enzyme thréonine déshydratase, le substrat est la thréonine et le modulateur, la L-isoleucine.

high added value

Descriptive of any process in which the economic value of a product is many times the cost of the raw materials required for its production.

haute valeur ajoutée
forte valeur ajoutée

Terme qui décrit tout processus par lequel la valeur d'un produit s'accroît considérablement. Pour l'instant, on distingue très nettement les enzymes industrielles (environ 1 500 tonnes de protéines actives par an pour seize produits) des enzymes à très haute valeur ajoutée (thérapeutiques et de diagnostic) pour lesquelles le marché se mesure en kilogrammes. Les enzymes de seconde génération neutraliseront, en partie, cette dichotomie : l'industrie enzymatique des années quatre-vingt-dix pourra livrer des quantités non négligeables de produits à forte valeur ajoutée.

high-affinity form

The active form of an enzyme that results from a conformational change induced by the fixation of an effector molecule.

forme à haute affinité
forme à affinité élevée

Forme active d'une enzyme allostérique qui fixe le substrat et l'activateur. Ces ligands stabilisent la molécule sous cette forme d'où l'effet coopératif. Par contre l'inhibiteur déplace l'équilibre vers la forme inactive. C'est-à-dire que, quand la concentration en substrat augmente, une augmentation sigmoïdale dans l'activité enzymatique peut apparaître.

high fructose syrup
high fructose corn syrup

Syrup composed mainly of fructose. These syrups are produced from starch using enzymes. It is mainly produced in the USA.

NOTE In Europe, the product is often termed isoglucose and may be derived from other starches. HFCS is an abbreviation of high fructose corn syrup.

sirop à haute teneur en fructose
sirop à teneur élevée en fructose

Sirop contenant 55 à 90 % de fructose. Les sirops à haute teneur en fructose ont un pouvoir sucrant légèrement supérieur à celui du sucre pour un sirop de 55 %. Sa production fait l'objet de perfectionnements constants, depuis les supports pour la fixation d'enzymes, supports issus de rafles de maïs, fibres organiques creuses, jusqu'aux enzymes elles-mêmes, augmentation de l'activité, cofacteurs différents (dont Mg), pH optimum le plus acide possible, réduction de la température et ceci aussi bien pour obtenir du glucose que du fructose.

high fructose syrup production

Production of high fructose syrups by the action of glucose isomerase on a syrup containing a high glucose level, derived by hydrolysis of starch. Corn starch produced by wet milling is the usual starting material. Starch slurry (about 33 percent solids) is liquefied using bacterial amylase

production de sirops à haute teneur en fructose

L'emploi de glucose isomérase fixée, pour la production de sirops à haute teneur en fructose. Les sirops de glucose à 37 DE, plus visqueux et anticristallisants, sont recherchés en confiserie «sèche». Les sirops de glucose à 60 DE, plus hygroscopiques et plus sucrés, sont employés dans les confiseries

high fructose syrup production (cont'd)

and saccharified using amyloglucosidase to produce a syrup which must be over 94 DE. This syrup is decolorized and deionized with carbon and/or resins, and concentrated to 45 percent solids. The concentrated syrup is then passed through a column containing either immobilized cells of an organism with a high glucose isomerase content or the semi-purified enzyme immobilized on a carrier.

humides, les boissons sucrées. Les sirops de glucose à haute teneur en fructose (isoglucose), en particulier pour les «soft drinks», ont un DE supérieur.

high performance liquid affinity chromatography
HPLAC

A potent new approach which marries the inherent speed and resolving power of HPLC with the biological specificity of affinity chromatography.

chromatographie d'affinité sous pression

Chromatographie dont le principe est basé à la fois sur la pressurisation de la phase mobile, et sur l'affinité d'un groupement chimique ou d'un effecteur greffé sur la phase stationnaire, pour la substance dissoute que l'on veut purifier.

high performance liquid chromatography
SEE **HPLC**

high performance ultrafiltration
HPUF

Type of high performance liquid chromatography that uses a gel filtration column.

ultrafiltration à haute performance

Type de chromatographie d'exclusion à haute performance.

high rate digester

Advanced anaerobic digester designed to have a high ratio of solids (biomass) detention time to hydraulic detention time. Such digesters show high volumetric

digesteur à haute vitesse

Type de digesteur conçu de façon à ce que le temps de résidence de la biomasse soit élevé et le temps de résidence des liquides, faible.

high rate digester (cont'd)

productivities and can accomodate high hydraulic throughput. They include contact digesters, anaerobic filters and sludge blanket systems.

Hill plot

A plot used as a method for treating the results obtained from kinetic experiments where the enzymes show deviations from Michaelis-Menten kinetics (i.e. they have allosteric properties). A straight-line plot is obtained by plotting log V/(V - v) as a function of log S, where V = maximum velocity, v = observed velocity and S = substrate concentration. The slope (n) indicates the number of interacting sites on the enzyme or enzyme complex.

tracé de Hill

Représentation graphique de l'équation de Hill pour déterminer la concentration du substrat qui produit la vitesse semi-maximale quand la cinétique de saturation est sigmoïde. L'équation de Hill se lit :

$$\log \frac{v_i}{V_{max}-v_i} = n\log[S] - \log k'$$

où k' est une constante complexe, [S] la concentration en substrat, V_{max} la vitesse maximale de réaction et v_i la vitesse initiale de réaction.

hinge-bending

Some segments of proteins are flexibly attached to the bulk of the molecule. The higher mobility of such segments compared with the overall structure has been shown by time-resolved fluorescence polarization spectroscopy. For example, in an immunoglobulin molecule, a part that is attached to the major portion by a "hinge" of polypeptide (the Fab fragment) has a measured correlation time of 33 ns, compared with 168 ns for the overall structure. In many enzymes the catalytic region lies between two globular domains, so that access to the site is regulated by hinge-bending deformations of the entire protein

mouvement charnière

Mouvement de domaines observé pour les enzymes et d'autres protéines, comme les immunoglobines, qui sont constituées de deux ou plusieurs domaines reliés entre eux par des brins de chaînes servant de charnière. Dans de nombreuses enzymes, la région catalytique se trouve en effet entre deux domaines globulaires, de sorte que l'accès au site actif est limité par un mouvement de l'ensemble de la protéine, déformation qui sépare ou rapproche, selon les cas, les deux lobes de la molécule.

hinge-bending (cont'd)

molecule — deformations that separate the lobes or bring them together.

histidine

α-amino-β-imidazole propionic acid
2-amino-3-(4-imidazolyl) propionic acid
α-amino-β-(4-imidazolyl) propionic acid
beta-4-imidazolyl alanine

One of the 20 common amino acids occurring in proteins. It is a precursor of histamine.

NOTE His, H: abbreviations used to denote the amino acid histidine in protein sequences, etc.

histidine

acide α-amino-β-imidazolyl-4-propionique
acide α-amino-β-imidazole-propionique
acide-β-imidazol-α-aminopropionique
β-imidazolalanine
iminazolyl-4-2 α-alanine
glyoxalylalanine

Acide aminé basique essentiel à noyau imidazole, précurseur de l'histamine (par décarboxylation). Son catabolisme oxydatif aboutit à l'acide glutamique en passant par l'acide formimino-glutamique avec ouverture du noyau imidazole.

NOTA His, H : abréviations d'histidine.

hollow bowl centrifuge

Centrifuge that has a tubular section bowl in order to obtain a sufficient length of flow path, and solids are deposited onto the bowl; thus as centrifugation continues the effective bowl diameter, and hence the centrifugal force, are reduced. However, such a centrifuge is easily cleaned, and by using a bowl liner which can be withdrawn, the recovery of deposited material is virtually 100%. Likewise reassembly is a quick and simple procedure.

centrifugeuse à bol tubulaire

Centrifugeuse à fonctionnement discontinu dont le bol est de forme tubulaire. Nécessitant le démontage du bol pour l'évacuation de la phase solide, elle est particulièrement adaptée à la séparation de deux phases liquides, ou à la clarification d'une phase liquide peu chargée en particules. Elle trouve des applications dans le raffinage de l'huile végétale (séparation des savons), et dans la clarification des liquides (industrie pharmaceutique, chimique et alimentaire).

hollow fiber

Thick-walled tube about the diameter of human hair. The tubes are made of a semipermeable material, such as cellulose, which confines large molecules while freely passing small ones.

NOTE In the first hollow fiber enzyme reactor the enzyme solution was placed inside a fiber bundle, which was then temporarily sealed. The substrate solution was introduced to the container outside the hollow fibers. Substrate molecules passed through the fibers to be converted by the enzyme on the inside. Products diffused out.

fibre creuse

Fibre constituée d'un matériau poreux (une membrane semi-perméable) dont le diamètre interne est de l'ordre du mm. Les enzymes peuvent y être piégées. Il suffit de remplir de telles fibres par une solution d'enzyme et de sceller leurs extrémités. Des artifices technologiques permettent d'obtenir immédiatement des réacteurs.

hollow fibre reactor
hollow fiber reactor

Fermentation system in which the cells are separated from the medium using semipermeable membranes arranged in the form of hollow fibres. This provides an extremely large surface area so that rapid substrate diffusion and high fermentation rates are possible.

réacteur à membrane-fibres creuses
réacteur à fibres creuses

Réacteur constitué de faisceaux de fibres creuses dans lesquelles sont immobilisées les cellules en culture. La diffusion (transfert de masse) des molécules se fait par l'intérieur des fibres dont la lumière est tapissée par une membrane ultrafiltrante.

NOTA Dans le cas de l'obtention de densités cellulaires élevées, l'utilisation de réacteurs à fibres.

holoenzyme

The catalytically active compound formed by combination of an apoenzyme and its appropriate coenzyme.

holoenzyme

Enzyme complète constituée d'une partie protéique non dialysable, l'apoenzyme, et d'une partie non protéique, dialysable, la coenzyme.

homogeneous

Descriptive of similar or uniform composition or structure throughout.

homogène

Qui est de structure uniforme ou constitué d'éléments de même nature ou uniformément répartis.

homogeneous EIA

Category of enzyme immunoassays that includes enzyme-labeled hapten assays wherein active enzyme-hapten conjugates are modulated on binding of hapten-specific antibody to the complex. Free hapten added to the inactive complex competes for antibody-binding sites, releasing active enzyme with detection of catabolites equated to the presence of the analyte.

dosage immunoenzymatique en phase homogène*

Dosage immunoenzymatique basé sur le fait que le conjugué enzymatique utilisé n'a pas la même activité selon qu'il est libre ou qu'il se trouve combiné à un anticorps. Cette méthode est dite en phase homogène parce que la mesure du signal ne nécessite pas la séparation des fractions libres et liées.

NOTA* Équivalent proposé par l'auteur.

homogeneous reactor

A reactor whose contents are homogeneous, in which only one phase is present.

réacteur homogène

Réacteur dans lequel chaque élément de volume aurait, à l'échelle macroscopique, la même structure physique et la même activité enzymatique. Il peut en être tout autrement à l'échelle de la particule. Le fonctionnement peut se faire avec ou sans recyclage de l'effluent.

homopolymer

Long chain macromolecule (a polymer) composed of linked identical monomeric subunits as distinguished from a "copolymer" made up of more than one type of subunit. Such a polymer may be a linear chain of monomers linked by the same type of bond or it may have a branched chain; synthetic polymers may have many cross-links between chains.

homopolymère

Polymère dont les chaînes ne renferment qu'une seule espèce de motif monomère.

NOTA Bien que les homopolymères d'aminoacides n'existent pas dans la nature, ils ont cependant constitué un remarquable modèle pour l'étude de nombreux paramètres qui influencent la structure et le comportement des chaînes peptidiques.

homotropic enzyme

Type of allosteric enzyme in which the substrate serves as

enzyme homotrope

Enzyme allostérique pour laquelle le substrat sert de molécule

homotropic enzyme (cont'd)

the allosteric effector. These homotropic effects appear always to be cooperative (i.e. the binding of one ligand molecule to the protein enhances the binding of further ligand molecules) and are illustrated by the classical example for the haemoglobin – oxygen system. Other examples include enzymes possessing more than one substrate binding site.

modulatrice. Ces enzymes contiennent au moins deux sites d'attachement pour le substrat, leur modulation dépendant du nombre de sites de substrats occupés.

NOTA Un grand nombre (sinon la plupart) des enzymes allostériques sont d'un type mixte homotrope-hétérotrope où le substrat et un ou plusieurs autres métabolites peuvent agir comme modulateurs.

hormone

Chemical substance that is produced in the body by an organ or the cells of an organ, which has a specific regulatory effect on the activity of a particular organ.

NOTE Originally, the term was applied to substances secreted by various endocrine glands and transported in the blood stream to the target organ on which their effect was produced; later it was applied to various substances not produced by special glands but having similar action.

hormone

Substance dotée d'une activité biologique spécifique, synthétisée dans les glandes à sécrétion interne (ou endocrine), et transportée par le sang vers d'autres organes ou tissus au niveau desquels elle exerce son influence sur divers processus biochimiques.

NOTA Au point de vue chimique, les hormones se distinguent en trois groupes :

1. celles qui dérivent du noyau stérolique (hormones sexuelles mâles et femelles, corticosurrénales);
2. celles qui sont de nature protidique ou polypeptidique (insuline, glucagon, hormones hypophysaires, parathyroïdiennes);
3. celles qui dérivent d'aminoacides (thyroxine, adrénaline).

HPLAC
SEE **high performance liquid affinity chromatography**

HPLC
high performance liquid chromatography

Special form of liquid chromatography in which the mobile phase is pumped through the column at high pressures (about 1000 psi). The stationary phase in this technique is either a liquid bound to a solid or a liquid through which the mobile phase percolates. As a rule, much better separations are achieved in much shorter time with the proper applications of this chromatography. The approach is producing a revolution in the techniques used in protein purification.

NOTE The term high pressure liquid chromatography (now obsolete) was used in the early stages of development of the technique since the quality of the columns was such that high pressures were needed to force the liquid through.

HPLC
H.P.L.C.
chromatographie liquide à haute performance
chromatographie liquide haute performance
chromatographie liquide haute pression

Technique qui permet d'obtenir une séparation de mélanges protéiques complexes selon le même principe que la chromatographie liquide classique (échange d'ions, tamisage moléculaire, ou interaction hydrophobe) mais en des temps très courts grâce à l'emploi de hautes pressions.

NOTA Les avantages de l'HPLC que sont la rapidité et la possibilité d'automatiser totalement l'analyse et le traitement des données (mise en mémoire et traitement informatique des courbes chromatographiques) sont susceptibles de conduire cette technique à remplacer, au moins dans certaines applications, l'électrophorèse classique actuelle.

HPUF
SEE **high performance ultrafiltration**

hybrid enzyme (1)

Form of polymeric enzyme that shows a hybrid molecular form made up of subunits differing in one or more amino acids.

NOTE See "hybrid enzyme" (2).

enzyme hybride

Enzyme polymérique dont les sous-unités proviennent des gènes différents. On trouve des enzymes hybrides parmi les isoenzymes. Par exemple, le phosphocréatine kinase est un dimère dont chaque monomère peut être codé par deux gènes, les gènes M (de muscle) et

hybrid enzyme (1) (cont'd)

B (de cerveau). Il y a donc trois isoenzymes de la phosphocréatine kinase (MM, MB et BB), dont un seul, MB, est un enzyme hybride. On retrouve les enzymes hybrides dans les cellules qui expriment plus d'un gène par enzyme.

hybrid enzyme (2)

Novel enzyme produced by genetic engineering bringing function and properties from two or more natural, protein catalysts. These rationally conceived and deliberately assembled proteins will provide the ultimate and rigorous test of our ability to understand and manipulate protein structure, function, and activity.

NOTE See "hybrid enzyme" (1).

enzyme hybride*

Enzyme produite à partir d'un gène de fusion, comportant les fonctions et caractéristiques de plusieurs enzymes naturelles.

NOTA* Équivalent proposé par l'auteur.

hybridoma

Hybrid cell, or chimera, produced by the fusion of a myeloma (antibody-producing tumour) cell and a plasma cell.

NOTE A spleen cell that produces antibody against a specific antigenic determinant may be rendered "immortal" by fusing it with a tumor cell, with the aid of a surface-altering agent such as polyethylene glycol. The resulting hybrid proliferates into a clone of cells that produce homogeneous monoclonal antibody of a single specificity.

hybridome
immunome

Cellule hybride obtenue par fusion d'une cellule myélomateuse et d'une cellule B provenant d'un animal ou d'un sujet immunisé par un antigène. L'hybridome est stable en culture et produit un anticorps monoclonal dirigé contre un seul déterminant de l'antigène choisi.

hybrid protein
fusion protein

Polypeptide formed by the expression of a hybrid gene.

protéine hybride
protéine de fusion

Protéine produite après l'expression d'un gène hybride.

hybrid-released translation

Method that enables a cloned DNA to be correlated with the protein for which it encodes. Cloned DNA is bound to a cellulose nitrate filter and hybridized with an unfractionated preparation mRNA. The filter is washed and the hybridized mRNA eluted by heating in a buffer with formamide. The recovered mRNA is then translated in a cell-free system, and the radiolabelled polypeptide products analyzed by gel electrophoresis.

traduction d'ARN messager purifié par hybridation

Méthode qui permet d'identifier la protéine codée par un gène cloné. Le mélange des ARN messagers produits par une cellule est hybridé à une membrane sur laquelle a été fixé le gène cloné. L'ARN messager retenu spécifiquement est récupéré et traduit dans un système de traduction *in vitro* dont les produits marqués sont analysés par électrophorèse.

hydrazine

Reagent used in amino acid analysis. When heated with proteins or peptides under anhydrous conditions, it converts all amino acids except the carboxyl terminal residues to hydrazides. The terminal amino acid can thus be recognized, and the nature and relative amounts determined using an amino acid analyzer.

hydrazine

Réactif utilisé pour l'étude de la séquence des aminoacides des protéines. Si l'on traite une protéine par l'hydrazine à 100 °C, toutes les liaisons peptidiques sont rompues, et tous les résidus sont transformés en hydrazides, sauf le résidu COOH-terminal (ou C-terminal) que l'on retrouve sous forme d'aminoacide libre facile à isoler et à identifier.

NOTA Synonymes désuets : diamine; diamidogène

hydrogel

Colloid in which the disperse phase (colloid) has combined with the continuous phase (water) to produce a viscous jellylike product; for example, coagulated silicic acid.

hydrogel

Solution colloïdale où la phase de dispersion est l'eau.

hydrogenase

Enzyme complex that catalyzes the formation of molecular hydrogen. Enzymes that *in vivo* act as

hydrogénase

Enzyme catalysant la réduction de substrats par l'hydrogène moléculaire.

hydrogenase (cont'd)

nitrogenases may also show such activity.

NOTA La fixation de l'azote est réalisée par des bactéries photosynthétiques grâce à des nitrogénases et des hydrogénases.

hydrogenation

Catalytic saturation of double bonds in unsaturated molecules.

hydrogénation

Fixation d'une molécule d'hydrogène sur une double liaison d'une substance organique. Il s'agit en général d'une réaction couplée avec une déshydrogénation, dont la coenzyme peut être le NAD, le NADP ou le FAD.

hydrogen bond

Weak bond, primarily electrostatic, between an electronegative atom within a given molecule and a hydrogen atom attached to another electronegative atom.

liaison hydrogène

Type de liaison moléculaire où l'hydrogène établit un pont entre deux atomes fortement électronégatifs (azote, oxygène). Dans les macromolécules, elle assure le maintien de la structure. Ce type de liaison se répète un grand nombre de fois tout le long de la molécule concernée.

NOTA Lorsqu'une seule liaison hydrogène est établie entre deux molécules elle ne représente qu'une énergie faible, mais on assiste à un notable renforcement lorsque deux ou plusieurs liaisons sont établies.

hydrogen carrier
carrier of hydrogen
electron carrying coenzyme

Any coenzyme that mediates the transfer of hydrogen ions by alternating between an oxidized and a reduced form.

transporteur d'hydrogène

Toute coenzyme pouvant exister sous forme oxydée ou sous forme réduite, qui intervient dans les réactions couplées d'hydrogénation et de déshydrogénation. Les principaux transporteurs d'hydrogène sont le NAD, le NADP et le FAD.

hydrogen sulphide

Colourless, inflammable, cumulatively poisonous gas. The gas, at very low concentrations, smells of rotten eggs. It is produced by a mixed population of anaerobic micro-organisms present in anaerobic digesters where the feedstock has a significant content of sulphur in any form.

NOTE In particular, hydrogen sulphide is produced in digestion of farm manure and industrial effluents from fermentation plants where molasses clarified with sulphuric acid is used. The gas rapidly corrodes copper and can cause damage to internal combustion engines and boilers if not removed by gas scrubbing.

sulfure d'hydrogène
hydrogène sulfuré

Gaz toxique d'odeur désagréable caractéristique (oeufs pourris), soluble dans l'eau et dans les solvants organiques, que l'on obtient par l'action des acides sur certains sulfures métalliques (par exemple le sulfure de fer artificiel). Dans la fermentation méthanique, la présence de sulfates induit des dégagements d'hydrogène et d'hydrogène sulfuré.

NOTA Il est préférable de garder le terme acide sulfhydrique pour la solution aqueuse d'hydrogène sulfuré.

hydrolase

Class of enzymes, which catalyze the hydrolysis of proteins, nucleic acids, starch, fats, phosphate esters, and other macromolecular substances.

hydrolase

Classe d'enzymes provoquant la coupure d'une molécule avec fixation d'eau.

NOTA Les hydrolases sont divisées en sous-groupes suivant la nature de leurs substrats : estérases, actives sur des liaisons esters, d'un alcool et d'un acide organique (carboxyl ester hydrolases), d'un alcool et d'un acide phosphorique (phosphatases), et sur des liaisons thiol ester (désacylases); osidases, actives sur des liaisons osidiques; peptides hydrolases, actives sur des liaisons peptidiques, etc.

hydrolysis
hydrolytic cleavage

The splitting of a compound into fragments by the addition of water, the hydroxyl group being

hydrolyse

Décomposition d'un corps par fixation d'eau, ayant pour conséquence la formation de

hydrolysis (cont'd)

incorporated in one fragment and the hydrogen atom in the other, such as the enzymatic breakdown of a protein, polysaccharide, or nucleic acid into monomers.

nouvelles molécules. Ex. : hydrolyse des protéines en acides aminés.

hydrolyzate

Solution derived by the chemical or enzymic hydrolysis of a polymer, cell extract or culture.

NOTE An autolyzate is a specific example of a cell hydrolyzate.

hydrolysat

Ensemble des produits formés au cours d'une hydrolyse.

hydrolyze (v.)

To subject to hydrolysis.

NOTE See "hydrolysis".

hydrolyser

Soumettre à l'hydrolyse.

hydrophilic

Descriptive of having an affinity for water.

hydrophile

Qui a de l'affinité pour l'eau. Les molécules de ce type sont souvent des systèmes ionisables (acides, bases ou sels). Elles s'opposent aux molécules hydrophobes, qui sont plus attirées par les carbures (huiles) que par l'eau.

hydrophilic group

A polar group or one which can take part in hydrogen bond formation, e.g. OH, COOH, NH_2. Confers water solubility, or in lipids and macromolecules causes part of the structure to make close contact with the aqueous phase.

groupement hydrophile

Groupement moléculaire qui a de l'affinité pour l'eau, qui l'absorbe ou la retient.

hydrophobic

Descriptive of having a lack of affinity for water.

hydrophobe

Se dit des particules en solution aqueuse qui n'ont aucune aptitude à retenir des molécules d'eau (cette propriété est nommée hydrophobie).

hydrophobic chromatography
hydrophobic interaction chromatography

Type of chromatography developed following the observation that certain proteins were unexpectedly retained on affinity gels containing hydrophobic spacer arms. This concept was extended, and families of hydrophobic adsorbents prepared using a homologous series of hydrocarbon chains of different lengths. In practice most proteins can be satisfactorily purified using C-8 or phenyl substituents. Hydrophobic interactions are strongest at high ionic strength, so adsorption to a hydrophobic matrix can be conveniently performed after a salt precipitation or ion exchange chromatography step. Elution can be effected by altering the solvent ionic strength, pH, or composition or by the use of a dielectric constant modifier such as ethanediol.

chromatographie hydrophobe

Chromatographie basée sur des observations faites en chromatographie d'affinité qui ont montré que divers effets non spécifiques étaient attribuables à des interactions de type hydrophobe. De là est venue l'idée d'employer des chaînes carbonées fixées à un support d'agarose. On dispose maintenant de familles de composés, ne différant entre eux que par de minimes variantes de structure, mais présentant des propriétés chromatographiques intéressantes. Diverses protéines se fixent réversiblement et selon des modalités variées à ces chaînes hydrophobes : c'est donc une possibilité de séparation.

hydrophobic group

A group lacking an affinity for, repelling, or failing to absorb water.

groupement hydrophobe
groupement lipophile

Groupement moléculaire qui n'a aucune aptitude à retenir des molécules d'eau et qui est, au mieux, peu soluble dans l'eau.

hydrophobic interaction
SEE **hydrophobic chromatography**

hydrophobic interaction

Attraction that occurs between nonpolar molecules in aqueous solution. Such interactions play a major role in protein and nucleic acid structure.

interaction hydrophobe

Association des groupes non polaires les uns aux autres de sorte qu'ils ne sont plus en contact avec l'eau qui tend à les disperser. Ce type d'interaction joue un rôle important dans la structure des protéines et des acides nucléiques.

hydroxyapatite
hydroxylapatite
apatite

The calcium phosphate mineral found both in rocks of non-organic origin and as a component of bone and dentine. Used as column packing for chromatography, particularly for separating double stranded DNA from mixtures containing single-stranded DNA.

NOTE HAP and HA are abbreviations of hydroxyapatite.

hydroxyapathite
hydroxyapatite

Hydrophosphate de calcium à structure microcristalline, formant le cristal osseux. Utilisé comme phase stationnaire en chromatographie de protéines et d'acides nucléiques.

I

immobilised cofactor
SEE **immobilized cofactor**

immobilization

A physical or chemical process used to fix enzymes, bacteria and cultures of plant or animal cells, or organelles derived from these sources, onto a solid support or trap them in a solid matrix. Such systems are employed as biocatalysts in continuous flow systems (e.g. packed column reactors or expanded bed systems).

NOTE Immobilization of catalysts is not unique to enzymes, the use of immobilized chemical catalysts being advantageous when expensive metal catalysts are used.

immobilisation

Procédé physique ou chimique de stabilisation d'une enzyme, le plus souvent au moyen d'un support, lui conservant ses propriétés et facilitant son emploi répétitif. Par extension, tout procédé qui traite des cellules ou des fractions cellulaires dans des conditions analogues.

NOTA Les procédés d'immobilisation sont évolutifs, ce qui explique la confusion possible dans l'utilisation des termes. On peut citer comme principaux types d'immobilisation : l'adsorption, la liaison covalente, la réticulation, l'encapsulation, l'inclusion, le piégeage, etc.

immobilized cofactor
immobilised cofactor

Cofactor fixed onto a solid support or entrapped in a solid matrix. Many enzyme reactions require cofactors and their immobilization is of great importance to the enzyme industry.

cofacteur immobilisé*

Cofacteur qui est immobilisé, le plus souvent par l'intermédiaire d'un «bras» facilitant l'accessibilité de l'enzyme. De nombreuses réactions enzymatiques nécessitent, en plus de l'enzyme et du substrat à transformer, la présence de cofacteurs porteurs d'hydrogène, d'électrons, d'énergie, etc. Ces cofacteurs sont coûteux, et il est exclu de devoir les ajouter en permanence à un réacteur enzymatique industriel.

NOTA* Équivalent proposé par l'auteur.

immobilized enzyme

An enzyme that has been chemically or physically attached to a water-insoluble matrix, polymerized into a water-insoluble gel, or entrapped within a water-insoluble gel matrix or water-insoluble micro-capsule.

NOTE The term "water-insoluble" is used here repeatedly not for the sake of being redundant but for emphasizing an important point. In all these cases, the localization of the enzyme was achieved by producing a water-insoluble, enzyme-containing material. Consequently, it was quite natural that the two terms, "immobilization" and "insolubilization", erroneously came to mean the same to many.

enzyme immobilisée

Enzyme localisée physiquement dans une région définie de l'espace tout en conservant son activité catalytique, et qui peut être utilisée de façon répétée et continue.

NOTA La première conférence d'Ingénierie Enzymatique de Henniker (U.S.A.) définissait une classification des enzymes immobilisées, selon le mode de fixation retenu. Dans cette classification, les enzymes immobilisées sont considérées comme un cas particulier des enzymes modifiées.

immune interferon

Type of interferon produced by human T lymphocytes when stimulated by viral infection or in *in vitro* experimental systems by a variety of inducers including protein A (enterotoxin) from Staphylococcus. It is manufactured from lymphoblastoid cells isolated from newborn hamsters or from human blood lymphocytes.

NOTE INF-γ is an abbreviation of immune interferon.

interféron type II
interféron gamma

Type d'interféron produit par des lymphocytes stimulés par un antigène ou un mitogène. Cet interféron aurait une activité antivirale prépondérante; l'interféron gamma jouirait d'une activité antitumorale.

immunoadsorbent

Any insoluble material, eg. cellulose, with either an antigen or an antibody bound to it and which will bind its corresponding antibody or antigen thus removing it from a solution.

immunoadsorbant

Matériel insoluble dont certains de ses constituants ont la propriété de se combiner spécifiquement soit avec des anticorps soit avec un ou des antigènes.

NOTA Jusqu'à très récemment ce terme désignait un composé consistant en une matrice insoluble sur laquelle soit des anticorps, soit un antigène avaient été irréversiblement fixés sans que leur capacité de combinaison ait été perdue. Puis la désignation s'est étendue aux composés insolubles qu'on peut préparer par polymérisation des anticorps ou des antigènes au moyen de réactifs chimiques bifonctionnels tels que la benzidine bisdiazotée, les dialdéhydes, etc.

immunoadsorption

Type of chromatography in which the solution containing impure antigen is passed through a bed of immobilized antibody. The specific antibody is adsorbed via

immunoadsorption
immuno-adsorption

Méthode de séparation physique mise en oeuvre pour isoler l'antigène ou l'anticorps à l'aide, respectivement, de l'anticorps ou de l'antigène

immunoadsorption (cont'd)

the antibody-antigen interaction, whilst all other components of the solution are washed through the column. By changing the eluant the antibody-antigen interaction can be eliminated, resulting in the elution of purified antigen, thereby short-circuiting the more conventional lengthy chromatographic techniques.

spécifique, fixé sur un support (immunoadsorbant) contenu le plus souvent dans une colonne. Cette méthode dérive directement de la chromatographie.

immunoelectrophoresis

Analytical technique used for the identification of antigens (e.g. blood serum) by electrophoresis. A specific antibody or antiserum is diffused into the support medium (e.g. cellulose acetate paper or agarose gels) and forms a visible precipitate when it meets the antigen.

NOTE A number of different techniques are used which produce a different type of image (e.g. zone, rocket, fused line, fused rocket, crossed immunoelectrophoresis, etc.).

immunoélectrophorèse
immuno-électrophorèse

Technique permettant de caractériser différents antigènes présents dans un mélange complexe (sérum) se pratiquant en deux phases successives, à savoir une électrophorèse suivie d'une immunodiffusion.

immunofluorescence

Analytical technique in which a fluorescent dye is complexed with a specific antibody to the protein of interest. The antibody complexes with the protein, and the complex formed is recognized using a light microscope or devices such as automated cell sorters where the fluorescence is recorded by a photomultiplier. The technique is used to locate a given protein or enzyme in a tissue section, to identify membrane-bound proteins, or to identify or enumerate the number of a specific

immunofluorescence

Technique cytochimique et immunochimique très sensible basée sur la possibilité de coupler les anticorps à un fluorochrome (habituellement l'isothiocyanate de fluorescéine) et de rendre ainsi décelable par la fluorescence leur fixation sur l'antigène correspondant. Cette technique permet d'identifier de façon spécifique des protéines présentes dans les tissus en quantité très faible.

immunofluorescence (cont'd)

type of cells in a mixed population.

NOTE In combination with computer-based counters or image analyzers, very detailed information can be obtained due to the specificity of the label and the sensitivity of detection devices.

immunoglobulin

Protein of the globulin-type (usually gamma-globulin) that possesses antibody activity.

immunoglobuline
globuline immune

Nom sous lequel on désigne diverses globulines appartenant pratiquement toutes au groupe des gamma-globulines, existant dans le sérum sanguin et dans diverses humeurs, douées d'une activité anticorps et possédant des structures biochimiques analogues. Elles jouent un rôle essentiel dans la défense de l'organisme contre les agressions.

NOTA Ig, symbole d'immunoglobuline.

immunoprecipitation

The precipitation of a multivalent antigen by a bivalent antibody, resulting in the formation of a large complex. The antibody and antigen must be soluble. Precipitation usually occurs optimally when there is near equivalence between antibody and antigen concentrations.

immunoprécipitation

Formation d'un précipité lorsqu'un anticorps dit précipitant (ou précipitine) rencontre l'antigène correspondant. Cette réaction spécifique peut apparaître en milieu liquide; elle peut se produire en milieu solide (gélose) sur la ligne de rencontre de l'antigène et de l'anticorps lors d'une immunodiffusion ou d'une immuno-électrophorèse.

NOTA La précipitation n'est pas un événement obligatoire d'une combinaison antigène-anticorps; certains anticorps ne donnent pas lieu à la précipitation, quelle que soit la quantité d'antigène et d'anticorps.

inactivation
deactivation

Loss of catalytic activity of an enzyme under the action of heat, pH or denaturing agents which involves considerable conformational changes.

inactivation

Perte de l'activité catalytique des enzymes obtenue par des méthodes physiques, chimiques ou biochimiques.

NOTA Certains ouvrages font la différence entre «inactivation» (réversible) et «désactivation» (irréversible). D'autres donnent le contraire. L'irréversibilité ou la réversibilité dépendent plutôt de la sévérité et de la durée du traitement.

indicator

A substance used to show, usually visually by its capacity for color change, the condition of a solution with respect to the presence of free acid or alkali or some other substance (as in detecting the end point of a titration).

indicateur

Toute substance permettant de déceler le terme d'une réaction, principalement en volumétrie, les singularités de sa marche, les impuretés dans les produits.

NOTA On distingue les indicateurs de pH ou acide-base, de fluorescence, d'oxydoréduction, d'absorption, de turbidimétrie, de complexométrie, etc.

indicator reaction

Since citrate detergents are likely to become progressively more prominent, an assay method for citrates in such preparations was needed. An enzymic method was devised by Taraborelly and Upton in Pfizer's quality control laboratory. A coupled sequence of reactions is used to give a fast, simple, and specific assay method. These reactions are shown in Equations 1 and 2.

Equation 1

Citrate lyase
Citrate - - ->Oxaloacetate and Acetate

réaction indicatrice

Les réactions indicatrices sont nécessaires lorsque le substrat dosé ou le produit de la transformation ne possèdent pas de propriétés spectrophotométriques particulières. Exemple : lorsque l'enzyme E, dont on mesure l'activité, n'est pas une déshydrogénase à NAD^+ ou $NADP^+$, et que ni le substrat S, ni le produit P ne possèdent de propriétés spectrales particulières, on couple la première réaction à une deuxième, catalysée par une déshydrogénase dont P est le substrat.

indicator reaction (cont'd)

Equation 2

Oxaloacetate and NADH and H^+
Malate dehydrogenase
- - - - - - - - - - ->
Malate and NAD^+

NADH is destroyed in the "indicator reaction" of this coupled sequence. This destruction is measured by the decrease in absorption at 340 nanometers and the citrate concentration is easily calculated.

$$\overset{E_1}{S \rightarrow} \overset{E_2}{P \rightarrow} PH_2$$

$$NADH, H^+ \rightarrow NAD^+$$

Dans certaines conditions, mesurer l'activité de E_2 équivaut à mesurer l'activité de E_1. La deuxième réaction est dite «réaction indicatrice» de la première, appelée «réaction principale». E_2 est une déshydrogénase à NAD^+ ou $NADP^+$, spécifique de P. On suit l'évolution de la réaction indicatrice par spectrophotométrie à 340 nm.

induced-fit theory
induced-fit hypothesis

Theory according to which the binding of a substrate to an enzyme may cause conformational changes that align the catalytic groups in their correct orientations.

théorie de l'ajustement induit

Théorie selon laquelle l'interaction enzyme-substrat peut causer un changement conformationnel dans la protéine enzymatique.

inducer

Natural compound, or synthetic analogue, that binds to and inactivates the repressor in an operon. This results in the operator becoming unblocked and the promoter site becoming accessible to RNA polymerase. The enzyme can then attach to the promoter site and transcribe the whole length of the operon producing a polycistronic mRNA which contains the messages for all the proteins encoded in the structural genes of the operon.

inducteur

Substrat tel que le lactose, dont l'introduction dans un milieu de culture provoque l'accroissement spécifique du taux d'une enzyme. On appelle enzyme inductible l'enzyme correspondante.

inducible enzyme
adaptive enzyme

Enzyme that is formed in the presence of, or in response to, an inducing agent. The inducer may

enzyme adaptative
enzyme inductible

Enzyme qui n'est synthétisée par la cellule qu'en réponse à la présence ou à l'absence dans le

inducible enzyme (cont'd)

be the substrate for the enzyme induced. The mechanism of induction depends on the effect of the inducer on transcription and translation rather than on the enzyme itself.

milieu d'une substance qui joue le rôle d'effecteur négatif ou positif dans la répression du gène de structure correspondant.

induction
SEE **enzyme induction**

industrial enzymology

Industrial use of enzymes.

NOTE The field still appears to be in its infancy, and many major problems need to be overcome. These include: overcoming of permeability barriers and the supply of oxygen to immobilized cells or enzymes which require it as a substrate; the use of water-insoluble and water-immiscible substrates such as steroids and hydrocarbons; the discovery of new enzymes with novel enzyme activities, the use of less easily available classes of enzymes such as membrane-bound enzymes.

enzymologie industrielle

Utilisation d'enzymes à des fins de production industrielle.

NOTA Actuellement, les deux principaux secteurs d'utilisation des enzymes industrielles sont l'industrie de transformation des détergents; ils représentent environ 70 % du marché des enzymes industrielles.

industrial microbiology

Study, utilization, and manipulation of those micro-organisms capable of economically producing desirable substances or changes in substances, and the control of undesirable micro-organisms.

microbiologie industrielle

Utilisation de micro-organismes à des fins de production industrielle. La microbiologie industrielle utilise de très nombreux microbes; les uns produisent des enzymes destinées à la dégradation des substances à détruire; ainsi les pectinases utilisées pour la clarification des jus de fruits et pour le rouissage ou les lipases qui ont modernisé l'industrie du cuir, etc. D'autres produisent les enzymes utilisées par les industries de la fermentation. D'autres produisent des synthétases utilisées pour la biosynthèse de corps

industrial microbiology (cont'd)

chimiques utiles (vitamines; corticoïdes). D'autres produisent les ferments permettant la panification, la vinification.

inherent kinetics

The kinetics of the immobilized biocatalyst in the absence of modifying factors.

NOTE The inherent rate of reaction is defined as the rate that would be observed in the absence of any diffusional limitations, i.e. if the transport of substrate and product between the enzymic micro- and macroenvironment were infinitely fast. In practice, the inherent enzyme activity can be observed with relatively thin membranes, with low enzyme activity, and with sufficient stirring of the bulk solution. The inherent rate and the inherent kinetic parameters can be different from the intrinsic rate and parameters when the partitioning due to electrostatic and other interactions between the matrix and various soluble species yields different concentrations in the micro- and the macroenvironment.

cinétique inhérente

Cinétique enzymatique qui serait observée pour des enzymes immobilisées si les contraintes de diffusion étaient abolies. Il faut distinguer la cinétique inhérente de la cinétique intrinsèque qui tient compte des variations de concentrations des substrats et des produits de réaction à cause d'interactions avec la matrice solide.

inhibitor

Substance that reduces the activity of an enzyme.

inhibiteur

Élément (physique ou chimique) capable de ralentir ou d'arrêter une réaction enzymatique sans prendre part à cette réaction.

inhibitor constant

The equilibrium dissociation constant of the reaction EI = E + I,

constante d'inhibiteur

K_i

Constante de dissociation du complexe enzyme-inhibiteur. Elle

inhibitor constant (cont'd)

where E is the enzyme and I is the inhibitor.

NOTE K_i, symbol for inhibitor constant.

est ainsi comparable à K_s constante de dissociation du complexe enzyme-substrat.

NOTA K_i est un symbole utilisé pour désigner la constante d'inhibition.

insulin

A polypeptide hormone (bovine insulin MW 5780) found in both vertebrates and invertebrates. Secreted by the B cells of endocrine pancreas in response to high blood-sugar levels, it induces hypoglycaemia.

NOTE The messenger RNA for insulin directs the synthesis of a larger-molecular-weight peptide containing 101 amino acids (pre-proinsulin) which is subsequently cleaved to 84 amino acids to form a substance referred to as proinsulin. The proinsulin contains the A and B chains of insulin linked by a 33-amino acid connecting peptide (C peptide). The connecting peptide is cleaved in the beta cell and released into the circulation together with insulin in equimolar proportions.

insuline

Polypeptide hormonal, formé par deux chaînes peptidiques A et B réunies par des ponts disulfures, et sécrété par les cellules β des îlots de Langerhans (pancréas endocrine) sous forme de pro-insuline. C'est une hormonc hypoglycémiante qui agit par augmentation de l'utilisation tissulaire du glucose, qui est également antilipolytique et favorise la synthèse des acides gras.

NOTA L'insuline est utilisée en thérapeutique dans le traitement du diabète insulinoprive.

interfacial polymerization method

Method of production of microencapsulated enzymes based on a chemical reaction to synthesize a water-insoluble polymer at the interface of a microdroplet. The two monomers must have differing solubilities such that one is partially soluble in both the aqueous and organic phases (that is, a hydrophilic

méthode par polymérisation interfaciale

Procédé de microencapsulation des enzymes. Dans la méthode par polymérisation interfaciale, une solution aqueuse renfermant l'enzyme et un monomère hydrophile (polyamine ou glycol) est émulsionnée dans un solvant organique non miscible à l'eau. Par addition d'un second monomère hydrophobe (chlorure

interfacial polymerization method (cont'd)

monomer) whilst the other must be soluble only in the organic phase (that is, a hydrophobic monomer). A solution of the hydrophilic monomer and enzyme is emulsified in an organic solvent, and to this emulsion is added a solution of hydrophobic monomer in the same organic solvent. By polymerization reactions of the condensation or addition type, a membrane is formed at the interface between the organic and aqueous phases.

NOTE The major disadvantage of this procedure is that the hydrophilic monomer can cause deactivation of the enzyme before polymerization occurs.

d'acide polybasique) on provoque une réaction de polymérisation entraînant la formation d'une membrane (polyamide ou polyester) autour des microgouttelettes aqueuses. Il est souvent nécessaire d'ajouter un agent tensioactif qui stabilise l'émulsion et permet d'ajuster la taille des capsules aux dimensions désirées, celles-ci pouvant varier de 1 à 100 microns.

interferon

Family of glycoproteins, produced in mammals, which prevent virus multiplication in cells. INF-α is made by leucocytes and IFN-β by fibroblasts after viral infection. IFN-γ is produced by immune cells after antigen stimulation; it is the major macrophage-activating factor and also induces expression of Class II major histocompatibility antigens on many cell types. IFN-γ is an important lymphokine and immunostimulatory molecule.

NOTE IFN is an abbreviation for interferon.

interféron

Classe de lymphokines. Ce sont des glycoprotéines produites par les cellules animales, en réponse à certaines stimulations antigéniques. Elles sont de trois types : Alpha, produites par les leucocytes, bêta par les fibroblastes, gamma par les lymphocytes. Ce sont des immunomodulateurs.

intermediary metabolism

The various chemical reactions involved in the conversion of dietary nutrients such as sugars,

métabolisme intermédiaire

Ensemble des phénomènes de dégradation (catabolisme) et de synthèse (anabolisme) qui

intermediary metabolism (cont'd)

amino acids, fatty acids, and mineral elements into storage molecules such as triglycerides, glycogen, and proteins; into a large array of reaction intermediates such as glycoproteins, heteropolysaccharides, and phospholipids; or into special function molecules such as hormones, nucleotides, and vitamins.

NOTE The term intermediary metabolism is used to refer to those biochemical reactions occurring in cells by which the many biochemical intermediates are formed and/or transformed into other products necessary for life. Glycolysis, for example, produces glucose-6-phosphate, which can be transformed into ribose, glucuronate, glycerol, pyruvate, oxo-glutarate, glutamate, ascorbic acid, etc. To produce the large number of intermediates requires intertwined metabolic pathways, all carefully regulated by allosteric enzymes and hormones.

permettent un cycle continu d'échanges entre la cellule et les substrats apportés par l'alimentation : glucides, lipides et protides.

NOTA Actuellement, ce terme désigne deux types de processus biochimiques : l'un, variable, avec les divers substrats; l'autre, appelé «système métabolique central», identique pour toutes les cellules animales et végétales : alimenté en petites molécules par le premier, il fournit à l'organisme l'énergie qui lui est nécessaire, mais aussi des matériaux pour des biosynthèses. Le système métabolique central, situé dans les mitochondries des cellules animales et végétales, comprend deux ensembles multienzymatiques associés aux structures mitochondriales : le cycle citrique et les chaînes d'oxydoréduction.

intermediate formation
SEE **covalent catalysis**

intermolecular hydrogen bonding

Hydrogen bonds formed between separate molecules.

liaison hydrogène intermoléculaire

Liaison hydrogène entre deux molécules.

internal diffusional barrier
internal diffusional limitation

Diffusional effects may be divided into two types, the external diffusion barrier and the internal diffusion barrier. Internal diffusional restrictions are caused by the small size (and tortuosity) of the pores in the support. This prevents forced flow of fluid inside the pores of the pellets under normal operating pressures.

barrière de diffusion interne

Contrainte imposée à la vitesse de réaction d'une enzyme immobilisée, qui est due à la faible vitesse de diffusion des substrats et des produits dans les pores du support solide. Contrairement à la barrière de diffusion externe, la barrière de diffusion interne ne peut pas être diminuée en augmentant le flux de la phase liquide.

international enzyme unit
SEE **international unit**

International System of Units
SEE **SI system**

international unit
enzyme unit
international enzyme unit

The unit of enzyme activity proposed by the International Union of Biochemistry in 1964 which represents the amount of an enzyme that will catalyze the transformation of one micromole of substrate in a given time (e.g., one minute) under defined conditions of temperature, pH and substrate concentration.

NOTE U is an abbreviation for international unit.

unité enzymatique internationale
unité enzymatique
unité internationale

Unité d'activité enzymatique correspondant à la quantité d'enzyme qui catalyse la transformation d'une micromole de substrat par minute à 30 °C et au pH optimal d'activité. Le système international d'unités implique l'utilisation de la mole transformée par seconde comme nouvelle unité, appelée katal.

NOTA U.I. est une abréviation d'unité internationale.

intracellular enzyme
endoenzyme

Enzyme that performs its function within a cell and does not normally diffuse out of the cell into the surrounding medium.

endoenzyme
enzyme intracellulaire
enzyme endocellulaire

Enzyme intimement liée aux cellules dont on ne peut l'isoler que par leur autolyse ou en exerçant de fortes pressions sur leurs broyats. Ex. : zymase des levures.

intramolecular crosslinking

There exist many cases when the use of a stabilizing polymeric carrier can dramatically affect the biological activity of enzymes: for example, their interaction with high-molecular-weight substrates or with cell surface receptors. Methods of enzyme stabilization also are available that do not require carriers, but instead depend on chemical modification or intramolecular crosslinking with bifunctional reagents.

NOTE Intramolecular crosslinking of an enzyme with a multifunctional reagent is favored by a low concentration of the enzyme and the reagent. Low concentrations enhance the probability of the functional groups of a reagent molecule to react with amino acid residues only of the same enzyme molecule and not of different molecules.

réticulation intramoléculaire

Utilisation de réactifs bifonctionnels pour établir des liaisons covalentes intramoléculaires dans les enzymes. La réticulation intramoléculaire modifie la stabilité et l'activité des enzymes.

intramolecular hydrogen bonding

Hydrogen bonds formed between atoms within the same molecule.

pont hydrogène intramoléculaire
liaison H intramoléculaire

Pont hydrogène entre deux parties de la même molécule. On dit alors qu'il y a «chélation», appellation dérivée de l'image d'une pince de crabe, l'hydrogène étant serré entre deux autres atomes électronégatifs comme l'oxygène, par exemple.

intrinsic kinetic parameters

The kinetic parameters of soluble enzyme as opposed to those of the immobilized biocatalyst.

paramètres intrinsèques

Paramètres cinétiques d'une enzyme en solution, par opposition à ceux de l'enzyme immobilisée.

invertase
SEE **β-D-fructofuranosidase**

invert sugar

sucre inverti
sucre interverti

Mixture of glucose and fructose produced by the action of dilute acid or enzymes on sucrose.

NOTE Invert sugars are used as the substrate for some fermentations, as well as in food and beverage industries. The first application of an immobilized enzyme was the use of invertase bound to a charcoal support to produce invert syrup in the 1940s.

Mélange de glucose et de lévulose provenant de l'hydrolyse du saccharose sous l'action des acides, de l'invertine, etc. Il ne doit pas contenir plus de 20 % de sucre non interverti, plus de 25 % d'eau et plus de 0,5 % de matières minérales.

NOTA Le saccharose est dextrogyre ($[\alpha]_D$=+66°7). Lorsqu'il est hydrolysé, soit par les acides, soit par l'invertase intestinale, on obtient un mélange de quantités équimoléculaires de D(+)glucose (à l'équilibre de mutarotation des formes α et β-pyranoses, on a $[\alpha]_D$=+52° environ) et de D(-) fructose (à l'équilibre de mutarotation on a $[\alpha]_D$=-92° environ); la lévorotation du fructose est donc plus importante que la dextrorotation du glucose, de sorte que le mélange obtenu est lévogyre (contrairement au saccharose dont on est parti), ce qui lui a valu le nom de sucre interverti.

in vitro

in vitro

Descriptive of an event or enzyme reaction under experimental investigation occurring outside a living organism. Parts of an organism or micro-organism are used together with artificial substrate and/or conditions.

Locution latine s'appliquant aux phénomènes observés au laboratoire, en dehors de l'organisme.

NOTA On parle de manipulation ou de culture *in vitro*, dans le cas où on les effectue dans un milieu artificiel.

in vivo

Descriptive of an event or enzyme reaction under experimental investigation occurring in the normal way (i.e. within a living organism).

in vivo

Se dit de toute réaction physiologique qui se fait dans l'organisme.

ion exchange cellulose
SEE **cellulose ion exchanger**

ion-exchange chromatography

Laboratory or full-scale industrial process in which ion exchangers are used to fractionate mixtures of charged molecules which may be inorganic, low molecular weight organic compounds or macromolecules. The resins are coupled to either cations or anions that will exchange with other cations or anions in the material passed through their meshwork.

chromatographie par échange d'ions
chromatographie sur résine échangeuse d'ions

Chromatographie qui utilise comme procédé de séparation les différences de comportement acidobasique des substances à analyser. Les molécules sont fixées ou non sur des groupements chargés, incorporés dans la matrice. Ce type de chromatographie est utilisé pour la purification de molécules polaires (protéines, nucléotides, acides nucléiques). Il permet aussi de séparer industriellement le sucrose des mélasses, les enzymes.

ion exchanger conditioning

Process used to clean an ion exchange resin and convert it to the required form. Depending on the application, the resin may be converted to the free base (or free acid) or converted to the metal salt (sodium, potassium, calcium, etc.). Usually solutions of sodium hydroxide or hydrochloric acid, followed by washing with water, are used to prepare the free base. If a particular form is required, a solution of a suitable salt is then passed through the resin column.

conditionnement d'une résine échangeuse d'ions

Procédé utilisé pour régénérer la capacité d'échange d'une résine en la nettoyant des ions fixés.

ion exchange resin

Insoluble granular material that can remove ions selectively from solution by exchanging them for similar ions bound to the material. Such resins are constituted of a polymer of high molecular weight, to which many charged functional groups are covalently attached. These charged groups can bind specific groups of ions. The cation-exchange resins contain sulfonate, carboxylate, or phenolate groups, and bind or exchange cations; anion-exchange resins contain tertiary- or quaternary-ammonium groups, and bind anions.

NOTE These resins are used for deionizing water and other solutions and for chromatography of organic molecules. For separation of proteins and compounds that are easily hydrolyzable, cellulose ion exchangers are preferred.

résine échangeuse d'ions

Substance formée de particules de polymères d'hydrocarbures, porteuses de groupements polaires ionisables, capables d'échanger un ion contre un autre ion. Il existe des résines échangeuses de cations (résines cationiques à groupements sulfoniques ou carboxyliques) et des résines échangeuses d'anions (résines anioniques à groupements aminés). Ces résines sont utilisées pour la séparation chromatographique de nombreuses substances (acides aminés, catécholamines, par exemple), et aussi dans la thérapeutique des hyperkaliémies.

ionic strength

A measure of the average electrostatic interactions among ions in an electrolyte; it is equal to one-half the sum of the terms obtained by multiplying the molality of each ion by its valence squared.

NOTE R/2 is a symbol used to denote ionic strength.

force ionique

Mode d'expression de la composition ionique d'une solution. C'est la demi-somme des produits des concentrations ioniques des différents ions par le carré de leur valence respective.

NOTA R/2 est un symbole utilisé pour désigner la force ionique.

iris system

Anaerobic digestion process similar to the anaerobic contact system in which biomass separation and cell recycle occur within a single tank.

système IRIS

Procédé de digestion en anaérobiose où la séparation de la biomasse et le recyclage des cellules se font à l'intérieur de la même enceinte du digesteur.

iris system (cont'd)

NOTE The term is derived from the name of the developers, the *Institut de Recherches de l'Industrie*.

irreversible inhibition

Inhibition that occurs when the inhibitor molecule combines irreversibly with the enzyme, chemically modifying its structure and abolishing or greatly reducing its activity. An example is di-isopropylfluorophosphate (DFP) which inhibits enzymes which have reactive serine groups in their active sites, such as acetylcholinesterase. Thus they act as probes of the active site and as nerve poisons. Another example is heavy metals such as lead or mercury which react with SH groups in the active site of enzymes.

inhibition irréversible

Inhibition provoquée par des réactifs se combinant de façon covalente sur l'enzyme, comme c'est le cas avec les agents alcoylants ou le DFP. Les caractéristiques générales sont :

- une action relativement lente, un temps de contact entre l'inhibiteur et l'enzyme étant nécessaire;
- le degré d'inactivation (qui dépend de la quantité d'inhibiteur) n'est pas affecté par la dilution ultérieure du milieu ou sa dialyse;
- cette inhibition n'est pas spécifique : par exemple, toutes les enzymes où un groupe OH de la sérine intervient dans la réaction sont inhibées par le DFP.

isoamylase
SEE **glycogen 6-glucanohydrolase**

isodensity centrifugation
SEE **density gradient sedimentation equilibrium**

isoelectric focusing
electrofocusing

Electrophoresis in a stabilised pH gradient. High-resolution method for separating molecules, especially proteins, which carry both positive and negative charges. Molecules migrate to the pH corresponding to their isoelectric

électrofocalisation
focalisation isoélectrique

Méthode de séparation très résolutive des protéines qui repose sur la distinction de ces macromolécules selon leur point isoélectrique (pHi). Elle consiste à utiliser des ampholines de différents pH; la protéine est

isoelectric focusing (cont'd)

point. The gradient is produced by electrophoresis of amphiphiles, which are heterogenous molecules giving a continuum of isoelectric points. Resolution is determined by the number of amphiphile species and the evenness of distribution of their isoelectric points.

retenue par celle qui correspond à son point isoélectrique. Chaque protéine en effet, comme n'importe quel ampholyte, est définie par son point isoélectrique, valeur du pH du milieu pour lequel sa charge électrique résultante est nulle. Placée à un pH supérieur à son pHi la protéine se charge négativement par perte de protons. À un pH inférieur au pHi, la protéine se charge positivement par capture de protons. Sous l'influence d'un champ électrique continu, les molécules protéiniques migreront soit vers l'anode, soit vers la cathode, en fonction de leurs charges.

isoelectric point

The pH at which a protein carries no net charge. Below the isoelectric point proteins carry a net positive charge; above it a net negative charge. Due to a preponderance of weakly acid residues in almost all proteins, they are nearly all negatively charged at neutral pH. The isoelectric point is of significance in protein purification because it is the pH at which solubility is often minimal, and at which mobility in an electrofocusing system is zero (and therefore the point at which the protein will accumulate).

pH isoélectrique
point isoélectrique

pH correspondant à celui où la charge nette de la protéine est nulle, en présence d'électrolytes. La molécule est alors électriquement neutre et ne se déplace plus dans un champ électrique. On a affaire à un ion dipolaire ou mixte ou un zwitterion.

NOTA pHi et pI sont des abréviations de point isoélectrique.

isoenzyme
isozyme

Various forms of an enzyme that catalyze the same reaction but differ slightly in amino acid composition or structure such that they may be separated from one

isoenzyme
isozyme

Terme désignant les diverses formes d'une même enzyme, différenciées par leur structure moléculaire. Cette différence de structure est responsable d'une

isoenzyme (cont'd)

another by electrophoresis or chromatography and may be distinguished by variations in their amino acid sequence and the DNA in which they are encoded.

différence de migration électrophorétique permettant leur séparation.

NOTA En 1972, l'Union Internationale de Chimie Pure et Appliquée (I.U.P.A.C.) et l'Union Internationale de Biochimie (I.U.B.) ont fait deux recommandations importantes :

1. il est recommandé d'utiliser le terme «formes multiples de l'enzyme», pour désigner, de manière générale, toutes les variétés d'une même enzyme, ayant les mêmes propriétés catalytiques et existant dans la même espèce;

2. il est recommandé de réserver le terme «isoenzyme» ou «isozyme» aux seules formes multiples des enzymes qui proviennent de différences dans la structure primaire déterminées génétiquement, et à celles-là seulement.

isoionic point
isoionic pH

Hydrogen-ion concentration expressed usually as the pH value at which the ionization of an amphoteric substance as an acid equals the ionization as a base and becomes identical with the isoelectric point in the absence of foreign inorganic ions.

NOTE For any given protein the isoelectric pH will vary somewhat, depending on the ionic composition of the medium, since proteins can bind certain anions and/or cations. When a protein solution is thoroughly dialyzed against distilled H_2O to remove all

pH isoionique
point isoionique
point iso-ionique

pH pour lequel le nombre de protons dissociés des groupes donateurs est égal à celui des protons combinés aux groupes accepteurs ($-COO^- = -NH_3^+$). On ne l'observe que lorsque les protons sont les seuls ions mis en jeu, donc en solution aqueuse pure.

NOTA En général le terme de «point isoionique» désigne le pH auquel la charge nette est nulle lorsque la substance est dissoute dans l'eau pure et n'a la possibilité de fixer que des protons. Mais le plus souvent il y a d'autres ions en

isoenzyme (cont'd)

small ions other than H^+ and OH^-, the pH of the resulting solution is known as the isoionic pH. The isoionic pH is a constant for any given protein.

solution, lesquels peuvent également être fixés par la substance, de sorte que la molécule peut encore être chargée au pH correspondant au point isoionique, et on utilise le terme de «point isoélectrique» pour désigner le pH auquel est nulle la charge d'une molécule ayant fixé des ions étrangers.

pH_I est une abréviation de pH isoionique.

isolation

The extraction of an unknown substance in pure form from a mixture.

isolement

Action de dégager un élément de ses combinaisons, un corps pur d'un mélange.

isoleucine
α-amino-β-methylvaleric acid
γ-methylvaline
2-amino-3-methylpentanoic acid

One of the 20 common amino acids found in proteins. It is an essential amino acid for humans.

NOTE Ile and I are abbreviations used to denote the amino acid isoleucine in amino acid sequences and elsewhere.

isoleucine
acide α-amino β-méthyl pentanoïque
acide 2-amino 3-méthyl n-valérique

Acide aminé indispensable à chaîne ramifiée, présent en abondance dans la caséine, la laine, le collagène. Il possède un caractère apolaire, comme son isomère, la leucine. Son catabolisme conduit à l'acétyl-coenzyme A et au propionyl-coenzyme A; il est donc à la fois glucoformateur et cétogène.

NOTA «Ile, I, ILeu» sont des abréviations de «isoleucine».

isomerase

Major class of enzymes that catalyzes intramolecular re-arrangements or isomerization reactions. The class includes enzymes variously known as racemase, epimerase, and mutase.

isomérase
mutase

Classe d'enzyme catalysant la transformation d'un corps en son isomère. Elle comprend :
- les racémases qui catalysent la transformation d'un acide aminé L en acide aminé D,

isomerase (cont'd)

- les épimérases qui provoquent des interconversions d'oses : galactose->glucose,
- les mutases catalysant le transfert d'un radical d'une partie d'une molécule à une autre : méthylmalonyl CoA → succinyl CoA.

isomerization

The changing from one isomeric form to another.

isomérisation

Transformation d'un composé chimique en l'un de ses isomères.

isomorphous replacement
isomorphous substitution

A method for solving the phase problem in an x-ray diffraction study of a protein by using a heavy atom derivative of the protein. The introduction of the heavy atom or atoms into the protein must be isomorphous, so that there is no change in the conformation of the protein nor any change in the size or in the symmetry of the unit cell. A comparison of the diffraction patterns of the original protein and of its heavy metal derivative permits the localization of the heavy atom in the unit cell and hence permits a determination of phase angles. The determination of all the phase angles requires the use of several heavy atom derivatives.

remplacement isomorphe
substitution isomorphe

Méthode utilisée pour résoudre le problème de phases des intensités de rayons X diffractés par un cristal protéique; elle implique l'introduction d'atomes lourds dans un cristal de protéine sans en altérer la structure tridimensionnelle.

NOTA La modification d'une protéine par les atomes lourds doit être isomorphe, c'est-à-dire que la protéine dans le réseau cristallin ne subit aucun changement conformationnel et que la maille élémentaire reste constante dans ses dimensions et sa symétrie. Les différences dans les patrons de diffraction entre la protéine non modifiée et celle contenant les atomes lourds permet de localiser les atomes lourds dans la maille élémentaire et conduit donc à la détermination des angles de phase. Pour connaître toutes les phases, il faudrait utiliser plusieurs dérivés d'atomes lourds.

isopycnic centrifugation
SEE **density gradient sedimentation equilibrium**

isotope

Various forms of the same element having the same number of protons, but differing in the number of neutrons and hence in mass.

NOTE Two types of isotopes exist: stable and unstable (radioactive). Isotopes are valuable in analytical and diagnostic work. Radioactive isotopes are detected and quantified on the basis of the ionizing radiation emitted (alpha-particles, gamma-rays and beta- particles). The most useful radioactive isotopes are the low-energy beta-emitters with a reasonable half-life. These include tritium ^{3}H, ^{14}C, ^{32}P and ^{35}S. The radioactive isotopes of nitrogen and oxygen are either not available or of such short half-life that they can only be used under special circumstances. Stable, or heavy isotopes, are detected using mass spectrometry. Heavy isotopes used in biology include deuterium ^{2}H, ^{15}N and ^{18}O.

See "radioactive tracer".

isotope

Élément dont le noyau a le même nombre de protons que celui d'un élément donné, mais des nombres différents de neutrons.

NOTA Un élément chimique peut avoir plusieurs isotopes. Certains isotopes sont instables et se désintègrent en émettant des radiations : ce sont les isotopes radioactifs ou radio-isotopes; ils ont acquis une grande importance dans la thérapeutique des néoplasmes. On les utilise aussi en médecine pour explorer certains organes sur lesquels ils se fixent spécifiquement, le rayonnement émis étant enregistré sur un film (par ex. les isotopes radioactifs de l'iode dans l'exploration de la glande thyroïde).

isozyme
SEE **isoenzyme**

J

jet loop reactor

Reactor in which agitation and gas absorption are achieved by recirculation of the broth with

réacteur à jet et à boucle de circulation

Type de réacteur dans lequel l'agitation au sein de liquides se fait à l'aide de pompes, par

jet loop reactor (cont'd)

reinjection into the main fermenter vessel under pressure.

exemple, en les prélevant à la base d'une cuve pour les y réinjecter à grande vitesse. Ce jet liquide, utilisable pour l'agitation des réacteurs anaérobies peut être associé à un dispositif d'introduction de gaz dans le cas des réacteurs aérobies. Ce mécanisme, impliquant une circulation du fluide en fermentation dans une canalisation externe au réacteur, sur laquelle se trouve la pompe, est, dans certains cas, adapté sur un fermenteur à circulation interne.

K

katal

Amount of enzyme that catalyzes the reaction of 1 mol of substrate or coenzyme per second under specified conditions (temperature, pH, and substrate concentration) of an assay method.

NOTE Abbreviation: Kat.

katal

Quantité d'enzyme qui catalyse la transformation d'une mole de substrat par seconde sous des conditions expérimentales standard.

NOTA Kat est une abréviation de katal.

k_{cat}
catalytic constant
catalytic rate constant

First-order rate constant that refers to the properties and reactions of the enzyme-substrate, enzyme-intermediate, and enzyme-product complexes.

NOTE In the simple Michaelis-Menten mechanism in which there is only one enzyme-substrate complex and all binding

k catalytique
k_{cat}
constante catalytique

Constante de premier ordre qui exprime le nombre de molécules de substrat transformées par molécule d'enzyme.

k_{cat} (cont'd)

steps are fast, k_{cat} is simply the first-order rate constant for the chemical conversion of the ES complex to the EP complex. For more complicated reactions, k_{cat} is a function of all the first-order rate constants, and it cannot be assigned to any particular process except when simplifying features occur.

K_d
SEE **volumetric distribution coefficient**

kelp

Number of different genera of large brown seaweeds, some of which are used as a source of alginic acid. It has also been suggested as a source of biomass for use in anaerobic digesters for the production of biogas.

varech

Ensemble des algues, goémons, fucus, etc. rejetés par la mer et qu'on récolte sur le rivage, notamment pour les utiliser comme engrais.

NOTA Les alginates alcalins forment dans l'eau des solutions colloïdales visqueuses tandis que l'alginate de calcium est insoluble comme l'acide alginique lui-même. Les alginates sont utilisés comme épaississants, gélifiants, émulsifiants et stabilisants de produits industriels les plus variés depuis les gelées alimentaires, les produits de beauté, jusqu'aux peintures et aux encres d'imprimerie.

keratin

Structural protein with a high sulphur content that is found in hair, feathers, horn, nails, etc., as well as in the outer layer of the epidermis of vertebrates.

kératine

Protéine fibreuse dure, riche en soufre, qui se forme dans la couche cornée de la peau, dans les poils, les ongles, les cornes, les écailles, les plumes et la laine.

keto acid

Acid containing a ketone group. In biological systems, organic acids with such a group in the α position are important precursors in amino acid production (e.g. α-ketoglutaric acid).

acide-cétone
céto-acide
cétaocide
acide cétonique

Nom générique des composés organiques renfermant une (ou plusieurs) fonction(s) acide(s) et une (ou plusieurs) fonction(s) cétone(s).

NOTA Céto-, préfixe indiquant la présence dans une molécule d'un groupe fonctionnel CO de cétone (par ex. céto-acide).

keto group

Group of the form > C=O in organic chemical compounds.

groupe CO

Groupe fonctionnel carbonyle, indiquant une fonction cétone dans une molécule organique.

kinase (1)

Enzyme that catalyzes the phosphorylation of an organic compound.

NOTE See "kinase" (2).

kinase (1)

D'une manière générale, désigne toute enzyme assurant le transfert d'un phosphate provenant de l'adénosine triphosphate (ATP) sur un accepteur qui est ainsi activé (ex. : hexokinase, glucokinase, fructokinase catalysent la phosphorylation des hexoses en hexoses-phosphates).

NOTA Voir «kinase» (2).

kinase (2)

Enzyme which converts a zymogen to the active enzyme form.

NOTE See "kinase" (1).

kinase (2)

Nom d'ensemble des enzymes dont la présence est nécessaire pour rendre active une autre enzyme. Ex. : l'entérokinase pancréatique permet la transformation du trypsinogène en trypsine.

NOTA Voir «kinase» (1).

kinetic method

Clinical analysis method where the data are obtained when the concentration is time-dependent.

méthode cinétique

Méthode servant à la détermination de l'activité d'une enzyme ou du dosage d'un substrat ou d'un

kinetic method (cont'd)

In this case, the data are generally collected from the early linear part of the progress curve which is called the initial velocity (rate).

produit de la réaction. Cette méthode consiste à suivre l'évolution de la réaction en fonction du temps. La mesure se fait en enregistrant la DO en continu, sitôt la réaction déclenchée.

kinetics

Study of the rate at which a reaction proceeds and of the reaction mechanism, the intermediate steps constituting the overall reaction. The reaction rate is the rate of change of the concentrations of a reactant or product expressed in moles per liter per second (mol/l.sec.). It varies with temperature, and the presence (or absence) of catalysts, and the concentration of one or more products or other molecular species. When these conditions are fixed, it is equal to the rate constant for the reaction multiplied by the product of the concentrations of the reactants, with each concentration raised to a specific power.

cinétique

Branche de la physique qui étudie l'évolution des systèmes et de leur composition dans le temps, en particulier celle des réactions.

NOTA Le domaine d'application de la cinétique s'étend à toute évolution de la matière, qu'elle soit très lente ou très rapide, mettant en cause des modifications d'espèces chimiques au sein de celle-ci.

kit

Package containing all the specialized reagents, enzymes, buffers, cloning vectors, linkers, primers, etc., required to carry out a particular diagnostic procedure or technique in molecular biology.

trousse

Boîte ou pochette de petites dimensions contenant tout le petit matériel et les réactifs pour doser tel ou tel produit, en plus de tous les étalons et contrôles permettant de s'assurer de la qualité des résultats.

NOTA Le terme anglais *kit* est souvent employé dans les ouvrages français.

Kjeldahl method

Analytic technique used to determine the amount of nitrogen in a sample. It is often used for the determination of total protein in a sample on the basis of the nitrogen content. The sample is digested with concentrated sulphuric acid in the presence of potassium sulphate, copper sulphate and sodium selenate under reflux for about eight hours. The sample is then transferred quantitatively to a distillation apparatus the neck of which is immersed in a solution of boric acid. Sodium hydroxide is added to the digestion products and steam passed through the mixture so that ammonia distills over into the boric acid solution. The absorbed ammonia is then determined by titration with standard hydrochloric acid.

NOTE This method measures total nitrogen. Most proteins have a nitrogen content of about 16 percent, thus to convert the nitrogen value into a weight of protein it is multiplied by 6.25.

méthode de Kjeldahl

Procédé de dosage de l'azote dans les matières organiques. Il consiste à hydrolyser celles-ci par l'acide sulfurique tiède en présence de sels de mercure; l'azote, transformé en sulfate d'ammonium, est dosé en libérant l'ammoniac au moyen d'une solution de soude.

K_m
Michaelis constant

A kinetic parameter used to characterize an enzyme, defined as the concentration of substrate which permits half-maximal rate of reaction. This constant of a substrate is, therefore, a measure of the affinity of the enzyme for that substrate: the lower the constant, the higher the affinity. The constant possesses the unit

K_m
constante de Michaelis
constante de Michaelis-Menten

Constante de cinétique enzymatique représentant la concentration de substrat pour laquelle la vitesse d'activité enzymatique est la moitié de la vitesse maximale. Elle s'exprime en mole/litre et définit bien l'affinité de l'enzyme pour son substrat. Elle varie avec chaque enzyme et suivant les conditions

K_m (cont'd)

gram molecule per liter (M) and it is independent of enzyme concentration.

NOTE The Michaelis constant determined for immobilized enzymes is necessarily only an apparent constant (K'_m) and should be distinguished clearly from the constant normally determined with the soluble enzyme.

expérimentales (pH, nature du substrat).

NOTA La constante de Michaelis d'une enzyme est d'autant plus basse que l'enzyme est plus active, puisqu'elle exprime approximativement l'inverse de l'affinité du substrat pour l'enzyme.

L

label

Element, isotope or chemical compound that is attached to a biological molecule, organelle, subcellular fragment or cell in order to follow the latter's metabolism or fate.

marqueur

Atome (ou molécule) reconnaissable à une propriété physique particulière (radioactivité, fluorescence, masse) qui permet de l'identifier au sein d'une substance où il se trouve en très faible quantité. On peut ainsi étudier la distribution spatiale et temporelle des atomes ou molécules dont le comportement chimique est le même que celui du marqueur.

lactic heterofermentation

Type of fermentation occurring in some micro-organisms, the end products being lactic acid, ethanol and carbon dioxide. The metabolic pathway may be referred to as the phosphoketolase pathway. Initially carbon dioxide is produced during conversion of glucose-6-phosphate to xylulose-5-phosphate. Xylulose-5-phosphate then is

fermentation hétérolactique

Fermentation par des bactéries qui dégradent les hexoses avec formation quasi stoechiométrique d'une molécule de gaz carbonique, d'une molécule d'éthanol et d'une molécule d'acide lactique. Les sucres à cinq atomes de carbone (pentoses) peuvent parfois être fermentés et donnent alors une molécule d'éthanol et une molécule d'acide lactique. Outre

lactic heterofermentation (cont'd)

cleaved to glyceraldehyde-3-phosphate, which is converted to lactate and acetyl phosphate. Finally ethanol is formed via acetaldehyde.

ces produits, qui représentent plus de 80 p. 100 des sucres utilisés, on obtient également de l'acide acétique et du glycérol.

lactic homofermentation

Type of fermentation that produces lactic acid as the end product through metabolism of glucose via glycolysis with the reduction of pyruvate to lactate.

fermentation homolactique

Fermentation du glucose dans laquelle il est dégradé en acide lactique qui constitue le seul produit final. Ce type de dégradation du glucose a lieu aussi bien chez de nombreux micro-organismes que dans les cellules des animaux supérieurs, en particulier de mammifères.

NOTA La fermentation homolactique est effectuée par tous les membres des genres bactériens *Streptococcus*, *Pediococcus* et *Microbacterium*, par beaucoup de *Lactobacillus*, par certains *Bacillus* et certaines moisissures (Phycomycètes).

lactobiose
SEE **lactose**

lactoflavin
SEE **riboflavin**

lactose
lactobiose
milk sugar
α-glucose-β-galactoside
4-O-β-D-galactopyranosyl-D-glucopyranose
O-β-D-galactopyranosyl-[1->4]-β-D-glucopyranoside

Crystalline soluble disaccharide which occurs in the milk of all animals, and is manufactured from whey in cheese-making. It is less soluble and less sweet than sucrose, and is non-fermentable by

lactose
β-D-galactosido-(1-4)-D-glucose
sucre de lait
lactine
lactobiose

Diholoside réducteur contenu dans le lait, composé de glucose et de galactose. Il est hydrolysé par la lactase intestinale ou les β-galactosidases végétales et bactériennes.

lactose (cont'd)

ordinary yeasts, but in the lactic fermentation of milk is converted into lactic acid. It is hydrolysed by lactase into glucose and galactose.

lag period

Diffusional effects often give rise to extended lag periods before a steady state is set up, because the substrate molecules must diffuse through bulk solvent, then through the film of badly mixed solvent around the support particle, the pores in the support, and then into the cell in the case of immobilized cells, before reaction can take place. Then the same extended diffusion pathway must be negotiated by product molecules in reverse before they can be detected and monitored in the bulk solvent.

NOTE Do not confuse with "lag phase".

temps de relaxation
temps de latence

Durant la phase pré-stationnaire, les premières combinaisons enzyme-substrat prennent naissance et conduisent à la libération des premières molécules de produit. La vitesse de catalyse croît donc progressivement pendant cette courte phase, pour atteindre la cinétique d'ordre nul qui définit le début de la phase stationnaire. Ce temps de latence, ou temps de relaxation T, est caractéristique de la phase pré-stationnaire.

NOTA Ne pas confondre avec la «phase de latence» de la courbe de croissance bactérienne.

lag phase

The initial part of the characteristic growth curve found in most living systems. In microbial cultures, inoculation of a new medium may not result in immediate growth. Cell numbers remain stationary or increase only slowly while the cells become acclimatized to the new conditions of growth.

phase de latence

Période qui correspond au temps nécessaire aux bactéries provenant d'un milieu, dont elles ont épuisé les substrats, pour initier les réactions enzymatiques permettant d'assimiler les constituants du milieu neuf. Cette phase n'existe pas dans les cultures en milieux renouvelés, comme par exemple en chemostat.

NOTA Certains ouvrages français utilisent le terme anglais *lag phase* ou *lagphase*.

large-scale

Descriptive of a process carried out using the amounts of material (i.e. kilograms or tonnes) that are similar to those required for commercial production of the product.

NOTE "Large-scale" may be regarded as a relative term which varies according to operation size, difficulty of manipulation, cost or market size. For instance it is difficult to compare the bacterial protease industry, which produces around 500 tons of pure enzyme protein per year, with the market size of a specific restriction enzyme, which can be satisfied annually commencing with only several kilos of bacterial cell paste. However, it is clear that neither of these operations can be accommodated successfully in the laboratory. Thus, the term large-scale is used to refer to operations carried out in pilot plant or production facilities, that is referring to more than 1 Kg of cell paste or 20 litres of supernatant.

à grande échelle

En grandes proportions, largement.

NOTA Terme employé lorsqu'un procédé utilise des quantités de matériel et une infrastructure technique susceptible d'accomplir une production d'envergure commerciale.

lattice

A network or framework, as of fibers, filaments or macromolecular chains.

NOTE This term is also used in crystallography where it designates a spatial organisation which is specific for each type of crystal.

réseau

Structure macromoléculaire tridimensionnelle dans laquelle les chaînes sont reliées entre elles par des liaisons le plus souvent covalentes.

NOTA Ce terme est aussi employé en cristallographie afin de désigner une propriété inhérente aux cristaux. À chaque espèce cristalline correspond un réseau dont la forme et la taille sont bien déterminées.

lattice entrapment

Enzyme immobilization method which involves the formation of a highly crosslinked network of a polymer in the presence of an enzyme. Enzyme molecules are physically entrapped within the polymer lattice and cannot permeate out of the gel matrix, but appropriately sized substrate and product molecules can transfer across and within this network to insure a continuous transformation.

inclusion dans une matrice
inclusion dans les mailles d'un gel

Une des techniques d'immobilisation par inclusion dans laquelle l'enzyme est solubilisée ou dispersée dans une solution d'un monomère qui est ensuite polymérisé en présence d'un agent de réticulation et d'un colloïde protecteur, albumine, agarose ou dextrane.

NOTA Le terme «entrappement» est quelquefois utilisé dans les ouvrages français. Emploi à déconseiller.

leakage

Within enzyme reactors, the elution of enzyme from the support with time. Even covalently coupled enzymes can be eluted by bond scission. Comparison of inorganic carriers with several organic supports including resins, celluloses and cross-linked polymers, showed that, in all cases, some enzyme "leakage" occurred. The extent of the leakage varies (as one would expect) depending on the support and the operating conditions.

perte de charge

Perte, par libération dans le milieu, des enzymes immobilisées dans un réacteur.

lectin

Protein or glycoprotein obtained particularly from the seeds of leguminous plants, but also from many other plant and animal sources, which has binding sites for specific mono- or oligosaccharides. Named originally for the ability of some to selectively agglutinate human red blood cells of particular blood groups.

lectine

Protéine ou glycoprotéine capable d'interagir spécifiquement avec des saccharides pour former des liaisons non covalentes et de provoquer l'agglutination des cellules animales. Pour un certain nombre d'auteurs, cette notion n'est plus basée sur le pouvoir agglutinant, mais seulement sur la reconnaissance spécifique par la protéine d'un motif saccharidique porté par la membrane d'une cellule sanguine.

lectin (cont'd)

NOTE Lectins such as concanavalin A and wheat germ agglutinin are widely used as analytical and preparative agents in the study of glycoproteins.

NOTA Ces substances ont été successivement baptisées agglutinines, hémagglutinines, phytohémagglutinines, (PHA) et finalement lectines, du verbe latin legere = choisir, lorsqu'il fut découvert qu'elles avaient la capacité de distinguer les divers groupes sanguins humains.

leucine
α-aminoisocaproic acid
2-amino-4-methylpentanoic acid

One of the twenty common amino acids found in proteins and an essential amino acid for man.

NOTE Leu and L are abbreviations used to denote the amino acid leucine in protein sequences and elsewhere.

leucine
acide α-amino isocaproïque
acide α-amino-isocaproïque
acide 2-amino-4-méthyl-valérique

Acide aminé, constituant des protéines, indispensable au métabolisme de l'organisme humain. Il se trouve en abondance dans tous les animaux et les végétaux. C'est l'homologue supérieur de la valine.

NOTA Leu et L sont des abréviations de leucine.

ligand

Any molecule which binds to another; in normal usage a soluble molecule such as a hormone or neurotransmitter which binds to a receptor, or a substrate or effector which binds to an enzyme.

NOTE The decision as to which is the ligand and which the receptor is often a little arbitrary when the broader sense of receptor is used (where there is no implication of transduction of signal). In these cases it is probably a good rule to consider the ligand to be the smaller of the two – thus in a lectin-sugar interaction, the sugar would be the ligand (even though it is attached to a much larger molecule, recognition is of the saccharide).

ligand

Toute molécule liée par des liaisons non covalentes à une autre molécule considérée, comme par exemple un substrat ou un effecteur allostérique pour un enzyme, ou bien la molécule d'oxygène pour l'hémoglobine.

ligand immobilization

Among the reactions which have been carried out using polysaccharides as carriers for ligand immobilization there is the immobilization based on the azo binding of a ligand having a phenol group or imidazole group with a water-insoluble diazonium compound. The immobilization method based on binding between CNBr-activated polysaccharides and a ligand containing an amino group under mild conditions, immobilization based on the alkylation of ligands having amino, phenol, and imidazole groups and that of ligands having a carboxyl or amino group by using a condensing reagent such as a water-soluble carbodiimide.

NOTE Whatever the support and procedures used for the immobilization of the ligand, it is important to know the optimum quantity of ligand to be immobilized. Indeed the quantity of the ligand fixed on the solid phase plays an important role in enzyme immunoassays.

immobilisation de ligand

Méthode qui permet d'immobiliser un ligand sur un support solide, qui peut ensuite servir de matrice d'affinité pour capter des enzymes.

ligase

Major class of enzymes which catalyse the linking together of two molecules, eg. DNA ligase which links two fragments of DNA by forming a phosphodiester bond.

NOTE They are also known as synthetases.

ligase
synthétase

Classe d'enzymes qui catalysent la condensation de deux molécules organiques.

lignin

Complex polymer of phenylpropanoid subunits, laid down in the walls of plant cells

lignine

Macromolécule réticulée complexe qui résulte de l'association de différents monomères de type

lignin (cont'd)

such as xylem vessels and sclerenchyma. Imparts considerable strength to the wall, and also protects it against degradation by micro-organisms. It is also laid down as a defense reaction against pathogenic attack, as part of the hypersensitive response of plants.

NOTE It is second only to cellulose as the most abundant organic material on Earth.

phénylpropane, par exemple l'alcool coniférylique, un constituant fondamental du bois.

lignocellulose

The complex mixture of lignin, cellulose and hemicellulose that occurs in wood and woody parts of herbs and trees.

NOTE Most intractable wastes are lignocellulose.

lignocellulose

Ensemble des trois constituants des parois des cellules végétales : la cellulose, les hémicelluloses et les lignines.

lignocellulose processing

Technique, or combination of techniques, used to upgrade the value of lignocellulose by breaking it down to simpler molecules of value. Biological processing involves either direct methods (composting and anaerobic digestion) or more complex processes to generate sugar or alcohol streams.

conversion des composés lignocellulosiques

Procédé par lequel on dégrade la lignocellulose en molécules commercialement utiles : la biomasse lignocellulosique subit d'abord un prétraitement physicochimique destiné à améliorer sa susceptibilité à l'hydrolyse enzymatique. L'hydrolyse enzymatique met en action les enzymes sur le substrat prétraité; après séparation du résidu non hydrolysé, les sucres produits sont transformés en solvants par la fermentation acétonobutylique; ces solvants sont ensuite distillés pour donner un mélange renfermant approximativement deux tiers de butanol, un tiers d'acétone et des traces d'éthanol.

Lineweaver-Burk equation

A form of the Michaelis-Menten equation in which reciprocals of both sides are equated to give the linear form, $1/V = (K_m/V_{max})(1/[S]) + 1/V_{max}$, where V is the reaction velocity, V_{max} is the maximum velocity, [S] is the substrate concentration, and K_m is the Michaelis-Menten constant. A plot of 1/V (the Y coordinate) as a function of 1/[S] (the X coordinate) is a straight line from which V_{max}, the maximal velocity, can be determined from the y-intercept ($=1/V_{max}$) and K_m which measures the enzyme-substrate affinity, can be determined from the x-intercept ($=-1/K_m$).

équation de Lineweaver et Burk
relation de Lineweaver-Burk

Transformation algébrique de l'équation de Michaelis-Menten : $1/V = 1/V_{max} + (K_m/V_{max})1/S$. C'est l'équation d'une droite interceptant l'axe des Y à $1/V_{max}$ et de pente $-K_m/V_{max}$. Ceci permet une détermination graphique de K_m.

Lineweaver-Burk plot
double-reciprocal plot

A plot of 1/v against 1/S for an enzyme-catalysed reaction, where v is the initial rate and S the substrate concentration. From the equation: $1/v = 1/V_{max}(1 + K_m/S)$ the parameters V_{max} and K_m can be determined.

représentation de Lineweaver et Burk
représentation en double inverse

Représentation graphique de l'équation de Lineweaver et Burk qui est commode pour déterminer la constante de Michaelis(K_m) et la vitesse maximum de réaction pour une concentration d'enzyme donnée.

linked enzyme assay

Diagnostic procedure in which two or more enzymes are used to catalyze a series of reactions enabling identification and/or quantification of a specific substrate (or levels of a specific enzyme) and the visualization of the result. A common technique is to link one enzyme assay with a second enzyme reaction which results in either the oxidation or

dosage enzymatique couplé
essai enzymatique couplé

Technique qui permet d'effectuer un dosage spectrophotométrique d'une enzyme qui ne produit pas de substances absorbant la lumière, en effectuant d'autres réactions enzymatiques à partir du produit formé.

linked enzyme assay (cont'd)

reduction of NAD or NADP. The rate or oxidation or reduction of the coenzyme is then followed by measuring the change in absorbance at 340 nm.

lipase

Enzyme that catalyzes the hydrolysis of fats to glycerol and fatty acids. It is more correctly described as a nonspecific acyl hydrolase that catalyzes the hydrolysis of ester bonds in monoglycerides, glycerophospholipids, diglycerides and monogalactosyl diglyceride.

NOTE Commercial enzymes are produced from Candida cylindracea.

lipase

Enzyme qui catalyse l'hydrolyse des lipides, c'est-à-dire des matières grasses. On la rencontre dans le suc pancréatique, dans le suc intestinal, dans le sang et dans les extraits des principaux viscères.

NOTA Ferment lipolytique et glycéridase sont des termes désuets à éviter.

lipoprotein

Protein that is conjugated with a polar lipid.

lipoprotéine
lipidoprotéine
complexe lipoprotéique

Hétéroprotéines dans lesquelles une fraction lipidique est associée à la fraction protéinique. Elles sont présentes dans les mitochondries cellulaires, dans les membranes endoplasmiques, dans certains virus animaux. Dans le sérum sanguin elles représentent les formes physiologiques de transport des lipides (HDL, LDL, VLDL).

NOTA Cénapse : terme désuet à éviter.

liposome

Artificial membrane vesicle consisting of a spherical phospholipid bilayer formed by the homogenization (emulsification) of phospholipids in dilute salt solutions. Most are uniform-sized

liposome

Vésicule artificielle constituée par une membrane multicouche de phospholipides. On peut enfermer à l'intérieur diverses substances, qui seront véhiculées (via endocytose ou fusion

liposome (cont'd)

spheres of lipid multilayers that can be isolated from the suspending solution as a clear, separate phase.

membranaire) par ceux-ci dans les cellules. Applications : vecteurs de transfection ou de libération contrôlée.

liquefaction

Series of biological and/or physicochemical processes that results in the conversion of a substance into a liquid form.

NOTE Examples of liquefaction using biocatalysts include the hydrolysis of cellulose or starch to form glucose solutions.

liquéfaction

Passage direct d'un corps à l'état liquide, soit à partir de l'état gazeux, soit à partir de l'état solide, soit à partir d'une suspension colloïdale (amidon).

liquid chromatography

Separation technique in which a mixture of compounds in solution is passed through a column packed with a solid matrix. The sample is loaded onto the column, and the various components are eluted sequentially in the effluent from the column. Such systems may be used with packing materials for gel filtration, affinity chromatography, absorption chromatography, ionic-exchange chromatography.

NOTE Fully automated systems are available as high pressure liquid chromatographs.

chromatographie en phase liquide
chromatographie liquide

Méthode physique dans laquelle les composants à séparer sont répartis en deux phases : une «phase stationnaire», constituée d'un lit de matériaux au travers duquel s'infiltre une «phase mobile». On distingue différents modes suivant la nature de la phase stationnaire et le processus de séparation.

NOTA CPL est une abréviation de chromatographie en phase liquide.

liquid drying method

A microencapsulation process similar to the liquid surfactant membrane has been developed which gives a permanent membrane (Kitajema et al. 1969). This so-called liquid drying method is carried out by emulsifying an aqueous solution

méthode d'encapsulation par assèchement

Méthode d'encapsulation d'enzyme où l'enzyme en solution aqueuse est émulsifiée dans un solvant organique volatil contenant les précurseurs de la membrane d'encapsulation. Cette émulsion est ensuite dispersée dans un milieu aqueux et la phase

liquid drying method (cont'd)

of the enzyme in an organic solvent which has a boiling point lower than that of water (usually benzene, cyclohexane, or chloroform). The organic solvent also contains the membrane-forming polymer and surfactants. The emulsion is then dispersed in an aqueous medium, which contains protective colloidal substances (gelatin, polyvinylchloride) and surfactants, to give a second emulsion. Removal of the organic solvent by, for example, rotary evaporation from the second emulsion results in the formation of the microencapsulated enzymes.

NOTE The major advantage of this procedure is that no deactivation of the enzyme can occur as a result of monomer interactions due to the preformed polymer being used. Disadvantages of the procedure include the low yields of the microcapsules produced, due to problems of preparing the second emulsion, and the time required to completely remove the organic solvent which is essential for membrane production.

organique est évaporée jusqu'à ce que l'enzyme soit emprisonnée dans la membrane d'encapsulation.

liquid-liquid chromatography
SEE **partition chromatography**

liquid membrane method
SEE **liquid-surfactant membrane method**

liquid shear

On forcing a cell suspension at high pressure through a narrow orifice, the rapid pressure drop provides a very powerful means of disrupting the cells. In practice it is simple to design equipment to subject the cell suspension to shear forces before releasing the pressure. By changing the pressure applied, cells may be disrupted completely or only sufficiently to release periplasmic enzymes. Experimentors have used a liquid shear system for the disruption of chloroplasts. The suspension was passed through a needle valve at pressures up to 20,000 p.s.i. and a flow rate of 10 ml/min. Under these conditions, rupture of *E. coli* was indicated by an increase in glutamic acid decarboxylase activity.

NOTE In practical terms liquid shear is associated with the generation of heat. As a result subsequent increases in the temperature of the suspension of up to 40°C may be encountered. Cell suspensions must, therefore, be introduced into the apparatus at 0-4°C to minimize loss of enzyme activity. If recycling is used then cooling before re-entry is essential. Equally, with this type of equipment the best results are obtained by using a homogeneous cell suspension. Irregular particle sizes owing to filamentous or pelleted growth modes reduce the efficiency of cell breakage.

bombe à azote

Appareil permettant de provoquer la lyse des cellules ou des organites cellulaires. Les cellules sont placées dans un liquide sous pression d'azote pendant un temps suffisant pour équilibrer les pressions extra- et intracellulaires, puis le liquide est décompressé en passant par une valve étroite, ce qui provoque la rupture des cellules.

liquid-surfactant membrane method
liquid membrane method

Procedure, based on the liquid surfactant membrane concept, for providing immobilized enzymes within a nonpermanent microcapsule. Enzyme immobilization is brought about by emulsifying an aqueous enzyme solution with a surfactant to form the liquid membrane encapsulated enzymes.

NOTE The major advantages of this procedure are the nonchemical nature of the method and its reversibility of immobilization. However, the possibility of loss of enzyme by diffusion, and the same diffusion phenomenon controlling passage of substrates and products through the liquid membrane via a solubility mechanism rather than size exclusion mechanism, can be a disadvantage.

méthode des liposomes
méthode des membranes liquides

Méthode d'immobilisation d'enzymes par microencapsulation qui consiste à soumettre des agrégats de phospholipides dispersés dans la solution enzymatique à la sonication : on obtient des sphérules constituées d'une double couche lipidique emprisonnant des gouttelettes d'enzyme en solution aqueuse. À l'inverse des autres techniques, la pénétration du substrat ne dépend pas alors de la taille des pores de la membrane mais de sa solubilité dans les constituants lipidiques.

liquid-surfactant membrane microcapsule
nonpermanent microcapsule

Enzymes can be immobilized within microcapsules that have either a permanent or nonpermanent semipermeable membrane. Nonpermanent membranes or "liquid-surfactant membranes" refer to a water-immiscible phase composed of surfactants, "additives", and a hydrocarbon solvent that contains emulsion-size aqueous droplets of various reagents or catalysts. The general procedure for immobilizing enzymes with liquid-surfactant membrane microcapsules is similar to that used for microencapsulation with

microcapsule à membrane liquide

Les microcapsules à membrane liquide présentent l'intérêt de pouvoir être très facilement préparées et de permettre la récupération du matériau enzymatique par simple rupture. Ainsi lorsque l'on soumet à des ultrasons des agrégats obtenus par dispersion de phospholipides dans l'eau, on donne naissance à des sphères closes limitées par une double couche lipidique, les liposomes, emprisonnant des gouttelettes d'enzymes en solution aqueuse.

liquid-surfactant membrane microcapsule (cont'd)

permanent membranes. The aqueous enzyme-containing solution is emulsified with a surfactant to form the liquid membrane encapsulated enzyme. Once prepared, the microcapsules are transferred to an aqueous solution to which then the substrate can be added.

NOTA À l'inverse des autres techniques, la pénétration du substrat ne dépend pas alors de la taille des pores de la membrane mais de sa solubilité dans les constituants lipidiques.

loading

Introduction of a feedstock into a reactor or a sample for analysis into an analytical instrument, or onto a gel or similar support material in a chromatographic or electrophoretic technique.

chargement

Opération consistant à introduire une certaine quantité de matière organique dans un réacteur, ou l'ajout d'un échantillon à analyser dans un instrument analytique, sur le support solide d'une technique chromatographique ou électrophorétique.

lock-and-key relationship
lock-and-key model

Model, explaining the great specificity of enzymes for their substrates, in which the enzyme has an active site complementary to the shape of the substrate. If the substrate has a different shape, it will not bind.

modèle clef-serrure
relation de clé à serrure

Modèle de complémentarité structurale évoqué par E. Fischer qui implique une structure rigide de l'enzyme, s'adaptant rigoureusement à son substrat. Cependant, les variations d'entropie, relativement élevées, observées lors de la formation du complexe enzyme-substrat, ont conduit à admettre que ce processus est accompagné de changements de conformation des molécules.

log phase growth
SEE **exponential phase of growth**

Lohmann's enzyme
SEE **creatine kinase**

loop fermenter

Bioreactor in which the culture medium is continuously recycled through two chambers, or through a side arm attached to a single vessel, as an aid to mixing and mass transfer.

bioréacteur à boucle

Bioréacteur à agitation pneumatique (air-lift) avec circulation. On distingue deux types de bioréacteurs air-lift avec circulation selon qu'elle a lieu à l'intérieur ou à l'extérieur de la cuve.

Lowry method

The most widely used chemical method of protein analysis. A sample containing up to 500 µg of protein is dissolved in a solution of sodium carbonate, copper sulphate, sodium hydroxide and sodium potassium tartrate, followed by addition of the phenol reagent.

méthode de Lowry

Méthode de dosage colorimétrique utilisant la coloration bleue obtenue par action du réactif des phénols de Folin-Ciocalteu et d'un réactif cuivrique alcalin sur la tyrosine. Cette méthode permet un dosage très sensible des protéines (dosage des groupements tyrosyl des protéines).

luciferin

4,5-Dihydro-2-(6-hydroxy-2-benzothiazolyl)-4-thiazolecarboxylic acid

Substrate for the light-emitting reaction responsible for the luminescent properties of many organisms. It forms a complex (luciferyl adenylate) with ATP which is then bound by the enzyme luciferase.

luciférine

Substance présente chez certaines espèces vivantes (dont la luciole et le ver luisant) et que l'oxydation rend luminescente.

lyase

Enzyme that catalyzes the addition of groups to double bonds or the formation of double bonds.

NOTE Lyases are one of the main groups (EC 4) used in enzyme classification:

4.1 C-C lyases
4.2 C-O lyases
4.3 C-N lyases
4.4 C-S lyases
4.5 C-halide lyases
4.6 P-O lyases
4.99 other lyases

lyase

Enzyme qui catalyse l'enlèvement des groupements chimiques à des substrats en y introduisant des doubles liaisons ou inversement, l'addition des groupes au niveau de double liaison.

NOTA Les lyases constituent la quatrième classe des enzymes selon la classification de la Commission internationale. Les lyases sont un groupe assez hétérogène et sont divisées en sept sous-classes : les carbone-carbone-lyases (4.1); les carbone-oxygène-lyases (4.2); les

lyase (cont'd)

carbone-azote-lyases (4.3); les carbone-soufre-lyases (4.4); les carbone-halogène-lyases (4.5); les phosphore-oxygène lyases (4.6) et les autres lyases (4.99).

lyoenzyme
SEE **exoenzyme**

lyophilization
freeze-drying

The process of isolating a solid substance from solution by freezing the solution and evaporating the ice under vacuum.

lyophilisation

Opération permettant d'isoler à l'état sec une substance primitivement dissoute dans l'eau ou imbibée d'eau, en lui conservant ses propriétés initiales d'affinité pour l'eau. Elle consiste essentiellement à congeler la solution ou la substance imbibée d'eau, puis à éliminer complètement l'eau par sublimation sous vide poussé.

lyophilized culture

Preparation of micro-organisms produced by freeze drying. The desiccated cultures are sealed under vacuum in glass ampoules and stored at about 4°C. The tube may subsequently be opened and the organisms recultured.

culture lyophylisée*
souche lyophilisée

Dans la préparation de l'inoculum, la capacité de production de la souche doit être préservée et tout risque de contamination doit être éliminé. Pour cela, il faut éviter un trop grand nombre de cultures successives. Il est préférable d'ensemencer un flacon de milieu gélosé directement à partir de la souche lyophilisée puis, à partir de cette culture, d'ensemencer un seul fermenteur qui servira lui-même d'inoculum pour le fermenteur industriel.

NOTA* Terme proposé par l'auteur.

lysine
2,6-diamino-hexanoic acid
α-ɛ-diaminocaproic acid

One of the twenty common amino acids found in protein and an essential amino acid for man. It has important structural and chemical roles in proteins.

NOTE Lys and K are abbreviations used to denote the amino acid lysine in protein sequences and elsewhere.

lysine
acide 2,6-diamino-hexanoïque
acide α,ɛ-diaminocaproïque

Acide aminé basique, très répandu, indispensable, abondant dans les histones. C'est le facteur limitant des protéines des céréales; la zéine du maïs en est par exemple totalement dépourvue.

NOTA Lys et K sont des abréviations de lysine.

lysine class enzyme*
lysine class

Enzyme functioning via a covalent enzyme-substrate intermediate thanks to a lysine residue of the enzyme's active site. An intermediate Schiff's base is formed between the ɛ-amino group of a lysine residue of the enzyme and a carbonyl group of the substrate.

NOTE* From the author.

enzyme de la classe lysine*
classe de la lysine

Enzyme fonctionnant par un intermédiaire covalent enzyme-substrat grâce à une lysine dans le site actif de l'enzyme. Une base de Schiff intermédiaire se forme entre le groupement ɛ-aminé d'un résidu lysine de l'enzyme et un groupement carbonyle du substrat.

NOTA* Terme proposé par l'auteur.

lysine production

Production of lysine by fermentation, generally using molasses as substrate. Some methods use a double fermentation in which diaminopimelate is produced by a strain of *E. coli* and is then decarboxylated by Aerobacter aerogenes.

NOTE Direct production of lysine is possible using *Corynebacterium glutamicum* or *Brevibacterium flavum*.

production de lysine

Production par fermentation de la L-lysine. Il est curieux de constater que certaines mutations pour des auxotrophies semblent favorables à la production de lysine bien que les voies de synthèse touchées par ces mutations n'aient aucun rapport avec la bio-synthèse de la lysine : adénine, uracile, tryptophane, etc.

NOTA Il semble qu'il soit intéressant, en fermentation continue, d'utiliser des souches à auxotrophies multiples. Ces souches produisent plus de L-lysine que les mutants qui n'auraient perdu que les réactions précitées. Elles semblent plus

lysine production (cont'd)

stables en fermentation continue et la sélection de mutants réverses ne se produit pas.

lysis

Destruction of a cell by rupture of its plasma membrane.

lyse

Éclatement et libération du contenu d'une cellule par voie biologique, chimique ou physique (choc osmotique, sonication, broyage, virus lytique).

lysozyme

Enzyme that catalyzes the hydrolysis of a β-(1,4)-glycosidic bond between the N-acetylmuramic acid and N-acetylglucosamine residues of the mucopeptide found in the cell walls of many bacteria. This action weakens the covalent structure of the wall and reduces its resistance to osmotic swelling, as a result of which the cells burst.

NOTE Also called muramidase or mucopeptide glycohydrolase.

lysozyme
muramidase

Enzyme capable de détruire la paroi cellulaire de nombreuses bactéries (action bactériolytique). Elle catalyse l'hydrolyse des mucopolysaccharides entrant dans la structure de cette paroi. C'est une protéine globulaire basique contenant 129 acides aminés, qui existe dans le blanc d'oeuf, les larmes, la salive, et dans de nombreuses sécrétions.

M

macrobead

Large particle used as the stationary phase in affinity chromatography where large molecules or whole cells are being separated.

lit macroscopique
macrosphérule

Support solide utilisé pour la chromatographie d'affinité de molécules de haut poids moléculaire, ou de cellules entières.

macrolide

A large ring molecule with many functional groups bonded to it.

NOTE The term is applied to the antibiotic erythromycin, which is the most widely used of the macrolide group of antibiotics, characterized by a large lactone ring linked with novel amino sugars. Erythromycin inhibits protein synthesis and is active against gram-positive organisms.

macrolide

Structure lactonique macrocyclique pouvant comporter plusieurs substituants sur leur cycle : érythromycine, oléandomycine, spiramycine, carbomycine, etc.

NOTA Les macrolides non polyéniques comme les érythromycines, l'oléandomycine ou la tylosine sont produits par des Streptomyces et sont des inhibiteurs de la synthèse des protéines. Ils sont actifs sur les bactéries Gram positives. Leur cycle lactone est uni par des liaisons glycosidiques à des sucres aminés ou non.

macromolecule

Any very large molecule having a polymeric chain structure, such as proteins, polysaccharides, and other natural and synthetic polymers. These range in molecular weight from about 10^5 for a typical protein to about 10^{11} for the DNA in a human chromosome.

macromolécule

Molécule, comme les protéines ou les acides nucléiques, dont la masse moléculaire excède le kilodalton.

magnetic immunoassay

Analytical technique in which an antibody is immobilized on a magnetic microcarrier. This is added to a sample, allowed to react with an antigen and recovered by applying a magnetic force to the bottom of the tube containing the sample, rather than using centrifugation.

immuno-essai par magnétisme*

Immuno-essai en phase hétérogène où la séparation se fait par la technique dite du double anticorps : l'addition au milieu d'une antiglobuline dirigée contre les anticorps spécifiques produit un précipité après centrifugation, la fraction non liée restant dans le surnageant. Cette antiglobuline est fixée sur un support magnétique rendant la séparation beaucoup plus aisée, simplement par l'application d'un aimant.

NOTA* Terme proposé par l'auteur.

magnetic membrane technique

Technique used to prepare an enzyme electrode which uses a magnetic enzyme-containing membrane. Decarboxylases (enzymes which release carbon dioxide from carboxylic acids) specific for the amino acids tyrosine, phenylalanine, and lysine are used to make enzyme electrodes specific for each of these amino acids. A decarboxylase is cross-linked with an inert protein such as albumin, and magnetic ferrite particles are entrapped within the membrane structure. Glutaraldehyde is used to cross-link the proteins.

NOTE Mechanical properties of the membrane are similar to those of cellophane and the enzymic activity is stable for weeks. The presence of the magnetic particles makes it possible to attach the enzyme containing membrane to a CO_2-sensitive electrode bearing a cylinder magnet. The decarboxylase membrane is situated on the outer surface of the gas-permeable membrane. The same technique was used to prepare the first enzyme electrode using two different enzymes which react in a coupled sequence, with the second reaction providing a detectable species.

membrane enzymatique magnétisable

Technique qui permet d'attacher par magnétisme une enzyme immobilisée sur une électrode. Le système est utilisé pour doser les acides aminés tyrosine, phénylalanine et lysine à l'aide de décarboxylases spécifiques et d'une électrode à CO_2. La décarboxylase est immobilisée avec des particules de ferrite dans une matrice de protéines reticulées glutaraldéhyde. La membrane obtenue est collée à l'électrode à l'aide d'un ciment.

magnetic microcarrier

Type of microbead that has magnetic properties and can be used in magnetic immunoassay.

microsphérule magnétisée

Type de support en sphérule dont les propriétés électromagnétiques peuvent être exploitées dans les essais immunologiques.

magnetic support

A support material possessing magnetic properties. Magnetic support matrices and immobilized enzyme systems offer several advantages when compared to nonmagnetic systems. For example, separation of such materials from other nonmagnetic solids by use of a magnetic field can permit separations otherwise difficult or impossible to perform. Such a situation is represented by the case where two enzymes, with different deactivation times, are used concurrently on a substrate, with one immobilized enzyme system magnetic and the other nonmagnetic. In this case, after one enzyme is exhausted, the other may be readily recovered and reused by magnetic separation of the two immobilized enzyme systems, which will be recognized as offering great benefits in economy.

support magnétique

Support dont les propriétés magnétiques sont mises à profit pour la rétention ou pour la mise en mouvement dans un réacteur, de dérivés enzymatiques insolubles. On peut d'ailleurs le séparer facilement du milieu réactionnel en plaçant le réacteur dans le champ d'un aimant.

malate dehydrogenase
malic dehydrogenase

Enzyme that catalyzes the reversible reduction of oxaloacetic acid to malic acid in a reaction linked to the oxidation-reduction of NAD.

malate déshydrogénase
malicodéshydrogénase
L-malico-déshydrogénase

Enzyme catalysant la réaction de déshydrogénation du L-malate en oxaloacétate. Sa coenzyme est le NAD.

malic acid fermentation

Metabolic process that results in the degradation of malic acid to ethanol.

NOTE There are two possible pathways based on malic enzyme or malate dehydrogenase. In the former, malic acid is decarboxylated to pyruvic acid, and then to acetaldehyde and

fermentation malique

Processus métabolique de dégradation de l'acide malique en alcool éthylique.

malic acid fermentation (cont'd)

ethanol. In the latter, the malic acid is oxidized to oxaloacetic acid, decarboxylated to pyruvate and then metabolized to ethanol as above. These pathways are characteristic of yeasts such as Schizosaccharomyces pombe.

malic dehydrogenase
SEE **malate dehydrogenase**

malic enzyme
NADP-malate dehydrogenase

Enzyme that catalyzes the decarboxylation of malic acid coupled to the reduction of NAD(P).

NOTE Official name : malate dehydrogenase (decarboxylating; NADP).

enzyme malique
décarboxylase malique

Enzyme qui catalyse la carboxylation de l'acide pyruvique en acide malique couplé à l'oxydation du NADPH.

NOTA Nom officiel : malate déshydrogénase (décarboxylante, NADP).

malo-lactic fermentation

Number of different metabolic pathways by which micro-organisms convert malic acid directly to lactic acid plus carbon dioxide.

fermentation malolactique
fermentation lactique de l'acide malique

Transformation de l'acide malique en acide lactique et en CO_2 à l'aide de micro-organismes. Cette transformation biologique est indispensable à la production de certains vins mousseux.

mannan

A major constituent of the hemicellulose of soft (coniferous) woods. Hydrolysis yields mannose, glucose and galactose in the ratio of 3:3:1. It consists of a main chain composed of mannopyranose and glycopyranose residues in the ratio 3:1 linked together by β-(1,4)-glycosidic links. Single galactopyranose

mannane
mannosane

Polyoside présent dans les membranes et le bois de conifères. Elle donne du mannose par hydrolyse. La plus connue est la mannane du corozo, extrait du Phytelephas d'Amérique. Elle résulte de la condensation d'unités de D-mannose par des liaisons osidiques β(1->4) : c'est l'ivoire végétal.

mannan (cont'd)

residues form β-(1,6)-links to some of the mannose residues of the main chain.

manometry

Technique used to measure gas exchange in small pieces of tissue or cell suspensions. The sample is enclosed in a gas-tight vessel, kept at constant temperature, and gas evolution or consumption is determined by measuring the change in volume at constant pressure or the change in pressure at constant volume. Alkaline solutions or pyrogallol may be added to a central well in order to absorb carbon dioxide or oxygen as appropriate.

NOTE Standard devices include the Warburg manometer and the Gilson respirometer.

manométrie
méthode manométrique

Technique employée pour étudier la respiration cellulaire et la fermentation. L'appareil permet l'étude quantitative et l'étude de l'évolution d'un phénomène donnant lieu à un dégagement de gaz (CO_2, O_2, NH_3) ou à l'absorption d'un gaz (O_2, CO_2). La formation de substances acides ou basiques peut également être mesurée (ex. formation d'acide lactique dans une fermentation, au moment choisi on ajoutera au milieu $NaHCO_3$ qui libérera du CO_2 sous l'action de l'acide). La mesure consiste à apprécier le changement de pression du gaz à volume et température constants.

NOTA Le manomètre de Warburg et le respiromètre de Gilson sont des instruments couramment employés en manométrie.

mass spectrometer

Instrument used to determine the structure and identity of complex organic molecules. A mass spectrometer is used to determine the isotopic ratio in a given compound or to monitor the amount of a heavy isotope in an isotopically labelled sample. The sample is bombarded with a stream of high energy electrons, which leads to its fragmentation in a characteristic way for a given compound. The fragments, which are of varying weight and charge,

spectromètre de masse
spectrographe de masse

Appareil qui, sous vide élevé, fait correspondre à chacune des masses des éléments d'un corps (atomes, molécules, fraction ou association de molécules, radicaux), après ionisation, une indication chiffrée renseignant sur la présence et les quantités relatives des éléments constitutifs de ce corps. Le spectromètre de masse permet de déceler et de doser les isotopes d'un même élément. Il présente un intérêt supplémentaire du fait que les molécules complexes,

mass spectrometer (cont'd)

are then passed through a magnetic field where they are separated on the basis of their mass/charge ratios. A profile is obtained using suitable detectors, electronic circuits and computer systems.

lorsqu'elles sont ionisées, se fragmentent selon des modes qui peuvent être analysés avec précision et qui peuvent être employés pour déterminer la structure de molécules inconnues.

mass transfer

Operation in chemical engineering that involves transfer of material from one phase to another, or from one place to another within a single phase. Mass transfer may occur for various purposes, for example, to effect a chemical reaction, to obtain a separation of components, or to obtain uniform distribution of material within a phase.

transfert de masse

Processus qui résulte dans le mouvement de molécules d'un point à un autre. Dans les systèmes biologiques, le transfert peut se faire par diffusion simple ou facilitée, transport actif ou passif. Dans un bioréacteur, un bon transfert permet d'améliorer les rendements.

mass transfer coefficient

Although several methods can be used to estimate the effects of mass transfer to the immobilized enzyme carrier surface from the bulk liquid, the conditions encountered are not typical of those frequently encountered in other applications. Laminar liquid flow with a low-Reynolds number falling outside the range of many mass transfer correlations is normal for immobilized enzyme systems. The rate of mass transfer from the bulk solution to a surface can be written as:

$$v = K_m a_m (S_b - S_s)$$

where K_m is the mass transfer coefficient (with units of cm/s), a_m is the surface area per unit volume (cm^{-1}), S_b is the bulk phase substrate concentration, and S_s is the substrate concentration at the surface. Under steady-state

coefficient de transfert de masse

Une théorie qui ramène le transfert d'oxygène à une diffusion continue entre la bulle et le liquide, à travers un film unique de faible épaisseur, en régime stationnaire. L'application de la loi de FICK à un tel mécanisme de transfert, considéré par ailleurs comme unidirectionnel, conduit à la formule suivante :

$$\frac{dC_L}{dt} = K_L \cdot a\,(C^* - CL)$$

dans laquelle K_L représente le coefficient de transfert de masse (cm/h) et est égal au rapport du coefficient de diffusion de l'oxygène dans l'eau à l'épaisseur du film au travers duquel s'effectue le transfert. C* correspond à la concentration en oxygène dissous en équilibre avec le gaz de la bulle. La même

mass transfer coefficient (cont'd)

conditions, this mass transfer rate must equal the reaction rate at the particle surface or the apparent rate within the particle.

théorie s'applique à la diffusion du substrat entre une phase liquide mobile et une phase solide pour laquelle est fixée une enzyme immobilisée.

matrix
SEE **support**

maximum velocity
SEE $\mathbf{V_{max}}$

mean detention time
mean retention time

The average time that each unit volume of mixed liquor is retained in a bioreactor, fermenter or other vessel.

NOTE The hydraulic mean detention time refers to the liquid portion of the liquor and the solids mean retention time refers to the solid portion. In a fully mixed system, the hydraulic detention time and the solids detention time are the same. Systems in which the biocatalysts or cell biomass are retained within the bioreactor, or in which cells are recycled, have a greater ratio of solids to liquid retention times.

Temps de séjour moyen
$\bar{t}_s$

Temps moyen qu'un volume de réactif séjourne dans un bioréacteur, un fermenteur, etc. Dans un réacteur réel, les molécules séjournent dans le volume réactionnel pendant des temps t_s qui dépendent notamment du profil hydrodynamique et de la géométrie du réacteur. Ces temps peuvent s'écarter notablement du temps de séjour moyen $\bar{t}_s$. De même, dans un milieu hétérogène, les temps de contact entre phases peuvent être variables lors de la traversée du réacteur. Il existe donc une distribution des temps de séjour, ou des temps de contact, et cette dispersion a une influence sur les performances chimiques du réacteur.

melting temperature
T_m

Temperature (T_m) at which the midpoint of the reversible folding ⇋ unfolding transformation or order = disorder transformation.

NOTE This term is also used to designate the midpoint of the temperature range over which the

température de fusion
T° de fusion

Température à laquelle la moitié des molécules ont subi une transformation réversible de type déploiement de chaîne ou dénaturation.

NOTA Ce terme est aussi employé pour désigner le point

melting temperature (cont'd)

strands of a DNA molecule separate.

médian de la variation de température nécessaire pour séparer les deux brins d'une molécule d'ADN.

membrane-bound enzyme

Enzyme that exhibits its catalytic activity in a form bound to cellular particles or membranes.

enzyme membranaire

Enzyme active lorsque liée à la membrane cellulaire ou à la membrane des organites intracellulaires.

membrane filter bioreactor
SEE **enzyme membrane reactor**

membrane polarization
SEE **concentration polarization**

membrane reactor
SEE **enzyme membrane reactor**

Merrifield procedure
Merrifield synthesis

Technique used for the chemical synthesis of polypeptides. The growing chain is linked to a solid support by one of its ends and elongation proceeds toward the other (N-terminal). It involves attaching a protected (t-butoxycarbonyl group) amino acid to a solid polystyrene resin, removal of the amino protecting group, condensation with a second protected amino acid, and so on. The deprotection and coupling steps are repeated until the protein chain is completed. The chain is then cleaved from the support without breaking any of the peptide bonds of the protein using hydrofluoric acid.

méthode de Merrifield
synthèse de Merrifield

Procédé de synthèse de chaînes polypeptidiques dont le principe consiste à attacher les amino-acides dans l'ordre sur une chaîne peptidique en croissance, tout en maintenant celle-ci solidement fixée par une extrémité (C-terminal) à un support solide aisément séparable par filtration. Lorsque la synthèse est achevée, on décroche la chaîne peptidique de son point d'ancrage. Toutes les réactions sont réalisées en phase solide, ce qui permet le «lavage» du peptide à chaque étape, puisqu'il est insoluble.

NOTA La synthèse de Merrifield est un type particulier de synthèse en phase solide dans laquelle des protéines sont synthétisées.

metabolic heat

Energy lost as heat during the growth of an organism. In aerobic biocatalysis and fermentation processes, knowledge of the amount of heat produced is important in bioreactor design since provisions have to be made to remove the heat.

NOTE Heat production may be calculated from an enthalpy balance for a growing culture. However, for aerobic systems the amount of heat released can be derived on the basis of oxygen consumption. In general, 460 kJ of heat are released per mole of oxygen consumed. In fermentation, to produce ethanol, around 70 kJ are produced per mol of glucose converted to biomass or to ethanol.

chaleur métabolique

Dégagement de chaleur observé lors de la croissance d'un micro-organisme dans un bioréacteur.

metabolic pathway

Chain of enzymatic reactions, in a living organism; each link produces a product that serves as a substrate for the next step. A pathway may produce energy (e.g. the citric acid cycle) or some structural product (e.g. fatty acid or glycogen).

voie métabolique

Dans un organisme vivant, chaîne de réactions dont chaque étape est catalysée par une enzyme spécifique, le produit formé dans une étape étant le substrat de l'étape suivante.

metabolic rate

Measure of the rate of chemical reactions in an organism. For instance, in an aerobic organism, it may be expressed as the rate of oxygen consumption.

vitesse de métabolisme
taux métabolique

Mesure de la vitesse des réactions métaboliques dans un organisme. Elle est souvent mesurée grâce à la consommation d'oxygène.

metabolism

The overall biochemical reactions that take place in a living organism. It includes the building of more complex molecules (anabolism) and the breakdown of molecules to provide energy (catabolism).

métabolisme

Ensemble des modifications chimiques qui ont lieu dans l'organisme. Le terme d'anabolisme est réservé aux opérations de construction et de synthèse, et celui de catabolisme aux phénomènes de dégradation.

metabolite

Substance that acts as a substrate for or is produced by a metabolic process or enzyme reaction.

métabolite

Molécule produite par le jeu des réactions de biosynthèse enzymatique entrant dans la constitution des macromolécules ou pouvant être dégradée pour produire de l'énergie et d'autres composés chimiques.

metal binding
SEE **chelation**

metal ion

Atom of metal which has lost one or more electrons and therefore has a positive electrical charge. Table salt (sodium chloride) contains sodium ion, for instance.

NOTE The metal ions most frequently used as enzyme activators are magnesium, manganese, zinc, potassium, iron, copper, calcium, cobalt, and molybdenum.

ion métallique

Atome de métal qui a perdu un ou plusieurs électrons, il possède donc une charge positive.

NOTA Toutes les enzymes dont le cofacteur est un ion métallique seront sensibles aux agents complexant les métaux tel l'EDTA.

metalloenzyme

An enzyme which contains a bound metal ion as part of its structure. The metal may be required for enzymic activity, either participating directly in catalysis, or stabilizing the active conformation of the protein.

métalloenzyme
métallo-enzyme

Chacun des enzymes dont l'activité dépend de la présence d'un métal qui participe à la constitution du groupement prosthétique de l'enzyme. C'est notamment le cas des enzymes à fer héminique comme les peroxydases, des enzymes à fer non héminique comme

metalloenzyme (cont'd)

l'homogentisique-oxydase, des enzymes à cuivre comme les phénol-oxydases, etc.

metalloprotease

Enzyme, containing a divalent metal ion (Mg^{++}, Zn^{++}, Mn^{++}, Co^{++}) atom of zinc as a prosthetic group, that hydrolyzes proteins. They are divided into neutral and alkaline enzymes. Neutral proteases of microbial origin are specific towards hydrophobic amino residues on the amino side of the cleavage point.

NOTE Metalloproteases are inhibited by metal-chelating agents.

métalloprotéase

Chacune des protéases activées par des métaux (Mg^{++}, Zn^{++}, Mn^{++}, Co^{++}).

NOTA On range parmi les métalloprotéases les carboxypeptidases à Zn^{++}, les aminopeptidases activées par Mn^{++} ou Mg^{++}, les dipeptidases activées par Zn^{++}, Mn^{++} ou Co^{++}.

metalloprotein

Protein that contains a metal as a prosthetic group.

métalloprotéine
métallo-protéine

Hétéroprotéine dont le groupement prosthétique renferme un élément métallique (fer, cuivre, zinc, magnésium, etc.).

NOTA Parmi les métalloprotéines, on trouve la ferritine et des métalloenzymes dont la tyrosine oxydase (cuivre), l'alcool déshydrogénase (zinc) et la xanthine oxydase (molybdène et fer).

methaemoglobin
methemoglobin

Oxidized form of haemoglobin that is unable to bind oxygen because the ferrous atoms of the haem group have been oxidized to their ferric state.

méthémoglobine

Pigment brun dérivé de l'hémoglobine dans lequel le fer est à l'état trivalent. Il est incapable de fixer l'oxygène. Les hématies normales en contiennent 1 %.

NOTA Met Hb, MetHb, Hb_2O et HbOH sont des abréviations de méthémoglobine.

methane

A major component of biogas produced by methanogenic bacteria from carbon dioxide, hydrogen and acetate.

méthane
hydrure de méthyle

Hydrocarbure gazeux, premier terme des carbures saturés ou alcanes. Il se forme au cours de la putréfaction de substances organiques. On le trouve en abondance dans les gaz naturels, dans les gaz des mines (grisou) et dans ceux de pyrolyse des combustibles.

NOTA Formène est un synonyme désuet.

methanobacterium
methanogen
methane bacterium

A strictly anaerobic bacterium that produces methane either from CO_2, H_2, or acetic acid. They include the genera *Methanobacterium*, *Methanobacillus*, *Methanococcus*, *Methanosarcina*

NOTE They show a number of features which distinguish them from other bacteria, and are now classified as a separate group within the Archaea.

bactérie méthanogène
méthanobactérie

Bactérie anaérobie stricte (*Methanobacterium thermoautrophicum*, *Methanosarcina Barkeri*) qui réalise la synthèse du méthane à partir d'hydrogène et de gaz carbonique ou à partir d'acide acétique.

NOTA Ces micro-organismes présentent de nombreuses caractéristiques les distinguant des bactéries classiques. Les méthanobactéries forment un groupe distinct à l'intérieur du règne Archaea.

methanogenesis

Final step in the production of methane during which acetate, hydrogen and bicarbonate are converted to methane due to the activity of methanogens.

méthanogénèse

Phase de la digestion anaérobie au cours de laquelle les acides gras volatils sont transformés en biogaz par les bactéries méthanogènes.

methemoglobin
SEE **methaemoglobin**

methionine
2-amino-4-(methylthio)butyric acid

méthionine
acide α-amino-γ-méthyl-mercapto-butyrique
acide α-amino γ-méthylthiobutyrique
acide 2-amino-4-méthylthio-butyrique

One of the 20 amino acids commonly found in proteins. It contains the -SCH_3 group which can act as a methyl donor. The Met-x linkage is subject to specific cleavage by cyanogen bromide.

NOTE Met and M are abbreviations for the amino acid methionine used in protein sequences and elsewhere.

Acide aminé essentiel porteur d'une fonction thiométhyle et dérivant de l'homocystéine. En dehors de sa participation directe à la synthèse protéique et à la formation de cystéine, elle a deux rôles essentiels : celui de donneur de groupements méthyles activés permettant la synthèse de composés tels que la créatine et celui de donneur de radical propylamine dans la synthèse de polyamines.

NOTA Met et M sont des abréviations de méthionine.

methylotroph

Bacterium that can use methanol as both the carbon and the energy source for growth.

NOTE Methylotrophs have been used commercially to form single cell protein (e.g. *Methylophilus* methylotrophus) and coenzyme Q (e.g. Pseudomonas species).

méthylotrophe

Bactérie capable d'utiliser le méthanol comme source de carbone et comme source d'énergie.

γ-methylvaline
SEE **isoleucine**

Michaelis constant
SEE $\mathbf{K_m}$

Michaelis-Menten complex
SEE **enzyme-substrate complex**

Michaelis-Menten equation
Michaelis-Menten rate equation

The rate equation for a one-substrate enzyme-catalyzed reaction. It relates the initial velocity, the maximum velocity, and the initial substrate concentration through the Michaelis-Menten constant. Its derivation is based on the assumption that an enzyme-substrate complex is formed reversibly as an essential step in catalysis.

équation de Michaelis-Menten
équation de Michaelis et Menten

Équation de vitesse des réactions enzymatiques à un seul substrat qui exprime la relation mathématique existant entre la vitesse initiale d'une réaction enzymatique, la concentration du substrat et certaines caractéristiques de l'enzyme.

Michaelis-Menten kinetics

Generalized description of enzyme kinetics based on a model that assumes the formation of an intermediate enzyme – substrate complex. A plot of rate of reaction against substrate concentration gives the right-angled hyperbola. This indicates dependence on substrate concentration at low concentrations and a maximum rate of reaction (V) at a saturating concentration, above which any further increase in substrate has no effect (or may even cause inhibition).

cinétique Michaelienne

Description générale du mécanisme d'action des enzymes et de la cinétique enzymatique. Elle est d'une expression particulièrement simple dans le cas de réactions faisant intervenir un seul substrat. La théorie de Michaelis-Menten admet que l'enzyme E réagit dans une première étape avec le substrat S pour former le complexe enzyme-substrat ES; ce dernier se décompose dans une deuxième étape pour régénérer l'enzyme et libérer le produit P. Ces réactions sont considérées comme réversibles.

NOTA Dépendance de la vitesse hyperbolique de la réaction en fonction du substrat par opposition à la cinétique allostérique où la dépendance est sigmoïde.

Michaelis-Menten rate equation
SEE **Michaelis-Menten equation**

microbial electrode

Biochemical electrode having bio-specificity for the checking or control of concentrations of

électrode microbienne

Détecteur composé d'une partie contenant des bactéries immobilisées ou libres (mais alors

microbial electrode (cont'd)

metabolites in body fluids and elsewhere. The bio-specificity comes from microbial cells that form one of the components of the electrode.

retenues par une membrane semi-perméable), associée à une électrode permettant de déceler les variations de l'activité métabolique de ces microbes (consommation d'O_2, émission de CO_2, d'ammoniaque ou d'H^+). Si une espèce bactérienne exige pour croître une molécule comme le gaz méthane par exemple, sa vitesse de croissance sera proportionnelle à la concentration en ce gaz, et se reflétera dans la production de tel ou tel métabolite mesuré grâce à l'électrode.

microbial enzyme

Enzyme isolated from micro-organisms. They can be classified into two forms. One is extracellular, excreted from microbial cells during culture, and the other is intracellular, remaining in the cells. For the immobilization of the latter, the enzymes must be extracted from the cells, and in some cases purification is necessary.

enzyme microbienne

Enzyme synthétisée chez les micro-organismes : les microbes se prêtent très bien à la production des enzymes, parce que les concentrations de celles-ci peuvent être considérablement accrues en agissant sur les facteurs du milieu ou en modifiant le génome.

microcapsule

Small capsule, having either a permanent or non-permanent semipermeable membrane, into which enzymes can be immobilized by inclusion.

NOTE The mean diameter of microcapsules can be controlled and usually ranges from about 5 to 300μ. Larger or smaller microcapsules can be made, but the smaller ones (<5μ) are more difficult to prepare.

microcapsule

Vésicule de matière polymérique utilisée pour confiner une enzyme dans un volume donné, pour l'immobilisation d'enzyme par inclusion.

microencapsulation

Immobilization method by which enzymes are enclosed within spherical semipermeable membranes. Enzymes immobilized in this manner are physically contained within the membrane, whilst substrate and product molecules are free to diffuse across the membrane provided that their molecular sizes are small enough to allow this.

micro-encapsulation
microencapsulation

Emprisonnement de particules par différents procédés. On peut enfermer des enzymes dans des vésicules pouvant être des liposomes par exemple, ou des bactéries dans des cavités ou billes internes de gels de biopolymères.

microenvironment

The immediate vicinity of the bound enzyme.

micro-environnement
microenvironnement

Environnement immédiat dans lequel agit l'enzyme.

microfiltration
micro-filtration

Filtration process in which suspended material with variable particle-size cutoffs (silica, bacteria, etc.) is retained by a microporous membrane while water and dissolved species are passed. The driving force of this process is pressure difference, typically 10 psi.

microfiltration
micro-filtration

Opération de séparation de microparticules en suspension dans un fluide par passage de ce fluide au travers de membranes. Selon la taille des pores membranaires, on peut éliminer quantitativement des micro-organismes.

NOTA La filtration et la micro-filtration n'arrêtent que les particules insolubles alors que l'osmose inverse et l'ultra-filtration arrêtent également les substances dissoutes (ions et molécules).

micro-filtration
SEE **microfiltration**

micro-organism
microorganism

Any plant or animal of microscopical size; a protozoan, fungus or bacterium.

micro-organisme
microorganisme

Tout organisme vivant visible seulement au microscope. Appartenant aux trois règnes

micro-organism (cont'd)

NOTE The variety of technological uses to which micro-organisms are put is enormous. In brewing and baking, the alcohol and carbon dioxide produced in fermentation by yeasts are utilized. Bacterial fermentations are used industrially to produce organic acids and solvents. In food manufacture, micro-organisms are used for the production of vinegar, the preservation of olives, sauerkraut, and pickles, for the souring of cream in making butter, for the ripening of cheese, and for the curing of tea and tobacco.

(bactéries, levures, protozoaires). Ils sont aussi des agents actifs dans les fermentations et participent à la décomposition des matières organiques.

NOTA Tend à se substituer au terme microbe dans le langage scientifique. Pour certains, les virus font partie des micro-organismes.

microporous ultrafilter
microporous ultra-filter

Type of ultrafiltration membrane that can best be described as similar to the conventional idea of a filter. The membrane is rigid with a series of extremely small random pores running through it with an average size of the order of 500-5,000 Å. Thus, very small molecules will pass through the membrane whereas very large ones will be retained within the structure of the membrane.

NOTE Plugging of microporous filters can be a severe problem and especially manifests itself with solutes whose dimensions lie in the lower third of the pore size distribution because these have the least difficulty entering the structure but the greatest likelihood of lodging in pore constrictions.

filtre microporeux

Type de membrane d'ultrafiltration rigide traversée par des canaux d'un diamètre moyen de 500-5 000 Å.

microsequencing

Technique used to increase the sensitivity of detection of products of the Edman reaction during amino acid sequencing of proteins. Techniques include the use of a radioactive label in the form of phenylisothiocyanate labelled with either radioactive carbon or radioactive sulphur, or the use of a protein that has been labelled with radioactive carbon during synthesis.

NOTE An alternative technique is to use HPLC as a means of separating and quantifying very small amounts of amino acids.

microséquençage

Établissement de la séquence en acides aminés de moins de 0,5 nanomole d'échantillon d'un peptide ou d'une protéine. Trois approches l'ont rendu possible : deux utilisent des radio-isotopes, essentiellement pour augmenter la sensibilité de l'analyse des résidus PTH amino-acides, la troisième se fait par analyse des PTH amino-acides non marqués.

milk sugar
SEE **lactose**

Millon's test
Millon reaction

Qualitative test for protein. The sample is heated with a solution of mercuric nitrate and nitrous acid (Millon's reagent). In the presence of protein, a red precipitate of coagulated protein is formed.

réaction de Millon

Méthode de détection des protéines, attribuable à la fonction phénol de la tyrosine qui sous l'action du réactif de Millon forme un précipité rouge.

mitochondrial enzyme

Enzyme contained in mitochondria. The mitochondrial matrix contains all the enzymes of the TCA cycle, with the exception of the succinate dehydrogenase which is built into the inner surface of the inner membrane. Mitochondria also contain enzymes for fatty acid metabolism and interconversion of some amino acids.

enzyme mitochondriale

Enzyme présente dans les diverses fractions mitochondriales. La membrane extérieure contient la NADH-cytochrome-c-réductase. La monoamine oxydase est l'enzyme marqueuse spécifique de cette membrane. La chambre extérieure contient l'adénylate kinase et d'autres enzymes solubles. La membrane interne transporte tous les constituants

mitochondrial enzyme (cont'd)

de la chaîne respiratoire et de la phosphorylation oxydative. La matrice mitochondriale contient les enzymes solubles du cycle de Krebs.

NOTA Dans leur ensemble, ces constituants représentent 35 % de la teneur protéique de la membrane mitochondriale. En plus des autres enzymes rattachées à la membrane interne, cette dernière contient plusieurs transporteurs spécifiques ou protéines de translocation engagés dans le transfert des métabolites.

mixed liquor

(1) Mixture of the feedstock and active biomass in a bioreactor. (2) The effluent from a fully mixed system.

mélange brut

Contenu ou effluent d'un bioréacteur où la biomasse et le milieu nutritif sont mélangés.

mobile phase

In chromatography, the carrier liquid that moves through the support to bring about separation.

phase mobile

En chromatographie, le vecteur, liquide ou gazeux, qui déplace le soluté (i.e. toute substance constituant d'un mélange à séparer).

mobility
SEE **electrophoretic mobility**

modified cellulose

A synthetically prepared derivative of cellulose. They are the most commonly used materials for chromatography of proteins. Diethylaminoethyl-cellulose (abbreviated DEAE-cellulose) contains positively charged

cellulose modifiée

Dérivé de la cellulose préparé par synthèse. Ce sont les matériaux les plus communément utilisés pour la chromatographie des protéines. Il existe deux types de celluloses : les échangeurs d'anions et les échangeurs de

modified cellulose (cont'd)

groups at pH 7.0 and is therefore an anion exchanger. Carboxymethylcellulose (abbreviated Cm-cellulose) contains negatively charged groups at neutral pH and is a cation exchanger.

cations. Les plus employées sont la diéthylaminoéthyl-cellulose et la carboxyméthyl-cellulose (DEAE- et CM-cellulose).

modifier
SEE **effector**

modulator
SEE **effector**

mold
mould

Any of a large group of parasitic and saprophytic fungi that cause moldiness and that exist as multicellular filamentous colonies. They are industrially important micro-organisms.

moisissure

Champignon de petite taille qui provoque une modification chimique du milieu sur lequel il croît. Certaines moisissures stoppent la croissance des microbes qui leur font concurrence, en sécrétant des antibiotiques utilisables dans la pharmacopée anti-infectieuse : pénicilline, griséofulvine, etc. En outre, les moisissures des fromages, et plus spécialement du roquefort, donnent à ceux-ci leur arôme particulier.

molecular activity
SEE **turnover number** (1)

molecular ageing
ageing

Degradation of protein molecular structure that naturally occurs with time.

vieillissement moléculaire

Dégradation naturelle dans le temps de la structure moléculaire des protéines.

molecular-dynamics simulation

Method that yields a detailed description of the motions in a protein by treating the atoms

simulation de la dynamique moléculaire

Méthode qui permet d'obtenir une description détaillée des mouvements atomiques dans les

molecular-dynamics simulation (cont'd)

composing the protein as Newtonian particles. The bonds between the atoms are treated much like stiff springs; atoms that are not bonded together interact through weaker forces. A simulation consists of a series of many small steps (10^{-15} second in length) in which the position and velocity of each atom are calculated.

NOTE Given the positions and velocities at a time t_1 and a method for determining the magnitudes and directions of the forces acting on the atoms at that time, the positions and velocities after a time step (t_2) are obtained by solving Newton's equations of motion. Calculations of the forces at t_2 make it possible to determine positions and velocities at time t_3. Successive recalculations yield the internal motions of a protein over periods as long as 10^{-9} second.

protéines; dans ces simulations, on assimile les atomes de la protéine à des particules ponctuelles auxquelles on applique les équations de la mécanique classique. On traite les liaisons chimiques comme des ressorts rigides; les atomes qui n'établissent pas de liaison chimique peuvent néanmoins interagir par des forces plus faibles. Lors d'une simulation, on calcule la position et la vitesse des atomes à des intervalles de temps de l'ordre de 10^{-15} seconde.

NOTA Connaissant les positions et les vitesses à un instant t_1, ainsi que l'intensité et la direction des forces agissant sur les atomes à ce même instant, on détermine la position et la vitesse des atomes à un instant t_2 situé peu après t_1, en utilisant les équations de la mécanique classique. Le calcul des forces à l'instant t_2 permet alors, selon la même méthode, de déterminer la position et la vitesse des atomes à un instant t_3 et, par répétition, on obtient une description des mouvements internes de la protéine sur des intervalles de temps de l'ordre de 10^{-9} seconde.

molecular imprinting

The use of synthetic polymers in view of producing microcavities or holes of specific shape within a polymeric matrix by imprinting

empreinte moléculaire

Dans les polymères qui constituent des enzymes synthétiques, cavités ayant des formes analogues à celle du substrat.

molecular imprinting (cont'd)

procedures. Basically, the use of polymers makes the system more complicated than with substances of low molecular weight, but in principle, the typical properties of the enzymes can be better mimicked, since enzymes are polymers as well.

molecular modeling

Computer representation and manipulation of molecular structure data.

modélisation moléculaire
modélisation

Représentation et manipulation assistées par ordinateur de structures moléculaires.

molecular probe

A molecule that, because of its specific affinity for another molecule, can be used as a probe for the latter.

sonde moléculaire

Molécule qui, par son affinité spécifique, sert à détecter la présence d'une autre molécule (anticorps, antigènes, hybridation d'acides nucléiques, etc.).

molecular-sieve chromatography
SEE **gel filtration**

molecular tumbling

Mode of motion and flexibility observed in globular proteins which are found to rotate in solution at frequencies close to those calculated for rigid spheres. The frequencies are usually expressed in terms of a rotational correlation time, ϕ, which is the reciprocal of the rate constant for the randomization of the orientation of the molecule by Brownian motion.

NOTE The rate of molecular tumbling affects the shapes of

rotation moléculaire

Mode de rotation des protéines globulaires en solution dont la fréquence s'apparente à celle de sphères rigides.

molecular tumbling (cont'd)

lines observed in EPR and NMR spectra. Slow tumbling causes the line widths to broaden. Molecular tumbling also affects fluorescence polarization. Fluorescence occurs when a photon is absorbed by a molecule and re-emitted at a longer wavelength.

molecular weight

Sum of the atomic weights of the elements of a chemical compound each multiplied by the number of atoms of that element in the molecule. It is the average mass of a molecule relative to the mass of the carbon isotope ^{12}C, which is assigned the value of exactly 12.

NOTE MW and MOL WT are abbreviations for molecular weight.

poids molaire
poids moléculaire

Poids, en grammes, d'une mole d'une substance. Il se calcule à partir du poids atomique des corps simples dont elle est composée.

NOTA p.m. est une abréviation de poids moléculaire.

molecular weight marker

Protein, polypeptide, nucleic acid, oligonucleotide, etc. used as a reference material in analytical techniques such as gel filtration chromatography, electrophoresis and density gradient centrifugation.

étalon de masse moléculaire
marqueur de poids moléculaire

Macromolécule de référence, de masse moléculaire connue, qui sert à déterminer la masse moléculaire d'une autre macromolécule du même type.

monoclonal antibody

Antibody produced by culturing a single type of cell. It therefore consists of a single species of immunoglobulin molecules.

anticorps monoclonal
AcM

Anticorps produit par un clone de lymphocytes B spécifique d'un déterminant antigénique. On le produit en grand nombre grâce à la mise au point d'hybridomes (source reproductible).

monomer (1)

Building block for constructing the chain of a larger compound on a repetitive basis.

NOTE A protein subunit is sometimes called a monomer.
See "monomer" (2) under "subunit".

monomère (1)

Molécule de formule simple et de poids moléculaire relativement bas, qui, par enchaînements successifs avec des molécules identiques ou différentes, donne naissance à une structure polymère.

NOTA Ce terme sert aussi à désigner une sous-unité de protéine quand elle est isolée, c'est-à-dire non engagée dans l'oligomère.
Voir «monomère» (2) sous *subunit*.

monomer (2)
SEE **subunit**

motif

Proteins are organized as a hierarchy of structures. The sequence is organized by variation of the main-chain torsion angles and the formation of hydrogen bonds into secondary structures such as α-helices (α), β-strands (β) and turns. Particular combinations of these secondary structural elements such as αα, βαβ or ββ known as motifs are frequently found in the structures of globular proteins and appear to have a limited number of three-dimensional arrangements.

motif structural

Malgré le grand nombre de conformations qu'une chaîne polypeptidique peut adopter a priori, il n'existe qu'un nombre restreint de motifs structuraux dans les protéines, et une même chaîne polypeptidique conduit à une conformation unique (ou à un très petit nombre de conformations voisines) de protéine native. Certaines parties de la chaîne s'ordonnent en structures régulières, essentiellement les hélices α, les structures β. L'hélice α hydrophobe est certainement un motif dominant dans les protéines membranaires.

mould
SEE **mold**

moving boundary electrophoresis
SEE **free electrophoresis**

multienzyme complex

Cluster of distinct enzymes catalyzing consecutive reactions of a metabolic pathway or associated reactions such as those involved in DNA replication, which remain physically associated through purification procedures.

complexe multienzymatique

Système multienzymatique, présentant un degré d'organisation élevé, dans lequel les divers enzymes sont physiquement associées et fonctionnent ensemble. Par exemple, le système de synthèse des acides gras de la levure catalyse la synthèse des acides gras à partir de précurseurs de faible dimension, et ce processus nécessite la participation séquentielle de sept enzymes différentes. Une molécule de chacune de ces enzymes est présente dans un ensemble fortement lié au complexe, très difficilement dissociable.

multienzyme reaction
SEE **multiple enzyme reaction**

multi-enzyme system
multienzyme system

Group of various enzymes that are arranged in an orderly fashion within the framework of the cell or the cell organelles, and that are involved in specific biological functions.

système multienzymatique

Système comportant plusieurs enzymes qui accomplissent des fonctions biologiques spécifiques au niveau de structures cellulaires définies et en particulier d'organelles comme les mitochondries et les chloroplastes, ou encore au niveau d'éléments du cytosquelette. Ces composants cellulaires sont isolables et leurs systèmes fonctionnent encore de manière satisfaisante, ce qui explique la détermination des biotechnologies de les utiliser à des fins de production, à l'état isolé comme au sein de cellules intactes.

multimembrane electrodecantation

Method for the large-scale purification of enzymes. The method involves placing a protein solution into a cell containing a number of semipermeable membranes. The pH of the solution is adjusted to the isoelectric point of the protein to be purified. A current is passed through the solution by two sloping electrodes. Because the required protein is at its isoelectric point it remains stationary in the electric field; all other proteins, being charged, will move either towards the cathode or the anode. This movement will cease when the migrating proteins meet the semipermeable membranes. The accumulation of protein at the membrane surface will cause an increase in density, thus it will move to the bottom of the cell.

NOTE To help this decantation process a temperature gradient is created by the sloping electrodes, which means that the viscosity of the buffer is greater at the bottom of the cell than at the top. Thus the unwanted protein accumulates at the base of the cell and can be drawn off, leaving the required component in the cell.

électrodécantation

Technique d'électrophorèse utilisée pour la séparation des protéines, consistant à soumettre la solution protéinique à l'électrophorèse à un pH correspondant au point isoélectrique de certains des constituants, les électrodes étant séparées de la partie centrale de la cuve (dans laquelle se trouve la solution protéinique) par des membranes semi-perméables. Les protéines mobiles sont, durant l'électrophorèse, concentrées à la surface de la membrane du côté positif et descendent vers le bas de la cuve par suite de l'augmentation de la densité du liquide à cet endroit.

NOTA Cette technique est réalisée dans l'appareil d'électrodécantation à membranes multiples de Polson.

multiple enzyme reaction
multienzyme reaction

Reaction catalyzed by several enzymes, the product of one enzyme acting as the substrate for the next.

réaction multi-enzymatique

Réaction qui nécessite l'activité de plusieurs enzymes différentes, le produit d'une des enzymes étant le substrat pour la suivante.

multipoint binding
multipoint attachment

A general principle of stabilization of enzymes is that of providing multipoint binding of the catalyst molecule to the support. This binding serves to make the conformation of the molecule more rigid but without necessarily altering the conformation, and hence more stable against unfolding and, ultimately, inactivation. If it is accepted that polypeptide chain unfolding is a key process in enzyme inactivation, then it is likely that multipoint attachment of an enzyme molecule to a rigid matrix will increase the resistance to unfolding, and thereby help to preserve the active conformation of the enzyme.

attachement multiple

Immobilisation d'enzymes sur un support solide par plusieurs points d'attachement de chaque molécule. L'attachement multiple favorise la stabilité des enzymes immobilisées.

multisubunit enzyme
SEE **oligomeric enzyme**

mutant protein

Altered protein formed from a mutant gene.

protéine mutante

Protéine modifiée produite à partir d'un gène muté.

N

NAD
SEE **nicotinamide adenine dinucleotide**

NAD^+
SEE **nicotinamide adenine dinucleotide**

NADP
SEE **nicotinamide adenine dinucleotide phosphate**

$NADP^+$
SEE **nicotinamide adenine dinucleotide phosphate**

NADP-malate dehydrogenase
SEE **malic enzyme**

nanocapsule

Very small microcapsule (100- to 200-nm range) containing encapsulated enzymes or other biological material.

nanocapsule

Microcapsule de très petite taille contenant soit des enzymes, soit un autre matériel biologique.

native conformation
native state

The characteristic native folded structure of the polypeptides of protein molecules under normal biological conditions of temperature and pH. For example native enzyme, native protein.

conformation native
état natif

Conformation des chaînes polypeptidiques d'une protéine dans les conditions normales de température et de pH.

nicotinamide adenine dinucleotide
NAD
NAD^+

Hydrogen acceptor for many dehydrogenases. Its molecule consists of N-(5-phosphoribosyl) nicotinamide joined by a pyrophosphate bond to the phosphate group of adenosine 5'-phosphate.

NOTE Obsolete terms:
- diphosphopyridine nucleotide
- DPN
- coenzyme I
- cozymase

nicotinamide adénine dinucléotide
NAD
NAD^+

Coenzyme essentielle au métabolisme cellulaire intervenant dans les mécanismes d'oxydo-réduction (glycolyse, oxydations respiratoires terminales, réductions de l'azote) en agissant comme agent de transfert d'hydrogène et d'électrons.

NOTA Termes désuets à éviter :
- co-enzyme I
- cozymase
- cozymase I

nicotinamide adenine dinucleotide (cont'd)

- codéhydrase I
- codéshydrase
- codéshydrogénase I
- coferment de Von Euler
- DPN
- D.P.N.
- diphosphopyridine nucléotide

nicotinamide adenine dinucleotide phosphate
NADP
$NADP^+$

Nicotinamide adenine dinucleotide phosphorylated on 0-2' of the adenosine group.

NOTE Obsolete terms:
- triphosphopyridine nucleotide
- TPN
- coenzyme II

nicotinamide adénine dinucléotide phosphate
NADP
$NADP^+$

Coenzyme de certaines déshydrogénases; dérivé phosphorylé du NAD, c'est un transporteur d'hydrogène au cours de la phase lumineuse des réactions de la photosynthèse, ou lors de l'oxydation du glucose au cours du cycle de l'acide glucuronique. Sa forme réduite fournie par le shunt des pentoses intervient dans les hydroxylations nécessaires à la biosynthèse des acides gras et des stéroïdes.

NOTA Termes désuets qu'on retrouve dans certains ouvrages :
- TPN
- T.P.N
- triphosphopyridine phosphate
- triphosphopyridine-phosphate
- coenzyme II
- codéshydrase II
- coferment de Warburg

ninhydrin reaction

Chemical test or spray used in chromatography to detect amino acids. A chromatogram is sprayed with a 0.2 percent solution in acetone or an acidified 0.5 percent solution in butanol. When the

réaction à la ninhydrine
réaction colorée à la ninhydrine

Réaction colorimétrique utilisée pour la détection chromatographique des acides aminés. Elle donne par chauffage avec les acides α-aminés un produit dont la coloration est

ninhydrin reaction (cont'd)

chromatogram is heated at 105°C, all compounds containing a primary or secondary amino group attached to an aliphatic carbon give a purple colour. However, α-amino acids will react more specifically in about three hours at room temperature to give similar colours.

NOTE The reagent is also used to measure protein hydrolyzates or other mixtures of amino acids following separation by column chromatography. A combination of automated column chromatography with photometric determination of the colour formed with ninhydrin is the basis of some automated amino acid analyzers.

bleue si la fonction α-aminée est libre. Avec la proline et l'hydroxyproline, dont la fonction α-aminée est substituée, la coloration est jaune.

nitrocellulose filter

Flat sheet of paperlike material made from cellulose nitrate, a nitric acid ester of cellulose. Cellulose nitrate binds strongly nucleic acids and protein.

filtre de nitrocellulose

Feuille, composée de nitrate de cellulose, utilisée pour effectuer des analyses de polynucléotides.

nitrogen-15

Non radioactive heavy isotope of nitrogen that is used as a marker in cell biology and in studying the biochemistry of protein synthesis and nitrogen fixation.

NOTE Symbol: ^{15}N

azote-15
azote lourd
^{15}N

Isotope stable de l'azote existant au taux de 0,37 % dans l'azote naturel. Il peut être séparé et dosé grâce au spectrographe de masse et est utilisé comme traceur pour étudier le métabolisme des composés azotés.

NOTA Symbole : ^{15}N

NMR spectroscopy
SEE **nuclear magnetic resonance spectroscopy**

noncompetitive inhibition
non-competitive inhibition

Inhibition of enzyme action based solely on the concentration of the inhibitor; substrate concentration is not a factor. The inhibitors combine with the enzyme on a site other than that utilized by the substrate.

NOTE In non-competitive inhibition the binding of the inhibitor substance is thought to induce a conformational change in the enzyme molecule which does not interfere with the attachment of the substrate to the active site, but which greatly reduces the catalytic activity of the enzyme.

inhibition non compétitive
inhibition par association non exclusive
inhibition non concurrentielle

Inhibition enzymatique où l'inhibiteur et le substrat n'ont pas de structures apparentées et l'inhibiteur se lie à un site différent de celui du substrat. Elle ne peut être renversée par des concentrations élevées du substrat.

non-ideal flow

Flow that occurs when different elements of substrate move through the reactor at varying rates such that they are in contact with the enzyme for variable periods owing to their differing residence times in the reactor giving an opportunity for different extents of reaction to take place and for further reaction of the desired product and side-reactions to take place.

NOTE The extent of non-ideal flow can be estimated by measuring the residence time distribution of a slug of tracer, for instance a dye injected into the inlet of the reactor, as it leaves the reactor, although sometimes allowance must be made for the hold-up of tracer molecules in porous particles.

écoulement non idéal

Type d'écoulement où toutes les molécules ne traversent pas le réacteur à la même vitesse et y séjournent donc pendant des temps différents.

nonpermanent microcapsule
SEE **liquid-surfactant membrane microcapsule**

N-succinimidyl 3-(2-pyridyldithio)-propionate
SPDP

Bifunctional chemical reagent used to covalently link biological molecules such as proteins. It is used in the labelling or targetting of biologically active molecules by conjugation with antibodies, enzymes, lectins, etc.

acide N-succinimidyl 3-(2-pyridyldithio)-propionique

Réactif bifonctionnel utilisé pour lier les protéines et d'autres molécules biologiquement actives.

N terminal
N-terminal
N-terminus

End of a protein or polypeptide chain that contains a free amino group (-NH_2), hence the abbreviation N.

NOTE Some natural peptides have no free N-terminal α-amino group because they are cyclic.

N-terminal
amino-terminal

Extrémité d'une protéine ou d'un polypeptide qui porte une fonction NH_2 libre.

NOTA Les molécules polypeptidiques, cycliques ainsi que celles dont leur extrémité N-terminal a été bloquée chimiquement ne possèdent pas de groupe α-amino à cette extrémité.

N-tosyl-L-phenylalanylchloromethyl ketone
SEE **TPCK**

nuclear magnetic resonance spectroscopy
NMR spectroscopy

Technique that provides information on molecular structure. The sample is subjected to a magnetic field which causes the nuclei of various atoms to orient in one of two energy levels. If energy is applied to the nuclei, they will change their orientation. The energy wavelengths that cause

résonance magnétique nucléaire*
R.M.N.
spectroscopie R.M.N.

Méthode physique permettant l'étude de certaines structures moléculaires. Elle consiste à mesurer l'énergie nécessaire pour «modifier l'alignement des noyaux magnétiques dans un champ magnétique». Les noyaux de certains atomes se comportant comme des petits aimants, on

nuclear magnetic resonance spectroscopy (cont'd)

this transition correspond to radiofrequencies, and the precise frequency depends on the environment of the nucleus (i.e. its relationship to other nuclei or atoms in the molecule).

NOTE The technique is generally used to determine the position of hydrogen (proton NMR) or carbon (using ^{13}C-labelling) atoms.

peut les orienter par un champ magnétique.

NOTA Zeugmatographie; remnographie : synonymes désuets.

On étudie surtout les spectres R.M.N. du proton ^{1}H et de ^{13}C.

* Pour abréger, on nomme la technique par le phénomène impliqué.

O

4-O-β-D-galactopyranosyl-D-glucopyranose
SEE **lactose**

O-β-D-galactopyranosyl-[1->4]-β-D-glucopyranoside
SEE **lactose**

oligodeoxynucleotide-directed mutagenesis
oligonucleotide-directed *in vitro* mutagenesis
oligonucleotide-mediated mutagenesis

mutagénèse dirigée à l'aide d'un oligonucléotide synthétique

Type of mutagenesis used to add, delete, or substitute nucleotides in a segment of DNA whose sequence is known. In contrast to most other methods of mutagenesis, which typically spawn mixed populations of variants, this technique specifically generates mutations designed by the experimenter. A DNA sequence can be specifically altered by synthesizing the

Technique qui permet de diriger une mutation nécessitant d'abord la connaissance de la séquence nucléotidique du gène cloné. Il reste à choisir l'endroit précis du gène où l'on veut créer une mutation ainsi que la nature de cette mutation. Le chercheur synthétise un oligomère de 15-20 nucléotides contenant la séquence modifiée sur une ou plusieurs bases. Le fragment

oligodeoxynucleotide-directed mutagenesis (cont'd)

desired sequence change within an oligonucleotide, and then converting this into a biologically active circular DNA strand by using the oligonucleotide to prime *in vitro* synthesis on a single-stranded circular template.

d'ADN est alors hybridé au gène cloné dans des conditions où l'hybride est stable malgré le mauvais appariement dû à la base changée. Dans certaines conditions de température, l'oligomère forme un hybride stable avec l'ADN muté qui lui est parfaitement complémentaire, alors que l'hybride avec l'ADN est instable car une base ne peut se réapparier. Ces techniques d'hybridation différentielle sont suffisamment fines pour distinguer sans ambiguïté les deux types de clones.

oligomeric enzyme
multisubunit enzyme

Enzyme composed of identical subunits or unlike subunits.

NOTE Oligomeric enzymes are usually dissociated into subunits by treatment with denaturing agents such as guanidine hydrochloride. The forces involved in the association of the subunits are thus of the weak, non-covalent type which are involved in stabilizing the folded structure of a polypeptide chain, i.e. hydrogen bonds, electrostatic forces, van der Waals forces, and hydrophobic forces.

enzyme oligomère

Enzyme formée de plusieurs chaînes (ou sous-unités) identiques ou différentes. Lorsque les enzymes comprennent des sous-unités identiques, chacune des chaînes est bien entendu porteuse d'un centre actif : une enzyme tétramérique a 4 centres actifs. Dans cette catégorie d'enzymes on trouve les enzymes allostériques (qui représentent 10-20 % des enzymes à structure quaternaire).

oligonucleotide-directed *in vitro* mutagenesis
SEE **oligodeoxynucleotide-directed mutagenesis**

oligonucleotide-mediated mutagenesis
SEE **oligodeoxynucleotide-directed mutagenesis**

oligopeptide

Peptide chain made up of a few amino acids.

NOTE Exact size range is a matter of opinion but peptides from 3 to about 40 member amino acids might be so described.

oligopeptide

Molécule formée par l'enchaînement de quelques acides aminés grâce à la liaison peptidique.

open tubular heterogeneous enzyme reactor
OTHER

Enzyme reactor in which the enzyme is covalently bound to the inner surface of a narrow tube. It has the advantage of being readily incorporated into the widely used air-segmented continuous flow systems without necessitating any major change in existing methodologies. Although these enzyme reactors were originally designed for incorporation into systems based on colorimetric determination of the reaction products, they may be interfaced with other appropriate detectors.

NOTE A particular advantage of OTHERs is that the soluble enzyme reagents can be replaced by immobilized enzyme without destroying the integrity of the segmented reagent stream. Operating conditions require only mild changes with respect to those employed with free enzyme chemistry in order to obtain optimum analytical results.

réacteur enzymatique tubulaire

Réacteur constitué d'un tube étroit sur lequel l'enzyme, qui est liée de manière covalente, entre en contact avec le mélange réactionnel introduit dans le tube, en échantillons séparés par des bulles d'air.

operational effectiveness factor

Operational effectiveness factors (η_o) are measured under the conditions required or expected in a production facility, and so are usually measured under first-order

facteur d'efficacité opérationnelle

Le rapport de la vitesse de réaction d'ordre un d'une enzyme immobilisée sur la vitesse de réaction d'ordre un de l'enzyme libre. Les vitesses de réactions

operational effectiveness factor (cont'd)

kinetic conditions such that the activity of the enzyme is limited by the amount of substrate available (the limitation is due to the need to achieve complete conversion of the substrate into product, and substrate concentration must decrease therefore towards zero).

NOTE Operational effectiveness factors are by far the most useful guide to the practical usefulness of an immobilized enzyme preparation. An effectiveness value of 1.0 indicates good reaction control, with no appreciable reduction in the activity of the enzymes or cells by immobilization or diffusional restrictions. Values less than 1.0 give an indication of the amount of activity lost during immobilization plus the extent of diffusion limitation on enzyme activity.

enzymatiques d'ordre un par rapport au substrat, sont obtenues lorsque la concentration en substrat est faible par rapport à la constante de Michaelis. Le facteur d'efficacité opérationnelle est le meilleur indicateur de rendement d'une enzyme immobilisée. Il reflète la perte d'activité enzymatique due à l'immobilisation, aux barrières de diffusion et au micro-environnement.

operational stability

The operational stability of an immobilized biocatalyst is affected by a number of factors. These include irreversible inhibition by substances present in the substrate, or produced endogenously, denaturation by pH, temperature or ionic strength shocks, shear forces, microbial attack, fouling of the column, leakage of cells or enzyme from the support, dissolution or fragmentation of the support, poor enzyme-substrate contact (or self-digestion in the case of proteases). A good example is the inactivation of immobilized glucose isomerase by oxidation, so that it is normal

stabilité opérationnelle

En l'absence de facteurs opérationnels, les enzymes immobilisées se désintègrent au cours du temps. Il est cependant nécessaire de mesurer aussi la désintégration enzymatique dans les conditions opérationnelles qui ont une influence sur la stabilité à cause de la présence d'inhibiteurs, à cause de la dénaturation (par le pH, la température, ou la force ionique, les forces de frottement), à cause d'une érosion du support, et de l'enzyme.

operational stability (cont'd)

practice to use de-aerated substrate.

NOTE The operational stability of activity of immobilized enzymes is one of the most important factors affecting the success of industrialization of an immobilized system. It is difficult to estimate the operations stability of immobilized enzymes and immobilized microbial cells from data on the storage and heat stabilities. Therefore, for the industrialization of immobilized systems it is important to investigate the changes of enzyme activity during long-term continuous operation by using a small test column.

operational yield

Percentage of substrate molecules fed into the reactor which have reacted to form the desired product.

rendement opérationnel

Pourcentage du ou des substrats convertis en produit désiré à l'intérieur d'un réacteur.

optical rotation

Angle through which the plane of polarized light is rotated when passed through an optically active substance.

rotation optique

Rotation que subit le plan de polarisation d'une lumière polarisée lorsqu'un faisceau de cette lumière traverse certaines substances ou solutions dites actives.

optimum pH
pH optimum

pH at which an enzymatic reaction or process is most effective.

pH optimum
pH optimal

Valeur du pH pour laquelle la vitesse d'une réaction enzymatique est maximale.

optimum temperature
temperature optimum

Temperature at which an enzyme exhibits maximal activity under specified conditions.

température optimale
température optimum
optimum de température

Température à laquelle la vitesse de réaction enzymatique atteint une valeur maximale.

organotherapy

The use of extracts of organs (enzymes and hormones) for therapeutic purposes.

NOTE Two types of organotherapy are to be distinguished:
- heterologous organotherapy, organotherapy with substances that have no relation to the diseased organ of the patient;
- homologous organotherapy, organotherapy by extractives of the organs of animals corresponding to the diseased organ of the patient.

organothérapie

Partie de la thérapeutique concernant l'emploi des tissus, des glandes, des organes et de leurs produits, administrés à l'état cru, c'est-à-dire sans aucune préparation.

original extract
SEE **crude extract**

ornithine
α, δ-diaminovalerianic acid
diaminovaleric acid

Basic amino acid that functions as an intermediate in the urea cycle and is a precursor of pyrroline alkaloids.

ornithine
acide 2,5-diamino pentanoïque

Acide aminé basique, non constitutif des protéines. Glycoformateur et transaminable, il joue un rôle dans le cycle de l'uréogenèse. (Le dérivé guanidinique est l'arginine.)

osmotic shock

Passage of solvent into a membrane-bound structure due to osmosis, causing rupture of the membrane. A method of lysing cells or organelles.

choc osmotique

Phénomène observé lorsque des cellules ou des organites sont introduits dans un milieu hypotonique. La pénétration de l'eau à l'intérieur de ceux-ci provoque leur éclatement.

OTHER
SEE **open tubular heterogeneous enzyme reactor**

over-flow continuous fermentation
SEE **cascade fermentation**

overproducer

Mutant cell that produces large quantities of a chemical that is not usually accumulated. This is due to a fault in metabolic regulation.

souche surproductrice

Souche cellulaire mutante sélectionnée pour sa grande capacité de synthèse d'un produit convoité. Un micro-organisme ayant des caractéristiques favorables est choisi parmi une collection restreinte, les plus importantes des propriétés qu'il doit posséder lui étant ensuite artificiellement conférées par conjugaison, transformation ou épisome. La dérépression systématique des gènes responsables de la synthèse des enzymes en cause permet l'obtention du maximum d'activité possible.

NOTA On dit aussi parfois souche hyperproductrice, micro-organisme hyperproducteur.

oxidase

Any of a class of (metalloprotein) enzymes that catalyse the oxidation of a substrate, with molecular oxygen serving as the electron acceptor.

oxydase

Toute enzyme de la classe des oxydoréductases intervenant dans un phénomène d'oxydation et n'utilisant que l'oxygène comme accepteur d'électron. Ce sont des protéines conjuguées dont le groupement prosthétique contient un métal (fer ou cuivre).

NOTA L'oxydase la plus importante est la cytochrome oxydase de la chaîne respiratoire. Toutes les oxydases sont inhibées par les cyanures, l'oxyde de carbone et l'hydrogène sulfuré.

oxidation-reduction

Any chemical oxidation or reduction reaction, which must, in toto, comprise both oxidation and reduction; the basis for calling all oxidative enzymes, oxidoreductases.

oxydo-réduction
oxydoréduction

Réaction dans laquelle s'effectuent simultanément, par un échange d'électrons, l'oxydation d'une substance et la réduction d'une autre.

oxidoreductase

Enzyme that catalyses oxidation – reduction reactions (i.e. electron transfer). It includes the dehydrogenases associated with NAD, NADP, flavins, cytochromes and quinones in respiratory and photosynthetic electron transport.

oxydoréductase
oxydo-réductase

Toute enzyme qui catalyse une réaction d'oxydoréduction : transfert d'hydrogène ou d'électron(s) d'un donneur, qui est oxydé, vers un accepteur qui est réduit. Dans cette classe sont regroupées toutes les enzymes dites oxydases, réductases, déshydrogénases et peroxydases.

oxygen demand

Measure of the oxygen requirement by a fermenter broth. It is equivalent to the product of the number of cells and the specific rate of oxygen consumption per cell, expressed in terms of unit volume of bioreactor or culture medium.

demande en oxygène

Besoin en oxygène d'une culture microbienne. C'est le produit de $^{Q}O_2$ (qui exprime la quantité d'oxygène consommée exprimée en volume, en poids ou en moles, par unité de temps et par unité de biomasse microbienne) par la concentration cellulaire.

NOTA Le $^{Q}O_2$ varie bien sûr d'un micro-organisme à l'autre, mais également pour un micro-organisme donné, en fonction de son âge et de son état physiologique. Il est minimal au cours de la phase de latence, puis augmente progressivement durant la phase de départ pour atteindre sa valeur maximale au début de la phase logarithmique de croissance. La demande en oxygène augmente

oxygen demand (cont'd)

rapidement pour atteindre sa valeur maximale en fin de phase logarithmique puis diminue par la suite.

oxyphenylaminopropionic acid
SEE **tyrosine**

P

packed-bed column
SEE **enzyme column**

packed bed reactor

Tubular bioreactor that is filled with a solid matrix. It contains entrapped cells or enzymes, or is coated with cells or enzymes. It is run as a plug flow reactor, with the medium entering at one end and percolating through the matrix, during which time the substrate is converted to product, which emerges in the effluent from the column.

NOTE To design an efficient packed bed reactor, the effect of column dimensions on the reaction rate should be investigated. In other words, it is necessary to know the effect of the linear velocity of substrate solution on the reaction rate.

réacteur à lit fixe

Type de réacteur qui se présente sous forme d'une colonne garnie par un lit fixe d'enzymes ou de cellules immobilisées sur un support particulaire. On peut l'alimenter soit à flux descendant, soit à flux ascendant. Dans le cas idéal, toutes les molécules traversent le réacteur à la même vitesse et y séjournent donc pendant le même temps. On dit alors qu'il y a un écoulement piston.

NOTA Les réacteurs à lit fixe ont l'avantage de renfermer un volume mort relativement faible et, pour un rendement identique, leur taille sera sensiblement plus réduite que celle des réacteurs agités et la quantité d'enzymes ou de cellules requises moindre.

packed column
SEE **enzyme column**

pancreatin

Preparation containing all the enzymes of the pancreatic juice. It is obtained from animal tissue and used as a therapeutic or digestive aid.

pancréatine

Produit obtenu par dessiccation, à basse température, de la pulpe de pancréas. Elle contient plusieurs enzymes hydrolisantes [trypsine, amylase et lipase] et est prescrite dans l'atonie gastro-intestinale, les fermentations intestinales et les affections du pancréas.

papain

Proteolytic enzyme isolated from papaya. Thermostable and will act in the presence of denaturing agents. Although it will cleave a variety of peptide bonds there is greatest activity of one residue towards the C-terminus from a phenylalanine.

papaïne

Enzyme protéolytique agissant en milieu neutre; d'où son emploi comme adjuvant de la digestion. On l'utilise également comme vermicide : elle provoque la dissolution des téguments externes des vers intestinaux. Elle est constituée par le latex desséché, obtenu par incisions ou piqûres un peu avant la maturité des fruits du papayer.

NOTA Termes désuets à éviter :
- papayotine
- papayacine
- papaïnase
- papayol
- caricine
- pepsine végétale

paper chromatography

Form of chromatography in which a sheet of blotting paper, usually filter paper, is substituted for the adsorption column. After separation of the components as a consequence of their differential migratory velocities, they are stained to make the chromatogram visible.

chromatographie sur papier

Procédé de chromatographie dans lequel le mélange à analyser est placé dans un solvant qui entraîne par capillarité les substances dans le support (en papier), chacune d'elles se déplaçant avec une vitesse qui lui est particulière. Il en résulte des décalages au niveau des points où elles se localisent et on peut alors en connaître la nature, quand on a repéré leur position, par une coloration

paper chromatography (cont'd)

appropriée ou un examen en lumière ultraviolette. L'opération peut être répétée en faisant tourner le support de 90° de manière à séparer des substances qui demeureraient encore confondues en une tache (chromatographie à deux dimensions).

partially mixed digester

Anaerobic digester in which only part of the contents is mixed. This may operate as a two-stage system: a lower solid, unmixed layer in which acidogenesis occurs; an upper, mixed layer where methanogenesis occurs.

digesteur partiellement mélangé

Digesteur anaérobe contenant deux phases : une phase inférieure non mélangée qui produit des acides organiques, et une phase supérieure mélangée qui produit le méthane.

particle porosity

Measure of the volume of space taken up or available to a liquid and/or enzyme or micro-organisms within a biomass support particle.

porosité particulaire

Mesure de la fraction volumétrique d'une particule solide qui est accessible à la phase liquide et où les enzymes et les cellules peuvent être immobilisées.

partition chromatography
liquid-liquid chromatography

Form of separation of solutes utilizing the partition of the solutes between two liquid phases, namely the original solvent and the film of solvent on the adsorption column.

chromatographie de partage
chromatographie liquide-liquide

Chromatographie qui utilise, pour séparer les constituants du liquide, en plus des différences d'adsorbabilité, les différences de solubilité de ces constituants dans des solvants imbibant le papier. Cette chromatographie peut être à deux dimensions : une feuille de papier filtre carrée, dans l'angle de laquelle est déposé le liquide à analyser, est parcourue d'abord par un premier solvant qui entraîne et étale parallèlement à un côté les substances contenues dans le liquide; puis par un

partition chromatography (cont'd)

deuxième solvant qui étale, perpendiculairement aux premières traînées, les éléments, parfois complexes, du premier chromatogramme.

partition effect
partitioning effect

effet de partition

Hydrophobic, hydrophilic, and electrostatic interactions between the carrier and the substrate and/or effectors often produce an unequal distribution of these species between the micro- and macro-environment. This is called the partition effect. The most obvious example here would be the case of an enzyme, acting on a cationic substrate, immobilized by attachment to a polyanion (i.e. a negatively charged polymer). The positive substrate would be concentrated around the negative polymer and thus, although the average concentration of the substrate in the system might be low, around the enzyme it will be relatively high. Of course the polymer would not only attract the positively charged substrate, but any other cations, for example protons. Thus one might expect that, in this case, the hydrogen ion concentration around the enzyme will be higher (and the pH therefore lower) than the "average" concentration throughout the system. Such partitioning effects can cause the pH optimum and/or K_m of the immobilized enzyme to differ from the values obtained for the free enzyme.

Effet par lequel l'environnement d'une enzyme est affecté par le support sur lequel l'enzyme est immobilisée. Les interactions hydrophobes, hydrophiles et électrostatiques du support peuvent altérer les concentrations de substrats et de produits, le pH, et la force ionique.

pectolytic enzyme

Enzyme capable of degrading pectic substances. They occur in a wide variety of bacteria and fungi, and are divided into two classes: (1) depolymerizing enzymes; (2) saponifying enzymes.

NOTE Pectolytic enzymes are used extensively in the clarification and depectinization of fruit in order to obtain higher concentrations of juice. They are also used in the removal of the mucilaginous coating in coffee bean preparation, and in the curing of cocoa, tea and tobacco. An additional use is in the retting of flax, hemp or jute.

enzyme pectolytique

Enzyme agissant sur les matières pectiques soit pour les hydrolyser en acides galacturoniques, soit pour les déméthyler.

NOTA Les enzymes pectolytiques sont utilisées dans les industries des boissons soit pour augmenter le rendement d'extraction, soit pour abaisser la viscosité des jus. Leur emploi permet la concentration du jus de pomme et la clarification du cidre.

pellet

Material collected by sedimentation of a solution in a centrifuge tube.

sédiment
culot

Fraction solide qui se dépose au fond du tube, à la fin de la centrifugation.

pepsin

Endopeptidase; a proteolytic enzyme produced by glands of the vertebrate stomach.

pepsine

Endopeptidase qui est le principal constituant du suc gastrique, provenant de l'activation du pepsinogène sécrété par les cellules principales de la muqueuse gastrique. Elle décompose les protéines en peptides.

peptidase

Enzyme that hydrolyzes peptides, releasing the constituent amino acids.

peptidase

Enzyme protéolytique agissant sur les peptides et les polypeptides. On distingue des endopeptidases, qui scindent les polypeptides en des points plus ou moins spécifiques à l'intérieur de la chaîne polypeptidique, et des exopeptidases, qui hydrolysent les liaisons peptidiques terminales.

peptide

Any of a group of organic compounds comprising two or more amino acids linked by peptide bonds. These bonds are formed by the reaction between adjacent carboxyl (-COOH) and amino (-NH_2) groups with the elimination of water.

NOTE A peptide of three or more amino acids is called an oligopeptide if the peptide chain is short, whereas longer peptide chains are called polypeptides or proteins.

peptide

Courte chaîne composée de deux ou plusieurs acides aminés reliés par liaison peptidique, par opposition aux oligopeptides d'une dizaine d'acides aminés et aux polypeptides en possédant jusqu'à des centaines.

peptide binding method

Binding method based on the formation of peptide bonds between the enzyme protein and a water-insoluble carrier. The following procedures are available. (1) Water-insoluble carriers containing carboxyl groups can be converted to reactive derivatives such as the acid azide, chloride, isocyanate, etc., then these derivatives are reacted with free amino groups in the enzyme to form peptide bonds. (2) By using condensing reagents for peptide synthesis, such as carbodiimide and Woodward's reagent K, peptide bonds are formed between free carboxyl or amino groups in the enzyme and amino or carboxyl groups in the water-insoluble carrier.

immobilisation par liaison peptidique

Méthode d'immobilisation de protéines sur un support solide par formation de liaisons entre groupements aminés et groupements carboxyliques appartenant aux deux partenaires.

peptide bond
peptide linkage

The amide linkage between the α-carboxyl group of one amino

liaison peptidique

Liaison amide résultant de la condensation du groupe

peptide bond (cont'd)

acid and the α-amino group of another. The linkage does not allow free rotation and can occur in cis or trans configuration, the latter being the most common in natural peptides, except for links to the amino group of proline, which are always cis.

α-carboxyle d'un acide aminé et du groupe α-aminé d'un autre, entraînant l'élimination d'une molécule d'eau.

NOTA Les propriétés des liaisons peptidiques imposent certaines contraintes au repliement des protéines. Ainsi, en raison de la répartition des électrons entre les atomes d'oxygène, de carbone et d'azote, la liaison peptidique n'est pas un axe de rotation libre : elle s'oppose à cette rotation. De ce fait, les quatre atomes des groupes -CO-NH- sont dans un même plan et la chaîne peptidique ne se replie quasiment que par des rotations autour des liaisons avec les carbones alpha. En fait, la chaîne polypeptidique principale ressemble moins à un collier de perles qu'à une chaîne de plaques articulées.

peptone

Substances produced by the partial digestion of protein by peptidases.

peptone

Mélange d'acides aminés et de polypeptides résultant de l'action d'une peptidase sur une substance protéique.

percolating filter
biological filter

System of aerobic wastewater treatment based on a plug flow fixed film bioreactor.

filtre biologique
filtre percolateur

Lit de matériaux inertes à travers lequel une eau résiduaire percole pour être purifiée par un film biologique actif qui recouvre la matière inerte.

percolation

Slow movement of a liquid through a bed of solid particles.

NOTE Percolation is carried out in batch tanks and in several designs of continuous extractors.

percolation

Type de lixiviation consistant à faire passer lentement un solvant à travers un produit pulvérisé déposé en couches pour en extraire les constituants solubles.

perforated bowl basket centrifuge
SEE **basket centrifuge**

permanent microcapsule

Enzymes can be immobilized within microcapsules that have either a permanent or non-permanent semipermeable membrane. Permanent membranes are formed by interfacial polymerization or by coacervation of preformed polymers. Permanent microcapsules, produced by coacervation and employed for the immobilization of enzymes, have been made from collodion (cellulose nitrate), polystyrene, benzalkonium-heparin-collodion, ethylcellulose, and cellulose acetate butyrate. Microcapsules formed by the interfacial polymerization method have so far been restricted to the well-known polyamide (nylon) system.

microcapsule permanente

Petites capsules servant à immobiliser des enzymes et qui se forment de manière permanente par polymérisation ou coacervation.

peroxidase

A haem enzyme which catalyzes reduction of hydrogen peroxide by a substrate which loses two hydrogen atoms. Within cells, may be localised in peroxisomes. Coloured reaction-products allow detection of the enzyme with high sensitivity, so peroxidase-coupled antibodies are widely used in microscopy and ELISA.

peroxydase

Enzyme oxydante pouvant décomposer l'eau oxygénée (peroxyde d'hydrogène, d'où son nom) avec production d'oxygène actif, c'est-à-dire capable d'oxyder énergiquement les corps voisins. Elle est très proche de la catalase, composée du même groupement prosthétique (hème) mais différente par la structure de sa partie protéinique (apo-enzyme).

peroxisome

Organelle bounded by a single membrane and containing peroxidase and often catalase,

peroxysome

Organelle, présente dans le cytoplasme des cellules végétales et animales, contenant des

peroxisome (cont'd)

sometimes as a large crystal. A site of oxygen utilisation, but not of ATP synthesis. In plants, associated with chloroplasts in photorespiration and considered to be part of a larger group of organelles, the microbodies.

enzymes (peroxydase, catalase, uricase et amino-oxydase, dans les cellules animales).

pH

Measure of the degree of acidity or alkalinity of a solution. It can be defined as $-\log_{10}C$, where c is the concentration of hydrogen ions in moles per cubic decimetre.

NOTE In general, enzymes are active over only a limited pH range. A definite optimum pH for enzyme activity is usually observed because, like other proteins, enzymes possess many ionizable groups so that pH changes may alter the conformation of the enzyme, the binding of the substrate, and the catalytic activity of the groups in the active site of the enzyme. Effects may be due to a change in the maximum reaction rate (V_{max}), a change in the affinity of the enzyme for the substrate (K_m), or an alteration in the stability of the enzyme.

pH*

Mesure de l'état acido-basique d'une solution contenant des ions H+, définie par le logarithme décimal de l'inverse de l'activité ou concentration vraie en ions hydrogène d'une solution.

NOTA La température, le pH et la quantité d'enzyme influencent la vitesse de la réaction enzymatique.

* Abréviation de potentiel (en ions) hydrogène.

pH-activity profile
pH rate profile
pH profile

Plot that shows the pH activity relationship for a particular enzyme. Most enzymes have a characteristic pH at which their activity is maximal; above or below this pH the activity declines. Although the profiles of many enzymes are bell-shaped,

profil de pH

Courbe représentant l'activité d'une enzyme en fonction du pH. La plupart des enzymes présentent un pH optimum caractéristique, auquel leur activité atteint une valeur maximum. Au-dessus ou au-dessous de ce pH, l'activité de l'enzyme diminue.

pH-activity profile (cont'd)

they may vary considerably in form. Bell-shaped profiles with neutral substrates have often been interpreted as evidence that two ionizing groups of the enzyme are important in the catalytic reaction.

phase separation method

Most common method of enzyme microencapsulation based on the physical phenomenon, coacervation. An aqueous solution of the enzyme is emulsified in a water immiscible organic solvent containing the polymer. This polymer-enzyme emulsion is then vigorously stirred and another water immiscible organic solvent in which the polymer is insoluble is added. The polymer is concentrated and membranes are formed around the microdroplets of aqueous enzyme solution.

NOTE Although the technique is carried out under relatively mild conditions, enzyme deactivation can take place owing to the difficulty of removing the last traces of organic solvents from the polymer membrane.

immobilisation par séparation de phase

Méthode d'immobilisation des enzymes dans des microcapsules permanentes obtenues par coacervation.

pH dependence

The dependence of enzyme activity on pH. As enzymes consist of protein, the catalytic activity is markedly affected by environmental conditions, especially the pH of aqueous media. In general, enzymes are active over only a limited pH range. A definite optimum pH for enzyme activity is usually

profil de pH

Effet du pH sur l'activité enzymatique. Les enzymes sont des protéines possédant des groupes ionisables sous l'effet du pH. L'altération des interactions électrostatiques sous l'effet du pH peut affecter la conformation, la liaison du substrat et l'activité catalytique de l'enzyme. On peut donc obtenir une variation en

pH dependence (cont'd)

observed because, like other proteins, enzymes possess many ionizable groups so that pH changes may alter the conformation of the enzyme, the binding of the substrate, and the catalytic activity of the groups in the active site of the enzyme.

fonction du pH des paramètres cinétiques suivants : constante de dénaturation (K_D), constante de Michaelis (K_M) et vitesse maximum (V). Il existe généralement un pH optimum auquel l'enzyme possède son activité maximale.

pH electrode

The primary standard used for measurement of hydrogen ion concentrations.

NOTE The pH electrode is generally a device consisting of a glass electrode surrounded by a reference electrode with a potassium chloride solution forming a salt bridge. This design gives a practical, compact and simple probe which is electrostatically screened over most of its length.

électrode indicatrice de pH
électrode de pH

Électrode permettant une détermination potentiométrique de pH.

NOTA Il existe essentiellement trois types d'électrodes indicatrices de pH : l'électrode à hydrogène, qui est une électrode indicatrice d'ions du premier genre, des électrodes du second genre (comme l'électrode à quinhydrone), enfin des électrodes à membrane sensible à l'ion H+ (électrodes de verre).

phenylalanine
phenylaminopropionic acid
2-amino-3-phenylpropionic acid

One of the 20 common amino acids that occur in protein. It is an essential dietary amino acid with an aromatic side chain.

NOTE PHE and F are abbreviations used to denote the amino acid phenylalanine in protein sequences and elsewhere.

phénylalanine
acide β-phényl α-aminopropionique

Un des 20 acides aminés constitutifs des protéines de la matière vivante, non synthétisé par l'homme et formé d'un noyau benzène et d'une chaîne alanine.

NOTA PHE et F sont des symboles pour phénylalanine.

pH meter

Device that combines a pH electrode with electronic circuits in order to determine the pH of a solution.

pH-mètre

Tout appareil permettant la mesure électro-métrique du pH. Il est ordinairement constitué par une pile dont on mesure la force

pH meter (cont'd)

NOTE The importance of pH measurement has led to the creation of very precisely defined pH standards at the National Bureau of Standards. It is now possible to make meaningful pH measurements, even in extreme conditions such as very high pressures (1,000 bars or 100 megapascals) or very high temperatures (200°C). The technology of pH measurement has advanced to the point where many industrial processes are automatically controlled through pH measurements on process streams.

électro-motrice. Cette pile elle-même est formée de l'association d'un élément de référence (au calomel) et d'une électrode de verre plongeant dans la solution étudiée.

pH optimum
SEE **optimum pH**

phosphatase

Enzyme that catalyzes the hydrolysis and synthesis of phosphoric acid esters and the transfer of phosphate groups from phosphoric acid to other compounds.

NOTE The phosphatases comprise a very wide range of enzymes including broad and narrow specificity members. Phosphoprotein phosphatases specifically dephosphorylate a particular protein and are essential if phosphorylation is to be used as a reversible control system.

phosphatase

Enzyme de la classe des hydrolases libérant de l'acide phosphorique à partir de divers substrats phosphorylés.

NOTA On range parmi les phosphatases les phosphomonoestérases, les phosphodiestérases, les osylphosphatases, les acylphosphatases et les pyrophosphatases.

phosphate

Generic term for salts based formally on phosphorus(V) oxoacids and in particular salts of phosphoric(V) acid, H_3PO_4.

phosphate

Nom générique des sels et éthers-sels des acides phosphoriques.

6-phosphogluconate dehydrogenase

Enzyme that catalyzes the second dehydrogenation step of the pentose phosphate pathway. It converts 6-phospho-D-gluconic acid to D-ribulose-5-phosphate.

NOTE 6-phosphogluconate dehydrogenase is a mg^{2+}-dependent enzyme.

6-phosphogluconate déshydrogénase

Enzyme catalysant la déshydrogénation du phospho-6-gluconate, portant les hydrogènes sur le NADP et formant un 3-cétophosphogluconate instable qui se décarboxyle en ribulose-5-phosphate.

NOTA Cette enzyme présente dans tous les tissus et dont l'action nécessite la présence de Mg^{++}, catalyse la deuxième oxydation de la voie des pentose-phosphates, voie qui permet la formation du NADPH nécessaire aux biosynthèses réductrices.

phosphorylase

General term for an enzyme transferring an inorganic phosphate group to some organic acceptor, hence belonging to the transferases.

phosphorylase

Toute enzyme qui catalyse la phosphorolyse d'un composé par l'acide phosphorique.

photomultiplier
photomultiplier tube

Electronic device used to measure low light intensities. Photons pass through a window and strike a series of dynodes arranged in a cascade form across which a high potential is applied. At each dynode, secondary electrons are produced, thus amplifying the size of the signal that arrives at the anode. The size and/or shape of the signal is then analyzed and quantified using electronic circuits.

NOTE Photomultipliers are used in spectrophotometers and scintillation counters.

photomultiplicateur
tube photomultiplicateur
phototube

Détecteur très sensible de l'énergie lumineuse, constitué d'un tube photoélectrique dans lequel le courant électronique émis par la cathode est amplifié par des émissions électroniques secondaires se produisant sur une ou le plus souvent plusieurs électrodes intermédiaires successives appelées dynodes. On le trouve surtout dans les microscopes à balayage, les spectrophotomètres et les compteurs à scintillation.

pH profile
SEE **pH-activity profile**

pH rate profile
SEE **pH-activity profile**

p-hydroxyphenylalanine
SEE **tyrosine**

physical molecular model

Absorbing and interpreting the wealth of information obtained from protein crystallography has always been a problem. Physical molecular models made out of wire or plastic are hard to construct, difficult to examine and liable to be corrupted or damaged. The developments in computer graphics have provided the structural molecular biology community with a tool to display and manipulate molecules with hundreds or even thousands of atoms.

modèle moléculaire physique

Représentation physique de la structure moléculaire d'une protéine obtenue par cristallographie aux rayons X. Les anciennes représentations étaient réalisées en matériaux solides. Les représentations modernes se font par des méthodes graphiques informatisées.

pilot plant

Intermediate production facility used to study scale-up and other production problems between bench-scale experiments and full commercial production.

usine pilote

Rassemblement d'équipements expérimentaux permettant la mise en route d'un procédé nécessitant une série d'opérations unitaires pour l'obtention d'un produit final ayant des spécifications précises.

ping-pong reaction
SEE **double-displacement reaction**

plasmin
fibrinolysin

Trypsin-like serine protease which is responsible for digesting fibrin in blood clots. Generated from plasminogen by the action of another protease, plasminogen activator.

plasmine
fibrinolysine

Enzyme protéolytique, produit de l'activation du plasminogène, capable de lyser rapidement le caillot de fibrine, de scinder les molécules de fibrinogène, et des facteurs V et VIII.

plasminogen

Inactive precursor of plasmin to which it is converted by the proteolytic action of plasminogen activator.

NOTE Profibrinolysin is an obsolete term.

plasminogène

Protéine plasmatique inactive se transformant en plasmine sous l'effet d'activateurs.

NOTA Profibrinolysine, plasminogène-proactivateur, tryptogène et protryptase sont des termes désuets à éviter.

plasminogen activator

Serine protease which acts on plasminogen to generate plasmin. Has also been implicated in invasiveness, and is produced by many normal and invasive cells. The vascular form (tPA; 55kD) is very similar to tissue plasminogen activator (uPA; 70kD) and to streptokinase and urokinase.

activateur du plasminogène

Protéinase qui active le plasminogène en plasmine par coupure protéolytique. Celle-ci provoque la fibrinolyse, en dégradant le réseau de fibrine consolidant les caillots sanguins. Exemples : streptokinase, urokinase, activateurs tissulaires du plasminogène (tpa, kpa).

plasticity of proteins

One of the major assumptions underlying the belief that protein engineering can be successful is that proteins in general will be forgiving of attempts at modification. This view is supported by the apparent plasticity of proteins, many amino acid changes in proteins are silent and have little or no effect on the functionality of the protein. Indeed, in many cases it is possible to isolate mutant proteins that have amino acid insertions, deletions, and substitutions and still retain normal activity, just as tryptic fragments often retain some degree of function. Many protein fusions still exhibit the activity of the two component enzymes, and in fact fusions to β-lactamase or β-galactosidase have been used as markers for studies of gene expression.

flexibilité des protéines

Propriété qui permet le remplacement de quelques acides aminés d'une protéine sans altération importante de la structure tridimensionnelle. La flexibilité des protéines permet de les modifier par génie génétique sans altérer leurs caractéristiques fondamentales.

β-pleated sheet
SEE **β-sheet**

pleated sheet
SEE **β-sheet**

plug-flow column reactor
SEE **plug flow reactor**

plug-flow digester
plug flow type digester

Digester that consists of a long tube or an elongated covered pit that is treated as a plug flow reactor. The material to be digested is introduced at one end and overflow occurs at the other. Since these digesters have a high liquid content and internal mixing occurs, or may be deliberately carried out, the kinetics of reaction only approximate to those of a true plug flow reactor.

NOTE It is impossible to achieve plug flow in a digester where solids are settling out and gas evolution gives lateral mixing. Indeed if true plug flow were to occur digestion would be impossible, since each increment of feed must be inoculated with bacteria from the digester population for the process to succeed. At present the name plug flow is given to designs which are unstirred and tubular; while the solid material may tend to move through the digester sequentially, it appears that the liquid fraction mixes rapidly, hence the name plug flow is inappropriate and the designation "tubular" is preferable.

digesteur piston

Type de digesteur dans lequel il n'y a pas d'agitation; le déchet-influent plus liquide est introduit périodiquement à une extrémité et est poussé vers la sortie au fur et à mesure de la digestion. La forme la plus courante et la mieux adaptée de digesteur est le digesteur cylindrique.

plug flow fermenter

Version of the dialysis fermenter in which a dense plug of cells is maintained between two support plates. Medium is pumped through the plug under high pressure and rapid fermentation takes place. Easily fouled membrane filters are not suitable; instead a layer of kieselguhr filter laid over a porous frit support plate is used. Kieselguhr is also mixed into the plug to prevent dense packing of the yeast which would halt the flow.

fermenteur à écoulement de type piston

Fermenteur constitué de deux plaques poreuses (en silice) qui maintiennent un lit de cellules, et à travers lesquelles le milieu de fermentation est pompé sous pression.

plug flow reactor
plug-flow column reactor

Reactor, often tubular in form, in which the substrate passes through an essentially unmixed system which may consist of an unstirred liquid phase or a system in which the biocatalyst consists of a stationary matrix such as immobilized cells or enzymes, or packed cells. The substrates enter the column at one end and the products emerge in the effluent at the other. Under suitable conditions of biological activity and residence time, very high conversion efficiencies may be achieved since the incoming substrate is not mixed with the outgoing product stream.

NOTE In the case of a perfect plug flow reactor, no axial mixing occurs and no mixing occurs between a given portion of the influent and any liquid that entered the reactor either before or after the material under consideration.

réacteur à écoulement piston
réacteur plug-flow

Type de réacteur qui se présente sous forme d'une colonne garnie par un lit fixe d'enzymes ou de cellules immobilisées dépourvu d'agitation mécanique. Le substrat, poussé par le flux d'alimentation, se déplace, idéalement, selon une succession de petits éléments de volume bien délimités. On dit alors que l'on a un écoulement piston. Dans la réalité, il y a un certain échange de matière par diffusion, ce qui se traduit par l'apparition d'une distribution des temps de séjour.

plug flow reactor (cont'd)

Thus for a steady state system, all fluid entering the reactor has the same residence time within the reactor.

PFR is an abbreviation of plug flow reactor.

plug flow type digester
SEE **plug-flow digester**

polyacrylamide gel

Gel made by cross-linking acrylamide with N,N'-methylene-bis-acrylamide.

NOTE Polyacrylamide gel is a very suitable support for enzyme immobilization because, first, it is chemically inert, second, the size of its pores can be varied by changing the concentration of the monomer and, third, at sufficiently high concentrations of the gel, the size of its pores is commensurate with the sizes of enzyme globules.

gel de polyacrylamide

Gel dont le réseau est constitué d'un polymère préparé à partir de deux molécules de départ : l'acrylamide, petite molécule organique se terminant par un groupe amide (-$CONH_2$), et le N,N-méthylène bis acrylamide, l'agent de réticulation.

NOTA Nous retrouvons dans les méthodes d'immobilisation par liaison covalente des techniques d'inclusion dans des gels de polyacrylamide, techniques dans lesquelles se surajoute l'établissement de liaisons covalentes enzyme-gels.

polyacrylamide gel electrophoresis

Electrophoretic procedure in which polyacrylamide is used as the support matrix. In general, two types of electrophoresis are carried out. (1) A one-dimensional procedure using either intact proteins or proteins solubilized with sodium dodecyl sulphate (SDS). (2) A two-dimensional separation, with the native protein separated in the first run. The plate is then treated with SDS and

électrophorèse en gel de polyacrylamide

Technique d'électrophorèse très résolutive qui utilise un gel de polyacrylamide comme support. Ce support très discriminatif fractionne les protéines et les polypeptides non seulement en fonction de leur charge, mais également en fonction de leur masse moléculaire apparente (c'est-à-dire masse corrigée d'un facteur qui tient compte de la forme de la molécule et

polyacrylamide gel electrophoresis (cont'd)

the sample separated in the second direction.

NOTE PAGE is an abbreviation of polyacrylamide gel electrophoresis.

de la présence de petites molécules associées). Le gel de polyacrylamide se comporte comme un gel d'exclusion. La mobilité d'une protéine sur le gel est proportionnelle au rapport charge/masse molaire apparente.

polyamide

Condensation polymer formed by the linking together of relatively small molecules by amide bonds, e.g. nylon.

NOTE The family of synthetic polyamides known as nylons available commercially in a variety of physical forms, such as membranes, powders, tubes, hollow fibers, and spun-bonded films, are mechanically strong and nonbiodegradable. The nylons of shorter methylene chains, e.g. nylon-6 and nylon-6,6 are relatively hydrophilic, as judged by their moisture regain, and thus offer supports that in principle would be suitable for the immobilization of enzymes.

polyamide

Polymère dans lequel le motif structural répété dans la chaîne est du type amide. Il est essentiellement obtenu par polycondensation d'un diacide et d'un diamine. Il peut aussi résulter de la polycondensation d'un aminoacide sur lui-même, d'un dichlorure d'acide sur une diamine ou d'une polymérisation par ouverture de cycle.

NOTA Dans la méthode par polymérisation interfaciale, une solution aqueuse renfermant l'enzyme et un monomère hydrophile (polyamine ou glycol) est émulsionnée dans un solvant organique non miscible à l'eau. Par addition d'un second monomère hydrophobe (chlorure d'acide polybasique) on provoque une réaction de polymérisation entraînant la formation d'une membrane (polyamide ou polyester) autour des microgouttelettes aqueuses. Il est souvent nécessaire d'ajouter un agent tensioactif qui stabilise l'émulsion et permet d'ajuster la taille des capsules aux dimensions désirées, celles-ci pouvant varier de 1 à 100 microns.

polyamine

Polycationic compounds containing two or more amino groups; they appear to occur in all animal, plant and microbial cells and in certain viruses.

polyamine

Substance organique possédant plusieurs fonctions amines et très répandue dans la nature.

polyanionic carrier

Support material for enzyme immobilization that carries several negative charges. The stability of enzymes is increased on the alkaline side when they are immobilized using polyanionic carriers.

support polyanionique

Matériel de support contenant plusieurs charges négatives. Ces supports sont utilisés pour l'immobilisation d'enzymes.

polycationic carrier

Support material for enzyme immobilization that carries several positive charges. The stability of enzymes immobilized using polycationic carriers is enhanced on the acid side. These shifts toward the acid side may be explained as follows. When an enzyme is bound to a polycationic carrier, positive charge on the enzyme protein increases, and the of the immobilized enzyme region becomes more alkaline than that of the external solution. Accordingly, the enzyme reaction effectively proceeds on the alkaline side of the external buffer pH, and the optimum pH apparently shifts to the acid side.

support polycationique

Matériel de support contenant plusieurs charges positives. Ces supports sont utilisés pour l'immobilisation d'enzyme. On note souvent un phénomène de déplacement du pH optimal des enzymes immobilisées sur de tels supports.

polyclonal antibody

An antibody produced by several clones of β-lymphocytes as would be the case in a whole animal. Usually refers to antibodies raised in immunised animals,

anticorps polyclonal

Anticorps sécrété par différents lymphocytes β dans une réponse immunitaire face à un antigène qui est de structure multiépitopique.

polyclonal antibody (cont'd)

whereas a monoclonal antibody is the product of a single clone of β-lymphocytes, usually maintained *in vitro*.

poly-β-hydroxybutyrate

Thermoplastic polyester consisting of -$CH_2CHOHCH_2COO$ – that is accumulated as an energy reserve by a wide variety of micro-organisms including Alcaligenes, Azotobacter, Bacillus, Nocardia, Pseudomonas and Rhizobium species. Under nutrient limitation, some species can accumulate up to 70 percent of their weight as this material. The polymer may be of commercial value being recovered from fermentation by cell breakage followed by solvent extraction into halogenated hydrocarbons.

NOTE PHB is an abbreviation of poly-β-hydroxybutyrate.

poly-β-hydroxybutyrate

Polyester thermoplastique naturel synthétisé par certaines bactéries, et qui leur sert de réserve énergétique. Les propriétés de ce polymère permettent d'envisager son utilisation industrielle pour manufacturer des produits plastiques biodégradables.

polymeric support

A natural or synthetic support material used for enzyme immobilization and that is formed by condensation of simpler molecules called monomers. Polymeric supports used for enzyme immobilization include cellulose and its derivatives: dextran, agarose, collagene and synthetic polymers like styrene.

support polymère
support de polymères

Matériel de nature polymère, naturel ou synthétique, employé pour l'immobilisation d'enzymes. Une grande variété de supports de polymères sont disponibles : la cellulose, le dextran, l'agarose, l'amidon, le collagène et les polymères synthétiques vinyliques et acryliques pour ne nommer que ceux-là.

polymerization

Reaction in which a molecular weight product is produced by successive additions to or condensations of a simpler

polymérisation

Réaction chimique au cours de laquelle un nombre plus ou moins grand de molécules de faible poids moléculaire (monomères)

polymerization (cont'd)

compound; e.g. polystyrene may be produced from styrene, or rubber from isoprene, or a polynucleotide from mononucleotide.

possédant, au moins, deux groupes fonctionnels, s'unissent pour former des composés de poids moléculaire élevé (polymères).

polypeptide

Chain of amino acids joined by peptide bonds. Distinction between peptides, oligopeptides and polypeptides is arbitrarily by length; a polypeptide is perhaps more than 10 residues.

polypeptide

Molécule constituée par la combinaison d'aminoacides entre eux par des liaisons peptidiques et renfermant plus de 10 aminoacides.

polysaccharide

Polymer of (arbitrarily) more than about ten monosaccharide residues linked glycosidically in branched or unbranched chains.

NOTE Several polysaccharides obtained from micro-organisms have important commercial uses: e.g. agar, alginate, carrageenan, curdlan, dextran, funoran, furcellaran, gellan gum and xanthan gum.

polysaccharide
polyoside

Polymère à longue chaîne de sucres (glucose, galactose), comme l'amidon ou la cellulose des plantes, et le glycogène des animaux. On peut encore citer l'agarose comme exemple.

NOTA Polyholoside, polyglycoside et polyglucoside sont des termes désuets à éviter.

polyvalent enzyme

Enzyme that acts on more than one substrate. Also describes some allosteric enzymes that respond to two or more specific modulators, each bound to a specific site on the enzyme.

NOTE Two or more multienzyme systems may be connected by one or more polyvalent enzymes in a control network.

enzyme polyvalente

Enzyme qui peut agir sur plus d'un substrat. Décrit aussi certaines enzymes allostériques qui répondent à deux modulateurs spécifiques ou plus, chacun étant fixé à un site spécifique de l'enzyme.

porosity

Property of a solid which contains many minute channels or open spaces.

porosité

Structure lacunaire des corps solides qui comportent de nombreux pores dont les dimensions sont grandes par rapport aux atomes, mais petites à l'échelle de nos observations ordinaires. (Ces pores, habituellement remplis d'air, permettent en général le passage des liquides et des gaz.)

porous glass

Support material used in chromatography. It is prepared from sintered borosilicate glass that is tempered to form a two-phase micro-heterogenous matrix. One phase is then leached out to form a continuous system of uniform channels, the diameter of which depends on the tempering conditions.

NOTE Porous glass is used for gel filtration in aqueous or organic solvents, if adsorption effects are minimized by pretreatment with hexamethyldisilazane which blocks accessible hydroxyl groups. Commercial preparations are available covering a molecular weight range of up to 9 x 10^6.

verre poreux

Support poreux en verre utilisé en chromatographie d'exclusion. Les verres poreux sont disponibles dans une variété de dimensions de pore : de 7,5 nm à 250 nm correspondant à des masses moléculaires de 28 000 à 1 200 000. Les verres poreux sont désactivés par silanisation des groupements OH de manière à supprimer les phénomènes d'adsorption.

NOTA Les verres poreux sont obtenus par concassage et ont des formes irrégulières.

porous silica

Support material used in chromatography. It is produced by fusing silica microstructures so as to form beads with microcavities.

NOTE Porasil is a commercial preparation.

silice poreuse

Support chromatographique poreux constitué de microbilles de silice. Grâce à leur forme sphérique, leur densité élevée et leur résistance mécanique, ces microbilles permettent de préparer très facilement des colonnes chromatographiques de grande hauteur (1,30 m environ) pouvant assurer des débits linéaires de

porous silica (cont'd)

filtration très imposants (1 à 4 m/h) sous une pression moyenne inférieure à 3 bars.

NOTA Sphérosil est une marque de commerce.

power input

puissance absorbée
puissance consommée

Amount of energy put into a system, for instance as electrical energy used to drive a fermenter impeller. It will increase with the viscosity of the solution, which in turn will increase the amount of energy dissipated as heat into the culture.

Puissance transmise à une machine sur son arbre s'il s'agit d'une génératrice ou par le circuit d'alimentation s'il s'agit d'un moteur, d'une commutatrice ou d'un convertisseur. En régime turbulent, la puissance consommée par l'agitateur d'un fermenteur est proportionnelle à la masse volumique et au cube de la vitesse de rotation.

power number

nombre de puissance

Dimensionless group of relevance to the stirring of fluids in fermenters that represents the inertial forces transmitted to the fluid.

NOTE Np is a symbol used to denote the power number.

Dans le cas de phénomènes de vortex (absence de contre-pales), en régime turbulent, l'allure de la courbe de puissance est modifiée. Le nombre de puissance Np diminue progressivement, au fur et à mesure que le nombre de Reynolds augmente. Le vortex est en effet caractérisé par un mouvement de toute la masse du fluide à agiter, provoqué par la rotation de l'agitateur. L'installation de contre-pales permet d'éviter le phénomène préjudiciable à une bonne efficacité de l'agitation.

NOTA Np est un symbole utilisé pour désigner le nombre de puissance.

Nombre adimensionnel se reportant aux forces impliquées dans l'agitation des fluides dans les fermenteurs.

preassembly approach
SEE **systematic approach**

precipitation

Method of removing a substance in solution from a liquid by treating the liquid in such a way that the required compound forms an insoluble precipitate.

NOTE Precipitation of biological materials is achieved by addition of salts, organic solvents, chelating agents, etc., by changes in pH or by heating or cooling. The solid material is then removed by filtration or centrifugation.

précipitation

Formation d'un corps insoluble dans un milieu de réaction donné.

pre-enzyme
SEE **zymogen**

pressure cycle fermenter

Fermenter in which the contents are kept agitated or mixed. Gas exchange is enhanced by circulating through an exterior limb and returning to the bottom of the main vessel where the contents are reinjected under pressure. Such fermenters may be built in the form of towers. As a result of the increased hydrostatic and/or operating pressure, the rate and efficiency of oxygen transfer is increased.

fermenteur à cycle pressurisé

Fermenteur dans lequel les gaz d'aération sont récupérés et réinjectés sous pression. Ce système permet de mélanger efficacement le contenu du fermenteur et d'augmenter l'efficacité des échanges gazeux.

pressure drop
differential pressure
pressure loss

Difference in pressure between two points in a flow system, usually caused by frictional resistance of a fluid flowing through a conduit, filter media, or other flow-conducting system.

perte de charge
différence de pression
chute de pression

Différence entre la pression d'entrée et la pression de sortie mesurées dans des conditions déterminées.

primary biodegradation

In relation to surfactant biodegradability, it is important to distinguish between primary and ultimate biodegradation. For example, the loss of the ester sulphate groups from surfactants such as sodium dodecyl sulphate or sodium dodecyltriethoxy sulphate would be a primary biodegradation step that would lead to an immediate loss of surfactant properties. For the most part, industry and water and sewage authorities have been content to ensure that new surfactant products do undergo reasonably rapid primary and ultimate biodegradation and a variety of laboratory tests have been developed specifically since the advent of synthetic surfactants.

biodégradation primaire

Première étape de la biodégradation des détergents qui aboutit à la perte de leurs propriétés détergentes.

primary metabolite

Any compound produced by a cell and that is required for its own growth. Commercially important primary metabolites include amino acids and other organic acids, nucleotides, polysaccharides, fats, vitamins and enzymes. Also included in this category is cell biomass, perhaps the most obvious primary "metabolite".

métabolite primaire
métabolite essentiel

Désigne les produits primaires du métabolisme des cellules (c'est-à-dire les composés indispensables à leur croissance). Les métabolites primaires les plus importants dans l'industrie de la fermentation sont les acides aminés, les nucléotides du type purine, les vitamines et les acides organiques.

primary structure

Sequence of amino acid residues along a polypeptide chain in a protein. It completely determines the secondary, tertiary, and quaternary structures.

structure primaire

Dans une chaîne polypeptidique, arrangement séquentiel des acides aminés dont l'enchaînement est assuré par des liaisons peptidiques covalentes.

product

Atom, ion, or molecule produced in a chemical reaction, from one or more chemical elements or compounds (the reactants).

produit

Substance résultant de la transformation du ou des réactants au cours d'une réaction.

productivity

Measure of the total amount of biomass, or other product, formed in a given time.

productivité

Critère souvent retenu pour l'évaluation d'un procédé de fermentation; on l'exprime en grammes de biomasse produits par litre de milieu et par heure.

product recovery membrane fermentation

Experimental system that has been proposed for continuous ethanol recovery from fermenter broth employing selective membrane separation techniques. Ethanol is more soluble in the extractant, so diffuses across the membrane and is carried away, whereas the sugar substrate is retained in the fermenter until completely utilized. Since only a small amount of extractant leaks into the broth, the requirements for nontoxicity, immiscibility and non-emulsion-forming properties are reduced. Polypropylene glycol p-1200 has been identified as a suitable extractant.

fermentation avec récupération sur membrane

Procédé de fermentation alcoolique en continu, où l'éthanol diffuse à travers une membrane vers un solvant extracteur constitué de polypropylène glycol.

proenzyme
SEE **zymogen**

proline
2-pyrrolidine-carboxylic acid
α-pyrrolidine carboxylic acid

One of the 20 amino acids directly coded for in proteins. Structure differs from all the others, in that its side chain is bonded to the

proline
acide 2-pyrrolidine carboxylique
acide pyrrolidine 2-carboxylique
acide 2-pyrrolidinecarboxylique

Acide aminé glucoformateur, non indispensable, de formule cyclique et possédant une fonction amine secondaire.

proline (cont'd)

nitrogen of the α-amino group, as well as the α-carbon. This makes the amino group a secondary amine, and so proline is described as an imino acid. Has strong influence on secondary structure of proteins and is much more abundant in collagens than in other proteins.

NOTE PRO and P are abbreviations used to denote the amino acid proline in protein sequences and elsewhere.

NOTA PRO et P sont des abréviations de proline.

prosthetic group

In an enzyme: any low-molecular weight, non-protein component which is firmly bound to the apoenzyme and which is necessary for the activity of the enzyme.

groupement prosthétique
groupe prosthétique

Structure non protéique, fortement liée à l'apoenzyme.

protease
proteolytic enzyme

Term normally reserved for endopeptidases which have very broad specificity and will cleave most proteins into small fragments. These are usually the digestive enzymes, e.g. trypsin, pepsin etc., or enzymes of plant origin (e.g. ficin, papain) or bacterial origin (e.g. pronase, proteinase K). Proteases are involved in activating and degrading proteins and are widely used experimentally for peptide mapping and for structural studies.

protéase
enzyme protéolytique

Nom générique des hydrolases comprenant les protéinases et les peptidases. On désigne aussi plus spécialement sous ce nom le mélange de peptase, tryptase, éreptase, contenu dans l'orge, le malt, la levure.

NOTA Certains mettent protéinase et peptidase synonymes de «protéase». D'autres font la distinction suivante : une protéinase a comme substrat des chaînes polypeptidiques de poids moléculaire élevé, tandis que la peptidase attaque plutôt les peptides, de faible poids moléculaire.

protein

Macromolecule made up of one or more chains of amino acids joined covalently through peptide bonds. They vary greatly in molecular weight from a few thousand to several million daltons.

NOTE Protide and proteid are obsolete terms.

protéine

Macromolécule constituée d'une chaîne d'acides aminés liés par liaisons peptidiques, dont le repliement tridimensionnel lui confère une architecture fonctionnelle. Celle-ci est maintenue par des ponts disulfures et des liaisons non covalentes comme les liaisons hydrogènes ou les interactions hydrophobes.

NOTA Protéide est un terme désuet à éviter.

proteinase

Proteolytic enzyme that partially hydrolyzes protein to form small peptides.

protéinase

Classe d'enzymes protéolytiques qui catalysent l'hydrolyse de certaines liaisons peptidiques spécifiques des acides aminés qu'elles lient, réduisant ainsi les protéines en petits peptides. Une protéase catalysera la dégradation d'un peptide ou d'une protéine en ses éléments constitutifs, les acides aminés.

protein design

Designing proteins *de novo* to eventually create a functional enzyme or protein – properly folded – from first principles.

protein design*

Désigne la conception de nouvelles protéines. On peut déterminer la structure des protéines, grâce à un calcul mathématique analytique des schémas de diffraction des rayons X. On peut les représenter en trois dimensions à l'aide d'ordinateurs de modélisation graphique. L'étude des interactions microscopiques entre molécules pourrait permettre la création de protéines nouvelles.

NOTA* Terme souvent cité dans les ouvrages français.

protein determination

Technique used to measure the amount of protein in a sample. This is performed using a spectrophotometric protein determination, the Kjeldahl method, the Lowry method or the Biuret reaction, or on the basis of the sum of the peptides or amino acids detected by fingerprinting or using an amino acid analyzer.

dosage des protéines

Détermination, dans un but analytique, de la quantité de protéines contenues dans un échantillon. Actuellement, il existe des chaînes automatiques de dosage des protéines, surtout utilisées en biochimie clinique. Ce sont le système dit «en flux continu» et l'analyse automatique par centrifugation.

protein dynamics

Term that covers all of the intramolecular motions of proteins. These may be the motions of individual atoms, groups of atoms, or whole sections of the protein. These motions can be divided into three broad categories, characterized by the extent and time scale of the motion and by the method that is used to study it:
(1) atomic fluctuations,
(2) collective motions,
(3) triggered conformational changes.

As the predictive abilities increase, the study of protein dynamics will have application to practical problems in endeavors such as genetic engineering or the effort to modify an enzyme to better serve an industrial process.

dynamique des protéines

Ensemble des mouvements moléculaires des protéines. Comme les atomes d'une protéine globulaire sont proches les uns des autres, les mouvements de chaque atome sont limités; en revanche ces petits mouvements locaux produisent parfois des déformations plus globales, à plus grande échelle, de la protéine.

protein engineering

The techniques used to create totally novel proteins by synthesizing genes *de novo* or to alter existing proteins by tailoring existing genes.

ingénierie des protéines
ingénierie protéique

Ensemble des techniques qui permettent, si possible, à partir de la connaissance de la structure tridimensionnelle des protéines, de fabriquer des protéines «sur mesure» entièrement nouvelles

protein engineering (cont'd)

ou de remodeler d'une manière rationnelle et spécifique la structure des protéines naturelles afin d'améliorer leur fonction et de rentabiliser ainsi leur emploi dans la technologie des aliments, ou les industries pharmaceutique et agrochimique.

NOTA Certains ouvrages français utilisent l'expression *protein engineering*.

protein sequencing

Determination of the sequence of amino acids that make up a peptide or a protein. Information is obtained by a combination of chemical or enzymic hydrolysis followed by finger-printing or amino acid analysis. Fully automated solid state systems are available.

NOTE The sequences of most proteins are now being determined by cloning the gene for the protein and then using the much more efficient and rapid methods of DNA sequencing to decipher the amino acid sequence by reference to the genetic code.

séquençage des protéines

Détermination de l'ordre linéaire de l'enchaînement des acides aminés d'une protéine.

protein synthesis

Production of a protein from its constituent amino acids. This takes place in association with specific organelles known as ribosomes. The information that determines the amino acid sequence of a protein is carried in the DNA. This is transferred to a base sequence on a molecule of

synthèse des protéines
synthèse protéique

Production des protéines à partir de leurs acides aminés constituants. Le message génétique, sous forme d'ADN, est transcrit en ARN messager (ARNm), emporté vers les organites appelés ribosomes et traduit en protéines spécifiques grâce aux ARN de transfert

protein synthesis (cont'd)

mRNA. At the ribosomes the information carried by messenger RNA is translated into the sequence of amino acids of the protein in the process of translation.

(ARNt), qui attachent l'acide aminé qu'ils véhiculent aux chaînes protéiques en formation.

proteolysis

Hydrolysis of proteins into smaller peptides and amino acids. It is catalyzed by a number of different types of enzymes known as proteases or proteolytic enzymes. These include both endopeptidases (e.g. renin) and exopeptidases (e.g. carboxypeptidase, aminopeptidase), as well as cathepsins.

protéolyse

Destruction des protéines en leurs éléments constitutifs, qui est assurée dans la cellule vivante par des enzymes dites protéolytiques.

NOTA Parfois employé comme synonyme de fibrinolyse.

proteolytic enzyme
SEE **protease**

protomer*
SEE **subunit**

pullulanase
pullulan-6-glucanohydrolase

Enzyme that catalyzes the hydrolysis of α-(1,6)-glucosidic links at a branch point, as well as in a linear chain of a number of oligo- and polysaccharides. It degrades pullulan to maltotriose and is active on amylopectin, glycogen and β-dextrins.

pullulanase

L'enzyme catalyse l'hydrolyse du pullulane, un glucane linéaire dont les monomères maltotrioses sont enchaînés par des liaisons glycosidiques α (1-6). Le pullulane est un polysaccharide soluble, produit par le fungus *Aureobasidium pullulans*.

pullulan-6-glucanohydrolase
SEE **pullulanase**

purification

Process used to increase the proportion of a given substance in a mixture; a procedure that results in an increase in the specific activity of an enzyme.

purification

Processus qui augmente la proportion d'une substance donnée dans un mélange. La purification d'une enzyme augmente ainsi son activité spécifique.

putrefaction

Decomposition, catalyzed by the growth of micro-organisms. It is characterized by the formation of evil-smelling end products which are generated as a result of the breakdown of proteins.

putréfaction

Processus de décomposition des matières organiques animales ou végétales sous l'action enzymatique de divers micro-organismes avec formation de déchets de décomposition, de substances toxiques, de gaz fétides.

2-pyrrolidine-carboxylic acid
SEE **proline**

α-pyrrolidine carboxylic acid
SEE **proline**

Q

Q_{10}
SEE **temperature quotient**

quaternary structure

The association of several protein monomers into a large unit. The monomers are held together by the same forces that create secondary and tertiary structure, hydrophobic bonding being the most important. For example, hemoglobin A, $\alpha_2\beta_2$, is composed of two alpha monomers and two beta monomers.

structure quaternaire

Façon caractéristique dont les chaînes polypeptidiques s'assemblent les unes aux autres dans la conformation native des protéines oligomériques. Cet ensemble n'est pas une organisation immuable : c'est un état d'équilibre entre l'association et la dissociation partielle des chaînes.

R

radioactive

Descriptive of elements, compounds or materials that emit ionizing radiation.

radioactif

Se dit d'un corps simple, de l'un de ses dérivés composés ou mélangés, des minerais doués de la propriété de radioactivité (i.e. émettre spontanément des rayonnements corpusculaires (rayons α, rayons β) ou électromagnétiques).

radioactive decay
decay
disintegration

The breaking up of a radioactive atom with the emission of radioactive particles or gamma-rays.

NOTE Decay is associated with the loss of the radioactive isotope and the formation of another isotope of the same element but of lower mass, or the formation of one or more different elements. The rate of decay is proportional to the amount of the radioactive isotope present in the sample and is characterized in terms of its half-life. The half-life is the time taken for the radioactivity to decay to 50 percent of its original activity.

désintégration radioactive
désintégration

Transformation spontanée du noyau d'un atome qui donne naissance à un rayonnement ionisant.

radioactive decay correction

Compensation made for the loss of radioactivity due to decay that occurs during the course of an experiment. For isotopes with

correction de désintégration radioactive

Pour des radioisotopes à demi-vie courte, correction introduite pour tenir compte de la perte de radioactivité pendant l'expérience.

radioactive decay correction (cont'd)

long half-lives (e.g. 14carbon) this may not be necessary. However, if the half-life is short and is similar to the duration of the experiment, a correction is necessary.

NOTE The percentage isotope remaining at any time may be calculated as follows:

$\log^{10} (N_o/N_t) = 0.3010\ (t/h)$
percentage isotope =
100/antilog [0.3010(t/h)]

where t = time of decay, h = half-life, N_o = radioactivity at start, N_t = radioactivity at time t.

radioactive half-life
half-life

Time taken for a radioactive isotope to lose half its radioactivity.

période radioactive
période $T_{½}$
demi-vie radioactive

Dans le cas d'un processus unique de décroissance radioactive, temps moyen nécessaire pour que l'activité diminue jusqu'à la moitié de sa valeur.

NOTA La période $T_{½}$ est reliée à la constante de désintégration λ par la relation $T_{½} = \ln 2/\lambda$, et ne doit pas être confondue avec la vie moyenne d'un certain nombre d'atomes $\tau = 1/\lambda = 1{,}44\ T_{½}$.

radioactive isotope
radioisotope

Unstable element that decays with the emission of gamma-rays, beta-particles or alpha-particles.

isotope radioactif
radio-isotope

Chacun des éléments ayant le même nombre atomique et les mêmes propriétés chimiques que l'élément stable, mais de masse différente. Ce sont des corps dont les noyaux possèdent des combinaisons instables de neutrons

radioactive isotope (cont'd)

et de protons : le retour à la stabilité nucléaire s'effectue grâce à l'émission de radiations qui sont de nature soit corpusculaire, soit électromagnétique.

radioactive label

Radioactive compound or element. It is used as a means of marking a compound and following it in a biological system.

marqueur radioactif

Composé radioactif introduit dans un système biologique, et qui sert à suivre son métabolisme.

radioactive labelling

The labelling of individual organisms or cultures with radioactivity by feeding with food or substrates that contain specific radioactive elements. The radioactive compounds are used to trace the metabolic fate of the molecules or atoms concerned.

radiomarquage
marquage radioisotopique

Marquage avec des précurseurs radioactifs, comme la ^{3}H-leucine, d'organismes ou de cultures. Le marquage des biomolécules par des isotopes radio-actifs permet de suivre «à la trace» chaque élément intervenant au cours des réactions.

radioactive standard
radioactivity standard

Specimen containing a known quantity of a radioactive isotope with a known rate of decay. It is used for the calibration of instruments employed in the measurement of radioactivity.

étalon de radioactivité

Source radioactive dont on connaît la nature et l'activité à une époque déterminée et qui peut être utilisée comme source de rayonnement de référence.

radioactive tracer

Radioactive isotope of one of the elements commonly found in living tissue. The most common tracers are tritium (^{3}hydrogen), ^{14}carbon, ^{35}sulphur and ^{32}phosphorus. They are used to elucidate complex metabolic pathways, to obtain mass balances

traceur radioactif
radiotraceur

Élément radioactif utilisé comme traceur que l'on peut identifier grâce à sa radioactivité.

radioactive tracer (cont'd)

in culture, to follow enzyme kinetics or to determine reaction mechanisms.

NOTE See "radioactive label".

radioactivity

Spontaneous disintegration displayed by certain elements or isotopes due to the composition of their atomic nuclei.

radioactivité

Transformation spontanée d'un noyau atomique au cours de laquelle ce dernier émet un rayonnement, sous forme de photons ou de particules douées d'énergie cinétique.

radioactivity standard
SEE **radioactive standard**

radioautography
SEE **autoradiography**

radiograph

Image produced by the action of X-rays or other radiation from a radioactive substance on a photographic plate.

radiogramme

Image sur une émulsion sensible des éléments structuraux d'un objet traversé par un rayonnement ionisant. L'autoradiogramme est l'image obtenue par un objet radioactif.

NOTA Il est préférable d'employer ce terme à l'exclusion du terme radiographie, souvent utilisé improprement dans ce sens particulier et qui doit être réservé pour désigner la technique.
Röntgenogramme et skiagramme sont des termes désuets à éviter.

radiography

The process or technique of producing images of an opaque object on photographic film or on a fluorescent screen by means of radiation (either particles or

radiographie

Technique photographique fondée sur les propriétés de pénétration des rayons X et γ, qui permet d'examiner la structure interne des objets et qui consiste à

radiography (cont'd)

electromagnetic waves of short wavelength, such as X-rays and gamma-rays).

impressionner une émulsion photographique par le rayonnement qui a traversé l'objet.

NOTA Röntgenographie et skiagraphie sont des termes désuets à éviter.

radioimmunoassay
RIA

radioimmunoessai
radio-immunoessai
dosage radioimmunologique
radio-immunodosage

Widely used analytical technique, based on an immunological reaction for measuring proteins (e.g. antibodies, antigens, peptide hormones, enzymes, etc.). Although many different systems exist, their main feature is that a radioactive label is used to follow the interaction of an antibody with an antigen.

NOTE The technique has particular advantages in terms of sensitivity, specificity and precision. Kits that use specific monoclonal antibodies are now available for a wide range of diagnostic purposes.

Méthode de dosage d'un antigène ou d'un anticorps utilisant un antigène radioactif. L'antigène à doser déplace la liaison de l'antigène radioactif à l'anticorps en proportion de sa concentration. Ils sont utilisés pour doser de nombreuses substances circulantes, en particulier les hormones et les médicaments.

radioisotope
SEE **radioactive isotope**

radiometer

Instrument used for detecting and measuring small amounts of radiant energy.

radiomètre

Nom générique des appareils servant à détecter, éventuellement à mesurer l'énergie rayonnante.

NOTA Röntgenomètre est un terme désuet à éviter.
Le compteur geiger est un type de radiomètre.

random bisubstrate reaction
SEE **random single-displacement reaction**

random-coil

Type of secondary structure of protein molecules obtained by variable folding of the polypeptide backbones within short stretches of the polypeptides.

pelote statistique

Forme que prend une chaîne macromoléculaire par repliements sur elle-même. Certaines macromolécules, très rigides, conservent en solution un certain état d'extension et ne présentent d'infléchissement que sur de longues distances. Au contraire, d'autres, plus souples, prennent une forme pelotonnée. Comme la forme et les dimensions d'une telle pelote sont continuellement changeantes, on lui adjoint le qualificatif «statistique».

random single-displacement reaction
random bisubstrate reaction

A two-substrate reaction in which both substrates must be attached to the enzyme before any products are formed. However, it makes no difference which substrate is bound first by the enzyme.

réaction à simple déplacement du type «au hasard»

Réaction enzymatique à deux substrats dans laquelle les deux substrats peuvent se combiner à l'enzyme dans un ordre indéterminé, de même que les deux produits peuvent être libérés indifféremment l'un après l'autre.

rate constant

The temperature-dependent magnitude that characterizes the velocity of a chemical reaction, as a function of the concentration of one of the reactants. It has the unit: $(\text{concentration})^{1-n} \times (\text{time})^{-1}$, where n is the order of the reaction.

constante de vitesse

Valeur représentant la vitesse de réaction

$$V = \frac{dA}{dt} = kA$$

lorsque la concentration de A est égale à l'unité. Cette valeur s'exprime en $M^{1-v} \times sec^{-1}$, où v est l'ordre défini par rapport à l'ensemble des réactifs.

rate-limiting step
rate-determining step

The slowest step in a chemical reaction that involves a number of steps. In such reactions, there is often a single step that is appreciably slower than the other steps, and the rate of this determines the overall rate of the reaction.

étape limitante d'une réaction chimique
étape déterminante de vitesse

L'étape la plus lente d'une réaction chimique qui comprend plusieurs étapes. La vitesse de cette étape détermine la vitesse globale de la réaction.

rate of reaction
SEE **reaction rate**

rate zonal centrifugation
density gradient centrifugation

Separation technique in which molecules or small particles are sedimented through a gradient of increasing density or viscosity usually formed from sucrose. Separation is based on molecular size and conformation. The degree of separation depends on the duration of the sedimentation.

NOTE Density gradient centrifugation is used in molecular biology for purification of molecular species and/or determination of molecular weight. In cellular biology, it is used for purification of organelles.

centrifugation de zone
centrifugation en gradient de densité
centrifugation zonale

Procédé de centrifugation pendant lequel des macromolécules présentes dans un petit volume de solution déposé sur un milieu approprié dit support de gradient de densité et possédant la même vitesse de sédimentation traversent ce milieu sous la forme de zone étroite. On voit apparaître autant de zones que le dépôt initial contenait d'espèces différentes de macromolécules ayant chacune leur coefficient de sédimentation propre.

NOTA Le gradient de densité est un élément auxiliaire : il sert simplement à éviter les courants de convection qui détruiraient le front de sédimentation des zones et à les stabiliser.

reaction kinetics
SEE **chemical kinetics**

reaction order

In chemistry, the reaction rate is the rate of change of the

ordre d'une réaction

Somme des exposants qui, dans l'expression de la vitesse, affectent

reaction order (cont'd)

concentration of a reactant or product expressed in moles per liter per second (mol/l-sec). It varies with temperature, and the presence (or absence) of catalysts, and the concentration of one or more products or other molecular species. When these conditions are fixed, it is equal to the rate constant for the reaction multiplied by the product of the concentrations of the reactants, with each concentration raised to a specific power. For a one-step reaction, this power is equal to the number of molecules of each reactant.

les concentrations des corps réagissants. Il est donné par l'équation différentielle de Van't Hoff

$$\frac{dx}{dt} = K.C^n$$

où le premier membre représente la vitesse de réaction et C la concentration. Si n = 1, la réaction est du premier ordre. On connaît des réactions d'ordre zéro.

reaction rate
rate of reaction

The rate of change of concentration of a substance involved in a reaction. The use of concentration in the definition rather than the amount of a substance makes the rate an intensive property, i.e. independent of size of system.

vitesse de réaction
vitesse de la réaction

Vitesse de changement de la concentration d'un composé qui réagit. La vitesse de réaction s'exprime par la dérivée en fonction du temps de la concentration du composé réactionnel.

reactor

Device or process vessel in which chemical reactions (catalyzed or non-catalyzed) take place during a chemical conversion type of process.

NOTE Reactors are classified as homogeneous or heterogeneous. This depends of course on whether their contents are homogeneous, in which only one phase is present, or heterogeneous where more than one phase is present.

réacteur

Enceinte ou appareil dans lequel ont lieu des réactions chimiques, qu'elles soient catalysées ou non.

reactor battery

A number of columns in series, but of different ages, out of phase with each other. This procedure enables better enzyme utilization but requires a larger volume of reactor than when conversion was maintained by continuously decreasing the flow rate. By employing an adequate number of reactors, the variation in throughput level, while maintaining constant conversion, can be maintained within any desired limits.

NOTE Most commercial plants have at least six columns in the reactor battery controlled by microprocessor feedback devices. While increasing the number of reactors provides greater operational flexibility and minimal flow rate variation, it is nevertheless important to accept the resulting higher costs for reactor piping, valves, and instrumentation. There is also a marginal increase in operational costs due to more frequent catalyst changes.

batterie de réacteurs*

Assemblage de plusieurs réacteurs identiques placés en série et fonctionnant avec un décalage dans le temps. On peut placer plusieurs réacteurs de ce type si le taux de conversion atteint avec un seul réacteur est jugé insuffisant.

NOTA* Équivalent proposé par l'auteur.

real time

Pertaining to a computer application in which data are processed at a rate necessary to keep pace with external events, as in a real-time ultrasound scanner, or fast enough to provide the information necessary for an imminent decision.

en temps réel

Se dit du traitement de données effectué par un ordinateur en relation avec un processus extérieur, ce traitement devant respecter des contraintes de temps imposées par le processus extérieur.

recombinant enzyme

An enzyme prepared through recombinant DNA techniques.

enzyme recombinante

Enzyme préparée grâce aux techniques du génie génétique.

recombinant enzyme (cont'd)

On peut, par exemple, modifier la stabilité thermique, la spécificité, l'activité, ou déplacer le pH optimum des enzymes. Les enzymes recombinantes supplanteront, par de meilleures performances, les enzymes actuelles.

recommended name
common name

Usually short and appropriate name assigned to each enzyme for everyday use. An example is creatine kinase: the systematic name of this enzyme, based on the reaction catalyzed, is ATP: creatine phosphotransferase.

nom commun recommandé
nom recommandé
nom commun

Pour les enzymes, appellation simple consacrée par l'usage.

NOTA Le nom commun recommandé est, la plupart du temps, formé par celui du substrat auquel on ajoute le suffixe «ase».

regulator gene

Gene that codes for a protein which (alone or in combination with a corepressor) regulates the genetic transcription of the structural genes in an operon by binding to the operator.

gène régulateur
gène de régulation
gène de contrôle

Gène contrôlant le fonctionnement des gènes de structure; il élabore, selon le cas, un répresseur ou un apo-inducteur pour freiner ou au contraire déclencher la transcription de l'ARN-messager.

regulatory enzyme

Enzyme that possesses properties that specifically endows it with regulatory roles in metabolism. There are two major types of such enzymes: (1) allosteric enzymes, whose catalytic activity is modulated through the noncovalent binding of a specific metabolite at a site on the protein other than the catalytic site, and (2) covalently modulated enzymes, which are

enzyme de régulation
enzyme régulatrice
enzyme régulateur

Enzyme qui joue un rôle important dans la régulation des processus métaboliques de la cellule vivante. Il en existe deux principaux types : 1) les enzymes allostériques dont l'activité est modulée grâce à l'attachement non covalent d'un métabolite spécifique sur un autre site protéique que le site catalytique; 2) les enzymes modulées de façon covalente dont

regulatory enzyme (cont'd)

interconverted between active and inactive forms by the action of other enzymes.

la forme inactive est activée par une transformation réalisée par une autre enzyme.

regulatory site
SEE **allosteric site**

regulatory subunit

The subunit of a regulatory enzyme that has no enzymatic activity but binds the effector.

NOTE See "catalytic subunit".

sous-unité régulatrice
sous-unité de régulation

Sous-unité d'une enzyme allostérique capable de fixer l'effecteur allostérique (mais dépourvue d'activité catalytique).

NOTA L'aspartate transcarbamylase de *E. coli* comprend trois sous-unités régulatrices, capables de lier chacune une molécule de CTP.

relative yield

The percentage of substrate molecules reacted which have formed the desired product. This parameter falls sharply with increasing conversion.

rendement relatif

Pourcentage de molécules de substrats transformées en produit. Le rendement relatif diminue avec l'avancement de la réaction.

renaturation

The return by slow conversion of a denatured protein to its "native" configuration.

NOTE If the denatured protein was an enzyme, its catalytic activity returns on renaturation, without change in the specificity of the reaction catalyzed. However, renaturation of a denatured protein cannot evoke any biological activity that was not present in the original protein.

renaturation

Restauration de l'activité biologique d'une protéine dénaturée, c'est-à-dire ayant perdu sa structure native sous l'effet de conditions extrêmes de milieu. La restauration se fait par une conversion lente à sa configuration active.

renin

Enzyme secreted by the kidney. It is associated with the formation of

rénine

Enzyme protéolytique formée dans le rein par les cellules granulaires

renin (cont'd)

angiotensin from a liver globulin.

NOTE Renin is synthesized in a larger form (prorenin or big renin) and converted to its enzymatically active form, being released into the blood in response to decreased plasma volumes, sodium depletion, fluid transudation, decreased arterial pressure, hemorrhage, and increased potassium. Increased blood volumes, acute increases in blood pressure, and potassium loss suppress renin release.
Do not confuse with rennin.

de l'appareil juxtaglomérulaire et agissant sur l'angiotensinogène pour former l'angiotensine I; hypertensive.

NOTA Lorsque l'on diminue le volume du sang qui pénètre dans les reins, ceux-ci sécrètent la rénine. Le substrat de cette enzyme est une α_2 globuline du plasma, synthétisée dans le foie, l'angiotensinogène. Sous l'action de la rénine, il se libère de cette protéine un décapeptide, l'angiotensine I. Sous l'action d'une autre enzyme présente dans le plasma, l'enzyme de conversion, l'angiotensine I se coupe en deux, un dipeptide et un octapeptide, l'angiotensine II.
Ne pas confondre avec rennine.

rennin
chymosin

Acid protease; enzyme that coagulates the casein in milk. It is the active ingredient of rennet and is secreted from the stomach wall of young mammals.

NOTE Rennin-like acid proteases are also produced by *Mucor*, *Endothia* and *Trametes* species.
Do not confuse with renin.

rennine
chymosine
lab-ferment

Enzyme d'origine gastrique catalysant la coagulation du lait. On l'utilise pour la fabrication de fromages.

NOTA Ne pas confondre avec rénine.

repression (1)
SEE **enzyme repression**

repression (2)

The mechanism that prevents the expression of a gene (and hence the synthesis of a particular enzyme).

répression (2)
répression transcriptionnelle

Blocage de la transcription d'un gène par des effecteurs protéiques appelés répresseurs.

repression (2) (cont'd)

NOTE Compare with "enzyme repression".

NOTA Ne pas confondre avec «répression enzymatique». Voir «répression» (1) sous l'entrée anglaise *enzyme repression.*

repressor
repressor protein

Any of the specific allosteric protein molecules (products of regulator genes) which bind to the operator of operons and prevent RNA polymerase (which binds at the preceding promoter) from proceeding into the operon to transcribe messenger RNA from DNA.

répresseur

Molécule protéinique spécifiée par un gène de régulation qui, lorsqu'elle présente une certaine conformation, est capable de se fixer au niveau de l'opérateur d'un opéron et de bloquer la transcription du gène de structure en ARN messager. C'est une molécule allostérique et sa conformation est modifiée par liaison avec certains effecteurs spécifiques.

residence time

The time required to process one reactor void volume of substrate measured at specified conditions. In an idealized reactor, all the fluid elements would spend the same time in the reactor. But in most real reactor systems, there would be a distribution of residence times of different fluid elements due to nonideal flow characteristics.

temps de séjour
temps de rétention

Durée de temps nécessaire aux réactifs pour leur passage à travers un réacteur. Dans le cas idéal, toutes les molécules traversent le réacteur à la même vitesse et y séjournent donc pendant le même temps. On dit alors que l'on a un écoulement piston. Dans la réalité, il y a un certain échange de matière par diffusion, ce qui se traduit par l'apparition d'une distribution des temps de séjour.

resolution

In chromatography, measure of the effectiveness with which one solute is separated from another.

résolution

Aptitude que possède un système chromatographique à séparer les constituants d'un mélange.

retroinhibition
SEE **feedback inhibition**

reverse osmosis

Separation technique in which a pressure is applied opposite to and in excess of the osmotic pressure to force the solvent through a membrane against its concentration gradient. This method is an effective means of concentrating impurities, recovering contaminated solvents, cleaning up polluted streams, and desalinizing seawater.

osmose inverse

Opération de séparation des constituants ioniques ou moléculaires d'un mélange, en forçant le solvant à s'écouler au travers d'une membrane à haute perméabilité sélective, dans le sens d'un gradient de concentration croissant. On concentre les produits en appliquant une pression qui contrebalance la pression osmotique.

NOTA Les membranes d'osmose inverse et d'ultrafiltration ont la propriété d'effectuer une séparation en fonction des dimensions des molécules et de leur masse moléculaire. Si le seuil de coupure correspond aux bas de l'échelle de masse moléculaire, on parle d'osmose inverse; s'il se situe à des valeurs supérieures (10 fois environ la taille du solvant), on parle de membrane d'ultrafiltration.

reversible inhibition
reversible enzyme inhibition

Type of inhibition in which the inhibitor participates in a rapidly established, easily reversible equilibrium with the enzyme or enzyme-substrate complex, which can be analyzed in terms of the Michaelis-Menten formalism. The three major types of reversible enzyme inhibition, competitive, uncompetitive, and noncompetitive, can be experimentally distinguished by the effects of the inhibitor on the reaction kinetics of the enzyme, which may be analyzed in terms of the basic Michaelis-Menten rate equation. For valid kinetic

inhibition réversible
inhibition enzymatique réversible

Inhibition non permanente où l'inhibiteur ne se combine pas de façon covalente sur l'enzyme. L'inhibition est dans ce cas un processus rapide. En général, une dialyse, éliminant l'inhibiteur, restaure l'activité de l'enzyme. Les inhibiteurs agissant de cette façon sont assez spécifiques. On distingue plusieurs modalités de l'inhibition réversible appelées inhibitions : compétitive, non compétitive et incompétitive.

reversible inhibition (cont'd)

analysis the inhibitor must combine rapidly and reversibly with the enzyme or enzyme-substrate complex.

reversible unfolding
SEE **breathing**

Reynolds number

In fluid mechanics, the ratio $\rho\upsilon d/\mu$ of the inertia force $\rho\upsilon d$ to the viscous force μ, where ρ is fluid density, υ is velocity, d is a characteristic length, and μ is fluid viscosity. This number is significant in the design of a model of any system in which the effect of viscosity is important in controlling the velocities or the flow pattern.

nombre de Reynolds

Nombre caractéristique, intervenant en mécanique des fluides, obtenu en multipliant la vitesse de déplacement d'un liquide par le diamètre du tube qu'il traverse, et en divisant ce produit par la viscosité du liquide.

NOTA Les relations entre coefficients de perte de charge et nombre de Reynolds expriment le transfert de quantité de mouvement aux parois d'un tube cylindrique, en fonction du débit du fluide, du diamètre du tuyau, etc.

RIA
SEE **radioimmunoassay**

riboflavin
vitamin B_2
lactoflavin

A water-soluble, photolabile, heatstable vitamin. The important coenzyme forms are riboflavin 5′-phosphate (= flavin mononucleotide, FMN) and flavin adenine dinucleotide (FAD); these are the prosthetic groups of flavoproteins: proteins which act as hydrogen-carriers in a wide range of redox reactions.

vitamine B_2
riboflavine
lactoflavine

Vitamine hydrosoluble de couleur jaune appartenant à la classe des flavines et constituée d'un noyau diméthylisoalloxazine porteur d'une chaîne ribitol. La riboflavine libre n'existe que dans la rétine et le lactosérum; ailleurs, elle est sous forme d'esters phosphoriques (flavine mononucléotide ou FMN et flavine adéninedinucléotide ou FAD) combinés à des protéines pour former les flavoprotéines.

RNase
ribonuclease
RNAase

Enzyme that catalyzes the breakdown of RNA.

NOTE Most RNases require a divalent cation as cofactor (e.g. Ca^{2+}, Mg^{2+}, etc.). Hence activity can be blocked by addition of EDTA.

ribonucléase
RNase

Enzyme catalysant l'hydrolyse de l'acide ribonucléique à l'intérieur de la chaîne de RNA : c'est une endonucléase.

rotor fermenter

Continuous pressure dialysis reactor in which the usual simple fixed membrane is replaced by a rapidly rotating membrane cylinder. Feed and air are pumped into the annular fermentation zone, pressurized to ensure that the filtrate flows continuously through the membrane, where cells grow and are retained.

NOTE The centripetal force developed at the membrane surface by rotation causes large molecules impinging on the surface to be thrown back to the annular zone so only a thin cake develops and high filtration rates, and hence high productivity, can be maintained.

fermenteur à rotor

Réacteur de dialyse sous pression où la membrane de dialyse est remplacée par un cylindre membranaire à rotation rapidc. Les produits nutritifs et l'air sont pompés dans la zone de fermentation où la pressurisation entraîne une filtration continuelle à travers la membrane qui retient les cellules.

S

S
SEE **Svedberg unit**

salt bridge

Electrostatic attraction between a nitrogen atom, carrying a positive

pont salin
liaison saline

Interaction électrostatique entre un oxygène chargé négativement et un

salt bridge (cont'd)

charge, and an oxygen atom carrying a negative charge.

NOTE It is one of the non-covalent forces operative in protein structure.

azote chargé positivement. Les ponts salins participent au maintien de la structure tertiaire des protéines.

salting in
salting-in

The increase in the solubility of a protein that is produced in solutions of low salt concentrations.

NOTE Many proteins require a low salt concentration to prevent their precipitation. This salting in effect is due to the suppression of the ordered (association) or random (aggregation) assembly of protein molecules by accumulation of electrolyte ions on the protein surface.

salting-in*
dissolution par les sels

Augmentation de la solubilité des protéines favorisée par des faibles concentrations salines.

NOTA Les sels d'ions bivalents, comme le $MgCl_2$ et $(NH_4)_2SO_4$, sont plus efficaces pour provoquer un «salting-in» que les sels monovalents comme NaCl, NH_4Cl et KCl. L'action des sels neutres sur la solubilité des protéines est fonction de leur force ionique. L'effet de salting-in est dû à des modifications de la tendance spontanée d'ionisation des chaînes latérales dissociables sur la protéine.

* Terme anglais souvent employé dans les ouvrages français.

salting-out

The decrease in the solubility of a protein that is produced in solutions of high ionic strength by an increase of the concentrations of neutral salts.

NOTE The physicochemical basis of salting-out is rather complex; one factor is that the high concentration of salt may remove water of hydration from the protein molecules, thus reducing their solubility, but other factors are also involved. Whatever their

relargage
précipitation par les sels neutres

Précipitation réversible des protéines par de fortes concentrations de sels minéraux.

NOTA Le relargage des protéines à force ionique élevée varie suivant les protéines. Il est donc possible, par un accroissement progressif de la concentration saline (sulfate d'ammonium ou de sodium), d'obtenir une précipitation fractionnée des diverses protéines. En fait, par ce procédé, on obtient presque

salting-out (cont'd)

physical basis, salting-in and salting-out are important procedures in the separation of protein mixtures, since different proteins vary in their response to the concentration of neutral salts. Proteins precipitated by salting-out retain their native conformation and can be dissolved again, usually without denaturation. Ammonium sulfate is preferred for salting-out proteins because of its low chaotropic properties.

toujours des mélanges de protéines.

Certains ouvrages français utilisent le terme «salting-out».

saturation

The substrate concentration at which all enzyme-active sites are occupied and, consequently, at which the reaction velocity is maximal.

saturation

Concentration du substrat à laquelle la vitesse d'une réaction catalysée par une enzyme atteint la vitesse limite. Elle se traduit par la transformation complète de l'enzyme en complexe enzyme-substrat.

sausage fermentation

A bacterial fermentation catalyzed by species of Lactobacillus, Leuconostoc and Pediococcus, as well as strains of Micrococcus (which reduce nitrate to nitrite) aiding preservation of these meat products.

fermentation des saucisses

Certaines saucisses à base de boeuf et de porc sont préservées par un processus de fermentation par *Pediococcus Cerevisiae* et *Micrococcus.*

scale-up

The development of a full-scale production facility from an initial laboratory concept or experiment.

scale up

Expression anglaise signifiant le développement d'un stade pilote, qui est la conception ou l'expérience à l'échelle du laboratoire de la régulation d'un système de production, à un stade industriel (full scale) de production à grande échelle.

SCF
SEE **supercritical fluid**

Schiff base
Schiff's base

Class of compounds, aldimines, derived by chemical reaction (condensation) of aldehydes or ketones with primary amines; the general formula is RR'C = NR". Such compounds may be formed by amino acids during metabolism; some subtrates probably form these compounds with an enzyme amino group during an enzymatic reaction.

base de Schiff

Dénomination courante des composés organiques de formule générale RR'C = N-R" (où R est en général aromatique) résultant de la condensation d'un dérivé carbonylé, aldéhyde ou cétone, et d'une amine primaire, souvent une arylamine.

SCP
SEE **single cell protein**

scum
crust*

Layer of floating solids formed on the surface of a mixed liquor. It may occur during fermentation due to inefficient mixing or be produced deliberately during clarification.

NOTE* Not often used.

croûte

Couche d'impuretés qui se forme à la surface de la matière en fermentation. Elle se compose de paille, poils, plumes, de matière végétale non digérée, le tout entouré de graisse. Pour éviter la formation de croûtes, on agite les matières végétales.

NOTA Le brise-croûte est l'appareil destiné à éliminer la croûte formée sur la matière en fermentation, soit par agitation, soit par un mouvement de va-et-vient.

SDS
SEE **sodium dodecyl sulphate**

SDS-gel electrophoresis

A technique in which charged complexes of protein with sodium dodecyl sulfate (SDS) are subjected to zone electrophoresis in a gel of uniform porosity, the

électrophorèse en présence de SDS
électrophorèse en gel-SDS

Technique d'électrophorèse dans des gels de porosité uniforme contenant le SDS, ce qui sépare les protéines selon leur dimension (poids moléculaire). Elle sert très

SDS-gel electrophoresis (cont'd)

rate of migration increasing as the molecular weight decreases. The relationship between the logarithm of the molecular weight of the protein and its mobility is linear, and can be used to estimate the protein's molecular weight.

souvent à déterminer le poids moléculaire des protéines.

secondary metabolite

A metabolite that is not essential for, and plays no part in, growth; they commonly occur maximally under conditions of restricted growth or absence of growth (e.g. at the end of log-phase or trophophase growth in batch cultures). Secondary metabolites include substances such as antibiotics and mycotoxins and are produced from substrates provided by primary metabolism – particularly shikimic acid (precursor of many aromatic compounds), amino acids (precursors of many alkaloids and antibiotics), and acetate (precursor of isoprenoids and many toxins).

métabolite secondaire

Métabolite qui n'est pas indispensable à l'organisme qui le produit, mais qui présente une action de défense sur son environnement au niveau de la compétition avec les autres espèces. On s'intéresse à leur production en masse lorsque ces métabolites se révèlent intéressants pour l'homme : antibiotiques, toxines, pesticides, alcaloïdes, hormones végétales.

secondary structure

In a protein the three-dimensional structure called tertiary structure is determined by the flexibility of the polypeptide chain of the Cα carbons and the interactions between side chains. The secondary structure is the structure of the polypeptide chain, which can be non-ordered (random-coil) or ordered with constant angles Ψ and Φ at the Cα carbons (α-helix, polyproline helix, β-pleated sheet).

NOTE Although the term usually is applied to proteins, it can be

structure secondaire

Élément structural d'une chaîne polypeptidique qui est déterminé par les angles de rotation Ψ et Φ autour du carbone α des acides aminés. La structure peut être désordonnée avec des angles variables (pelote statistique), ou ordonnée avec des angles constants qui génèrent des hélices (feuillet plissé β, hélice polyproline, hélice β).

secondary structure (cont'd)

applied to other polymers, e.g. the cloverleaf structure of transfer RNA.

second-generation anaerobic digester

Sophisticated anaerobic digester with high rates of gas production at short retention times.

digesteur anaérobe de regénération

Digesteur amélioré qui produit de plus hauts rendements de gaz avec des temps de rétention plus courts.

second order reaction

Reaction whose rate of reaction is determined by the concentration of two chemical species or the square of one chemical species.

réaction du deuxième ordre

Réaction dont la vitesse est proportionnelle au produit de la concentration de deux réactifs différents, ou au carré de la concentration d'un seul réactif.

sedimentation coefficient
SEE **S value**

sedimentation constant
SEE **S value**

selective inhibition
SEE **competitive inhibition**

semipermeable membrane

Porous membrane that permits the passage of small molecules such as water and inorganic ions, but does not permit the passage of larger molecules such as sugars and proteins. Most biological membranes are semipermeable.

membrane semi-perméable
membrane semiperméable

Paroi qui se laisse traverser par certaines molécules d'une solution liquide (en particulier celles du solvant) et non par certaines molécules de soluté.

semi-solid fermentation
SEE **solid substrate fermentation**

semisynthetic
semi-synthetic

Descriptive of a compound that has been derived by the chemical

semi-synthétique

Se dit d'un produit dérivé de substances naturelles mais

semisynthetic (cont'd)

modification of a biological product. Examples include some penicillins and steroids.

n'existant pas lui-même dans la nature.

semisynthetic enzyme

New oxidation-reduction enzymes have been prepared by the covalent modification of hydrolytic enzymes with coenzyme analogs. Among the semisynthetic enzymes that have been generated, the most effective one that has been studied to date is the covalent flavin-papain complex produced by the reaction of the sulfhydryl group of Cys-25 in the papain active site with 7-bromoacetyl-10-methylisoalloxazine. Another route is to try to prepare semisynthetic enzymes containing other coenzyme analogues such as thiazolium species so that a greater diversity of reactions can be studied.

enzyme semi-synthétique

Enzymes d'oxydation-réduction qui ont été obtenues par modification chimique d'enzymes hydrolytiques à l'aide d'analogues de coenzymes.

semisynthetic penicillin

Antibiotic produced from penicillin by making some chemical changes to its structure.

pénicilline semi-synthétique

Antibiotique résultant de la transformation chimique d'une pénicilline naturelle obtenue par fermentation. Les pénicillines semi-synthétiques résistent mieux aux pénicillinases et ont un spectre d'action plus large.

separation

The separation of liquids or gases in a mixture, as by distillation or extraction. The separation of particles from liquids represents a central operation in enzyme isolation and includes the separation of cells from culture fluid, the removal of cell debris following disruption, the collection

séparation

Opération visant à isoler un ou plusieurs constituants d'un mélange homogène ou hétérogène.

separation (cont'd)

of precipitates and the recovery of protein adsorbents from process liquors. Centrifugation or filtration techniques may be employed depending on the particular system.

Sephadex

Trade-name for a cross-linked dextran gel in bead form used for gel filtration columns: by varying the degree of cross-linking the effective fractionation range of the gel can be altered.

Séphadex
Sephadex

Nom déposé d'un gel de dextran modifié, obtenu par réticulation des macromolécules par l'épichlorhydrine pour former un réseau tridimensionnel de chaînes de polysaccharides se présentant sous forme de très petits grains sphériques (perles). Ce type de gel est utilisé pour effectuer la chromatographie d'exclusion.

Sepharose

Trade-name for a gel of agarose in bead form from which charged polysaccharides have been removed. Used in gel filtration columns.

Sépharose

Billes d'agarose, utilisées comme support chromatographique, obtenues en émulsifiant de l'agarose dans une phase aqueuse en présence d'un agent stabilisant et sous agitation rapide.

NOTA Sépharose est une marque de commerce de la Compagnie Pharmacia.

septic tank

Container in which solid organic wastes or sewage are decomposed by anaerobic bacteria.

fosse septique

Réservoir destiné à recevoir les matières fécales, les urines et, parfois, les eaux usées ménagères, qui y subissent une fermentation complète. Il communique avec un second élément épurateur dans lequel a lieu l'oxydation de l'effluent de la fosse proprement dite, avant son évacuation dans le milieu extérieur.

sequential immobilization

Mutually independent localization of two or more enzymes, achieved by immobilizing the enzymes individually (one at a time) and then arranging them in an ordered array.

NOTE See "simultaneous immobilization".

immobilisation séquentielle

Utilisation de deux ou plusieurs enzymes immobilisées, arrangées en série dans un processus industriel.

sequential model

Model for regulatory enzymes, proposed by Koshland, according to which the enzyme undergoes a series of conformational changes as the various ligands become bound to the enzyme. Different types of site interactions may occur of which symmetry preservation, as in the symmetry model, may be a special case. In general, however, the symmetry of the enzyme molecule is not conserved, since a subunit changes its conformation as a ligand becomes bound to it. The capacity of the enzyme to bind substrate, positive effectors, and negative effectors is altered by the conformational changes which the subunits undergo.

modèle séquentiel

Modèle suggéré par Koshland pour expliquer le comportement des enzymes régulatrices répondant à l'équation

$$v = \frac{VS^n}{K + S^n} \quad \text{où } n \neq 1.$$

Ce sont des oligomères composés de plusieurs sous-unités protéiques. La liaison d'une molécule de substrat à une sous-unité favorise l'affinité pour la liaison d'une seconde molécule S et ainsi de suite. L'enzyme oligomère existerait sous plusieurs états conformationnels différents (i.e. les sous-unités peuvent changer leur forme d'une façon séquentielle et ordonnée).

sequestering agent
SEE **chelating agent**

serine
α-amino-β-hydroxypropionic acid
2-amino-3-hydroxypropanoic acid

Naturally occurring, non-essential amino acid; M.W. 105.09. It may be synthesized from glucose and is interconvertible with glycine. It is a substrate in the formation of cystathionine. Present in many

sérine
acide 2-amino-3-hydroxypropionique
acide α-amino-β-hydroxypropionique

Acide aminé glucoformateur non indispensable, possédant une fonction alcool. Son dérivé phosphorylé, la phosphosérine, entre dans la composition des phosphoprotéines. Estérifiée par

serine (cont'd)

proteins, it provides a side-chain hydroxyl group, which permits modification of the protein by phosphorylation or glycosylation.

NOTE Ser and S are abbreviations used to denote the amino acid serine in amino acid sequences and elsewhere.

l'acide phosphatidique, elle donne la phosphatidyl-sérine qui est un important phospholipide.

NOTA Ser et S sont des abréviations de sérine.

serine enzyme

An enzyme functioning via covalent enzyme-substrate intermediates through a serine residue of the active site.

NOTE In the cysteine class of enzymes, which includes glyceraldehyde-phosphate dehydrogenase and the proteolytic enzyme papain, a covalent thioester bond is formed between an acyl group of the substrate and the sulfhydryl group of a specific cysteine residue in the active site of the enzyme.

enzyme à sérine

Enzyme fonctionnant par des intermédiaires covalents enzyme-substrat grâce à un résidu sérine du site actif.

NOTA Les enzymes à sérine comprennent l'acétylcholinestérase, la chymotrypsine, la trypsine et la phosphoglucomutase. Chez ces enzymes, le groupement hydroxyl d'une sérine spécifique participe à la formation d'un ester intermédiaire, soit avec un groupement acyl, comme pour la chymotrypsine, pour former un acylenzyme, soit avec un groupement phosphoré, comme pour la phosphoglucomutase, pour former un phosphoenzyme.

sewage

The waste matter that is collected by a sewerage system. It consists of wastewater, as well as solids of industrial and domestic origin.

eau usée
eau d'égout

Eau provenant des rejets d'une collectivité.

sewage sludge

The active biomass recovered from an activated sewage plant.

boue d'égout
boue d'eau d'égout

Boue obtenue après les traitements physiques et biologiques des eaux usées (sédimentation, p. ex.).

sewage treatment

Process designed to purify sewage, to remove the BOD and pathogenic bacteria, and to produce clean water. It may include filtration, chemical treatment, aerobic biological treatment and/or anaerobic biological treatment.

épuration des eaux usées

Opération visant à éliminer les impuretés contenues dans les eaux usées. Les méthodes biologiques qui reproduisent les phénomènes naturels en les accélérant conviennent aux pollutions les plus fréquentes, qui sont pour cela exprimées en D.B.O. Certaines industries produisent des effluents difficilement biodégradables, car ils présentent une D.C.O. élevée; on a alors recours à des procédés spéciaux. Même lorsque le nombre d'usagers isolés ne dépasse pas quelques dizaines, il est bon de prévoir une épuration avant rejet dans le milieu extérieur. On utilise alors des fosses septiques, dans lesquelles des bactéries anaérobies attaquent les matières organiques, l'effluent étant ensuite envoyé sur un épurateur.

β-sheet
β-pleated sheet
pleated sheet

Protein secondary structure formed when two or more almost fully extended polypeptide chains are brought together side by side, so that regular hydrogen bonds can form between the peptide backbone amide NH and carbonyl oxygen groups of adjacent chains. All the peptide linkages participate in this interaction and thus lend the structure great stability; the side chains lie above or below the zigzagging planes of the pleated sheet. The structure of the β-sheet makes up extensive regions of the core of most (though not all) globular proteins.

feuillet bêta
feuillet plissé bêta

Type de structure secondaire, observée dans les protéines, dans laquelle des segments rectilignes de la chaîne polypeptidique sont juxtaposés en zigzag, comme un mètre d'architecte incomplètement replié; des liaisons hydrogène relient les segments adjacents, appelés brins bêta. Dans cette structure comme dans les hélices alpha, des liaisons s'établissent entre les groupes NH et les groupes CO des chaînes polypeptidiques adjacentes. Toutes les liaisons peptidiques participent à ces liaisons, ce qui assure à cette structure une grande stabilité.

β-sheet (cont'd)

NOTA Le feuillet bêta est aussi appelé «feuillet plissé» ou «conformation plissée».

SI*
SEE **SI system**

side-chain

Grouping of similar atoms (two or more, generally carbons, as in the ethyl radical, (C_2H_5-)) that branches off from a straight-chain or cyclic (for example, benzene) molecule.

chaîne latérale

Terme utilisé pour caractériser les résidus d'acides aminés qui ne font pas partie de la chaîne polypeptidique des protéines.

side reaction

Reaction that takes place simultaneously with the reaction of primary interest.

réaction secondaire
réaction parasite

Réaction à côté de la réaction primaire qui a lieu simultanément avec cette dernière.

silane coupling agent

Enzymes immobilized on inorganic supports by covalent attachment show unique pH optimums, thermal profiles and kinetics. Organic functional groups of proteins can be covalently attached to the support using a silane coupling agent. The most common silane coupling agent used is γ-aminopropyltriethoxy-silane. Silanes such as this react with any available oxide or hydroxide groups on the surface of glass, ceramics or metal oxides. Once an alkylamine group has been attached to the inorganic support, it takes only standard organic coupling reactions to covalently bond the protein of interest.

agent de couplage silane

Silanes servant à attacher de manière covalente des protéines à du verre, de la céramique ou des oxydes métalliques. Le silane réagit avec le support et porte un groupe alkylamine qui peut lier les protéines.

silica
silicon dioxide
silica dioxide

Compound of the two most abundant elements in the Earth's crust, silicon and oxygen. It has three main crystalline varieties: quartz (by far the most abundant), trydymite, and cristobalite. Other varieties include coesite, keatite, and lechatelierite.

silice
dioxyde de silicium
oxyde de silicium
anhydride silicique

Composé de silicium le mieux connu. Il existe à l'état naturel dans diverses roches (silex, quartz, calcédoine, améthyste) et dans les sables. Il a de nombreuses applications industrielles (fabrication du verre, des céramiques, des abrasifs, etc.).

silica gel

Rigid gel made by coagulating a sol of sodium silicate and heating to drive off water. It is used as a support for catalysts and also as a drying agent because it readily absorbs moisture from the air.

NOTE The gel itself is colourless but, when used in desiccators, etc., a blue cobalt salt is added. As moisture is taken up, the salt turns pink, indicating that the gel needs to be regenerated (by heating).

gel de silice
silicagel
silice colloïdale

Variété d'acide silicique préparée par action d'un acide sur le silicate de sodium, le gel obtenu étant ensuite séché. Ces variétés de silice ont une grande surface spécifique, ce qui les fait employer comme adsorbant dans les colonnes de chromatographie par exemple.

NOTA La gamme de gels à base de gel de silice : Spherosil® (gel d'adsorption et d'échange d'ions) sont des supports utilisés dans l'industrie pour les purifications à grande échelle de l'insuline, de dérivés sanguins, d'anticorps monoclonaux.

silicate

Any salt derived from silicic acids or silica.

silicate

Nom générique des sels et esters de l'acide silicique et de ses dérivés.

silicon dioxide
SEE **silica**

simultaneous immobilization

Localization of two or more enzymes at the same time and in the same micro-vicinity. It may be achieved by such means as covalent bonding of the enzymes to the same functionalized polymer or by entrapment of the catalysts within the same microspace of a cross-linked polymer, microcapsule, or membrane-dependent device.

NOTE See "sequential immobilization".

immobilisation simultanée

Utilisation de deux ou plusieurs enzymes immobilisées simultanément, bien qu'elles effectuent des transformations successives dans un processus industriel.

single cell protein
single-cell protein
SCP

Product obtained from a wide variety of processes in which yeasts, bacteria, fungi or algae are grown for their protein content. It is used as food or animal feed as it also contains carbohydrates, fats, vitamins and minerals.

NOTE Possible substrates for single cell protein production include agricultural and food-processing wastes, by-products such as molasses and cheese whey permeates, n-alkanes and other petroleum-derived raw materials, alcohols such as methanol or ethanol, and gases such as methane, carbon monoxide, hydrogen or carbon dioxide.

protéine d'organisme unicellulaire
P.O.U.

Protéine provenant de micro-organismes unicellulaires (bactéries, levures, etc.) dont la croissance est généralement assurée dans des systèmes fermentaires.

single-displacement reaction

Two-substrate reaction in which both substrates A and B must be present on the enzyme active site simultaneously to yield a ternary complex EAB in order for the reaction to proceed. Single-displacement reactions

réaction à simple déplacement

Réaction enzymatique à deux substrats dans laquelle les deux substrats A et B doivent être présents simultanément sur le site actif pour former le complexe ternaire EAB indispensable au déroulement de la réaction.

single-displacement reaction (cont'd)

occur in two forms, random and ordered which differ in the sequence in which the two substrates bind to the enzyme. In random bisubstrate reactions, either substrate may bind to the enzyme first. In ordered single displacements there is a compulsory sequence of reaction, so that one specific substrate, the leading substrate, must be bound first, before the second, or following, substrate can be bound.

SI system
International System of Units
SI*

An internationally agreed system of units used for scientific purposes *(Système International d'Unités).* It is based on the metre/kilogram/second (kgs) system and replaces both the metric (cgs) and imperial systems. Its seven basic units, from which all other units are derived, are the meter, the kilogram, the second, the ampere, the candela, the mole and the kelvin.

NOTE* Abbreviation in all languages.

Système international d'unités
SI*

Système cohérent d'unités adopté et recommandé par la Conférence générale des poids et mesures (C.G.P.M.) et fondé actuellement sur sept unités de base : le mètre, le kilogramme, la seconde, l'ampère, le kelvin, la mole, la candela (unité d'intensité lumineuse).

NOTA Ne pas confondre avec U.I. (unité internationale).
* Abréviation utilisée dans toutes les langues.

site-directed mutagenesis
SEE **site-specific mutagenesis**

site-specific drug

Therapeutic agent, the action of which depends on the specific interaction with a recognition site on the target enzyme or organism.

drogue sélective

Agent thérapeutique qui agit par interaction avec un récepteur spécifique.

site-specific mutagenesis
site-directed mutagenesis

Technique in which a cloned gene is specifically mutated *in vitro* and then used to replace the wild-type copy of the gene in the donor organism. The technique has two advantages over conventional mutagenesis procedures: (i) The proportion of desired mutants obtained is high; up to 50% of the viable cells are mutant in some methods. (ii) No other genes in the organism are mutated and therefore all the desirable characteristics of the strain are retained.

mutagenèse dirigée
mutagénèse dirigée

Introduction de mutations à des endroits déterminés dans des séquences d'ADN, bien souvent clonées au préalable pour être réinsérées dans leur génome original, en remplacement du fragment d'ADN sauvage.

sodium azide

Antimicrobial agent. It is used at 0.2 percent to prevent infection of chromatography columns and gel suspensions. It interferes with fluorescent protein markers and the anthrone reaction, as well as inhibiting some enzymes.

azoture de sodium
azide de sodium

Sel sodique de l'acide azothydrique obtenu le plus souvent par l'action de l'hémioxyde d'azote sur l'amidure de sodium. On l'utilise notamment comme agent anti-microbien dans les colonnes chromatographiques.

sodium carboxymethylcellulose
SEE **carboxymethyl cellulose**

sodium dodecyl sulphate
SDS
sodium lauryl sulfate

Ionic detergent used for denaturation of protein and in electrophoresis of protein subunits.

NOTE SDS is an abbreviation of sodium dodecyl sulfate.

dodécyl sulfate de sodium
SDS
laurylsulfate de sodium

Détergent ionique employé comme agent dénaturant des protéines.

NOTA SDS est une abréviation de dodécyl sulfate de sodium.

sodium lauryl sarcosine

Ionic detergent with properties similar to sodium dodecyl sulphate, but soluble in high salt

N-lauroylsarcosinate de sodium

Détergent ionique aux propriétés analogues à celles du dodécyl sulfate de sodium, mais qui est

sodium lauryl sarcosine (cont'd)

concentrations, thus enabling its use in cesium chloride gradient centrifugation.

soluble à haute force ionique, ce qui permet son utilisation dans la technique de centrifugation sur gradient de chlorure de césium.

sodium lauryl sulfate
SEE **sodium dodecyl sulphate**

solid-phase immunoassay

Quantitative immunological technique employing a solid phase.

NOTE The main characteristic required of all solid phase immunoassays is their specificity. Whichever immunoassay is chosen and whatever its purpose, an artificial immunoadsorbent must generally be prepared, because even though natural immunoadsorbents such as bacteria, yeast, or erythrocytes can sometimes be used, their application is limited. The solid phase is composed of a solid support on which an immunologically active substance has been fixed. This substance immobilized on the solid phase is often called an immunoadsorbent.

immuno-essai en phase solide*

Immuno-essai en phase hétérogène dans lequel la séparation se fait par la technique dite du double anticorps : l'addition au milieu d'une antiglobuline dirigée contre les anticorps spécifiques produit un précipité après centrifugation, la fraction non liée restant dans le surnageant. Cette antiglobuline est fixée sur un support dispersé facilitant la précipitation. Ces phases solides peuvent avoir diverses formes (billes, tubes, plaques de microtitration) et sont constituées de polystyrène ou d'autres polymères.

NOTA* Équivalent proposé par l'auteur.

solid-phase modular assembly approach

In both the application of immobilized coenzymes in affinity chromatography and as "coenzymically active" entities, the coenzyme or coenzyme analogue should be separated from the support matrix by a spacer molecule that is sufficiently long to allow the complementary enzyme unimpeded access to the immobilized ligand. Traditionally two different approaches to

sans équivalent connu

Utilisation d'un support muni d'un bras d'espacement pour l'immobilisation des ligands sur une phase solide. Les ligands liés à une phase solide doivent être attachés par un bras espaceur afin d'empêcher les interactions stériques de l'enzyme et du support solide. Dans l'approche solide modulaire, le bras espaceur est d'abord lié à la phase solide. Dans l'approche de préassemblage,

solid-phase modular assembly approach (cont'd)

obtaining suitably immobilized ligands of this type have emerged. Either the coenzyme is coupled to a matrix to which spacer molecules have already been covalently attached, the solid phase modular assembly approach; or the coenzyme is first chemically derivatized by substitution with a spacer molecule carrying a terminal functional group suitable for direct attachment to an activated matrix, the systematic or preassembly approach.

NOTE Despite the conceptual simplicity of the solid phase modular approach, serious shortcomings in terms of obtaining homogeneous preparations are experienced. Nevertheless, the approach has been adopted in many quarters. For example, the solid phase synthesis of an N^6-immobilized NAD+ was achieved by a carbodiimide-promoted condensation of NMN with immobilized AMP.

le bras espaceur est d'abord lié au ligand.

solid-phase sequenter
solid-phase sequenator

Device used in amino acid sequencing of proteins in which the sample is covalently attached to a solid-phase support of derivatized glass or polystyrene beads and packed into a micro-column, prior to initiating the Edman degradation.

séquenceur en phase solide

Type de séquenceur d'acide aminé où les réactions de séquençage (dégradation d'Edman) ont lieu dans une colonne remplie d'un support solide (billes de verre ou de polystyrène) sur lequel le peptide à séquencer est fixé. Avec ce type de séquenceur, l'analyse requiert seulement quelques nanomoles de peptide.

solid-phase synthesis
SEE **solid-state synthesis**

solid shear

A combination of the advantages given by agitation with abrasives and by liquid shear is achieved by forcing frozen cell pastes through an orifice. Disruption is achieved in such equipment by shear forces exerted by passage through the orifice aided by the ice crystals in the frozen paste. There is no obvious hazard to the enzyme(s) in this treatment since the process uses a temperature of -20°C. Although this method has been employed successfully in the laboratory for many years and has proved an excellent method for obtaining enzyme protein and bacterial cell wall preparations, large-scale applications have been limited. Buchner & Hahn were the first to use solid shear for breaking micro-organisms to release enzymes. They mixed yeast paste and kieselguhr and subjected the mix to hydraulic pressure. The kieselguhr acted as an abrasive, and following application of pressure, zymase was released.

extraction cellulaire par broyage

Extraction cellulaire en broyant à basse température un culot de cellules mélangées à de la poudre d'alumine. Le processus peut ainsi avoir lieu par passage sous pression de la pâte dans un orifice étroit.

solid state fermentation
SEE **solid substrate fermentation**

solid-state synthesis
solid-phase synthesis

Technique used for the chemical synthesis of polypeptides or polynucleotides. The growing chain is linked to a solid support by one of its ends and elongation proceeds at the other. The excess reagents and by-products of each cycle of the process are eliminated by washing. At the end of the process, the polymer is detached, purified and its sequence checked.

synthèse en phase solide

Synthèse chimique, en phase solide, de peptides ou de polynucléotides. Le peptide ou le polynucléotide est contenu dans un réacteur, et les divers réactifs nécessaires à la synthèse sont ajoutés séquentiellement et retirés par filtration et lavage. Une des extrémités de la chaîne en croissance est attachée sur un support solide. Les acides aminés

solid-state synthesis (cont'd)

NOTE The technique forms the basis of automatic peptide and gene synthesizers. When used to form polynucleotides, artificial synthesis differs from that catalyzed by DNA polymerase since the latter requires a template. In the chemical synthesis, it is possible to introduce variations as required.

ou les nucléotides sont ajoutés selon un protocole répétitif.

solid substrate fermentation
solid state fermentation
semi-solid fermentation

fermentation en milieu solide

The growing of micro-organisms, often fungi, on a solid material rather than in a liquid medium.

NOTE Such techniques can be divided into two basic types: thin layer and deep bed. In the former system, the organisms are grown on the surface of the substrate, which is spread on shallow trays about 2-4 cm deep; the trays are incubated in air-conditioned rooms or cabinets. The simplest deep bed systems consist of heaps of substrate that may be stirred periodically by hand. More sophisticated, fully automated systems include rotating drums, conveyor belt systems, which pass through air-conditioned tunnels, or deep tanks through which air is blown. The substrates used are generally based on wheat bran.

Culture de micro-organismes (habituellement des champignons ou des levures) en milieu solide plutôt qu'en milieu liquide.

soluble enzyme

enzyme soluble

An enzyme in its native soluble state; not immobilized in any way.

Enzyme telle qu'elle existe en solution, non immobilisée de quelque façon que ce soit.

sonication
ultrasonic treatment

The process of disrupting biologic materials by use of sound wave energy.

sonification
ultrasonation
sonication
ultrasonication
traitement ultrasonique

Traitement d'une matière biologique par les ultrasons en vue de la briser.

spacer
arm
spacer arm

Chain structure interposed between a substance (enzyme, coenzyme, etc.) and the carrier to which it is attached.

bras
bras d'espacement

Chaîne carbonée non réactive intercalée entre une substance (enzyme, coenzyme, ligand, etc.) et le support auquel cette substance est fixée.

SPDP
SEE **N-succinimidyl 3-(2-pyridyldithio)-propionate**

specific activity

Measure of the ratio of enzymically active protein to total protein. It may be expressed in terms of millimoles of substrate converted per second (or minute) per milligram of protein.

activité spécifique

Activité enzymatique par unité de masse de protéine, dans les conditions saturantes en substrat.

specific growth rate

Of a given organism: the number of grams of biomass formed per gram of biomass per hour; the unit of μ is hour $^{-1}$. In any given case, μ depends on factors which include the strain of organism, the temperature, and the concentration of nutrients.

vitesse de croissance spécifique

Quantité de cellules générées par nombre de cellules initiales d'un micro-organisme par unité de temps. La vitesse de croissance spécifique dépend de la concentration en substances nutritives.

specificity

An enzyme's discrimination between several substrates competing for an active site.

spécificité

Contrainte pour le substrat de se combiner au site actif de l'enzyme, ce qui nécessite évidemment une

specificity (cont'd)

correspondance structurale étroite entre enzyme et substrat (correspondance stérique).

spectrophotometer

Analytical device consisting of a light source, diffraction grating, sample holder and detection system that is used to measure absorption spectra or changes in absorbance at fixed wavelength. The light source is a lamp producing radiation in the region of 200-360 nm (ultraviolet) or 360-760 nm (visible). This is diffracted so that a narrow beam (1 or 2 nm wide) can be passed through the sample. The degree of attenuation is measured using a photomultiplier, and the signal presented on a chart recorder or cathode ray tube.

NOTE Fully automated systems are now available that can calculate kinetic constants, concentrations, etc. on the basis of measurements made at fixed wavelength, and can manipulate spectra produced by scanning samples.

spectrophotomètre

Instrument permettant la mesure de l'absorption, par un soluté, d'un faisceau lumineux à une longueur d'onde donnée.

spectrophotometric protein and DNA determination

Technique used to measure the amount of protein or DNA in solution. The extinction of a solution is measured at 260 and 280 nm, and the ratio of the extinctions calculated. This is used to evaluate the amount of protein and nucleic acid using standard tables.

détermination spectrophotométrique de l'ADN et des protéines

La mesure de l'absorbance d'une solution à 260 et 280 nm et le calcul du rapport de ces deux absorbances permet de déterminer la quantité de protéines et d'acides nucléiques contenus dans la solution.

spheroplast

A membrane-bound spherical form that results from only partial removal of cell wall constituents after enzymatic treatment of a bacterial, yeast, or fungus cell.

spheroplaste

Cellule bactérienne ou encaryote dont la paroi, extérieure à la membrane plasmique, a été enlevée expérimentalement.

spinning cup sequenter
spinning cup sequenator

Device for the liquid-phase sequencing of peptides or proteins. The reaction vessel consists of a glass cup spinning at 1,200-3,600 rpm fitted with a vacuum system to remove volatile chemicals. A solution of the sample is added to the cup and dried as a thin film on its interior surface. Reagents are added to dissolve the sample and to effect degradation. Excess reagents, by-products and the required amino acid anilinothiazolines are removed by evacuation and solvent extraction.

séquenceur à cellule tournante
séquenceur en phase liquide

Appareil servant à établir la séquence des acides aminés d'un peptide ou d'une protéine. Il se distingue par une chambre de réaction en verre tournant à 1 200-3 600 tours/minute dans une enceinte étanche, des valves réglant les entrées et les sorties des réactifs et des solvants et une pompe à vide pour aspirer les produits volatils. Un collecteur de fractions recueille les anilinothiazolinones successivement obtenues par clivage du peptide étudié.

spirally-wound multipore
biocatalytic module

A spiral reactor configuration for the use of collagen-enzyme membrane systems. The spiral-wound reactor offers a number of advantages. It guides the flow through a number of organized flow channels which offer low and essentially equal hydraulic resistances. Therefore, all the fluid elements spend the same residence time in contact with the membrane unit thus ensuring good contact efficiency. The small fluid channels provide a large membrane surface area per unit reactor volume and high throughput.

module biocatalytique à membrane de collagène

Un des principaux types de réacteurs à membranes porteuses d'activité enzymatique : la membrane est enroulée autour d'un axe, les différentes couches étant séparées par de petites baguettes de verre. Par ce procédé, on obtient un cylindre constitué d'une multitude de petits canaux juxtaposés.

S-S bridge
SEE **disulfide bond**

stability
SEE **chemical stability**

stability

Resistance to change; the maintenance of a steady state in the presence of perturbing forces.

NOTE The stability of an enzyme usually refers to the conformational stability of the protein. The thermal, organic solvent, urea, pH, and storage stability of an enzyme are largely determined by its conformational stability, and inactivation is caused primarily by denaturation. The stability of a biocatalyst is usually expressed by means of a half-life value, i.e. the time required for the activity of the reactor to fall to half of its initial activity.

stabilité

Propriété de résister à l'action de facteurs extérieurs physiques ou chimiques.

NOTA La stabilité des enzymes est accrue lorsqu'elles sont immobilisées.

stable isotope
SEE **heavy isotope**

starch

High molecular weight polysaccharide consisting largely of D-glucose units linked through an α-(1,4)-link in the main chain and α (1,6) linkages at the branch points, forming a spiral chain with only one terminal reducing moiety per chain. It consists of two fractions: amylose (25 percent) and amylopectin (75 percent). It is the major storage carbohydrate in higher plants, where it accumulates in the form of grains. The grain structure and composition are characteristic of a given plant species.

amidon

Polyoside formé par la réunion d'un grand nombre de molécules de glucose, qui constitue la substance de réserve glucidique de la plupart des végétaux. De formule brute $(C_6H_{10}O_5)_n$ et de poids moléculaire variable de 3 000 à 50 000 000, ils apparaissent sous forme de petits grains dont l'attaque par les sucs digestifs diffère selon la conformation et la nature du grain.

NOTA La molécule d'amidon, souvent liée à des substances non glucidiques, peut se présenter

starch (cont'd)

NOTE Starch serves as a major source of calories for humans and other nonruminant animals. Starch from maize, and to a lesser extent that from potatoes and wheat, is used as starting material for the manufacture of glucose, glucose syrups and high fructose syrups, as well as in the production of potable and fuel ethanol.

sous forme linéaire spiralée ou sous forme ramifiée.

starter culture
starter

A carefully prepared authentic preparation, or stock culture, of a known organism; in particular cultures used to initiate industrial fermentations. It may consist of a growing liquid culture, a lyophilized culture or a frozen culture.

culture d'ensemencement

Culture de micro-organismes préparée pour ensemencer un milieu afin d'y provoquer une réaction biologique ou une fermentation.

start-up

First stage of operation of a continuous fermentation or anaerobic digestion process, during which the process is brought to steady running conditions.

mise en régime

Ensemble des opérations nécessaires pour mettre en fonctionnement un réacteur et l'amener au niveau de rendement optimal.

state-of-the-art

Idiomatic phrase used to imply that the most recent or up-to-date technology has been used or is being described.

état de la technique
état des connaissances

Niveau de développement atteint par un domaine technique particulier à un moment donné.

static disorder

Although protein crystallography has traditionally been used to give only a static picture of protein structure, it is now proving to be a powerful technique for studying the mobility of every residue in a protein chain. This is because in

désordre statique

Lorsque la position des atomes d'une protéine est déterminée par cristallographie à rayons X, il arrive que la densité électronique correspondant à certains atomes soit anormalement basse. Ce déficit peut être dû, soit au

static disorder (cont'd)

addition to locating the positions of atoms from their electron density, it is also possible to measure their mean square displacement from the smearing out of the electron density. It has been noticed in certain structures, such as in trypsinogen, that some regions of the electron density are very weak. In other words, the structure in that region is not uniquely defined in space during the time of the experiment. This can be due to either static disorder (i.e. the atoms are occupying a number of different conformations in space) or real motion.

mouvement de ces atomes dans une structure fluctuante, soit à la présence d'au moins deux conformations distinctes. C'est ce dernier phénomène qu'on appelle désordre statique.

stationary phase

In chromatography, the solid packing or support material, which may be in powder, gel or sheet form.

phase stationnaire
phase immobile

En chromatographie, composé qui, par ses affinités avec les solutés, va permettre leur séparation quand la phase mobile les déplace.

NOTA Ne pas confondre avec phase stationnaire de la croissance de cellules.

steady-state condition

Point in time of an enzymatic reaction in progress when the enzyme-substrate complex concentration [ES] is constant: i.e. the rate of change of [ES] is zero; the quantity of ES formed is equal to the quantity decomposed to E + P (products).

état stationnaire
phase stationnaire*

État dans lequel la concentration des espèces enzymatiques reste constante, lorsque la vitesse de formation est égale à la vitesse de disparition du produit.

NOTA* Ne pas confondre avec «phase immobile» en chromatographie ou avec une des phases de la courbe de croissance de bactéries.

stereoisomer

Chemical compounds that have their atoms bonded together in the same sequence. Their molecules differ only in the spatial positions of their atoms.

stéréoisomère
stéréo-isomère

Molécule qui est en relation de stéréo-isomérie avec une autre. Cette isomérie résulte de la disposition différente dans l'espace des atomes ou des radicaux d'une molécule; il existe, de ce fait, deux isomères, dont l'un est l'image de l'autre dans un miroir. La stéréo-isomérie s'accompagne de pouvoir rotatoire.

stereospecificity

The specificity of a process, binding or reaction for a particular stereoisomer of a compound, as in enzyme catalysis.

NOTE The absolute stereospecificity of many enzymes that is especially remarkable, since man-made catalysts are generally unable to select one of a pair of stereoisomers.

stéréospécificité
spécificité isomérique

Correspondance structurale dans l'espace entre macromolécule et ligand, qui permet leur association stéréo-spécifique.

NOTA La stéréospécificité des réactions enzymatiques dépend de divers facteurs, dont le simple fait que les molécules d'enzymes elles-mêmes ont un nombre très important de centres d'asymétrie moléculaire. Sur le plan pratique, la stéréospécificité enzymatique est intéressante. En effet, par l'emploi d'une enzyme de synthèse stéréospécifique, on pourra obtenir un composé biologique optiquement actif, alors que les techniques usuelles du laboratoire ne permettent d'obtenir que le racémique.

steric hindrance

Nonbonded repulsions between atoms or groups of atoms in a molecule or transition state. For example, it is greater in cis-2-butene than in trans-2-butene because of the closeness of the two methyl groups in the former.

encombrement stérique

Accumulation de groupements volumineux autour d'un centre réactionnel, qui en rend l'accès difficile.

steroid bioconversion

Process in which one type of steroid, or a precursor, is converted to a related molecule using enzymes or cells as catalysts. Such transformations include the hydroxylation of progesterone using *Rhizopus arrhizus*, which introduces an oxygen atom at C-11.

NOTE Micro-organisms are also used in the conversion of raw materials, such as diosgenin from yam roots and stigma sterol from soya beans, by cleavage of their side chain to produce the aglycone.

biotransformation de stéroïdes
bioconversion de stéroïdes

Conversion d'un stéroïde en un ou plusieurs autres stéroïdes par biocatalyse (enzymes ou micro-organismes).

stirred cell

Ultrafiltration apparatus used in the removal of bacteria, pyrogen, virus; concentration of protein, virus; enzymes, and prefiltration of sample for electrophoresis. The cell holder consists of a bottom plate which contains the membrane with the membrane support and a reservoir; a top plate which contains a filling port, a pressure inlet. Magnetic stirring is built into the cell holder to minimize concentration polarization on the membrane surface and to avoid foaming when the volume is low.

cellule à agitation

Unité d'ultrafiltration, sous vide ou sous pression, constituée d'un contenant de forme cylindrique à la base duquel sont placés la membrane et son support. Cette unité est également munie d'un agitateur magnétique dont la fonction sert à retarder le colmatage de la membrane.

stirred tank reactor

The most widely used type of reactor consisting of a tank fitted with cooling coils, or cooling jacket, and a mechanically driven impeller, as well as various ports for input and output of liquids and gases. The degree of sophistication varies and includes

réacteur agité

Réacteur dans lequel on a mis en place des pales de brassage permettant une meilleure aération (par bullage) et homogénéisation du milieu de culture.

NOTA Ce type de réacteur est généralement utilisé pour des

stirred tank reactor (cont'd)

fully automated and instrumented systems.

NOTE There are two kinds of stirred tank reactors: the simplest type is the batch stirred tank reactor, and the other is the continuous flow stirred tank reactor, which is basically a batch reactor equipped with a substrate inlet and a product outlet.

substrats de haute viscosité et pour des enzymes possédant une activité assez faible.

stoichiometry

Derivation from the chemical formula or equation of the numerical relationships in terms of mass, volume, or amount of substance (moles) of the elements in a compound or of the products and reactants in a reaction.

stoechiométrie

Partie de la chimie qui traite des proportions dans lesquelles les diverses substances se combinent ensemble, ainsi que les quantités des substances qui résultent de toute réaction chimique.

stopped-flow technique

A technique for studying fast chemical reactions in which the reactants are forced out of two syringes into a mixing chamber, and the mixture is then allowed to flow into an observation cell where the flow is halted abruptly and the mixture is analyzed spectroscopically or by other means.

méthode de l'écoulement interrompu

Méthode de mesure des réactions rapides. Les réactifs sont injectés par un choc pneumatique à arrêt brusque, dans une chambre de mélange et une cellule spectrophotométrique, où la vitesse de réaction est mesurée. Cette méthode permet l'étude des réactions enzymatiques pré-stationnaires.

substitution reaction

Chemical reaction in which one substituent (atom or group of atoms) in a compound is replaced by another substituent.

substitution
réaction de substitution

Réaction chimique au cours de laquelle un atome ou groupe d'atomes est remplacé par un autre atome ou groupe d'atome.

substrate

The substance on which an enzyme acts, or the food on which a micro-organism grows.

substrat

Nom donné à une substance sur laquelle agit une enzyme, ou qui sert d'élément nutritif de base à un micro-organisme.

substrate-assisted catalysis

Novel approach to engineering enzyme specificity in which a catalytic group from an enzyme is first removed by site-directed mutagenesis causing inactivation. Activity is then partially restored by substrates containing the missing catalytic functional group. In this way substrates are distinguished primarily by their ability to actively participate in the catalytic mechanism permitting the design of extremely specific enzymes.

catalyse assistée par substrat

Mécanisme par lequel une enzyme, modifiée par mutagénèse dirigée de façon à abolir un groupe catalytique du site actif, recouvre son aptitude à réagir lorsqu'elle est mise en présence d'un substrat contenant un groupe catalytique analogue. Ce phénomène est utilisé pour augmenter la spécificité de l'enzyme.

substrate yield

Amount of biomass and/or end products produced in a reaction expressed as a function of the amount of substrate used.

coefficient de conversion du substrat
rendement en biomasse
taux de conversion du substrat

Quantité de biomasse produite (en gramme) par gramme de substrat dégradé.

NOTA Le rendement en biomasse recherché (g de biomasse/g de substrat), et sa teneur en azote permet d'évaluer la quantité d'azote nécessaire à l'opération. Il conviendra alors de l'introduire, sous la forme assimilable par le micro-organisme : minérale (ammoniaque, nitrate) ou organique (protéines, protéines plus ou moins hydrolysées, extrait de levure).

subunit
protomer*
monomer (2)

One of the polypeptide chains composing an oligomeric protein. Many enzymes are composed of several polypeptides. These are grouped in a specific combination to form a single entity with catalytic ability.

NOTE* Since the whole enzyme molecule as it is prepared and characterized physicochemically is regarded as the (structural) unit, the component folded polypeptide chains have been named subunits. If the subunits are identical, the protein is an oligomer, whose subunits are called protomers.
Do not confuse with monomer (1).

sous-unité
protomère*
monomère (2)

Chacune des chaînes constitutives d'une protéine. Ces chaînes, associées entre elles par des liaisons non covalentes, forment la structure quaternaire de la protéine.

NOTA* Terme employé si les sous-unités sont identiques.
Ne pas confondre avec monomère (1).

succinate dehydrogenase

A constituent enzyme of the TCA cycle found in mitochondria of all aerobic cells. It contains FAD as a prosthetic group and requires no separate coenzyme. The enzyme catalyzes the formation of fumaric acid from succinic acid, coupled to the reduction of FAD.

succinate-déshydrogénase
succinodéshydrogénase
déshydrogénase succinique

Enzyme catalysant la déshydrogénation du succinate en fumarate. Le système enzymatique le plus simple capable d'oxyder le succinate, en portant les hydrogènes sur un accepteur artificiel (phénazine-méthosulfate), a été isolé de membranes internes des mitochondries sous forme d'une ferroflavoprotéine à FAD et à fer non héminique.

NOTA «Succinodéhydrase» est un terme désuet à éviter.

sucrase
SEE **β-D-fructofuranosidase**

sucrose

saccharose
α-D-glucopyrannosido (1-2)-D-fructofurannoside
sucrose

A white crystalline disaccharide that occurs as the major transport carbohydrate in most plants and as a storage carbohydrate in sugar cane and sugar beet, from which it is isolated commercially. It is readily hydrolyzed to the constituent monosaccharides (glucose and fructose) by dilute acid or the enzyme invertase.

NOTE Sucrose is a major source of carbon in many commercial microbiological processes, where it may be supplied in an impure form as molasses. A number of micro-organisms, however, do not produce invertase, and hence require prior inversion of feedstock. World production of sucrose is around 100 million tons per annum.

Disaccharide non réducteur formé de glucose et de fructose; c'est une masse cristalline blanche, de saveur sucrée.

NOTA L'isomérisation contrôlée du glucose permet d'obtenir dans un sirop de glucose une proportion donnée de fructose au pouvoir «édulcorant» ou «sucrant» plus élevé que celui du saccharose; il y a compétition commerciale entre ces deux produits dans les pays déficitaires en saccharose.

sugar

glucide
sucre
hydrate de carbone

Polyhydric aldehydes or ketones – compounds with a hydroxyl group and a carbonyl function on separate carbon atoms.

Nom générique des corps qui possèdent plusieurs fois la fonction alcool avec ou sans fonction aldéhyde et qui sont au moins en C_4; le carbone, l'hydrogène et l'oxygène sont leurs principaux constituants.

NOTA Les termes sucres et hydrates de carbone se rencontrent encore dans certains ouvrages; cette dernière dénomination est due au fait qu'un grand nombre de composés répondent à la formule $Cn(H_2O)n$, mais en fait il y a beaucoup d'exceptions.

supercritical fluid
SCF

Compressed fluid, at a temperature slightly above its critical temperature beyond which liquid is no longer distinguishable from vapour.

fluide supercritique

Gaz sous pression, dont le pouvoir solvant est ajustable. Dans des conditions de pressions comprises entre 20 et 200 bars, il a des propriétés intermédiaires entre celles des liquides et celles des gaz.

NOTA FSC est une abréviation de fluide supercritique.

supernatant

The liquid that collects above the solid layer after centrifugation or sedimentation.

surnageant

Fraction liquide d'un mélange, qui a été séparée de la fraction solide (le culot) par centrifugation.

supersecondary structure

Term used to describe the frequently recurring substructures or folds that compose protein domains. These are combinations of α and/or β structure.

structure supersecondaire

Structure résultant de l'interaction entre segments de structures ordonnées représentant de nouvelles unités de construction, qui peuvent à leur tour s'associer pour former des structures d'un ordre supérieur, tels les domaines structuraux. Les domaines structuraux représentent des régions globulaires distinctes formées par le repliement d'une même chaîne polypeptidique.

support
carrier
matrix

Insoluble material onto which a catalyst is attached.

support
matrice

Système sur lequel est disposé un catalyseur.

S value
sedimentation coefficient
sedimentation constant

The ratio of the velocity of sedimentation of a molecule to the centrifugal force required to produce this sedimentation.

coefficient de sédimentation
valeur de S
constante de sédimentation

Mesure de la sédimentation ou de la flottaison des protéines ou des particules soumises à l'ultracentrifugation. Cette valeur

S value (cont'd)

NOTE The S value is defined in terms of the Svedberg unit. It is important to have in mind that S values, unlike molecular weights, are not additive when molecules combine.

s'exprime en secondes ou en Svedberg (S) (1 S = 10^{-13}s).

Svedberg unit
S

Svedberg
unité Svedberg
S
US*
unité S.F.*
uSf*

Unit of sedimentation equivalent to 1 x 10^{-13} seconds. S values are usually expressed for the solvent water at 20°C.

Unité de durée égale à 10^{-13}s. À 20 °C dans l'eau utilisée dans l'expression des vitesses de sédimentation en ultracentrifugation.

NOTA* S, US, unité S.F. et uSf sont des abréviations de l'unité Svedberg.

swcctcncr

édulcorant

Any material that is recognized by most humans as having a sweet taste. An operational definition of a "sweet taste" is "a taste sensed by most humans as having substantially the same quality as that noted when sucrose and sucrose-water solutions are tasted". Examples of nutritive sweeteners are such compounds as D-fructose, D-galactose, D-glucose, lactose, maltose, and sucrosc.

Substance qui donne une saveur douce à un médicament, une potion, un produit alimentaire. Le sucre, le sirop, le miel, sont des édulcorants naturels. Un des principaux édulcorants artificiels employés est l'aspartame.

NOTA Ce terme est employé généralement dans le sens plus restrictif de «saveur sucrée».

symmetry model
concerted transition model

modèle symétrique
modèle MWC
modèle de symétrie
modèle concerté

Model for a regulatory enzyme – proposed by Monod, Wyman and Changeux – according to which

L'un des deux types de modèles qui ont été proposés pour expliquer le comportement des

symmetry model (cont'd)

the enzyme exists in two different conformational forms (denoted R and T) that are in equilibrium with each other. The two forms (a relaxed and a constrained one) differ in their capacity to bind substrate, positive effectors, and negative effectors, but the overall symmetry is maintained throughout the various binding steps so that no two identical subunits are in different conformational states in a molecule at any given time.

enzymes allostériques possédant plusieurs sous-unités qui, postule-t-on, prennent deux conformations différentes. Selon ce modèle, la fixation de la première molécule de substrat augmente la tendance des sous-unités restantes à donner lieu à des transitions vers des formes à haute affinité, selon un effet de tout-ou-rien, toutes les sous-unités se trouvant dans la conformation de faible ou de forte affinité. Le modèle est appelé MWC en référence aux auteurs qui l'ont proposé, Monod, Wyman et Changeux.

synzyme
enzyme mimic

A synthetic catalyst that has an enzyme-like activity. It seems most likely that enzyme mimics will need a large complex structure, as well as any portions of degraded or part-synthesized enzymes which one might hope would retain (or exhibit) particular catalytic ability. The hope derives from the finding that some complex enzymes display more than one catalytic ability, and have different domains with characteristic active sites with specificity for particular substrates and conversions. Consideration of the development of "synzymes" leads immediately to the question of feasibility at reasonable cost in a reasonable time period. One obvious question is how faithfully must the structure of the enzyme active center be duplicated?

NOTE There is growing interest in synthetic catalysts that mimic

enzyme artificielle

Molécule mimant l'action d'une enzyme naturelle, mais dépourvue de la structure complexe de celle-ci. En effet, les enzymes naturelles sont des protéines, macromolécules de plusieurs milliers d'atomes. Or seule une petite partie de l'enzyme, une cavité dans laquelle se loge un substrat, intervient dans une réaction enzymatique. Les chimistes ont donc synthétisé des composés ne possédant d'analogue à la structure protéinique que des cavités tridimensionnelles dans lesquelles viennent se loger, puis se transformer, des molécules «hôtes» de dimensions moléculaires modérées.

NOTA Le terme d'enzyme artificielle peut être ambigu : il ne s'agit absolument pas de produire des enzymes par synthèse chimique, ni de synthétiser des molécules capables de se

synzyme (cont'd)

enzymes. Bioorganic chemists study enzyme models with the hope that results of their investigations will aid in the understanding of enzyme mechanism. With the development of industrial catalysis to the point where improvement in selectivity is a central theme in research, many believe that abiotic catalysts constructed with enzymes in mind could be of value in the chemical process industry.

substituer aux enzymes naturelles dans leur fonction, mais de fabriquer des catalyseurs «inspirés» des enzymes, aussi efficaces mais différant fondamentalement des catalyseurs usuels par leur organisation dans l'espace.

systematic approach
preassembly approach

A coenzyme immobilization technique in which the coenzyme is first chemically derivatised by substitution with a spacer molecule carrying a terminal functional group suitable for direct attachment to an activated matrix.

NOTE A considerable amount of effort has been expended on the synthesis and characterization of preassembled analogues of the adenine nucleotide coenzymes suitable for immobilization to support matrices. Indeed, procedures are now available for derivatizing all the major functional groups on this class of coenzymes.

sans équivalent connu

Utilisation d'un ligand muni d'un bras d'espacement pour immobilisation en phase solide. Les ligands liés à une phase solide doivent être attachés par un bras d'espacement afin d'empêcher les interactions stériques de l'enzyme et du support solide. Dans l'approche de préassemblage le bras espaceur est d'abord lié au ligand. Dans l'approche solide modulaire, le bras espaceur est d'abord lié au support solide.

systematic name

An enzyme's name which identifies the reaction it catalyzes.

nom systématique

Suivant les recommandations du comité de la nomenclature des enzymes de l'Union internationale de Biochimie (1978), appellation normalisée qui indique clairement la nature du donneur, la nature de l'accepteur et le type de réaction catalysée.

T

T
SEE **tritium**

tangential flow filtration

Filtration technique in which the liquid flow is at right angles to the direction of filtration. By using a sufficiently high flow rate, blocking of the filter can be minimized. It appears to be a serious alternative to centrifugation for large scale clarification of crude homogenates.

filtration tangentielle

Technique ayant pour but de faire durer au maximum les filtres en empêchant le dépôt des impuretés et en retardant le colmatage irréversible de la membrane par une remise en suspension permanente des particules retenues, grâce à la grande vitesse de circulation du fluide sur la face amont de la membrane.

temperature

Degree of hotness or coldness measured on one of several arbitrary scales such as Centigrade, Fahrenheit, Réaumur and absolute (Kelvin).

température

Degré d'intensité de la chaleur, mesuré au moyen d'un thermomètre. Les échelles couramment employées sont celles de Celsius et de Fahrenheit.

temperature coefficient
SEE **temperature quotient**

temperature optimum
SEE **optimum temperature**

temperature quotient
temperature coefficient
Q_{10}

Ratio of the rate of a reaction at a given temperature to that of the same reaction carried out at a temperature that is 10 degrees centigrade lower. In chemical reactions, including those catalyzed by enzymes, the rate roughly doubles for each 10-degree increase in temperature.

coefficient thermique
Q_{10}

Coefficient qui mesure la différence entre les vitesses d'une réaction chimique à deux températures distantes de 10 °C. Ce coefficient pour des réactions enzymatiques se trouve aux alentours de 2.

temperature quotient (cont'd)

NOTE The temperature coefficient Q_{10} varies somewhat from one enzyme to another, depending on the energy of activation of the catalyzed reaction, i.e. the height of the energy barrier to the transition state.

temperature-sensitive
SEE **thermosensitive**

temperature-sensitive mutant

Mutant that can grow normally at one temperature but not at another.

mutant thermosensible
mutant ts

Mutant qui, dans une population, se singularise par un nouveau caractère le rendant incapable de se multiplier dans certaines conditions de température.

ternary complex
central complex

Term used to describe the tripartite combination of enzyme-cofactor-substrate, the active form involved in many enzyme reactions.

complexe central
complexe ternaire

Complexe mettant en jeu la molécule d'enzyme et l'ensemble des substrats participants à une réaction d'une part, la molécule d'enzyme et l'ensemble des produits de cette même réaction d'autre part.

tertiary structure

The third level of structural organisation in a protein. The primary structure of a protein is the amino acid sequence, the secondary structure is the folding of the peptide chain (α-helical or beta-pleated), the tertiary structure is the way in which the helices or sheets are folded or arranged to give the three-dimensional structure of the protein.

structure tertiaire
structure tridimensionnelle

Structure spatiale complète d'une protéine, niveau d'organisation supérieur à la structure secondaire déterminée par l'assemblage des formes élémentaires de type α ou β selon les trois directions de l'espace et par le pliage de la chaîne, le tout étant stabilisé par des interactions de type non-covalent et des ponts disulfures.

tertiary structure (cont'd)

Quarternary structure refers to the arrangement of protomers in a multimeric protein.

test strip

A test strip was produced by adsorbing the enzyme reagent, glucose oxidase, peroxidase and a chromogen, on to a paper (cellulose) pad. The pad containing the dried reagents is cemented to the end of a plastic strip and responds with a colour change when wetted with a solution containing glucose such as urine or blood. The development of test strips for the determination of glucose in whole blood and serum has made blood assays almost as simple as the detection of urine glucose. In this case the reagent pad is treated with ethyl cellulose which forms a membrane through which small molecules can readily diffuse, but the presence of the coating prevents cells from being adsorbed on the cellulose fibres and allows them to be washed away.

bâtonnet diagnostique

Bâtonnets enduits d'enzymes et de substrats qui changent de couleur en réponse à une substance contenue dans le sang et les urines. Les bâtonnets urinaires permettent de déterminer la présence de glucose et de corps cétoniques chez les diabétiques.

THAM*
SEE **tris(hydroxymethyl) aminomethane**

thermal denaturation
heat denaturation

Change in the conformation of a molecule induced by heating. Most proteins and nucleic acids are sensitive to temperatures above 60°C, and may show some sensitivity if exposed for prolonged periods to temperatures of over 40°C.

dénaturation thermique
thermodénaturation

Dénaturation d'une substance par la chaleur. Dans la dénaturation thermique des protéines, il faut distinguer plusieurs étapes. Un traitement très énergique conduit à la coagulation, insolubilisation irréversible qui, considérée naguère comme le type de la

thermal denaturation (cont'd)

dénaturation, correspond en fait, en plus de la dénaturation au sens actuel, à la formation de hauts polymères covalents, par établissement de liaisons disulfures entre les molécules. Un traitement thermique modéré qui évite ces modifications covalentes provoque un déroulement partiel de la protéine, dont une partie conserve une certaine organisation.

thermal inactivation
SEE **thermoinactivation**

thermal stability
SEE **thermostability**

thermoinactivation
thermal inactivation

Destruction of the power to act by exposure to heat.

inactivation thermique
thermoinactivation

Suppression de l'activité biochimique ou biologique, d'une substance ou d'un organisme, par la chaleur.

thermosensitive
temperature-sensitive

Relating to or being a material that is in one or more ways sensitive to heat.

thermosensible

Se dit d'une substance sensible à des variations de température.

thermostabile
thermostable
heat stable

Descriptive of a molecule that is able to withstand the effects of heat and that will retain its activity.

thermostable

Se dit d'une substance qui supporte une température élevée sans perdre aucune de ses qualités.

thermostability
thermal stability

The quality of withstanding the effects of heat without undergoing change.

thermostabilité
stabilité thermique

Propriété de résistance à la chaleur, présentée par certaines protéines. Quand on élève la

thermostability (cont'd)

température, il y a rupture des interactions non-covalentes puis covalentes qui maintiennent la structure tridimensionnelle des protéines. Ensuite il y a dépliement et changement de conformation, dénaturant l'activité catalytique, par déstabilisation du niveau d'équilibre énergétique. À l'inverse on parle de thermosensibilité.

thermostable
SEE **thermostabile**

thermostable enzyme
SEE **heat stable enzyme**

Thiele modulus

A dimensionless number proportional to the molecular centre activity of an immobilized enzyme, that is, the number of molecules of substrate transformed per molecule per second, to the diffusion path presented to the substrate molecules by the support and to the affinity of the enzyme for the substrate, provided of course that the enzyme is evenly distributed within the support particles. When ø is large the effectiveness factor for the immobilized biocatalyst is low, and when ø approaches zero the effectiveness factor tends to unity.

NOTE ø is a symbol used to denote the Thiele modulus.

module de Thiele

Nombre adimensionnel permettant de déterminer le facteur d'efficacité d'une enzyme immobilisée sur un support donné et le régime limitant la réaction, pour les phénomènes diffusionnels.

NOTA Le module de Thiele est désigné par ø.

thin channel system

There are some four basic designs of ultrafiltration units available. These are: stirred cells, thin channel systems, cartridge

système d'ultrafiltration à canaux étroits

Appareil d'ultrafiltration où les membranes sont disposées en feuillets superposés et où la solution est envoyée sous pression

thin channel system (cont'd)

membranes, and hollow fibres. Thin channel systems use flat membranes which are sandwiched in a filter press arrangement. The material which is to be concentrated flows across the membrane through narrow channels designed to produce a laminar flow of liquid and thus cut down concentration polarization. The concentrate is usually recirculated from a reservoir, and the whole system can be pressurized to increase the ultrafiltration rate. Ultrafiltrate is collected separately as it emerges from the "filter press".

dans des canaux étroits, bordant les membranes et effectuant un trajet en chicane, comme dans un filtre. Cette disposition permet de réaliser un flux laminaire élevé de la solution, ce qui favorise un flux élevé des solutés à travers la membrane.

thin-layer chromatography

chromatographie en couche mince
chromatographie sur couches minces
chromatographie sur plaque

Chromatography using a thin layer of powdered medium on an inert sheet to support the stationary phase. Faster than paper chromatography, gives higher resolution and requires smaller samples.

NOTE TLC is an abbreviation of thin-layer chromatography.

Chromatographie dans laquelle l'absorbant au lieu d'être disposé en colonnes est disposé sur un support en couches minces : alumine, plâtre, cellulose, silicagel, charbons, etc.

NOTA TLC est une abréviation de l'anglais (thin-layer chromatography).

thin layer gel filtration

filtration sur gel en couche mince

Technique in which molecules are separated on a flat plate (typically 20 x 20 cm) on which a layer of xerogel 0.5-1.0 mm thick is spread. Samples are applied to the horizontal plate, and irrigation is started by inclining one end of the plate. After development the chromatogram is dried in an oven at 50-60°C when the xerogel

Chromatographie en couche mince dans laquelle l'absorbant effectue une séparation des molécules en fonction de leur taille.

thin layer gel filtration (cont'd)

matrix strongly adheres to the plate. The separated compounds are then detected by suitable staining procedures or visualized under ultraviolet light.

thinning

The reduction of the viscosity of a starch suspension by partial hydrolysis of glycosidic links. It may be achieved using either acid or enzymes.

fluidisation de l'amidon

Réduction de la viscosité d'une suspension d'amidon par hydrolyse acide ou enzymatique des liaisons glycosidiques.

thioamino propionic acid
SEE **cysteine**

third-order reaction

Chemical reaction in which the rate of reaction is determined by the product of three concentrations of reactants.

réaction du troisième ordre

Réaction dont la vitesse est proportionnelle au produit de trois concentrations.

threonine
2-amino-3-hydroxybutyric acid
alpha-amino-beta-hydroxy butyric acid
1-amino-2-hydroxy butanoic acid

One of the 20 common amino acids found in protein. It is a hydroxylated polar amino acid essential for man.

NOTE Thr and T are abbreviations used to denote the amino acid threonine in amino acid sequences and elsewhere.

thréonine
acide 2-amino-3-hydroxybutyrique
acide α-amino β-hydroxybutyrique

Acide aminé alcool glucoformateur indispensable à l'homme.

NOTA Thr et T sont des abréviations de thréonine.

thrombin

An enzyme with proteolytic activity that catalyzes the conversion of fibrinogen to fibrin during the clotting of blood. It is

thrombine

Enzyme catalysant l'hydrolyse de la fibrinogène en fibrine, provoquant ainsi la coagulation du sang.

thrombin (cont'd)

formed from an inactive precursor, prothrombin, in the presence of blood platelets, calcium ions and thromboplastin.

NOTE Fibrinogenase and thrombase are obsolete terms.

NOTA Thrombase, plasmase, thrombosine et fibrine-ferment sont des termes désuets à éviter.

throughput
through-put

The volume of feedstock charged to a process equipment unit during a specified time.

débit d'alimentation

Volume d'une substance à traiter qui passe à travers un système dans un temps défini (par exemple m^3/h).

tissue

Aggregation of cells united in an organ for the performance of a particular function.

tissu

Ensemble de cellules rassemblées dans un organe et qui concourent à exercer la fonction particulière de l'organe.

titre
titer

Measure of the amount of antibody present in a sample of serum, given by the highest dilution of the sample that results in the formation of visible clumps with the appropriate antigen.

titre

En immunologie, quantité d'anticorps spécifique contenue dans un antisérum. On l'exprime généralement en unités et on l'indique approximativement par une ou plusieurs croix (+), une croix correspondant à la dilution la plus élevée donnant une réaction positive.

T_m
SEE **melting temperature**

TOC*
SEE **total organic carbon**

torque

Rate of increase in the moment of momentum in the rotary motion of a body around an axis, such as an impeller in a stirred tank reactor. It is equal to the product of the

couple de torsion

Vitesse avec laquelle le moment de torsion d'un corps autour d'un axe s'accroît.

torque (cont'd)

momentum mass times velocity and the normal distance from the axis.

total organic carbon
TOC*

Carbon content of a sample. It is used as an indication of the amount of organic pollution in a water sample. The technique can be automated and rapid, using electrical pyrolysis followed by infrared gas analysis of the carbon dioxide liberated.

NOTE* TOC is an abbreviation of total organic carbon.

carbone organique total

Totalité du carbone présent dans les matières organiques qui sont dissoutes et en suspension dans l'eau.

tower fermenter

Tubular bioreactor in which the height is several times the diameter. A typical system consists of a vertical cylinder with a conical base, topped by a large-diameter settling zone fitted with baffles. Nutrient solution is pumped in at the base. In general, flocculant yeast or filamentous fungi are used, since these will tend to form a plug which is retained in the lower part of the vertical tube when the fermenter is run as a continuous system. Thus there is no requirement for a mechanical separation and recycling of the biomass.

NOTE The system is very simple. The energy requirement to pump liquid up the tower is offset by the saving on agitation. High productivity means that smaller fermenters may be used with savings in both capital and operating costs compared with conventional batch processes.

tour de fermentation

Réacteur biologique dont la hauteur vaut plusieurs fois le diamètre.

tower fermenter (cont'd)

Throughput can be increased by packing the fermenter with support materials on which the biomass can grow, forming a thin film providing high cell density, even at increased flow rates.

TPCK
N-tosyl-L-phenylalanylchloromethyl ketone

Affinity label designed to resemble a normal substrate for chymotrypsin. However, instead of the usual susceptible structure of the substrate (-CO-NH-), TPCK contains the -CO-CH_2Cl group, a potent alkylating agent. Incubation of TPCK with chymotrypsin causes it to bind to the active site in the same way as the normal substrate. However, instead of hydrolysis of the substrate, alkylation of the essential His 57 residue occurs, indicating that the latter is close to the susceptible bond normally undergoing hydrolysis.

TPCK
N-tosyl-L-phénylalanylchlorométhylcétone

Composé contenant un résidu aromatique et qui réagit avec spécificité sur l'histidine du site actif de la chymotrypsine, entraînant ainsi l'inactivation de l'enzyme.

NOTA C'est grâce au TPCK si l'on a pu démontrer le rôle de l'histidyl 57 dans le fonctionnement de la chymotrypsine.

trace element

Element that is required in low concentrations to support growth of all living organisms.

NOTE Correct composition of trace elements are essential for good growth; many commercial processes have suffered from inattention to the microelement requirements of the organism used.

oligo-élément
élément en trace

Élément présent en très petite quantité dans un produit naturel ou artificiel et exerçant une action sur les propriétés mécaniques, chimiques, biologiques.

tracer

Marked compound introduced into a culture or used as substrate for

traceur

Substance que l'on peut identifier facilement grâce à une propriété

tracer (cont'd)

any reaction carried out *in vitro* as a means of following the course of growth or metabolism of the compound. Radioactive or heavy isotopes of the normal elements found in living organisms are often used.

distinctive et qui est utilisée pour marquer une autre substance afin de suivre son évolution au cours d'un processus physique, chimique ou biologique.

NOTA Synonyme incorrect d'indicateur.

transaldolase

Enzyme involved in carbohydrate metabolism that catalyzes the transfer of a dihydroxyacetone residue from a keto to an aldo sugar. The products of the reaction are an aldose derived from, but three carbon atoms shorter than the donor ketose, and a ketose derived from, but three carbon atoms longer than the acceptor aldose. The reaction, which does not involve a cofactor of any type, is freely reversible. However, neither free dihydroxyacetone nor its phosphate can be used as substrate.

transaldolase

Enzyme catalysant le transfert réversible de la dihydroxyacétone d'un cétose-phosphate à un aldose-phosphate; elle joue un rôle important dans la voie de la glycolyse dite des pentose-phosphates, dans les interconversions d'oses et la formation des pentoses, et dans la photosynthèse des glucides.

transaminase

Enzyme that transfers an amino group from an amino acid to a keto acid with the production of a second keto acid and a new amino acid.

NOTE All transaminases contain pyridoxal phosphate as a coenzyme. The amino group is initially transferred to the coenzyme to form the intermediate pyridoxamine phosphate, from which it is transferred to the second keto acid.

transaminase
amino-transférase

Enzyme, ayant pour coenzyme le phosphate de pyridoxal, qui assure le transfert du radical NH_2 d'un acide aminé sur un acide α-cétonique. Ces enzymes permettent ainsi, au cours de la dégradation oxydative des acides aminés, le transfert du radical aminé vers l'uréogenèse.

NOTA Aminophérase est un terme désuet à éviter.

transamination

The transfer of an amino group from one amino acid to another catalyzed by transaminase.

transamination

Réaction de transfert d'un groupe aminé d'un acide aminé à un acide alpha cétonique qui devient ainsi acide aminé et inversement. C'est par ce mécanisme que les acides aminés sont désaminés pour être dégradés.

transducer bound enzyme probe

Direct enzyme electrodes incorporate redox enzymes coupled to an electrode with a flow of electrons between the cofactor involved in the enzyme reaction and the electrode. Transducer bound enzymes consist of a thin layer of enzyme in close contact with a transducer, such as oxygen electrode, together with a thin semipermeable membrane to secure the enzyme in place. Substrate then diffuses from the bulk solution that the electrode is placed in, undergoes reaction, and then the transducer measures the appearance of the product. pH electrodes and ammonium ion selective electrodes are also commonly used potentiometric electrodes. Amperometric transducers in contrast usually measure the flux of electroactive species.

électrode à enzyme transductrice

L'électrode enzymatique est composée d'une électrode couverte d'une enzyme immobilisée par une méthode physique ou chimique. Certaines électrodes sont directement couplées au flux d'électrons d'oxydation-réduction générés par une enzyme. Dans le cas des électrodes à enzyme transductrice, l'électrode est choisie pour son aptitude à répondre à la concentration d'un produit de l'enzyme formée à partir du substrat à mesurer. Les électrodes ampérométriques mesurent le flux de composés électroactifs, comme par exemple l'oxygène et H_2O_2 dans le cas des électrodes polarographiques. Les électrodes potentiométriques mesurent la concentration du produit, comme par exemple H_+ et NH_4 dans le cas des électrodes sélectives pour ces ions, au CO_2 et NH_3 dans le cas des électrodes à gaz.

transferase

Enzyme that catalyzes reactions in which a group is transferred from one compound to another. They are one of the main groups (EC 2) used in enzyme classification.

transférase

Enzyme catalysant des échanges de radicaux chimiques fonctionnels entre molécule.

NOTA Les groupements transférés peuvent être très variables. Les acyltransférases effectuent le transport d'un radical acyle (R-COO-) d'un acide

transferase (cont'd)

organique. Par exemple l'acétyltransférase catalyse le passage d'un radical acétique (CH_3-COO-) à un accepteur, le donneur étant l'acétylcoenzyme A. Les transaldolases et les transcétolases assurent respectivement le transfert d'une fonction aldéhyde (-CH_2-CHO) ou d'une fonction cétonique (-CH_2CO-CH_3). Les kinases effectuent le transfert d'un groupe phosphate.

transition state
activated complex

The association of atoms of highest energy formed during a chemical reaction. The transition state can be regarded as a short-lived intermediate that breaks down to give the products.

état de transition
complexe activé

État du complexe intermédiaire qui se forme lors du choc de deux molécules et qui est supposé être en équilibre thermodynamique avec les produits initiaux de la réaction.

transketolase

Enzyme of carbohydrate metabolism that catalyzes the transfer of a two-carbon ketol moiety from a keto sugar to an aldo sugar. The products of the reaction are an aldose-derived form, but two carbon atoms shorter than the donor ketose, and a ketose derived form, but two carbon atoms longer than the acceptor aldose.

transcétolase

Enzyme catalysant le transfert réversible de l'aldéhyde glycolique d'un cétose-phosphate à un aldose-phosphate. Elle a pour coenzyme le pyrophosphate de thiamine, sur lequel se fixe le groupement glycolaldéhyde en formant ainsi une combinaison intermédiaire.

trehalase

Enzyme that catalyzes the hydrolysis of trehalose to two molecules of glucose.

tréhalase

Enzyme capable d'hydrolyser le tréhalose, avec formation de deux molécules de glucose. Elle est contenue dans le thalle d'une culture de l'Aspergilus niger sur liquide de Raulin.

trehalose

A disaccharide sugar (MW 342) found widely in invertebrates, bacteria, algae, plants and fungi, formed by the dimerisation of glucose. Yields glucose on acid hydrolysis.

tréhalose
mycose*
mycoside*

Diholoside non réducteur libérant par hydrolyse deux molécules de glucose. Abondant chez les insectes et certains champignons.

NOTA* Mycose et mycoside sont des termes désuets à éviter.

triggered conformational change

The motions of groups of atoms (i.e. individual side-chains) or whole sections of a protein (i.e. loops of chain, domains of secondary and tertiary structure, or subunits), which occur as a response to a specific stimulus. The distance moved can be as much as 10 Å or more. The time scale can be estimated by studies of the rate of binding or turnover reactions. The energy for triggered conformational change comes from specific interactions, such as electrostatic attractions or hydrogen bonding interactions. The best-known example of a triggered conformational change is the transition in tertiary structure that occurs when ligands bind to the iron atoms of hemoglobin.

changement de conformation protéique induit

Modification de la conformation des protéines provoquée par la fixation de ligands à leur surface. Parmi ces ligands, notons les substrats, activateurs, inhibiteurs et coenzymes.

tris(hydroxymethyl) aminomethane
TRIS*
THAM*
tris(hydroxymethyl)methyl amine

Widely used buffering agent in many biological assays and in the isolation of enzymes and subcellular organelles. It is

tris-(hydroxyméthyl) aminométhane
TRIS*
THAM*
tris-hydroxy-méthylamino-méthane
2-amino 2-hydroxyméthyl 1,3-propanediol

Base organique tampon, souvent utilisée dans les milieux réactionnels contenant des enzymes.

tris(hydroxymethyl) aminomethane (cont'd)

prepared by combining the base with hydrochloric acid.

NOTE* Abbreviations for tris(hydroxymethyl)aminomethane. Tromethamine and trometamol are obsolete terms.

NOTA* Abréviations de tris-(hydroxyméthyl) aminométhane. Trométhamine et trométamol sont des termes désuets à éviter.

tritium
T

Radioactive isotope of hydrogen of atomic mass 3 that undergoes radioactive decay with the emission of a beta-particle and the formation of a stable isotope of helium.

NOTE The half-life of tritium is 12.26 years. Tritium is widely used as a tracer in biological studies and as a label in microautoradiography, where it is highly suitable since the low energy beta-particles travel only short distances from their point of origin in a photographic emulsion, thus giving a high resolution.

tritium
T

Isotope radioactif de l'hydrogène, de nombre de masse 3, émetteur β^- de période 12,37 ans et produit dans des piles nucléaires.

NOTA Des molécules contenant du tritium sont utilisées comme marqueur biologique.

Triton X-100

Nonionic detergent used to dissolve cytoplasmic membranes without denaturing protein, as well as to break up hydrophobic protein aggregates. It is also used as gelling agent in liquid scintillation counting of radioactive compounds.

NOTE Other detergents of the Triton group are occasionally used so the full name should be quoted.

Triton X 100

Détergent non-ionique utilisé pour solubiliser les membranes cellulaires afin de pouvoir extraire les protéines qu'elles contiennent. Le triton est un polyoxyéthylène éther qui contient 10 monomères dans le cas du triton X 100. Le triton est une marque déposée de la firme Union Carbide Chemicals and Plastic Inc.

trypsin

Protease that is secreted by the pancreas of vertebrates in the form of an inactive precursor

trypsine

Enzyme du suc pancréatique provenant de l'activation de son précurseur (le trypsinogène) sous

trypsin (cont'd)

trypsinogen. It catalyzes the hydrolysis of peptide linkages in proteins and partially hydrolyzed proteins.

l'action de l'entérokinase et qui hydrolyse certains polypeptides, jouant ainsi un rôle dans la digestion intestinale des protéines.

trypsinogen

Inactive precursor of the pancreatic protease trypsin. It is converted to trypsin by the removal of a polypeptide in a reaction catalyzed by the enzyme enteropeptidase.

trypsinogène

Proenzyme inactive sécrétée par le pancréas, et que l'entérokinase transforme en trypsine active. La réaction se poursuit autocatalytiquement et devient totale en présence de Ca^{2+}.

tryptophan
2-amino-3-indolepropionic acid
α-amino-β-3-indole propionic acid
amino-indole-propionic acid

Essential amino acid present in high concentrations in animal and fish protein. It is a precursor of serotonin, a chemical important in the transmission of nerve impulses across nerve cell connections.

NOTE TRP and W are abbreviations used to denote the amino acid tryptophan in protein sequences and elsewhere.
Proteinochromagen is an obsolete term.

tryptophane
acide 2-amino 3-indoylpropionique
β-indolalanine
acide indolaminopropionique

Acide aminé cyclique indispensable et présent dans la plupart des protéines en quantité généralement assez faible; précurseur de la sérotonine et de la nicotinamide.

NOTA TRP et W sont des abréviations de tryptophane.
Proteino-chromogène et tryptophanine sont des termes désuets à éviter.

turbidimeter

Device used to measure the turbidity of a sample. In general, a light beam is passed through the sample and the turbidity measured in terms of the decrease in absorbance.

NOTE A nephelometer is a specialized turbidimeter.

turbidimètre

Appareil du type du colorimètre, permettant de doser une substance insoluble (généralement colloïdale et maintenue en suspension grâce à un autre colloïde), d'après l'intensité, comparée à celle d'étalons, du flux lumineux à la sortie de l'appareil. L'observation se fait dans le sens de la propagation du faisceau incident.

NOTA Ne pas confondre avec néphélemètre.

turbidimetry

Technique in which the turbidity of the sample is measured. It is commonly used to estimate the growth of micro-organisms.

turbidimétrie

Méthode de dosage voisine de la colorimétrie où l'on détermine une substance insoluble maintenue en suspension (généralement par un colloïde) d'après son intensité comparée à celle d'étalons; l'observation se fait dans le sens de propagation du faisceau incident.

turbidostat

Continuous stirred-tank reactor in which fresh nutrient and substrate can continually be added and the products of the reaction can continually be removed. The turbidity, or cloudiness, of the outlet stream is monitored. The turbidity, which is caused by microbial growth, yields a measure of the rate at which cells leave the tank. The measure controls the rate at which fresh nutrient is admitted.

turbidostat

Réacteur à fonctionnement continu, dans lequel on contrôle la vitesse de sortie des cellules par mesure de la turbidité (mesure de la densité optique grâce à un spectrophotomètre) du flux sortant, proportionnelle à la concentration en cellules.

turbulent diffusion
SEE **Eddy diffusion**

β-turn
SEE **β-bend**

turnover number (1)
molecular activity

A measure of the activity of a catalyst expressed as the number of molecules of substrate converted to product by each molecule of the catalyst (enzyme) per unit time, at maximum rate.

NOTE See "turnover number" (2).

activité enzymatique moléculaire*
A.E.M.
activité moléculaire

Nombre des molécules de substrat transformées par molécule d'enzyme par minute dans des conditions déterminées de température, de pH, et à concentration saturante en substrat. Il est recommandé, toutes les fois que cela est possible, que les

turnover number (1) (cont'd)

activités enzymatiques moléculaires soient mesurées dans les conditions optimales de pH et de concentration en substrat.

NOTA* Cette appellation réaliste a remplacé l'ancien terme *turnover number*, à ne plus utiliser.

A.E.M. est une abréviation d'activité enzymatique moléculaire.

turnover number (2)

In an industrial catalytic process, a value that indicates the amount of feed or substrate converted per a measured amount of catalyst.

NOTE Term used in the industrial field.

See "turnover number" (1).

constante catalytique

Quantité de substrat convertie en produit par quantité de catalyseur dans les conditions saturantes en substrat. Le terme de constante catalytique s'emploie indifféremment dans le cas d'une réaction enzymatique, ou dans celui d'un procédé catalytique industriel.

two-dimensional gel electrophoresis

A high resolution separation technique in which protein samples are separated by isoelectric focusing in one dimension and then laid on an SDS gel for size-determined separation in the second dimension. Can resolve hundreds of components on a single gel.

électrophorèse bidimensionnelle

Électrophorèse utilisant deux techniques complémentaires pour séparer toutes les protéines ou peptides d'un mélange complexe. En effet, en première dimension, une isoélectrofocalisation permet la séparation des protéines et des peptides selon leur point isoélectrique (pI). En seconde dimension, une électrophorèse en gel de polyacrylamide sépare les protéines et les peptides selon leur masse moléculaire.

two-phase

Descriptive of a system composed of two immiscible fluids such as air and water, lipid and water, etc.

NOTE Two-phase systems are used in extraction and/or

deux phases

Terme qui décrit un système composé de deux fluides immiscibles (par exemple eau-lipide, air-eau, etc.).

two-phase (cont'd)

purification of organic substances. More complex two-phase systems are used for fractionation of cell, particles, viruses and macromolecules. For instance a mixture of dextran and polyethylene glycol in water can give a two-phase system within which such particles will partition on the basis of their molecular weight and other physical properties.

two-stage digester

An anaerobic digester in which the acidogenic (acid-forming) reactions are separated from the methanogenic reactions. The two reactions may take place in the same tank or in separate vessels, the effluent from the first stage acting as feed for the second. The technology used in the two stages may differ. For instance, a high solids, fully mixed first stage may be linked to an anaerobic filter as the second stage.

digesteur à deux étages

Type de digesteur en continu qui permet de séparer la phase acidogène et méthanogène dans 2 digesteurs distincts. Il permet de maximiser la production de gaz et la teneur en méthane en deuxième place.

NOTA L'homogénéisation est obtenue par un double recyclage des boues et une réinsufflation des gaz de fermentation. Le recyclage des boues assure par ailleurs un ensemencement permanent en microflore méthanogène active.

tyrosine
oxyphenylaminopropionic acid
p-hydroxyphenylalanine
2-amino-3-(p-hydroxyphenyl) propionic acid
β-(p-hydroxyphenyl) alanine

One of the 20 common amino acids that occur in proteins. It is a precursor of noradrenaline, adrenaline, melanin, thyroid hormone and various alkaloids.

tyrosine
hydroxyphénylalanine
acide 2-amino-3-(p-hydroxyphényl) propionique

Acide aminé aromatique non indispensable formé par hydroxylation de la phénylalanine.

NOTA TYR et Y sont des abréviations de tyrosine.

tyrosine (cont'd)

NOTE TYR and Y are abbreviations used to denote the amino acid tyrosine in protein sequences and elsewhere.

U

U.A.S.B.
SEE **upflow sludge blanket**

ubiquinone
SEE **coenzyme Q**

ubiquitous enzyme

Enzyme present in most living cells.

enzyme ubiquitaire
ubiquitaire

Terme utilisé pour caractériser une enzyme présente dans la plupart des cellules.

UF membrane reactor
SEE **ultrafiltration reactor**

UF-membrane stirred reactor
SEE **ultrafiltration reactor**

ultracentrifuge

High speed centrifuge that is used for the preparation or analysis of cells, membranes, subcellular particles, proteins, nucleic acids and other macromolecules.

ultracentrifugeuse
ultracentrifugeur

Centrifugeuse tournant à plus de 50 000 tours par minute. Les ultracentrifugeuses préparatives permettent d'isoler des cellules, des membranes, des organelles, des acides nucléiques ou des protéines. Les ultracentrifugeuses analytiques servent à déterminer les vitesses de sédimentation et les poids moléculaires de macromolécules.

ultrafilter
ultra-filter
ultrafiltration membrane

Filter used for the separation of small colloidal particles. For instance, it is employed to concentrate protein solutions during the preparation of enzymes. The filter consists of a flat plate or tubular membrane with semipermeable properties, through which the filtrate passes under pressure or suction. It is also used for removing bacteria from water or other solutions, thus making them sterile.

ultrafiltre
membrane d'ultrafiltration
membrane ultrafiltrante

Filtre constitué d'une membrane semi-perméable permettant d'arrêter les substances colloïdales. Des gels ayant des pores de très petits diamètres peuvent constituer des ultrafiltres.

ultrafiltration

Filtration under pressure. In the kidney, an ultrafiltrate is formed from plasma because the blood is at higher pressure than the lumen of the glomerulus. Also used experimentally to fractionate and concentrate solutions in the laboratory using selectively permeable artificial membranes.

NOTE There are some four basic designs of ultrafiltration units available. These are: stirred cells, thin channel systems, cartridge membranes, and hollow fibres.

ultrafiltration

Opération de séparation ou de concentration des molécules ou macromolécules en fonction de leurs dimensions ou de leur masse moléculaire, par passage au travers d'une membrane poreuse à perméabilité sélective, sous l'action d'un gradient de pression.

ultrafiltration fermenter

Continuous fermentation system run in conjunction with continuous ultrafiltration, such that the low molecular weight product of the reaction is removed, thus reducing the effect of feedback inhibition.

fermenteur à ultrafiltration

Système de fermentation continu dans lequel les produits de fermentation de faible poids moléculaire sont évacués en continu par ultrafiltration, évitant leur accumulation qui inhibe la fermentation.

ultrafiltration membrane
SEE **ultrafilter**

ultrafiltration reactor
ultrafiltration membrane reactor
UF membrane reactor
UF-membrane stirred reactor
CSTR/UF membrane reactor

Well-mixed reactors that rely on a selective membrane to separate low molecular weight products from higher molecular weight substrates. They are therefore most useful for carrying out depolymerization reactions, especially when using soluble enzymes, so as to ensure good contact with macromolecular substrates. The main disadvantages associated with the use of these reactors are the small sizes of reactor available, and concentration polarization, that is blockage of the pores in the membrane by solid, fat or colloid particles present in the substrate.

NOTE Similar selective membranes have also been used in hollow-fibre reactors, which can be used in a plug-flow fashion with substrate rapidly recirculated through the reactors, but with the enzyme located inside the fibre.

réacteur à ultrafiltration

Type de réacteur qui utilise une membrane à ultrafiltration pour séparer les produits des substrats. Ces réacteurs présentent l'inconvénient de posséder un rapport surface de membrane/ volume peu favorable. En outre, le phénomène de polarisation de la membrane qui résulte de l'accumulation de composés de masse molaire importante au voisinage de celle-ci provoque souvent une limitation non négligeable du débit. Les membranes d'ultrafiltration commercialisées surtout par Amicon et Millipore, sont disponibles dans un très large éventail de seuils d'exclusion. Ce seuil est le paramètre essentiel intervenant dans le choix de ces membranes car il détermine aussi bien le degré de rétention de l'enzyme ou du substrat que le débit maximal pouvant être atteint.

NOTA Dans le cas particulier des réacteurs à ultrafiltration où le débit est déterminé par le diamètre moyen des pores, le fait d'augmenter artificiellement par immobilisation la taille de la molécule d'enzyme, permet de travailler avec des membranes dont les pores ont un diamètre supérieur, c'est-à-dire à des débits plus élevés.

ultrasonic cell disintegration

Technique used to disrupt cells by bombarding them with ultrasonic waves.

lyse cellulaire par sonification

Technique qui permet de lyser les cellules par bombardement aux ultrasons.

ultrasonic treatment
SEE **sonication**

uncompetitive enzyme inhibition
uncompetitive inhibition

The prevention of an enzymic process as a result of the interaction of an inhibitor with the enzyme-substrate complex or a subsequent intermediate form of the enzyme, but not with the free enzyme.

inhibition incompétitive
inhibition par blocage du complexe intermédiaire

Inhibition par blocage du complexe ES enzyme-substrat. On suppose l'existence sur l'enzyme de deux sites de fixation, l'un réservé au substrat, l'autre à l'inhibiteur, mais ce dernier ne peut se fixer de façon réversible que sur le complexe intermédiaire ES. L'inhibiteur ne permet pas au complexe ternaire ESI d'évoluer vers l'élaboration du produit.

unit operations

The basic physical operations of chemical engineering in a chemical process plant, that is distillation, fluid transport, heat and mass transfer, evaporation, extraction, drying, crystallization, filtration, mixing, size separation, crushing and grinding, conveying, etc.

opération unitaire

Combinaison d'un nombre restreint d'opérations physiques telles que broyage, filtration, distillation, absorption, etc. auxquelles tout procédé industriel peut se ramener.

upflow sludge blanket
upflow anaerobic sludge blanket
U.A.S.B.

Advanced anaerobic digester in which the cells form flocs which are kept in suspension in the lower part of the reaction tank in the form of a bed. The system is used with a liquid feed for waste material in solution. The feed stream is introduced at the base of the fermenter so that it passes slowly up through the bed.

lit de boues expansées

Type de digesteur en continu dans lequel la biomasse méthanique est maintenue dans le digesteur grâce à des caractéristiques exceptionnelles de floculation et à une grande vitesse de sédimentation. Cette technologie repose sur l'obtention de granules de boues constituées d'un agglomérat de solides et de

upflow sludge blanket (cont'd)

bactéries. La partie supérieure du digesteur favorise la séparation liquide-boues. Une cloche à gaz assure la séparation gaz-solide. La circulation du gaz suffit à assurer une bonne agitation.

urease

An enzyme which hydrolyzes urea to ammonia and CO_2; ureases occur e.g. in certain bacteria (e.g. *Proteus* spp. certain other enterobacteria, and *Ureaplasma*), in some plants (e.g. soybean) and in certain invertebrates.

uréase

Enzyme catalysant l'hydrolyse de l'urée en carbonate d'ammonium. Elle est présente chez les végétaux ou chez les micro-organismes responsables de la décomposition de l'urée dans les urines exposées à l'air. L'enzyme est utilisée pour le dosage spécifique de l'urée dans les milieux biologiques.

urokinase

Enzyme found in the urine of mammals, including man, and of other vertebrates; it is elaborated by the parenchymal cells of the human kidney and functions as a plasminogen activator. It is used as a thrombolytic (fibrinolytic) agent.

urokinase

Enzyme extraite de l'urine humaine capable d'activer spécifiquement le plasminogène en plasmine et ayant une activité fibrinolytique. (Elle est utilisée en thérapeutique thrombolytique pour dissoudre des caillots intravasculaires.)

V

vinegar production

Oxidative fermentation in which dilute solutions of ethanol are oxidized by *Acetobacter*, with oxygen or air, to produce acetic acid and water.

NOTE Early systems of production used trickle fermentations in which beechwood

fabrication de vinaigre

Oxydation de l'alcool éthylique en acide acétique par les bactéries acétiques (*Acetomonas*, *Acetobacter*), aérobies strictes.

NOTA Le vinaigre fabriqué traditionnellement par une culture de surface (procédé d'Orléans) ou par ruissellement sur des copeaux

vinegar production (cont'd)

shavings were used as carriers. More recently submerged systems have been developed.

de bois sur lesquels sont adsorbées les bactéries (procédé Schutzenbach) est actuellement fabriqué par culture agitée fortement aérée.

vinyl polymer

A polymer derived from vinyl monomers. Vinyl polymers, as a class, have been widely explored as supports for enzyme immobilization since by proper choice of monomers and polymerization conditions, almost any desired combination of mechanical and chemical properties can be attained in principle in the final product.

polymère vinylique

Polymère résultant de la condensation de molécules vinyliques, utilisé entre autres comme support pour immobiliser les enzymes par liaisons covalentes.

vitamin

General term for a number of unrelated organic substances that occur in many foods in small amounts and that are necessary in trace amounts for the normal metabolic functioning of the body. They may be water-soluble or fat-soluble.

vitamine

Substance existant en très petite quantité dans certaines matières nutritives, ne rentrant dans aucune des grandes classes d'aliments et dont les faibles doses, indispensables à la croissance et au maintien de l'équilibre vital, doivent être apportées par l'alimentation, sous peine de voir apparaître une maladie dite par carence.

NOTA On distingue les vitamines liposolubles et les vitamines hydrosolubles.

vitamin B_2
SEE **riboflavin**

V_{max}
maximum velocity

Maximum rate of an enzymatic reaction that can be achieved by progressively increasing the

V_{max}
vitesse maximale
vitesse maximum

Vitesse de réaction qui s'observe pour une concentration saturante de substrat, la totalité du

V_{max} (cont'd)

substrate concentration. It is determined experimentally using, for example, Lineweaver-Burk kinetics.

NOTE V_m is definitely to be avoided because it misleadingly suggests that the subscript "m" corresponds to that in K_m. In fact, the "m" in K_m stands for Michaelis and it was the former and more logical custom to write it as K_M.

catalyseur (enzyme) se trouvant alors associée aux molécules de substrat.

V_o
SEE **void volume**

voidage

The space occupied by gas and/or liquid in a fixed or fluidized bed.

volume mort (1)

Dans un réacteur à lit fixe ou à lit fluidisé, volume occupé par la phase liquide et/ou gazeuse.

NOTA Ne pas confondre avec le volume mort d'une colonne chromatographique.

void volume
V_o
excluded volume

In chromatography, the elution volume of a substance that is not retarded in any way during passage through the column. It is identical to the volume of the interstitial liquid between the particles in the bed.

NOTE In gel filtration, V_o is determined by measuring the elution volume of a special marker of high molecular weight blue-dyed dextran that is eluted from the column immediately after the volume of mobile phase surrounding the gel has been displaced.

volume mort (2)
volume interstitiel
volume d'exclusion
V_o*
V_M*

En chromatographie, volume d'élution d'une molécule totalement exclue, correspondant au volume de la phase aqueuse située à l'extérieur des billes.

NOTA* V_o et V_M sont des symboles utilisés pour «volume mort».

Ne pas confondre avec le volume mort d'un réacteur à lit fixe ou fluidisé.

volumetric distribution coefficient

K_d

In gel filtration, the fraction of the solvent accessible volume within the gel that is available to the solute. It is independent of the amount of gel, the dimensions of the bed and the packing density of the column. It is determined from elution data as follows:

$$K_d = (V_e - V_o)/V_i$$

where V_e = elution volume, V_o = void volume and V_i = internal volume.

NOTE The value of K_d varies between zero for excluded solute and one for solutes able to permeate the gel with similar facility to the solvent. Values greater than one may be obtained if binding forces between solute and matrix occur.

coefficient de distribution

K_d

Le volume total de la colonne (V_t) est la somme de trois composants : le volume d'exclusion (V_o) qui est le volume d'élution d'une molécule totalement exclue, le volume à l'intérieur de la phase stationnaire (V_i), le volume du gel sec (V_g).

$$V_t = V_o + V_i + V_g$$

Le «volume de sel» (V_s) est le volume d'élution d'une molécule de taille très faible $V_s = V_t - V_g = V_o + V_i$. Si une molécule est éluée à un volume V_e, son coefficient de distribution vaudra :

$$K_d = \frac{V_e - V_o}{V_i} = \frac{V_e - V_o}{V_s - V_o}$$

K_d varie donc de 0 à 1. On constate que le volume d'élution de certaines molécules est supérieur au volume total de la colonne. Ces résultats sont dus à des phénomènes parasites.

NOTA Pour chaque type de tamis, il existe une zone de poids moléculaire où le K_d varie linéairement avec le logarithme du poids moléculaire.

volumetric loading rate

Rate of addition of raw materials to a fermenter or anaerobic digester, expressed in terms of weight of material added per unit volume per unit time (e.g. kilograms per cubic metre per hour).

vitesse volumétrique de chargement

Vitesse d'introduction des matériaux bruts dans un fermenteur ou un digesteur. Elle est exprimée en poids par unité de volume, par unité de temps (par exemple, kilo par mètre cube par heure).

W

wavelength

Distance between two points having the same phase in two consecutive cycles of a periodic wave, along a line in the direction of propagation.

NOTE λ is the symbol for wavelength.

longueur d'onde

Distance correspondant à la progression d'un mouvement vibratoire pendant un laps de temps égal à sa période.

NOTA Symbole de la longueur d'onde : λ (la lettre grecque lambda).

western blot
western blotting

Procedure analogous to Southern transfer but in this case proteins are transferred from a polyacrylamide gel onto a suitable immobilizing matrix, e.g. a nitrocellulose sheet. The proteins attached to the support matrix can then be probed with, for example, a specific antibody to identify a particular protein species. The transfer from the gel to the matrix is often carried out by electro-blotting.

immunoblot
western blot

Séparation électrophorétique des protéines, transfert sur filtre et révélation à l'aide d'anticorps appliqués sur le filtre.

whey

By-product of cheese making that arises following the separation of curds (the solidified casein and butter fat). Its exact composition differs according to the animal from which the milk was obtained and the type of enzyme (rennet) or lactic fermentation used.

NOTE Coagulation using rennet yields sweet whey with a high lipid content, whereas coagulation by lactic fermentation yields acid

lactosérum
petit lait

Liquide restant après la coagulation du lait, qui est dépourvu de caséine mais contient encore de la lactalbumine, de la lactoglobuline, du lactose et des sels minéraux.

NOTA Le lactosérum est un produit dérivé des industries fromagère et caséinière. Sa composition et ses caractéristiques physico-chimiques varient selon le processus dont il est issu.

whey (cont'd)

whey, containing smaller quantities of lactose and proteins. The solids content of whey is about 6-8 percent, with lactose the major component (4-5 percent). This lactose represents 70-80 percent of the total dry solids, with protein at 10 percent the only other major component.

whey fermentation

Process that uses whey, or whey permeate, as the substrate for the production of food yeasts, single cell protein, ethanol, etc.

valorisation du lactosérum

Procédé de fermentation utilisant le lactosérum comme substrat de départ dans la production de produits alimentaires ou industriels : protéines d'organismes unicellulaires, levures alimentaires, acides organiques, alcool, enzymes, vitamines, etc.

whey molasses

A viscous liquid produced by concentrating whey to around 70 percent solids, often using reverse osmosis followed by evaporation.

lactosérum concentré

Liquide obtenu par concentration du lactosérum (teneur en sucre de l'ordre de 110 g/l). La concentration peut être accomplie par osmose inverse, par électrodialyse ou par évaporation.

NOTA En fromagerie, de petites unités, ne pouvant acquérir un concentrateur thermique, se sont équipées de modules d'osmose inverse pour préconcentrer le lactosérum avant son transfert vers la centrale de séchage. Ainsi le lactosérum n'était plus rejeté dans les rivières, et pouvait être valorisé, sans que le coût du transport rende l'opération déficitaire.

wild type

The usual or non-mutant form of a gene, a protein or organism. This term was originally meant to denote the form in which the organism was usually found in nature (the "wild"). It has come to have a more specialized meaning referring to the genetic constitution of an organism at the start of a programme of mutagenesis.

sauvage
type sauvage

Forme naturelle, non-mutée d'une protéine, d'un gène, ou d'un micro-organisme.

NOTA C'est l'isolement, en 1958, de mutants de la bactérie *Escherichia coli* extrêmement radiosensibles et incapables d'assurer la reproduction d'un virus irradié qui incita divers chercheurs à penser que cette radiosensibilité de la souche mutante est due à l'absence d'une enzyme présente normalement dans la souche «sauvage».

X

xerogel

Gel containing little liquid. A given polymer matrix only forms xerogels in a limited range of solvents in which the individual polymer chains are inherently soluble.

xérogel

Gel dont le solvant volatil est parti laissant une masse plus dure et ratatinée.

X-ray crystallography

Determination of crystal structure by means of X-ray diffraction. A monoenergetic X-ray beam is reflected by a crystal only at certain Bragg angles, forming a pattern of spots on a photographic film, which characterizes the lattice structure of the crystal. The positions of the spots are determined by the orientations of

cristallographie par rayons X
cristallographie aux rayons X

Technique d'analyse des données (taches de diffraction) obtenues après diffraction des RX par des cristaux, quant à la structure des unités élémentaires répétitives constituant ces derniers. Elle est très utilisée pour la détermination des structures tridimensionnelles des protéines ou des acides nucléiques.

X-ray crystallography (cont'd)

regularly spaced planes of atoms in the crystal; the intensities of the spots are determined by the density of electrons around the atoms in the planes.

X-ray diffraction

The scattering of X-rays by matter, especially crystals, with accompanying variation in intensity due to interference effects.

diffraction des rayons X

Réflexion parfaite, sans perte d'énergie, par les atomes d'une maille cristalline, de rayons X. Les rayons X ayant une longueur d'onde de l'ordre de grandeur de la distance séparant certains plans réticulaires cristallins, ils vont interférer en se diffractant, de telle sorte que l'on pourra faire de la cristallographie par rayons X.

xylose

Aldopentose sugar that occurs in hemicellulose, in mucopolysaccharides of connective tissue and sometimes in the urine.

xylose

Aldopentose dont la forme D se trouve sous forme de polymère dans les parties ligneuses de certains végétaux (xylanes).

xylose isomerase

Enzyme that catalyzes the interconversion of the pentoses xylose and xylulose. The enzyme occurs in a large number of micro-organisms and has been developed commercially for use as a glucose isomerase.

xylose-isomérase

Enzyme catalysant l'isomérisation du D-xylose en D-xylulose. Elle a été trouvée chez certaines bactéries (enzyme adaptative); elle se forme lorsqu'on cultive les bactéries sur un milieu contenant du xylose au lieu de glucose.

Y

yeast

A unicellular fungus, 3-5 µm in diameter and oval or spherical in shape. As with all fungi, they are

levure

Champignon microscopique dont le mode de croissance prédominant est de type unicellulaire, offrant

yeast (cont'd)

eukaryotic and thus contain several chromosomes, mitochondria, and an endoplasmic reticulum complex. Their cell wall contains glucan and mannan.

une forme variée, globuleuse, elliptique ou grossièrement triangulaire, avec des dimensions qui ne dépassent pas les 30 microns.

yield

The net recoverable amount of the desired product from reaction or process.

NOTE Yield may be expressed in terms of the percentage yield or the ratio of final product to starting material.

rendement

Rapport de la quantité de substance obtenue dans une réaction ou un procédé à celle qui est prévue par la théorie.

Z

zero-order reaction

Reaction for which reaction rate is independent of the concentrations of the reactants; for example, a photochemical reaction in which the rate is determined by the intensity of light.

réaction d'ordre zéro

Réaction dans laquelle la quantité de réactif transformé par unité de temps est constante et indépendante de la concentration des substances réagissantes.

zonal centrifuge

Centrifuge used for preparative-scale density gradient centrifugation. The gradient is formed as a series of concentric rings in a circular rotor, and the sample is spun to equilibrium.

centrifugeuse zonale

Centrifugeuse préparative équipée d'un rotor circulaire, dans lequel un gradient de densité est formé afin de séparer des cellules ou des organites cellulaires.

zymogen
proenzyme
pre-enzyme

Inactive precursor of an enzyme, particularly a proteolytic enzyme. Synthesized in the cell and

zymogène
proenzyme
préenzyme

Précurseur inactif d'une enzyme qui, par activation protéolytique, génère l'enzyme catalytiquement

zymogen (cont'd)

secreted in this safe form, then converted to the active form by limited proteolytic cleavage.

active. Par exemple : le trypsinogène ou le plasminogène.

NOTA Les proenzymes se désignent en faisant précéder le nom de l'enzyme du préfixe pro ou en le faisant suivre du suffixe ogène.

Proferment et prodiastase sont des termes désuets à éviter.

zymogen granule

Secretory vesicle containing an inactive precursor zymogen. The material is often very condensed.

grain de zymogène
granule de zymogène

Grain de sécrétion intracytoplasmique de nature protéique contenant des précurseurs d'enzymes, élaboré par les cellules glandulaires de type séreux.

Lexique français-anglais / French-English Glossary

A

à apport programmé; à alimentation programmée	**fed batch**; feed batch
abzyme; AC-zyme; anticorps catalytique	**abzyme**; catalytic antibody; antibody catalyst; absyme
acide aminé; aminoacide	**amino acid**
acide aminé libre; amino-acide libre	**free amino acid**
acide amino éthanoïque; **glycine**; acide aminoacétique; acide amino acétique; acide α-aminoacétique	**glycine**; aminoacetic acid
acide (α) amino glutamique; **glutamine**; glutamine L(+)	**glutamine**
acide 2 amino glutarique; acide 2 amino pentane dioïque; acide glutaminique; acide α-amino-glutarique; **acide glutamique**; glutamate	**glutamic acid**; glutamate
acide 2-amino-3-hydroxybutyrique; acide α-amino β-hydroxybutyrique; **thréonine**	**threonine**; 2-amino-3-hydroxybutyric acid; alpha-amino-beta-hydroxy butyric acid; 1-amino-2-hydroxy butanoic acid
acide 2-amino-3-hydroxypropionique; acide α-amino-β-hydroxy-propionique; **sérine**	**serine**; α-amino-β-hydroxypropionic acid; 2-amino-3-hydroxypropanoic acid

acide α-amino-β-imidazolyl-4-propionique; acide α-amino-β-imidazole-propionique; acide-β-imidazol-α-aminopropionique; β-imidazolalanine; iminazolyl-4-2α-alanine; glyoxalylalanine; **histidine**

histidine; α-amino-β-imidazole propionic acid; 2-amino-3-(4-imidazolyl) propionic acid; α-amino-β-(4-imidazolyl) propionic acid; beta-4-imidazolyl alanine

acide 2-amino 3-indoylpropionique; β-indolalanine; acide indolaminopropionique; **tryptophane**

tryptophan; 2-amino-3-indolepropionic acid; α-amino-β-3-indole propionic acid; amino-indole-propionic acid

acide α-amino-isocaproïque; acide 2-amino-4-méthyl-valérique; **leucine**; acide α-amino isocaproïque

leucine; α-aminoisocaproic acid; 2-amino-4-methylpentanoic acid

acide α-amino β-mercaptopropionique; **cystéine**; thiol-alanine; thioalanine; β-mercaptoalanine

cysteine; 2-amino-3-mercaptopropionic acid; thioamino propionic acid

acide α-amino-γ-méthyl-mercapto-butyrique; acide α-amino γ-méthylthiobutyrique; acide 2-amino-4-méthylthio-butyrique; **méthionine**

methionine; 2-amino-4-(methylthio)butyric acid

acide 2-amino 3-méthyl n-valérique; **isoleucine**; acide α-amino β-méthyl pentanoïque

isoleucine; α-amino-β-methylvaleric acid; γ-methylvaline; 2-amino-3-methylpentanoic acid

acide 2-amino-4-méthylthio-butyrique; **méthionine**; acide α-amino-γ-méthyl-mercapto-butyrique; acide α-amino γ-méthylthiobutyrique

methionine; 2-amino-4-(methylthio)butyric acid

acide 2-amino-4-méthyl-valérique; **leucine**; acide α-amino isocaproïque; acide α-amino-isocaproïque

leucine; α-aminoisocaproic acid; 2-amino-4-methylpentanoic acid

acide 2 amino pentane dioïque; acide glutaminique; acide α-amino-glutarique; **acide glutamique**; glutamate; acide 2 amino glutarique	**glutamic acid**; glutamate*
acide 2-amino-3-(p-hydroxyphényl) propionique; **tyrosine**; hydroxyphénylalanine	**tyrosine**; oxyphenylaminopropionic acid; p-hydroxyphenylalanine; 2-amino-3-(p-hydroxyphenyl) propionic acid; β-(p-hydroxyphenyl) alanine
acide aspartique	**aspartic acid**
acide-cétone; céto-acide; cétaocide; acide cétonique	**keto acid**
acide cystidique; dithiodialanine; dithio bis (2-amino propanoïque); acide di-α-amino-β-thiolpropionique; acide 3-3′-dithio bis (2-amino propionique); **cystine**; dicystéine	**cystine**; 3,3′-dithiobis (2-aminopropanoic) acid; dicysteine; β-dicysteine
acide 2,6-diamino-hexanoïque; acide α,ɛ́-diaminocaproïque; **lysine**	**lysine**, 2,6-diamino-hexanoic acid; α-ɛ́-diaminocaproic acid
acide 2,5-diamino pentanoïque; **ornithine**	**ornithine**; α, δ-diaminovalerianic acid; diaminovaleric acid
acide 3-3′-dithio bis (2-amino propionique); **cystine**; dicystéine; acide cystidique; dithiodialanine; dithio bis (2-amino propanoïque); acide di-α-amino-β-thiolpropionique	**cystine**; 3,3′-dithiobis (2-aminopropanoic) acid; dicysteine; β-dicysteine
acide glutamique; glutamate; acide 2 amino glutarique; acide 2 amino pentane dioïque; acide glutaminique; acide α-amino-glutarique	**glutamic acid**; glutamate*

acide-β-imidazol-α-aminopropionique; β-imidazolalanine; iminazolyl-4-2 α-alanine; glyoxalylalanine; **histidine**; acide α-amino-β-imidazolyl-4-propionique; acide α-amino-β-imidazole-propionique	**histidine**; α-amino-β-imidazole propionic acid; 2-amino-3-(4-imidazolyl) propionic acid; α-amino-β-(4-imidazolyl) propionic acid; beta-4-imidazolyl alanine
acide indolaminopropionique; **tryptophane**; acide 2-amino 3-indoylpropionique; β-indolalanine	**tryptophan**; 2-amino-3-indolepropionic acid; α-amino-β-3-indole propionic acid; amino-indole-propionic acid
acide N-succinimidyl 3-(2-pyridyldithio)-propionique	**N-succinimidyl 3-(2-pyridyldithio)-propionate**; SPDP
acide β-phényl α-aminopropionique; **phénylalanine**	**phenylalanine**; phenylaminopropionic acid; 2-amino-3-phenylpropionic acid
acide 2-pyrrolidine carboxylique; acide pyrrolidine 2-carboxylique; acide 2-pyrrolidinecarboxylique; **proline**	**proline**; 2-pyrrolidine-carboxylic acid; α-pyrrolidine carboxylic acid
AcM; **anticorps monoclonal**	**monoclonal antibody**
actinomycètes	**actinomycetes**
activateur	**activator**
activateur du plasminogène	**plasminogen activator**
activation; stimulation	**feedforward enzyme activation**; feedforward stimulation
activation enzymatique	**enzyme activation**
activité; activité enzymatique (2)	**enzyme activity** (2); enzymatic activity; activity
activité catalytique	**catalytic activity**
activité cellulolytique	**cellulolytic activity**

activité enzymatique (1)	**enzyme activity** (1); enzymatic activity; enzymic activity
activité enzymatique (2); **activité**	**enzyme activity** (2); enzymatic activity; activity
activité enzymatique moléculaire*; A.E.M.; activité moléculaire	**turnover number** (1); molecular activity
activité spécifique	**specific activity**
acylation	**acylation**
AC-zyme; anticorps catalytique; **abzyme**	**abzyme**; catalytic antibody; antibody catalyst; absyme
additif alimentaire	**food additive**
adsorption	**adsorption**
A.E.M.; activité moléculaire; **activité enzymatique moléculaire***	**turnover number** (1); molecular activity
affinité d'une enzyme pour un substrat	**enzyme-substrate affinity**
agent bifonctionnel	**bifunctional reagent**
agent chélateur; **chélateur**	**chelating agent**; sequestering agent
agent de couplage; agent de réticulation; agent de pontage	**crosslinking agent**; cross-linking agent; crosslinking reagent; cross-linking reagent; coupling agent
agent de couplage silane	**silane coupling agent**
agent dénaturant; réactif dénaturant	**denaturing agent**; denaturant
agent de réticulation; agent de pontage; **agent de couplage**	**crosslinking agent**; cross-linking agent; crosslinking reagent; cross-linking reagent; coupling agent
agitation	**fermenter agitation**

à grande échelle	**large-scale**
alanine	**alanine**
alkylation	**alkylation method**
amidination	**amidination reaction**
amidon	**starch**
aminoacide; **acide aminé**	**amino acid**
aminoacide catalytiquement actif; **résidu catalytique**	**catalytic residue**; catalytically active residue
amino-acide libre; **acide aminé libre**	**free amino acid**
2-amino 2-hydroxyméthyl 1,3-propanediol; **tris-(hydroxyméthyl)aminométhane**; TRIS*; THAM*; tris-hydroxy-méthylamino-méthane	**tris(hydroxymethyl)aminomethane**; TRIS*; THAM*; tris(hydroxymethyl)methyl amine
amino-terminal; **N-terminal**	**N terminal**; N-terminal; N-terminus
amino-transférase; **transaminase**	**transaminase**
amplification enzymatique	**enzyme amplification**
amylase	**amylase**
amylo-α-1, 6-glucosidase; **glycogène 6-glucanohydrolase**; α(1->6)-glucane-6-glucanohydrolase; α(->6) glucosidase	**glycogen 6-glucanohydrolase**; isoamylase; amylopectine 6-glucananhydrolase
anaérobie	**anaerobe**
anaérobiose; anoxybiose	**anaerobiosis**
analyse chromatographique; **chromatographie**	**chromatography**
analyse électrophorétique	**electrophoretic analysis**

analyse enzymatique	**enzyme assay** (2)
anhydride silicique; **silice**; dioxyde de silicium; oxyde de silicium	**silica**; silicon dioxide; silica dioxide
anoxybiose; **anaérobiose**	**anaerobiosis**
antibiotique	**antibiotic**
anticorps catalytique; **abzyme**; AC-zyme	**abzyme**; catalytic antibody; antibody catalyst; absyme
anticorps monoclonal; AcM	**monoclonal antibody**
anticorps polyclonal	**polyclonal antibody**
antigène	**antigen**
antimousse	**antifoam**
apoenzyme	**apoenzyme**
apport	**feed**
arginine	**arginine**
asparagine	**asparagine**
attachement multiple	**multipoint binding**; multipoint attachment
autolyse; autophagie	**autolysis**
autoradiographie	**autoradiography**; radioautography
azide de sodium; **azoture de sodium**	**sodium azide**
azote-15; azote lourd; ^{15}N	**nitrogen-15**
azoture de sodium; azide de sodium	**sodium azide**

B

bactérie	**bacterium**
bactérie méthanogène; méthanobactérie	**methanobacterium**; methanogen; methane bacterium
banque de données; banque d'informations	**databank**
barrière de diffusion externe	**external diffusional limitation**; external diffusional barrier
barrière de diffusion interne	**internal diffusional barrier**; internal diffusional limitation
barrière d'énergie; barrière énergétique	**energy barrier**
base de données	**database**
base de Schiff	**Schiff base**; Schiff's base
bâtonnet diagnostique	**test strip**
batterie de réacteurs*	**reactor battery**
bille active*; **microsphère active***	**active bead**; biocatalyst bead; catalyst bead
bille de dextrane	**dextran bead**
biocapteur	**biosensor**
biocarburant; **biocombustible**	**biofuel**
biocatalyseur; catalyseur biologique	**biocatalyst**; biological catalyst
biocombustible; biocarburant	**biofuel**
biocompatibilité	**biocompatibility**

bioconversion; conversion biologique	**bioconversion**
bioconversion de stéroïdes; **biotransformation de stéroïdes**	**steroid bioconversion**
biodégradation	**biodegradation**; biological degradation
biodégradation primaire	**primary biodegradation**
biogaz	**biogas**
bioluminescence	**bioluminescence**
biomasse	**biomass**
biomolécule	**biomolecule**
bioréacteur	**bioreactor**
bioréacteur à boucle	**loop fermenter**
biosynthèse	**biosynthesis**
biotechnique	**biotechnics**
biotechnologie	**biotechnology**
biotransformation	**biotransformation**
biotransformation de stéroïdes; bioconversion de stéroïdes	**steroid bioconversion**
bleu de Coomassie	**Coomassie brilliant blue**; Coomassie blue
bombe à azote	**liquid shear**
boue d'égout; boue d'eau d'égout	**sewage sludge**
bras; bras d'espacement	**spacer**; arm; spacer arm
bromure de cyanogène	**cyanogen bromide**

C

calibration	**calibration**
carbamoylation; carbamylation; carbaminoylation	**carbamoylation**; carbamylation
carbone organique total	**total organic carbon**; TOC*
carbonyle; **groupement carbonyle**	**carbonyl**; carbonyl group
carboxylase	**carboxylase**
carboxylase; **décarboxylase**; carboxylyase	**decarboxylase**
carboxyle; radical carboxyle; groupe carboxyle	**carboxyl group**; carboxyl; carboxy group
carboxyle terminal; extrémité C; COOH-terminal; **extrémité carboxylique**; C-terminal	**carboxy terminal**; carboxyl terminal; carboxy-terminal; C-terminal; carboxyl end
carboxylyase; carboxylase; **décarboxylase**	**decarboxylase**
carboxyméthyl; CM	**carboxymethyl group**; CM group
carboxyméthylcellulose; carboxyméthyl-cellulose; CM-cellulose; CM cellulose; carboxyméthylcellulose sodique; méthylcellulose carboxylate de sodium; cellulose glycolate de sodium	**carboxymethyl cellulose**; CM-cellulose; sodium carboxymethylcellulose
carte de densité de Fourier; représentation de Fourier; **transformée de Fourier**	**Fourier electron-density map**
carte de densité électronique	**electron density map**
cartouche à membranes	**cartridge membrane**

catabolique	**catabolic**
catabolisme; désassimilation	**catabolism**
catalase	**catalase**
catalyse	**catalysis**
catalyse acido-basique; catalyse acide-base	**acid-base catalysis**
catalyse assistée par substrat	**substrate-assisted catalysis**
catalyse basique générale; **catalyse générale basique**	**general-base catalysis**
catalyse covalente	**covalent catalysis**; intermediate formation
catalyse enzymatique	**enzyme catalysis**
catalyse générale acide	**general-acid catalysis**
catalyse générale basique; catalyse basique générale	**general-base catalysis**
catalyser	**catalyze** (v.)
catalyseur	**catalyst**; catalyzer; accelerant
catalyseur biologique; **biocatalyseur**	**biocatalyst**; biological catalyst
cavitation	**cavitation**
célite	**Celite**
cellulase	**cellulase**
cellule	**cell**
cellule à agitation	**stirred cell**
cellulose	**cellulose**

cellulose échangeuse d'ions	**cellulose ion exchanger**; ion exchange cellulose
cellulose glycolate de sodium; **carboxyméthylcellulose**; carboxyméthyl-cellulose; CM-cellulose; CM cellulose; carboxyméthylcellulose sodique; méthylcellulose carboxylate de sodium	**carboxymethyl cellulose**; CM-cellulose; sodium carboxymethylcellulose
cellulose modifiée	**modified cellulose**
cellulosique	**cellulosic**
centrifugation	**centrifugation**
centrifugation à équilibre de densité; centrifugation isopycnique; équilibre de sédimentation	**density gradient sedimentation equilibrium**; isopycnic centrifugation; isodensity centrifugation; equilibrium sedimentation
centrifugation de zone; centrifugation en gradient de densité; centrifugation zonale	**rate zonal centrifugation**; density gradient centrifugation
centrifugation isopycnique; équilibre de sédimentation; **centrifugation à équilibre de densité**	**density gradient sedimentation equilibrium**; isopycnic centrifugation; isodensity centrifugation; equilibrium sedimentation
centrifugation zonale; **centrifugation de zone**; centrifugation en gradient de densité	**rate zonal centrifugation**; density gradient centrifugation
centrifugeuse	**centrifuge**
centrifugeuse à bol tubulaire	**hollow bowl centrifuge**
centrifugeuse à disques	**disk type centrifuge**; disk centrifuge
centrifugeuse à flux continu	**continuous flow centrifuge**

centrifugeuse type à panier	**basket centrifuge**; perforated bowl basket centrifuge
centrifugeuse zonale	**zonal centrifuge**
céramique à pores contrôlés	**controlled pore ceramic**
céto-acide; cétaocide; acide cétonique; **acide-cétone**	**keto acid**
chaîne latérale	**side-chain**
chaleur métabolique	**metabolic heat**
changement de conformation; modification de conformation; changement conformationnel; transconformation	**conformational transition**; conformational change; conformation change
changement de conformation protéique induit	**triggered conformational change**
chargement	**loading**
chélate	**chelate**
chélateur; agent chélateur	**chelating agent**; sequestering agent
chélation par les métaux; chélation	**chelation**; metal binding
chemostat	**chemostat**
chimiluminescence; chimioluminescence	**chemiluminescence**; chemi-luminescence; chemoluminescence
choc au froid	**cold shock**
choc osmotique	**osmotic shock**
chromatofocalisation	**chromatofocusing**
chromatographie; analyse chromatographique	**chromatography**
chromatographie covalente	**covalent chromatography**

chromatographie d'adsorption; **chromatographie par adsorption**	**adsorption chromatography**
chromatographie d'affinité	**affinity chromatography**
chromatographie d'affinité sous pression	**high performance liquid affinity chromatography**; HPLAC
chromatographie de partage; chromatographie liquide-liquide	**partition chromatography**; liquid-liquid chromatography
chromatographie d'exclusion; chromatographie sur tamis moléculaire; tamisage moléculaire; **filtration sur gel**	**gel filtration**; exclusion chromatography; molecular-sieve chromatography
chromatographie en couche mince; chromatographie sur couches minces; chromatographie sur plaque	**thin-layer chromatography**
chromatographie en phase gazeuse	**gas chromatography**
chromatographie en phase liquide; chromatographie liquide	**liquid chromatography**
chromatographie hydrophobe	**hydrophobic chromatography**; hydrophobic interaction; chromatography
chromatographie liquide; **chromatographie en phase liquide**	**liquid chromatography**
chromatographie liquide haute performance; chromatographie liquide haute pression; **HPLC**; H.P.L.C.; chromatographie liquide à haute performance	**HPLC**; high performance liquid chromatography
chromatographie liquide-liquide; **chromatographie de partage**	**partition chromatography**; liquid-liquid chromatography
chromatographie liquide rapide de protéines	**fast protein liquid chromatography**; FPLC

chromatographie par adsorption; chromatographie d'adsorption	**adsorption chromatography**
chromatographie par échange d'ions; chromatographie sur résine échangeuse d'ions	**ion-exchange chromatography**
chromatographie sur colonne	**column chromatography**
chromatographie sur couches minces; chromatographie sur plaque; **chromatographie en couche mince**	**thin-layer chromatography**
chromatographie sur papier	**paper chromatography**
chromatographie sur plaque; **chromatographie en couche mince**; chromatographie sur couches minces	**thin-layer chromatography**
chromatographie sur résine échangeuse d'ions; **chromatographie par échange d'ions**	**ion-exchange chromatography**
chromatographie sur tamis moléculaire; tamisage moléculaire; **filtration sur gel**; chromatographie d'exclusion	**gel filtration**; exclusion chromatography; molecular-sieve chromatography
chute de pression; **perte de charge**; différence de pression	**pressure drop**; differential pressure; pressure loss
chymosine; lab-ferment; **rennine**	**rennin**; chymosin
chymotrypsine	**chymotrypsin**
cinétique	**kinetics**
cinétique chimique; cinétique de réaction chimique	**chemical kinetics**; reaction kinetics
cinétique d'inactivation	**deactivation kinetics**
cinétique effective	**effective kinetics**

cinétique enzymatique	**enzyme kinetics**
cinétique inhérente	**inherent kinetics**
cinétique Michaelienne	**Michaelis-Menten kinetics**
clarification	**clarification**
classe de la cystéine; **classe des enzymes à cystéine**	**cysteine class**
classe de la lysine; **enzyme de la classe lysine***	**lysine class enzyme***; lysine class
classe des enzymes à cystéine; classe de la cystéine	**cysteine class**
classification des enzymes; classification internationale des enzymes	**enzymc classification**
CM; **carboxyméthyl**	**carboxymethyl group**; CM group
CM-cellulose; CM cellulose; carboxyméthylcellulose sodique; méthylcellulose carboxylate de sodium; cellulose glycolate de sodium; **carboxyméthylcellulose**; carboxyméthyl-cellulose	**carboxymethyl cellulose**; CM-cellulose; sodium carboxymethylcellulose
coacervation	**coacervation**
coefficient de conversion du substrat; rendement en biomasse; taux de conversion du substrat	**substrate yield**
coefficient de distribution; K_d	**volumetric distribution coefficient**; K_d
coefficient de sédimentation; valeur de S; constante de sédimentation	**S value**; sedimentation coefficient; sedimentation constant
coefficient de transfert de masse	**mass transfer coefficient**
coefficient thermique; Q_{10}	**temperature quotient**; temperature coefficient; Q_{10}

coenzyme
coenzyme

coenzyme A; co-enzyme A
coenzyme A; CoA

co-enzyme Q; **ubiquinone**; coenzyme Q
coenzyme Q; ubiquinone

cofacteur
cofactor

cofacteur immobilisé*
immobilized cofactor; immobilised cofactor

coimmobilisation
co-immobilization; co-immobilisation

collagène
collagen

colloïde
colloid

colonne chromatographique; colonne de chromatographie
chromatography column

colonne d'enzyme; colonne tassée
enzyme column; packed-bed column; packed column

combinaison enzyme-inhibiteur; complexe E-I; complexe EI; **complexe enzyme-inhibiteur**
enzyme-inhibitor complex

complexe activé; **état de transition**
transition state; activated complex

complexe binaire
binary complex

complexe central; complexe ternaire
ternary complex; central complex

complexe enzyme-inhibiteur; combinaison enzyme-inhibiteur; complexe E-I; complexe EI
enzyme-inhibitor complex

complexe enzyme-substrat; complexe ES
enzyme-substrate complex; Michaelis-Menten complex; enzyme-substrate intermediate

complexe lipoprotéique; **lipoprotéine**; lipidoprotéine
lipoprotein

complexe multienzymatique	**multienzyme complex**
complexe ternaire; **complexe central**	**ternary complex**; central complex
composition en aminoacides	**amino acid composition**
concentration (1)	**concentration** (1)
concentration (2)	**concentration** (2)
conditionnement d'une résine échangeuse d'ions	**ion exchanger conditioning**
conformation	**conformation**
conformation native; état natif	**native conformation**; native state
conjugué enzymatique	**enzyme conjugate**
constante apparente de Michaelis; K_m apparent	**apparent K_m**; apparent Michaelis constant
constante catalytique; **k catalytique**; k_{cat}	**k_{cat}**; catalytic constant; catalytic rate constant
constante catalytique	**turnover number** (2)
constante de désintégration enzymatique	**decay constant**
constante de Michaelis; constante de Michaelis-Menten; **K_m**	**K_m**; Michaelis constant
constante d'équilibre; K_{eq}	**equilibrium constant**
constante de sédimentation; **coefficient de sédimentation**; valeur de S	**S value**; sedimentation coefficient; sedimentation constant
constante de vitesse	**rate constant**
constante de vitesse des réactions du premier ordre	**first-order rate constant**
constante d'inhibiteur; K_i	**inhibitor constant**

contrainte diffusionnelle; **limitation de nature diffusionnelle** — **diffusional limitation**; diffusional restriction

contrôle de fermenteur — **fermenter control**

conversion biologique; **bioconversion** — **bioconversion**

conversion des composés lignocellulosiques — **lignocellulose processing**

COOH-terminal; **extrémité carboxylique**; C-terminal; carboxyle terminal; extrémité C — **carboxy terminal**; carboxyl terminal; carboxy-terminal; C-terminal; carboxyl end

copolymère; hétéropolymère — **copolymer**

copolymérisation — **copolymerization**

coréticulation — **co-crosslinking**

correction de désintégration radioactive — **radioactive decay correction**

coude β; **virage β** — **β-bend**; beta bend; β-turn

couple de torsion — **torque**

courbe d'élution — **elution profile**; elution curve

couronne d'aération — **diffuser**

créatine kinase; créatine-kinase; créatine-phosphokinase; créatine phosphokinase; créatine-phosphokinase — **creatine kinase**; creatinekinase; creatine phosphokinase; ATP: creatine phosphotransferase; Lohmann's enzyme

cristalliser — **crystallize** (v.); crystalize (v.)

cristallographie — **crystallography**

cristallographie par rayons X; cristallographie aux rayons X — **X-ray crystallography**

critère de Peclet; nombre de Peclet — **dispersion number**

croûte	**scum**; crust*
C-terminal; carboxyle terminal; extrémité C; COOH-terminal; **extrémité carboxylique**	**carboxy terminal**; carboxyl terminal; carboxy-terminal; C-terminal; carboxyl end
culot; **sédiment**	**pellet**
culture continue; **culture en continu**	**continuous culture**
culture d'ensemencement	**starter culture**; starter
culture en batch; culture discontinue*; culture en discontinu; culture séquentielle; procédé discontinu	**batch culture**; batch process
culture en continu; culture continue	**continuous culture**
culture en discontinu; culture séquentielle; procédé discontinu; **culture en batch**; culture discontinue*	**batch culture**; batch process
culture lyophylisée*; souche lyophilisée	**lyophilized culture**
culture séquentielle; procédé discontinu; **culture en batch**; culture discontinue*; culture en discontinu	**batch culture**; batch process
cuve à circulation; cuve à flux continu	**flow cell**
cystéine; thiol-alanine; thioalanine; β-mercaptoalanine; acide α-amino β-mercaptopropionique	**cysteine**; 2-amino-3-mercaptopropionic acid; thioamino propionic acid

cystine; dicystéine; acide cystidique; dithiodialanine; dithio bis (2-amino propanoïque); acide di-α-amino-β-thiolpropionique; acide 3-3'-dithio bis (2-amino propionique)	**cystine**; 3,3'-dithiobis (2-aminopropanoic) acid; dicysteine; β-dicysteine

D

DE; **dextrose équivalent**	**dextrose equivalent**
DEAE cellulose; diéthylaminoéthyl-cellulose; diéthyl-amino-éthyl cellulose	**DEAE-cellulose**; diethylaminoethylcellulose
débit d'alimentation	**throughput**; through-put
décarboxylase; carboxylyase; carboxylase	**decarboxylase**
décarboxylase malique; **enzyme malique**	**malic enzyme**; NADP-malate dehydrogenase
dégradation d'Edman	**Edman degradation technique**; Edman method; Edman chemistry
demande en oxygène	**oxygen demand**
demi-vie	**half-life**
demi-vie radioactive; **période radioactive**; période $T_{1/2}$	**radioactive half-life**; half-life
dénaturation	**denaturation**
dénaturation thermique; thermodénaturation	**thermal denaturation**; heat denaturation
densitomètre	**densitometer**

dérépression enzymatique; dérépression; induction; **induction enzymatique**	**enzyme induction**; enzyme adaptation; induction
désaminase	**deaminase**
désamination	**deamination**
désassimilation; **catabolisme**	**catabolism**
déshydration	**dehydration**; anhydration
déshydrogénase	**dehydrogenase**
déshydrogénase succinique; **succinate-déshydrogénase**; succinodéshydrogénase	**succinate dehydrogenase**
désintégration radioactive; désintégration	**radioactive decay**; decay; disintegration
désordre statique	**static disorder**
désorption	**desorption**
dessalage	**desalting**
détecteur	**chromatographic detector**; detector
détermination spectrophotométrique de l'ADN et des protéines	**spectrophotometric protein and DNA determination**
deux phases	**two-phase**
dextrane	**dextran**
dextrose équivalent; DE	**dextrose equivalent**
β-D-fructofuranosidase; invertase; saccharase; sucrase; fructosidase	**β-D-fructofuranosidase**; invertase; sucrase; fructofuranosidase

β-D-galactosido-(1-4)-D-glucose; sucre de lait; lactine; lactobiose; **lactose**	**lactose**; lactobiose; milk sugar; α-glucose-β-galactoside; 4-O-β-D-galactopyranosyl-D-glucopyranose; O-β-D-galactopyranosyl-[1->4]-β-D-glucopyranoside
α-D-glucopyrannosido (1-2)-D-fructofurannoside; sucrose; **saccharose**	**sucrose**
diafiltration	**diafiltration**
dialysable	**dialyzable**
dialyse	**dialysis**
diazotation	**diazotization**; diazonium salt reaction; azo coupling; diazo coupling
dicystéine; acide cystidique; dithiodialanine; dithio bis (2-amino propanoïque); acide di-α-amino-β-thiolpropionique; acide 3-3'-dithio bis (2-amino propionique); **cystine**	**cystine**; 3,3 -dithiobis (2-aminopropanoic) acid; dicysteine; β-dicysteine
diéthylaminoéthyl-cellulose; diéthyl-amino-éthyl cellulose; **DEAE cellulose**	**DEAE-cellulose**; diethylaminoethylcellulose
différence de pression; chute de pression; **perte de charge**	**pressure drop**; differential pressure; pressure loss
diffraction des rayons X	**X-ray diffraction**
diffusion turbulente; diffusion tourbillonnaire	**Eddy diffusion**; turbulent diffusion
digesteur à deux étages	**two-stage digester**
digesteur à haute vitesse	**high rate digester**
digesteur anaérobe de regénération	**second-generation anaerobic digester**
digesteur anaérobie	**anaerobic digester**

digesteur infiniment mélangé; réacteur de type infiniment mélangé	**completely mixed bioreactor**; completely mixed digester; completely mixed continuous digester; fully mixed digester
digesteur partiellement mélangé	**partially mixed digester**
digesteur piston	**plug-flow digester**; plug flow type digester
digestion (1)	**digestion** (1)
digestion (2)	**digestion** (2)
digestion aérobie	**aerobic digestion**
digestion anaérobie	**anaerobic digestion**
dioxyde de silicium; oxyde de silicium; anhydride silicique; **silice**	**silica**; silicon dioxide; silica dioxide
dissolution par les sels; **salting-in***	**salting in**; salting-in
distillation	**distillation**
distribution de charge	**charge distribution**
dithiodialanine; dithio bis (2-amino propanoïque); acide di-α-amino-β-thiolpropionique; acide 3-3′-dithio bis (2-amino propionique); **cystine**; dicystéine; acide cystidique	**cystine**; 3,3′-dithiobis (2-aminopropanoic) acid; dicysteine; β-dicysteine
dodécyl sulfate de sodium; SDS; laurylsulfate de sodium	**sodium dodecyl sulphate**; SDS; sodium lauryl sulfate
domaine	**domain**
dosage chemiluminescent; essai à la luciférase	**chemiluminometric assay**
dosage des protéines	**protein determination**
dosage enzymatique couplé; essai enzymatique couplé	**linked enzyme assay**

dosage enzymatique par saturation	**enzyme-linked assay**
dosage immunoenzymatique; dosage enzymo-immunologique	**enzyme immunoassay**; E.I.A.
dosage immunoenzymatique en phase homogène*	**homogeneous EIA**
dosage radioimmunologique; radio-immunodosage; **radioimmunoessai**; radio-immunoessai	**radioimmunoassay**; RIA
drogue sélective	**site-specific drug**
dynamique des protéines	**protein dynamics**

E

eau usée; eau d'égout	**sewage**
échange thermique; échange de chaleur; transfert de chaleur	**heat transfer**
échangeur de chaleur; échangeur thermique	**heat exchanger**
écoulement non idéal	**non-ideal flow**
édulcorant	**sweetener**
effecteur; effecteur allostérique; modulateur allostérique; modulateur; modifieur; modificateur	**effector**; allosteric effector; allosteric modulator; modulator; modifier
effet de cage	**cage effect**
effet de canalisation	**channelling**

effet de partition	**partition effect**; partitioning effect
efficacité catalytique	**catalytic efficiency**
effluent	**effluent**
électrode à enzyme; électrode à enzymes; électrode enzymatique	**enzyme electrode**
électrode à enzyme transductrice	**transducer bound enzyme probe**
électrodécantation	**multimembrane electrodecantation**
électrode de pH; **électrode indicatrice de pH**	**pH electrode**
électrode enzymatique; **électrode à enzyme**; électrode à enzymes	**enzyme electrode**
électrode indicatrice de pH; électrode de pH	**pH electrode**
électrode microbienne	**microbial electrode**
électroendosmose; osmose électrique; **électro-osmose**; électroosmose	**electroosmosis**; electro-osmosis; electroendosmosis
électrofocalisation; focalisation isoélectrique	**isoelectric focusing**; electrofocusing
électro-osmose; électroosmose; électroendosmose; osmose électrique	**electroosmosis**; electro-osmosis; electroendosmosis
électrophorégramme	**electrophoretogram**; electrophoregram
électrophorèse; ionophorèse	**electrophoresis**
électrophorèse bidimensionnelle	**two-dimensional gel electrophoresis**
électrophorèse discontinue	**disc electrophoresis**; disc gel electrophoresis

électrophorèse en gel; électrophorèse sur gel	**gel electrophoresis**
électrophorèse en gel de polyacrylamide	**polyacrylamide gel electrophoresis**
électrophorèse en présence de SDS; électrophorèse en gel-SDS	**SDS-gel electrophoresis**
électrophorèse libre; électrophorèse en veine liquide	**free electrophoresis**; free flow electrophoresis; moving boundary electrophoresis
électrophorèse sur gel; **électrophorèse en gel**	**gel electrophoresis**
élément en trace; **oligo-élément**	**trace element**
ELISA	**ELISA**; enzyme-linked immunosorbent assay
ELISA hétérogène	**heterogeneous EIA**
élution	**elution**
élution par gradient	**gradient elution**
élution par un substrat	**affinity elution**
E.M.I.T.; EMIT	**enzyme multiplied immunoassay technique**; EMIT
empreinte moléculaire	**molecular imprinting**
emprisonnement; **piégeage**	**entrapment**
encapsulation	**encapsulation**
encombrement stérique	**steric hindrance**
encrassement	**fouling**
endoenzyme; enzyme intracellulaire; enzyme endocellulaire	**intracellular enzyme**; endoenzyme
endopeptidase	**endopeptidase**

énergie d'activation; énergie libre d'activation	**free energy of activation**; activation energy; energy of activation
énergie de liaison	**binding energy**
énergie libre	**free energy**
énergie libre d'activation; **énergie d'activation**	**free energy of activation**; activation energy; energy of activation
en temps réel	**real time**
Enzacryl	**Enzacryl**
enzyme	**enzyme**
enzyme adaptative; enzyme inductible	**inducible enzyme**; adaptive enzyme
enzyme adsorbée	**adsorbed enzyme**
enzyme allostérique	**allosteric enzyme**
enzyme artificielle	**synzyme**; enzyme mimic
enzyme à sérine	**serine enzyme**
enzyme constitutive	**constitutive enzyme**
enzyme débranchante	**debranching enzyme**; debrancher enzyme
enzyme de détoxification*	**detoxifying enzyme**
enzyme de diagnostic	**diagnostic enzyme**
enzyme de la classe lysine*; classe de la lysine	**lysine class enzyme***; lysine class
enzyme de régulation; enzyme régulatrice; enzyme régulateur	**regulatory enzyme**
enzyme endocellulaire; **endoenzyme**; enzyme intracellulaire	**intracellular enzyme**; endoenzyme

enzyme extracellulaire; **exo-enzyme**; exoenzyme	**exoenzyme**; lyoenzyme; extracellular enzyme
enzyme hétérotrope	**heterotropic enzyme**
enzyme homotrope	**homotropic enzyme**
enzyme hybride	**hybrid enzyme** (1)
enzyme hybride*	**hybrid enzyme** (2)
enzyme immobilisée	**immobilized enzyme**
enzyme inductible; **enzyme adaptative**	**inducible enzyme**; adaptive enzyme
enzyme ingénierée	**engineered enzyme**
enzyme intracellulaire; enzyme endocellulaire; **endoenzyme**	**intracellular enzyme**; endoenzyme
enzyme libre	**free enzyme**
enzyme malique; décarboxylase malique	**malic enzyme**; NADP-malate dehydrogenase
enzyme marqueur (1)	**enzyme label**
enzyme marqueur (2)	**enzyme marker**
enzyme membranaire	**membrane-bound enzyme**
enzyme microbienne	**microbial enzyme**
enzyme mitochondriale	**mitochondrial enzyme**
enzyme modulée de façon covalente	**covalently modulated enzyme**
enzyme oligomère	**oligomeric enzyme**; multisubunit enzyme
enzyme pectolytique	**pectolytic enzyme**
enzyme polyvalente	**polyvalent enzyme**
enzyme protéolytique; **protéase**	**protease**; proteolytic enzyme

enzyme recombinante	**recombinant enzyme**
enzyme régulateur; **enzyme de régulation**; enzyme régulatrice	**regulatory enzyme**
enzyme semi-synthétique	**semisynthetic enzyme**
enzyme soluble	**soluble enzyme**
enzyme thermostable	**heat stable enzyme**; thermostable enzyme
enzyme ubiquitaire; ubiquitaire	**ubiquitous enzyme**
enzymologie	**enzymology**
enzymologie industrielle	**industrial enzymology**
enzymothérapie	**enzyme therapy**; enzymotherapy
épuration des eaux usées	**sewage treatment**
équation d'Arrhenius	**Arrhenius equation**
équation de Lineweaver et Burk; relation de Lineweaver-Burk	**Lineweaver-Burk equation**
équation de Michaelis-Menten; équation de Michaelis et Menten	**Michaelis-Menten equation**; Michaelis-Menten rate equation
équilibre de sédimentation; **centrifugation à équilibre de densité**; centrifugation isopycnique	**density gradient sedimentation equilibrium**; isopycnic centrifugation; isodensity centrifugation; equilibrium sedimentation
équilibre enzymatique*	**enzyme equilibrium**
essai à la luciférase; **dosage chemiluminescent**	**chemiluminometric assay**
essai enzymatique couplé; **dosage enzymatique couplé**	**linked enzyme assay**
étalon de masse moléculaire; marqueur de poids moléculaire	**molecular weight marker**

étalon de radioactivité	**radioactive standard**; radioactivity standard
étape limitante d'une réaction chimique; étape déterminante de vitesse	**rate-limiting step**; rate-determining step
état de la technique; état des connaissances	**state-of-the-art**
état de transition; complexe activé	**transition state**; activated complex
état natif; **conformation native**	**native conformation**; native state
état stationnaire; phase stationnaire*	**steady-state condition**
étude topologique des sites actifs	**active site mapping**
exergonique	**exergonic**
exo-enzyme; exoenzyme; enzyme extracellulaire	**exoenzyme**; lyoenzyme; extracellular enzyme
exopeptidase	**exopeptidase**
extraction cellulaire par broyage	**solid shear**
extraction d'enzyme	**enzyme extraction**
extrait acellulaire	**cell-free extract**
extrait brut	**crude extract**; original extract
extrémité carboxylique; C-terminal; carboxyle terminal; extrémité C; COOH-terminal	**carboxy terminal**; carboxyl terminal; carboxy-terminal; C-terminal; carboxyl end

F

fabrication de vinaigre	**vinegar production**

facteur d'efficacité	**effectiveness factor**
facteur d'efficacité opérationnelle	**operational effectiveness factor**
fermentation	**fermentation**
fermentation alcoolique	**alcoholic fermentation**; alcohol fermentation
fermentation anaérobie	**anaerobic fermentation**
fermentation avec récupération sur membrane	**product recovery membrane fermentation**
fermentation couplée à un dialyseur	**dialysis fermentation**
fermentation d'enzyme	**enzyme fermentation**
fermentation des saucisses	**sausage fermentation**
fermentation en cascade; fermentation en série	**cascade fermentation**; over-flow continuous fermentation
fermentation en continu	**continuous fermentation**
fermentation en milieu solide	**solid substrate fermentation**; solid state fermentation; semi-solid fermentation
fermentation en série; **fermentation en cascade**	**cascade fermentation**; over-flow continuous fermentation
fermentation extractive	**extractive fermentation**
fermentation hétérolactique	**lactic heterofermentation**
fermentation homolactique	**lactic homofermentation**
fermentation lactique de l'acide malique; **fermentation malolactique**	**malo-lactic fermentation**
fermentation malique	**malic acid fermentation**

fermentation malolactique; fermentation lactique de l'acide malique	**malo-lactic fermentation**
fermentation méthanique	**biomethanation**
fermenteur	**fermenter**; fermentor
fermenteur à cycle pressurisé	**pressure cycle fermenter**
fermenteur à écoulement de type piston	**plug flow fermenter**
fermenteur à jet; fermenteur deep-jet	**deep jet fermenter**
fermenteur à rotor	**rotor fermenter**
fermenteur à ultrafiltration	**ultrafiltration fermenter**
fermenteur deep-jet; **fermenteur à jet**	**deep jet fermenter**
feuillet bêta; feuillet plissé bêta	**β-sheet**; β-pleated sheet; pleated sheet
fibre creuse	**hollow fiber**
fibrinolysine; **plasmine**	**plasmin**; fibrinolysin
film cellulaire; film de cellules	**fixed film**
filtration	**filtration**
filtration sur gel; chromatographie d'exclusion; chromatographie sur tamis moléculaire; tamisage moléculaire	**gel filtration**; exclusion chromatography; molecular-sieve chromatography
filtration sur gel en couche mince	**thin layer gel filtration**
filtration tangentielle	**tangential flow filtration**
filtre biologique; filtre percolateur	**percolating filter**; biological filter
filtre de nitrocellulose	**nitrocellulose filter**

filtre microporeux	**microporous ultrafilter**; microporous ultra-filter
filtre percolateur; **filtre biologique**	**percolating filter**; biological filter
fixation d'une enzyme	**fixing of an enzyme**
fixation par liaison covalente	**covalent binding**; covalent bonding; covalent fixation; covalent immobilization; covalent coupling; covalent linkage; covalent grafting
fixation sur un support solide	**carrier-binding method**
flavine mononucléotide; **FMN**	**flavin mononucleotide**
flavoprotéine; protéoflavine	**flavoprotein**
flexibilité	**flexibility**
flexibilité des protéines	**plasticity of proteins**
fluide supercritique	**supercritical fluid**; SCF
fluidisation de l'amidon	**thinning**
FMN; flavine mononucléotide	**flavin mononucleotide**
focalisation isoélectrique; **électrofocalisation**	**isoelectric focusing**; electrofocusing
force ionique	**ionic strength**
forme à haute affinité; forme à affinité élevée	**high-affinity form**
forte valeur ajoutée; **haute valeur ajoutée**	**high added value**
fosse septique	**septic tank**
fractionnement	**fractionation**
fructosidase; **β-D-fructofuranosidase**; invertase; saccharase; sucrase	**β-D-fructofuranosidase**; invertase; sucrase; fructofuranosidase

G

galactosidase	**galactosidase**
gamma-globuline	**gamma-globulin**
gazomètre	**gas holder**; gasometer
gazosiphon	**gas lift**
gélatine	**gelatin**
gel de polyacrylamide	**polyacrylamide gel**
gel de silice; silicagel; silice colloïdale	**silica gel**
gène de régulation; gène de contrôle; **gène régulateur**	**regulator gene**
génératrice biochimique productrice d'électricité	**biochemical fuel cell**
gène régulateur; gène de régulation; gène de contrôle	**regulator gene**
génie des fermentations; **génie fermentaire**	**fermentation engineering**
génie enzymatique	**enzyme engineering**
génie fermentaire; génie des fermentations	**fermentation engineering**
globuline	**globulin**
globuline immune; **immunoglobuline**	**immunoglobulin**
α(1->6)-glucane-6-glucanohydrolase; α(->6) glucosidase; amylo-α-1, 6-glucosidase; **glycogène 6-glucanohydrolase**	**glycogen 6-glucanohydrolase**; isoamylase; amylopectine 6-glucananhydrolase

glucide; sucre; hydrate de carbone	**sugar**
glucose isomérase; glucose-isomérase; gluco-isomérase	**glucose isomerase**
glucose oxydase; glucose-oxydase	**glucose oxidase**
α(->6) glucosidase; amylo-α-1, 6-glucosidase; **glycogène 6-glucanohydrolase**; α(1->6)-glucane-6-glucanohydrolase	**glycogen 6-glucanohydrolase**; isoamylase; amylopectine 6-glucananhydrolase
glutamate; acide 2 amino glutarique; acide 2 amino pentane dioïque; acide glutaminique; acide α-amino-glutarique; **acide glutamiquc**	**glutamic acid**; glutamate*
glutamate déshydrogénase; **L-glutamate-déshydrogénase**	**glutamate dehydrogenase**
glutamate synthétase; glutamate synthase	**glutamate synthase**
glutamine; glutamine L(+); acide (α) amino glutamique	**glutamine**
glutamine synthétase	**glutamine synthetase**
glutéline	**glutelin**
glycine; acide aminoacétique; acide amino acétique; acide α-aminoacétique; acide amino éthanoïque	**glycine**; aminoacetic acid
glycogène 6-glucanohydrolase; α(1->6)-glucane-6-glucanohydrolase; α(->6) glucosidase; amylo-α-1, 6-glucosidase	**glycogen 6-glucanohydrolase**; isoamylase; amylopectine 6-glucananhydrolase
glycogène phosphorylase	**glycogen phosphorylase**
glycopeptide	**glycopeptide**
glycoprotéine	**glycoprotein**

glyoxalylalanine; **histidine**; acide α-amino-β-imidazolyl-4-propionique; acide α-amino-β-imidazole-propionique; acide-β-imidazol-α-aminopropionique; β-imidazolalanine; iminazolyl-4-2 α-alanine — **histidine**; α-amino-β-imidazole propionic acid; 2-amino-3-(4-imidazolyl) propionic acid; α-amino-β-(4-imidazolyl) propionic acid; beta-4-imidazolyl alanine

gradient — **gradient**

gradient de concentration — **concentration gradient**

gradient de densité — **density gradient**

grain de zymogène; granule de zymogène — **zymogen granule**

graphique d'Eadie-Hofstee; **représentation d'Eadie-Hofstee** — **Eadie plot**; Eadie-Hofstee plot

groupe carboxyle; **carboxyle**; radical carboxyle — **carboxyl group**; carboxyl; carboxy group

groupe CO — **keto group**

groupe fonctionnel; groupement fonctionnel — **functional group**

groupement carbonyle; carbonyle — **carbonyl**; carbonyl group

groupement DEAE — **diethyl amino ethyl group**; DEAE group

groupement fonctionnel; **groupe fonctionnel** — **functional group**

groupement hydrophile — **hydrophilic group**

groupement hydrophobe; groupement lipophile — **hydrophobic group**

groupement prosthétique; groupe prosthétique — **prosthetic group**

H

haptène	**hapten**
haute valeur ajoutée; forte valeur ajoutée	**high added value**
hélice	**helix**
hélice α; hélice alpha	α **helix**; alpha helix
hétéropolymère; **copolymère**	**copolymer**
histidine; acide α-amino-β-imidazolyl-4-propionique; acide α-amino-β-imidazole-propionique; acide-β-imidazol-α-aminopropionique; β-imidazolalanine; iminazolyl-4-2 α-alanine; glyoxalylalanine	**histidine**; α-amino-β-imidazole propionic acid; 2-amino-3-(4-imidazolyl) propionic acid; α-amino-β-(4-imidazolyl) propionic acid; beta-4-imidazolyl alanine
holoenzyme	**holoenzyme**
homogène	**homogeneous**
homopolymère	**homopolymer**
hormone	**hormone**
HPLC; H.P.L.C.; chromatographie liquide à haute performance; chromatographie liquide haute performance; chromatographie liquide haute pression	**HPLC**; high performance liquid chromatography
hybridome; immunome	**hybridoma**
hydrate de carbone; **glucide**; sucre	**sugar**
hydrazine	**hydrazine**
hydrogel	**hydrogel**
hydrogénase	**hydrogenase**

hydrogénation	**hydrogenation**
hydrogène sulfuré; **sulfure d'hydrogène**	**hydrogen sulphide**
hydrolase	**hydrolase**
hydrolysat	**hydrolyzate**
hydrolyse	**hydrolysis**; hydrolytic cleavage
hydrolyser	**hydrolyze** (v.)
hydrophile	**hydrophilic**
hydrophobe	**hydrophobic**
hydroxyapathite; hydroxyapatite	**hydroxyapatite**; hydroxylapatite; apatite
hydroxyphénylalanine; acide 2-amino-3-(p-hydroxyphényl) propionique; **tyrosine**	**tyrosine**; oxyphenylaminopropionic acid; p-hydroxyphenylalanine; 2-amino-3-(p-hydroxyphenyl) propionic acid; β-(p-hydroxyphenyl) alanine
hydrure de méthyle; **méthane**	**methane**

I

iminazolyl-4-2 α-alanine; glyoxalylalanine; **histidine**; acide α-amino-β-imidazolyl-4-propionique; acide α-amino-β-imidazole-propionique; acide-β-imidazol-α-aminopropionique; β-imidazolalanine	**histidine**; α-amino-β-imidazole propionic acid; 2-amino-3-(4-imidazolyl) propionic acid; α amino-β-(4-imidazolyl) propionic acid; beta-4-imidazolyl alanine
immobilisation	**immobilization**
immobilisation de ligand	**ligand immobilization**

immobilisation des enzymes	**enzyme immobilization**
immobilisation par liaison peptidique	**peptide binding method**
immobilisation par séparation de phase	**phase separation method**
immobilisation séquentielle	**sequential immobilization**
immobilisation simultanée	**simultaneous immobilization**
immunoadsorbant	**immunoadsorbent**
immunoadsorption; immuno-adsorption	**immunoadsorption**
immunoblot; western blot	**western blot**; western blotting
immunoélectrophorèse; immuno-électrophorèse	**immunoelectrophoresis**
immuno-essai en phase solide*	**solid-phase immunoassay**
immuno-essai par magnétisme*	**magnetic immunoassay**
immunofluorescence	**immunofluorescence**
immunoglobuline; globuline immune	**immunoglobulin**
immunome; **hybridome**	**hybridoma**
immunoprécipitation	**immunoprecipitation**
inactivation	**inactivation**; deactivation
inactivation thermique; thermoinactivation	**thermoinactivation**; thermal inactivation
inclusion dans des fibres	**fibre entrapment**; fiber entrapment
inclusion dans une matrice; inclusion dans les mailles d'un gel	**lattice entrapment**
inclusion dans un gel	**gel entrapment**

indicateur	**indicator**
β-indolalanine; acide indolaminopropionique; **tryptophane**; acide 2-amino 3-indoylpropionique	**tryptophan**; 2-amino-3-indolepropionic acid; α-amino-β-3-indole propionic acid; amino-indole-propionic acid
inducteur	**inducer**
inducteur gratuit	**gratuitous inducer**
induction enzymatique; dérépression enzymatique; dérépression; induction	**enzyme induction**; enzyme adaptation; induction
induction enzymatique apparente	**apparent enzyme induction**
infographie	**computer graphics**
ingénierie des protéines; ingénierie protéique	**protein engineering**
inhibiteur	**inhibitor**
inhibiteur compétitif	**competitive inhibitor**
inhibition compétitive; inhibition concurrentielle; inhibition par association exclusive	**competitive inhibition**; selective inhibition
inhibition enzymatique	**enzyme inhibition**
inhibition enzymatique réversible; **inhibition réversible**	**reversible inhibition**; reversible enzyme inhibition
inhibition incompétitive; inhibition par blocage du complexe intermédiaire	**uncompetitive enzyme inhibition**; uncompetitive inhibition
inhibition irréversible	**irreversible inhibition**
inhibition non compétitive; inhibition par association non exclusive; inhibition non concurrentielle	**noncompetitive inhibition**; non-competitive inhibition

inhibition par association exclusive; **inhibition compétitive**; inhibition concurrentielle	**competitive inhibition**; selective inhibition
inhibition par association non exclusive; inhibition non concurrentielle; **inhibition non compétitive**	**noncompetitive inhibition**; non-competitive inhibition
inhibition par blocage du complexe intermédiaire; **inhibition incompétitive**	**uncompetitive enzyme inhibition**; uncompetitive inhibition
inhibition par excès de substrat	**excess substrate inhibition**
inhibition réversible; inhibition enzymatique réversible	**reversible inhibition**; reversible enzyme inhibition
insuline	**insulin**
interaction électrostatique	**electrostatic interaction**; coulomb interaction
interaction hydrophobe	**hydrophobic interaction**
interféron	**interferon**
interféron type II; interféron gamma	**immune interferon**
invertase; saccharase; sucrase; fructosidase; **β-D-fructofuranosidase**	**β-D-fructofuranosidase**; invertase; sucrase; fructofuranosidase
in vitro	***in vitro***
in vivo	***in vivo***
ion métallique	**metal ion**
ionophorèse; **électrophorèse**	**electrophoresis**
isoenzyme; isozyme	**isoenzyme**; isozyme
isolement	**isolation**

isoleucine; acide α-amino β-méthyl pentanoïque; acide 2-amino 3-méthyl n-valérique — **isoleucine**; α-amino-β-methylvaleric acid; γ-methylvaline; 2-amino-3-methylpentanoic acid

isomérase; mutase — **isomerase**

isomérisation — **isomerization**

isomérisation du glucose — **glucose isomerization**

isomérisation enzymatique — **enzymatic isomerization**

isotope — **isotope**

isotope lourd; isotope stable — **heavy isotope**; stable isotope

isotope radioactif; radio-isotope — **radioactive isotope**; radioisotope

isotope stable; **isotope lourd** — **heavy isotope**; stable isotope

isozyme; **isoenzyme** — **isoenzyme**; isozyme

J

jet; **surproduction temporaire** — **burst**

K

katal — **katal**

k catalytique; k_{cat}; constante catalytique — $\mathbf{k_{cat}}$; catalytic constant; catalytic rate constant

K_d; **coefficient de distribution** — **volumetric distribution coefficient**; K_d

K_{eq}; **constante d'équilibre** — **equilibrium constant**

kératine	**keratin**
K_i; **constante d'inhibiteur**	**inhibitor constant**
kinase (1)	**kinase** (1)
kinase (2)	**kinase** (2)
K_m; constante de Michaelis; constante de Michaelis-Menten	**K_m**; Michaelis constant
K_m apparent; **constante apparente de Michaelis**	**apparent K_m**; apparent Michaelis constant

L

lab-ferment; **rennine**; chymosine	**rennin**; chymosin
lactine; lactobiose; **lactose**; β-D-galactosido-(1-4)-D-glucose; sucre de lait	**lactose**; lactobiose; milk sugar; α-glucose-β-galactoside; 4-O-β-D-galactopyranosyl-D-glucopyranose; O-β-D-galactopyranosyl-[1->4]-β-D-glucopyranoside
lactoflavine; **vitamine B_2**; riboflavine	**riboflavin**; vitamin B_2; lactoflavin
lactose; β-D-galactosido-(1-4)-D-glucose; sucre de lait; lactine; lactobiose	**lactose**; lactobiose; milk sugar; α-glucose-β-galactoside; 4-O-β-D-galactopyranosyl-D-glucopyranose; O-β-D-galactopyranosyl-[1->4]-β-D-glucopyranoside
lactosérum; petit lait	**whey**
lactosérum concentré	**whey molasses**
laurylsulfate de sodium; **dodécyl sulfate de sodium**; SDS	**sodium dodecyl sulphate**; SDS; sodium lauryl sulfate
lectine	**lectin**

leucine; acide α-amino isocaproïque; acide α-amino-isocaproïque; acide 2-amino-4-méthyl-valérique	**leucine**; α-aminoisocaproic acid; 2-amino-4-methylpentanoic acid
levure	**yeast**
L-glutamate-déshydrogénase; glutamate déshydrogénase	**glutamate dehydrogenase**
liaison chimique	**chemical bond**
liaison covalente; liaison de covalence	**covalent bond**; electron pair bond
liaison disulfure; pont disulfure	**disulfide bond**; disulfide bridge; S-S bridge; disulphide bond
liaison H intramoléculaire; **pont hydrogène intra-moléculaire**	**intramolecular hydrogen bonding**
liaison hydrogène	**hydrogen bond**
liaison hydrogène intermoléculaire	**intermolecular hydrogen bonding**
liaison peptidique	**peptide bond**; peptide linkage
liaison saline; **pont salin**	**salt bridge**
ligand	**ligand**
ligase; synthétase	**ligase**
lignine	**lignin**
lignocellulose	**lignocellulose**
limitation de nature diffusionnelle; contrainte diffusionnelle	**diffusional limitation**; diffusional restriction
lipase	**lipase**
lipoprotéine; lipidoprotéine; complexe lipoprotéique	**lipoprotein**

liposome	**liposome**
liquéfaction	**liquefaction**
lit de boues expansées	**upflow sludge blanket**; upflow anaerobic sludge blanket; U.A.S.B.
lit fixe	**fixed bed**
lit fluidisé	**fluidized bed**
lit macroscopique; macrosphérule	**macrobead**
L-malico-déshydrogénase; **malate déshydrogénase**; malicodéshydrogénase	**malate dehydrogenase**; malic dehydrogenase
longueur d'onde	**wavelength**
luciférine	**luciferin**; 4,5-Dihydro-2-(6-hydroxy-2-benzothiazolyl)-4-thiazolecarboxylic acid
lyase	**lyase**
lyophilisation	**lyophilization**; freeze-drying
lyse	**lysis**
lyse cellulaire par sonification	**ultrasonic cell disintegration**
lysine; acide 2,6-diamino-hexanoïque; acide α,ε-diaminocaproïque	**lysine**; 2,6-diamino-hexanoic acid; α-ε-diaminocaproic acid
lysozyme; muramidase	**lysozyme**

M

macrolide	**macrolide**
macromolécule	**macromolecule**

macrosphérule; **lit macroscopique**	**macrobead**
malate déshydrogénase; malicodéshydrogénase; L-malico-déshydrogénase	**malate dehydrogenase**; malic dehydrogenase
mannane; mannosane	**mannan**
manométrie; méthode manométrique	**manometry**
marquage d'affinité	**affinity labeling**
marquage radioisotopique; **radiomarquage**	**radioactive labelling**
marqueur	**label**
marqueur d'affinité	**affinity label**
marqueur de poids moléculaire; **étalon de masse moléculaire**	**molecular weight marker**
marqueur radioactif	**radioactive label**
matière sèche	**dry cell weight**; dry weight
matrice; **support**	**support**; carrier; matrix
mécanisme réactionnel enzymatique; mécanisme d'une réaction enzymatique	**enzyme reaction mechanism**
mélange à contrecourant; **remélangeage**	**back mixing**; backmixing
mélange brut	**mixed liquor**
mélangeur pour gradients	**gradient former**
membrane à enzymes	**enzyme membrane**; enzymic membrane; enzyme film
membrane anisotropique	**anisotropic membrane**; anisotropic diffusive membrane

membrane d'ultrafiltration; membrane ultrafiltrante; **ultrafiltre**	**ultrafilter**; ultra-filter; ultrafiltration membrane
membrane enzymatique magnétisable	**magnetic membrane technique**
membrane porteuse d'enzymes réticulées	**crosslinked enzyme membrane**
membrane semi-perméable; membrane semiperméable	**semipermeable membrane**
membrane ultrafiltrante; **ultrafiltre**; membrane d'ultrafiltration	**ultrafilter**; ultra-filter; ultrafiltration membrane
β-mercaptoalanine; acide α-amino β-mercaptopropionique; **cystéine**; thiol-alanine; thioalanine	**cysteine**; 2-amino-3-mercaptopropionic acid; thioamino propionic acid
métabolisme	**metabolism**
métabolisme acellulaire	**cell-free metabolism**
métabolisme intermédiaire	**intermediary metabolism**
métabolite	**metabolite**
métabolite essentiel; **métabolite primaire**	**primary metabolite**
métabolite final; **produit final**; produit terminal	**end product**; final product
métabolite primaire; métabolite essentiel	**primary metabolite**
métabolite secondaire	**secondary metabolite**
métalloenzyme; métallo-enzyme	**metalloenzyme**
métalloprotéase	**metalloprotease**
métalloprotéine; métallo-protéine	**metalloprotein**
méthane; hydrure de méthyle	**methane**

méthanobactérie; **bactérie méthanogène** — **methanobacterium**; methanogen; methane bacterium

méthanogénèse — **methanogenesis**

méthémoglobine — **methaemoglobin**; methemoglobin

méthionine; acide α-amino-γ-méthyl-mercapto-butyrique; acide α-amino γ-méthylthiobutyrique; acide 2-amino-4-méthylthio-butyrique — **methionine**; 2-amino-4-(methylthio)butyric acid

méthode cinétique — **kinetic method**

méthode de dosage enzymatique à l'équilibre — **equilibrium method**

méthode de fixation par réticulation — **carrier cross-linking method**

méthode de Kjeldahl — **Kjeldahl method**

méthode de l'écoulement interrompu — **stopped-flow technique**

méthode de Lowry — **Lowry method**

méthode de Merrifield; synthèse de Merrifield — **Merrifield procedure**; Merrifield synthesis

méthode d'encapsulation par assèchement — **liquid drying method**

méthode des empreintes digitales — **finger-printing technique**

méthode des liposomes; méthode des membranes liquides — **liquid-surfactant membrane method**; liquid membrane method

méthode manométrique; **manométrie** — **manometry**

méthode par polymérisation interfaciale — **interfacial polymerization method**

méthylcellulose carboxylate de sodium; cellulose glycolate de sodium; **carboxyméthylcellulose**; carboxyméthyl-cellulose; CM-cellulose; CM cellulose; carboxyméthylcellulose sodique	**carboxymethyl cellulose**; CM-cellulose; sodium carboxymethylcellulose
méthylotrophe	**methylotroph**
microbiologie industrielle	**industrial microbiology**
microcapsule	**microcapsule**
microcapsule à membrane liquide	**liquid-surfactant membrane microcapsule**; nonpermanent microcapsule
microcapsule permanente	**permanent microcapsule**
micro-encapsulation; microencapsulation	**microencapsulation**
micro-environnement; microenvironnement	**microenvironment**
microfiltration; micro-filtration	**microfiltration**; micro-filtration
micro-organisme; microorganisme	**micro-organism**; microorganism
microséquençage	**microsequencing**
microsphère active*; bille active*	**active bead**; biocatalyst bead; catalyst bead
microsphérule magnétisée	**magnetic microcarrier**
mise en régime	**start-up**
mobilité; **mobilité électrophorétique**	**electrophoretic mobility**; mobility
mobilité conformationnelle	**conformational mobility**
mobilité électrophorétique; mobilité	**electrophoretic mobility**; mobility

modèle clef-serrure; relation de clé à serrure	**lock-and-key relationship**; lock-and-key model
modèle concerté; **modèle symétrique**; modèle MWC; modèle de symétrie	**symmetry model**; concerted transition model
modèle cristallographique	**crystallographic model**
modèle de symétrie; modèle concerté; **modèle symétrique**; modèle MWC	**symmetry model**; concerted transition model
modèle moléculaire physique	**physical molecular model**
modèle MWC; modèle de symétrie; modèle concerté; **modèle symétrique**	**symmetry model**; concerted transition model
modèle séquentiel	**sequential model**
modèle symétrique; modèle MWC; modèle de symétrie; modèle concerté	**symmetry model**; concerted transition model
modélisation moléculaire, modélisation	**molecular modeling**
modificateur; **effecteur**; effecteur allostérique; modulateur allostérique; modulateur; modifieur	**effector**; allosteric effector; allosteric modulator; modulator; modifier
modification covalente	**covalent modification**
modification de conformation; changement conformationnel; transconformation; **changement de conformation**	**conformational transition**; conformational change; conformation change
modulateur allostérique; modulateur; modifieur; modificateur; **effecteur**; effecteur allostérique	**effector**; allosteric effector; allosteric modulator; modulator; modifier
modulation allostérique; **régulation allostérique**	**allosteric control**; allosteric regulation; allosteric modulation

module biocatalytique à membrane de collagène	**spirally-wound multipore**; biocatalytic module
module de Thiele	**Thiele modulus**
moisissure	**mold**; mould
moitié de la vitesse maximale; **Vmax/2**; VM/2; ½Vm	**half the maximal velocity**; half-maximal velocity
monomère (1)	**monomer** (1)
monomère (2); **sous-unité**; protomère*	**subunit**; protomer*; monomer (2)
monomère polyinsaturé	**crosslinkable monomer**
motif structural	**motif**
mouvement atomique	**atomic fluctuation**
mouvement charnière	**hinge-bending**
mouvements collectifs	**collective motions**
muramidase; **lysozyme**	**lysozyme**
mutagenèse dirigée; mutagénèse dirigée	**site-specific mutagenesis**; site-directed mutagenesis
mutagénèse dirigée à l'aide d'un oligonucléotide synthétique	**oligodeoxynucleotide-directed mutagenesis**; oligonucleotide-directed *in vitro* mutagenesis; oligonucleotide-mediated mutagenesis
mutagénèse par cassette	**cassette mutagenesis**
mutant thermosensible; mutant ts	**temperature-sensitive mutant**
mutase; **isomérase**	**isomerase**
mycose*; mycoside*; **tréhalose**	**trehalose**

N

^{15}N; **azote-15**; azote lourd	**nitrogen-15**
NAD; NAD^+; **nicotinamide adénine dinucléotide**	**nicotinamide adenine dinucleotide**; NAD; NAD^+
NADP; $NADP^+$; **nicotinamide adénine dinucléotide phosphate**	**nicotinamide adenine dinucleotide phosphate**; NADP; $NADP^+$
nanocapsule	**nanocapsule**
nicotinamide adénine dinucléotide; NAD; NAD^+	**nicotinamide adenine dinucleotide**; NAD; NAD^+
nicotinamide adénine dinucléotide phosphate; NADP; $NADP^+$	**nicotinamide adenine dinucleotide phosphate**; NADP; $NADP^+$
N-lauroylsarcosinate de sodium	**sodium lauryl sarcosine**
nombre de Peclet; **critère de Peclet**	**dispersion number**
nombre de puissance	**power number**
nombre de Reynolds	**Reynolds number**
nom commun recommandé; nom recommandé; nom commun	**recommended name**; common name
nomenclature des enzymes	**Enzyme Commission nomenclature**
nom recommandé; nom commun; **nom commun recommandé**	**recommended name**; common name
nom systématique	**systematic name**
noyau aromatique	**aromatic ring**
N-terminal; amino-terminal	**N terminal**; N-terminal; N-terminus

N-tosyl-L-phénylalanylchlorométhylcétone; **TPCK** — **TPCK**; N-tosyl-L-phenylalanylchloromethyl ketone

numéro de code; numéro de classification — **classification number**; EC number; enzyme commission number; enzyme number

O

oligo-élément; élément en trace — **trace element**

oligopeptide — **oligopeptide**

opération unitaire — **unit operations**

optimum de température; **température optimale**; température optimum — **optimum temperature**; temperature optimum

ordre d'une réaction — **reaction order**

organothérapie — **organotherapy**

ornithine; acide 2,5-diamino pentanoïque — **ornithine**; α, δ-diaminovalerianic acid; diaminovaleric acid

osmose électrique; **électro-osmose**; électroosmose; électroendosmose — **electroosmosis**; electro-osmosis; electroendosmosis

osmose inverse — **reverse osmosis**

oxydase — **oxidase**

oxyde de silicium; anhydride silicique; **silice**; dioxyde de silicium — **silica**; silicon dioxide; silica dioxide

oxydoréductase; oxydo-réductase — **oxidoreductase**

oxydo-réduction; oxydoréduction — **oxidation-reduction**

P

pancréatine	**pancreatin**
papaïne	**papain**
paramètres intrinsèques	**intrinsic kinetic parameters**
pelote statistique	**random-coil**
pénicilline semi-synthétique	**semisynthetic penicillin**
pepsine	**pepsin**
peptidase	**peptidase**
peptide	**peptide**
peptone	**peptone**
percolation	**percolation**
période radioactive; période $T_{1/2}$; demi-vie radioactive	**radioactive half-life**; half-life
peroxydase	**peroxidase**
peroxysome	**peroxisome**
perte de charge	**leakage**
perte de charge; différence de pression; chute de pression	**pressure drop**; differential pressure; pressure loss
petit lait; **lactosérum**	**whey**
pH*	**pH**
phase de croissance exponentielle; phase logarithmique; phase exponentielle de croissance; phase exponentielle; phase de croissance logarithmique	**exponential phase of growth**; log phase growth

phase de latence	**lag phase**
phase exponentielle de croissance; phase exponentielle; phase de croissance logarithmique; **phase de croissance exponentielle**; phase logarithmique	**exponential phase of growth**; log phase growth
phase immobile; **phase stationnaire**	**stationary phase**
phase logarithmique; phase exponentielle de croissance; phase exponentielle; phase de croissance logarithmique; **phase de croissance exponentielle**	**exponential phase of growth**; log phase growth
phase mobile	**mobile phase**
phase stationnaire; phase immobile	**stationary phase**
phase stationnaire*; **état stationnaire**	**steady-state condition**
phénylalanine; acide β-phényl α-aminopropionique	**phenylalanine**; phenylaminopropionic acid; 2-amino-3-phenylpropionic acid
pH isoélectrique; point isoélectrique	**isoelectric point**
pH isoionique; point isoionique; point iso-ionique	**isoionic point**; isoionic pH
pH-mètre	**pH meter**
pH optimum; pH optimal	**optimum pH**; pH optimum
phosphatase	**phosphatase**
phosphate	**phosphate**
6-phosphogluconate déshydrogénase	**6-phosphogluconate dehydrogenase**
phosphorylase	**phosphorylase**

photomultiplicateur; tube photomultiplicateur; phototube	**photomultiplier**; photomultiplier tube
piégeage; emprisonnement	**entrapment**
plasmine; fibrinolysine	**plasmin**; fibrinolysin
plasminogène	**plasminogen**
pliage de la chaîne; **repliement des chaînes**	**chain folding**; folding
poids molaire; poids moléculaire	**molecular weight**
point isoélectrique; **pH isoélectrique**	**isoelectric point**
point isoionique; point iso-ionique; **pH isoionique**	**isoionic point**; isoionic pH
polarisation de concentration; polarisation de membrane	**concentration polarization**; concentration polarisation; membrane polarization
polyamide	**polyamide**
polyamine	**polyamine**
poly-β-hydroxybutyrate	**poly-β-hydroxybutyrate**
polymère vinylique	**vinyl polymer**
polymérisation	**polymerization**
polyoside; **polysaccharide**	**polysaccharide**
polypeptide	**polypeptide**
polysaccharide; polyoside	**polysaccharide**
pont disulfure; **liaison disulfure**	**disulfide bond**; disulfide bridge; S-S bridge; disulphide bond
pont hydrogène intra-moléculaire; liaison H intramoléculaire	**intramolecular hydrogen bonding**

pont salin; liaison saline	**salt bridge**
porosité	**porosity**
porosité particulaire	**particle porosity**
P.O.U.; **protéine d'organisme unicellulaire**	**single cell protein**; single-cell protein; SCP
pouvoir catalytique	**catalytic power**
précipitation	**precipitation**
précipitation par affinité	**affinity precipitation**
précipitation par les sels neutres; **relargage**	**salting-out**
préenzyme; **zymogène**; proenzyme	**zymogen**; proenzyme; pre-enzyme
procédé discontinu; **culture en batch**; culture discontinue*; culture en discontinu; culture séquentielle	**batch culture**; batch process
production de lysine	**lysine production**
production d'enzymes	**enzyme production**
production de sirops à haute teneur en fructose	**high fructose syrup production**
productivité	**productivity**
produit	**product**
produit final; produit terminal; métabolite final	**end product**; final product
proenzyme; préenzyme; **zymogène**	**zymogen**; proenzyme; pre-enzyme
profil de pH	**pH-activity profile**; pH rate profile; pH profile
profil de pH	**pH dependence**
programmateur de gradient	**gradient programmer**

proline; acide 2-pyrrolidine carboxylique; acide pyrrolidine 2-carboxylique; acide 2-pyrrolidinecarboxylique | **proline**; 2-pyrrolidine-carboxylic acid; α-pyrrolidine carboxylic acid

protéase; enzyme protéolytique | **protease**; proteolytic enzyme

protéinase | **proteinase**

protein design* | **protein design**

protéine | **protein**

protéine conjuguée | **conjugated protein**

protéine de fusion; **protéine hybride** | **hybrid protein**; fusion protein

protéine dénaturée | **denatured protein**

protéine d'organisme unicellulaire; P.O.U. | **single cell protein**; single-cell protein; SCP

protéine fibreuse | **fibrous protein**

protéine globulaire | **globular protein**

protéine hybride; protéine de fusion | **hybrid protein**; fusion protein

protéine mutante | **mutant protein**

protéoflavine; **flavoprotéine** | **flavoprotein**

protéolyse | **proteolysis**

protomère*; monomère (2); **sous-unité** | **subunit**; protomer*; monomer (2)

puissance absorbée; puissance consommée | **power input**

pullulanase | **pullulanase**; pullulan-6-glucanohydrolase

purification | **purification**

purification par affinité	**affinity purification**
putréfaction	**putrefaction**

Q

Q_{10}; **coefficient thermique**	**temperature quotient**; temperature coefficient; Q_{10}

R

radical carboxyle; groupe carboxyle; **carboxyle**	**carboxyl group**; carboxyl; carboxy group
radioactif	**radioactive**
radioactivité	**radioactivity**
radiogramme	**radiograph**
radiographie	**radiography**
radioimmunoessai; radio-immunoessai; dosage radioimmunologique; radio-immunodosage	**radioimmunoassay**; RIA
radio-isotope; **isotope radioactif**	**radioactive isotope**; radioisotope
radiomarquage; marquage radioisotopique	**radioactive labelling**
radiomètre	**radiometer**
radiotraceur; **traceur radioactif**	**radioactive tracer**
rapport des activités	**activity ratio**

réacteur	**reactor**
réacteur à écoulement piston; réacteur plug-flow	**plug flow reactor**; plug-flow column reactor
réacteur à enzyme; réacteur enzymatique	**enzyme reactor**
réacteur à fibres creuses; **réacteur à membrane-fibres creuses**	**hollow fibre reactor**; hollow fiber reactor
réacteur à fonctionnement continu; réacteur agité à alimentation continue; réacteur fonctionnant en continu	**continuous stirred-tank reactor**; back-mix reactor
réacteur à fonctionnement discontinu; réacteur périodique; **réacteur discontinu**	**batch reactor**
réacteur agité	**stirred tank reactor**
réacteur agité à alimentation continue; réacteur fonctionnant en continu; **réacteur à fonctionnement continu**	**continuous stirred-tank reactor**; back-mix reactor
réacteur à jet et à boucle de circulation	**jet loop reactor**
réacteur à lit fixe	**packed bed reactor**
réacteur à lit fixe; réacteur en lit fixe	**fixed bed reactor**; fixed-bed reactor
réacteur à lit fluidisé	**fluidized-bed reactor**; fluid-bed reactor
réacteur à membrane; réacteur enzymatique à membrane	**enzyme membrane reactor**; membrane reactor; membrane filter bioreactor
réacteur à membrane-fibres creuses; réacteur à fibres creuses	**hollow fibre reactor**; hollow fiber reactor
réacteur à recyclage cellulaire continu	**continuous cell recycle reactor**

réacteur à ultrafiltration	**ultrafiltration reactor**; ultrafiltration membrane reactor; UF membrane reactor; UF-membrane stirred reactor; CSTR/UF membrane reactor
réacteur continu; réacteur enzymatique continu	**continuous reactor**
réacteur de type infiniment mélangé; **digesteur infiniment mélangé**	**completely mixed bioreactor**; completely mixed digester; completely mixed continuous digester; fully mixed digester
réacteur discontinu; réacteur à fonctionnement discontinu; réacteur périodique	**batch reactor**
réacteur électrochimique	**electrochemical reactor**
réacteur en colonne*	**column reactor**
réacteur en lit fixe; **réacteur à lit fixe**	**fixed bed reactor**; fixed-bed reactor
réacteur enzymatique; **réacteur à enzyme**	**enzyme reactor**
réacteur enzymatique à membrane; **réacteur à membrane**	**enzyme membrane reactor**; membrane reactor; membrane filter bioreactor
réacteur enzymatique continu; **réacteur continu**	**continuous reactor**
réacteur enzymatique tubulaire	**open tubular heterogeneous enzyme reactor**; OTHER
réacteur fonctionnant en continu; **réacteur à fonctionnement continu**; réacteur agité à alimentation continue	**continuous stirred-tank reactor**; back-mix reactor
réacteur hétérogène	**heterogeneous reactor**
réacteur homogène	**homogeneous reactor**

réacteur périodique; **réacteur discontinu**; réacteur à fonctionnement discontinu	**batch reactor**
réacteur plug-flow; **réacteur à écoulement piston**	**plug flow reactor**; plug-flow column reactor
réactif dénaturant; **agent dénaturant**	**denaturing agent**; denaturant
réaction à deux substrats	**bisubstrate reaction**
réaction à double déplacement; réaction ping-pong	**double-displacement reaction**; ping-pong reaction
réaction à la ninhydrine; réaction colorée à la ninhydrine	**ninhydrin reaction**
réaction à simple déplacement	**single-displacement reaction**
réaction à simple déplacement du type «au hasard»	**random single-displacement reaction**; random bisubstrate reaction
réaction bimoléculaire	**bimolecular reaction**
réaction biochimique	**biochemical reaction**
réaction chimique	**chemical reaction**
réaction colorée à la ninhydrine; **réaction à la ninhydrine**	**ninhydrin reaction**
réaction couplée	**coupled reaction**
réaction de Millon	**Millon's test**; Millon reaction
réaction de substitution; **substitution**	**substitution reaction**
réaction d'ordre un; **réaction du premier ordre**	**first-order reaction**
réaction d'ordre zéro	**zero-order reaction**
réaction du deuxième ordre	**second order reaction**

réaction du premier ordre; réaction d'ordre un	**first-order reaction**
réaction du troisième ordre	**third-order reaction**
réaction enzymatique	**enzyme reaction**; enzymatic reaction; enzymic reaction
réaction enzymatique couplée	**coupled enzyme system**
réaction indicatrice	**indicator reaction**
réaction multi-enzymatique	**multiple enzyme reaction**; multienzyme reaction
réaction parasite; **réaction secondaire**	**side reaction**
réaction ping-pong; **réaction à double déplacement**	**double-displacement reaction**; ping-pong reaction
réaction secondaire; réaction parasite	**side reaction**
récupération d'enzymes	**enzyme recovery**
recyclage des cellules	**cell recycle**
refroidissement du fluide en fermentation	**fermenter cooling**
regénération du support solide	**carrier regeneration**
régulation allostérique; modulation allostérique	**allosteric control**; allosteric regulation; allosteric modulation
régulation de l'activité enzymatique	**enzyme regulation**; enzyme control
relargage; précipitation par les sels neutres	**salting-out**
relation de clé à serrure; **modèle clef-serrure**	**lock-and-key relationship**; lock-and-key model
relation de Lineweaver-Burk; **équation de Lineweaver et Burk**	**Lineweaver-Burk equation**

remélangeage; mélange à contrecourant	**back mixing**; backmixing
remplacement isomorphe; substitution isomorphe	**isomorphous replacement**; isomorphous substitution
renaturation	**renaturation**
rendement	**yield**
rendement en biomasse; taux de conversion du substrat; **coefficient de conversion du substrat**	**substrate yield**
rendement opérationnel	**operational yield**
rendement relatif	**relative yield**
rénine	**renin**
rennine; chymosine; lab-ferment	**rennin**; chymosin
repliement des chaînes; pliage de la chaîne	**chain folding**; folding
représentation d'Eadie-Hofstee, graphique d'Eadie-Hofstee	**Eadie plot**; Eadie-Hofstee plot
représentation de Fourier; **transformée de Fourier**; carte de densité de Fourier	**Fourier electron-density map**
représentation de Lineweaver et Burk; représentation en double inverse	**Lineweaver-Burk plot**; double-reciprocal plot
répresseur	**repressor**; repressor protein
répression (1); répression enzymatique	**enzyme repression**; repression (1)
répression (2); répression transcriptionnelle	**repression** (2)
répression catabolique; **répression par les catabolites**	**catabolite repression**

répression enzymatique; **répression** (1)	**enzyme repression**; repression (1)
répression par les catabolites; répression catabolique	**catabolite repression**
répression transcriptionnelle; **répression** (2)	**repression** (2)
réseau	**lattice**
résidu catalytique; aminoacide catalytiquement actif	**catalytic residue**; catalytically active residue
résine échangeuse d'ions	**ion exchange resin**
résolution	**resolution**
résonance magnétique nucléaire*; R.M.N.; spectroscopie R.M.N.	**nuclear magnetic resonance spectroscopy**; NMR spectroscopy
respiration protéique	**breathing**; reversible unfolding
réticulation	**crosslinking**; cross-linking
réticulation intramoléculaire	**intramolecular crosslinking**
rétroinhibition	**feedback inhibition**; end-product inhibition; retroinhibition
riboflavine; lactoflavine; **vitamine B_2**	**riboflavin**; vitamin B_2; lactoflavin
ribonucléase; RNase	**RNase**; ribonuclease; RNAase
R.M.N.; spectroscopie R.M.N.; **résonance magnétique nucléaire***	**nuclear magnetic resonance spectroscopy**; NMR spectroscopy
RNase; **ribonucléase**	**RNase**; ribonuclease; RNAase
rotation moléculaire	**molecular tumbling**
rotation optique	**optical rotation**

rupture de cellule — **cell disruption**

S

S; US*; unité S.F.*; uSf*; **Svedberg**; unité Svedberg — **Svedberg unit**; S

saccharase; sucrase; fructosidase; **β-D-fructofuranosidase**; invertase — **β-D-fructofuranosidase**; invertase; sucrase; fructofuranosidase

saccharose; α-D-glucopyrannosido (1-2)-D-fructofurannoside; sucrose — **sucrose**

salting-in*; dissolution par les sels — **salting in**; salting-in

saturation — **saturation**

sauvage; type sauvage — **wild type**

scale up — **scale-up**

SDS; laurylsulfate de sodium; **dodécyl sulfate de sodium** — **sodium dodecyl sulphate**; SDS; sodium lauryl sulfate

sédiment; culot — **pellet**

semi-synthétique — **semisynthetic**; semi-synthetic

séparation — **separation**

séparation d'affinité par partage de phase — **affinity partitioning**; affinity partition

Séphadex; Sephadex — **Sephadex**

Sépharose — **Sepharose**

séquençage des protéines — **protein sequencing**

séquenceur à cellule tournante; séquenceur en phase liquide	**spinning cup sequenter**; spinning cup sequenator
séquenceur en phase gazeuse	**gas phase sequentor**
séquenceur en phase liquide; **séquenceur à cellule tournante**	**spinning cup sequenter**; spinning cup sequenator
séquenceur en phase solide	**solid-phase sequenter**; solid-phase sequenator
sérine; acide 2-amino-3-hydroxypropionique; acide α-amino-β-hydroxy-propionique	**serine**; α-amino-β-hydroxypropionic acid; 2-amino-3-hydroxypropanoic acid
SI*; **Système international d'unités**	**SI system**; International System of Units; SI*
silicagel; silice colloïdale; **gel de silice**	**silica gel**
silicate	**silicate**
silice; dioxyde de silicium; oxyde de silicium; anhydride silicique	**silica**; silicon dioxide; silica dioxide
silice colloïdale; **gel de silice**; silicagel	**silica gel**
silice poreuse	**porous silica**
simulation de la dynamique moléculaire	**molecular-dynamics simulation**
simulation des bords	**boundary simulation method**
sirop à haute teneur en fructose; sirop à teneur élevée en fructose	**high fructose syrup**; high fructose corn syrup
sirop de glucose	**glucose syrup**
site actif	**active site**; catalytic site
site allostérique; site régulateur	**allosteric site**; regulatory site
site de fixation	**binding site**

site régulateur; **site allostérique**	**allosteric site**; regulatory site
sonde moléculaire	**molecular probe**
sonification; ultrasonation; sonication; ultrasonication; traitement ultrasonique	**sonication**; ultrasonic treatment
souche lyophilisée; **culture lyophylisée***	**lyophilized culture**
souche surproductrice	**overproducer**
sous-unité; protomère*; monomère (2)	**subunit**; protomer*; monomer (2)
sous-unité catalytique	**catalytic subunit**
sous-unité régulatrice; sous-unité de régulation	**regulatory subunit**
spécificité	**specificity**
spécificité isomérique; **stéréospécificité**	**stereospecificity**
spectre d'absorption	**absorption spectrum**
spectromètre de masse; spectrographe de masse	**mass spectrometer**
spectrophotomètre	**spectrophotometer**
spectroscopie R.M.N.; **résonance magnétique nucléaire***; R.M.N.	**nuclear magnetic resonance spectroscopy**; NMR spectroscopy
spheroplaste	**spheroplast**
squelette	**backbone**
stabilisation des enzymes	**enzyme stabilisation**; enzyme stabilization
stabilité; **stabilité chimique**	**chemical stability**; stability
stabilité	**stability**

stabilité chimique; stabilité	**chemical stability**; stability
stabilité de la conformation*	**conformational stability**
stabilité opérationnelle	**operational stability**
stabilité thermique; **thermostabilité**	**thermostability**; thermal stability
stéréoisomère; stéréo-isomère	**stereoisomer**
stéréo-purification enzymatique	**enzymic resolution**
stéréospécificité; spécificité isomérique	**stereospecificity**
stimulation; **activation**	**feedforward enzyme activation**; feedforward stimulation
stoechiométrie	**stoichiometry**
structure cellulaire	**cell structure**
structure primaire	**primary structure**
structure quaternaire	**quaternary structure**
structure secondaire	**secondary structure**
structure supersecondaire	**supersecondary structure**
structure tertiaire; structure tridimensionnelle	**tertiary structure**
substitution; réaction de substitution	**substitution reaction**
substitution d'acide aminé	**amino acid substitution**; amino acid replacement
substitution isomorphe; **remplacement isomorphe**	**isomorphous replacement**; isomorphous substitution
substrat	**substrate**

succinate-déshydrogénase; succinodéshydrogénase; déshydrogénase succinique	**succinate dehydrogenase**
sucrase; fructosidase; **β-D-fructofuranosidase**; invertase; saccharase	**β-D-fructofuranosidase**; invertase; sucrase; fructofuranosidase
sucre; hydrate de carbone; **glucide**	**sugar**
sucre de lait; lactine; lactobiose; **lactose**; β-D-galactosido-(1-4)-D-glucose	**lactose**; lactobiose; milk sugar; α-glucose-β-galactoside; 4-O-β-D-galactopyranosyl-D-glucopyranose; O-β-D-galactopyranosyl-[1->4]-β-D-glucopyranoside
sucre inverti; sucre interverti	**invert sugar**
sucrose; **saccharose**; α-D-glucopyrannosido (1-2)-D-fructofurannoside	**sucrose**
sulfure d'hydrogène; hydrogène sulfuré	**hydrogen sulphide**
support; matrice	**support**; carrier; matrix
support activé	**activated support**; activated carrier
support à porosité contrôlée	**controlled pore support**
support de polymères; **support polymère**	**polymeric support**
support magnétique	**magnetic support**
support polyanionique	**polyanionic carrier**
support polycationique	**polycationic carrier**
support polymère; support de polymères	**polymeric support**
surnageant	**supernatant**
surproduction temporaire; jet	**burst**

Svedberg; unité Svedberg; S; US*; unité S.F.*; uSf* — **Svedberg unit**; S

synthèse chimique — **chemical synthesis**

synthèse de Merrifield; **méthode de Merrifield** — **Merrifield procedure**; Merrifield synthesis

synthèse des protéines; synthèse protéique — **protein synthesis**

synthèse en phase solide — **solid-state synthesis**; solid-phase synthesis

synthèse protéique; **synthèse des protéines** — **protein synthesis**

synthétase; **ligase** — **ligase**

système de réactions enzymatiques couplées — **consecutive enzyme-catalyzed system**

système d'ultrafiltration à canaux étroits — **thin channel system**

Système international d'unités; SI* — **SI system**; International System of Units; SI*

système IRIS — **iris system**

système multienzymatique — **multi-enzyme system**; multienzyme system

T

T; **tritium** — **tritium**; T

tamisage moléculaire; **filtration sur gel**; chromatographie d'exclusion; chromatographie sur tamis moléculaire — **gel filtration**; exclusion chromatography; molecular-sieve chromatography

taux de conversion du substrat; **coefficient de conversion du substrat**; rendement en biomasse	**substrate yield**
taux de dilution; taux de renouvellement de fluide	**dilution rate**
taux métabolique; **vitesse de métabolisme**	**metabolic rate**
T° de fusion; **température de fusion**	**melting temperature**; T_m
technologie enzymatique	**enzyme technology**
température	**temperature**
température de fusion; T° de fusion	**melting temperature**; T_m
température d'inactivation	**deactivation temperature**
température optimale; température optimum; optimum de température	**optimum temperature**; temperature optimum
temps de relaxation; temps de latence	**lag period**
temps de séjour; temps de rétention	**residence time**
Temps de séjour moyen $\underline{t}_s$	**mean detention time**; mean retention time
test d'activité enzymatique	**enzyme assay** (1)
THAM*; tris-hydroxy-méthylamino-méthane; 2-amino 2-hydroxyméthyl 1,3-propanediol; **tris-(hydroxyméthyl)aminométhane**; TRIS*	**tris(hydroxymethyl)aminomethane**; TRIS*; THAM*; tris(hydroxymethyl)methyl amine
théorie de l'ajustement induit	**induced-fit theory**; induced-fit hypothesis

thermodénaturation; **dénaturation thermique**	**thermal denaturation**; heat denaturation
thermoinactivation; **inactivation thermique**	**thermoinactivation**; thermal inactivation
thermosensible	**thermosensitive**; temperature-sensitive
thermostabilité; stabilité thermique	**thermostability**; thermal stability
thermostable	**thermostabile**; thermostable; heat stable
thioalanine; β-mercaptoalanine; acide α-amino β-mercaptopropionique; **cystéine**; thiol-alanine	**cysteine**; 2-amino-3-mercaptopropionic acid; thioamino propionic acid
thréonine; acide 2-amino-3-hydroxybutyrique; acide α-amino β-hydroxybutyrique	**threonine**; 2-amino-3-hydroxybutyric acid; alpha-amino-beta-hydroxy butyric acid; 1-amino-2-hydroxy butanoic acid
thrombine	**thrombin**
tissu	**tissue**
titrage des sites actifs	**active-site titration**
titre	**titre**; titer
tour de fermentation	**tower fermenter**
TPCK; N-tosyl-L-phénylalanylchlorométhylcétone	**TPCK**; N-tosyl-L-phenylalanylchloromethyl ketone
tracé de Hill	**Hill plot**
traceur	**tracer**
traceur radioactif; radiotraceur	**radioactive tracer**
traduction d'ARN messager purifié par hybridation	**hybrid-released translation**

traitement de substitution	**enzyme replacement**; enzyme replacement therapy
traitement ultrasonique; **sonification**; ultrasonation; sonication; ultrasonication	**sonication**; ultrasonic treatment
transaldolase	**transaldolase**
transaminase; amino-transférase	**transaminase**
transamination	**transamination**
transcétolase	**transketolase**
transconformation; **changement de conformation**; modification de conformation; changement conformationnel	**conformational transition**; conformational change; conformation change
transférase	**transferase**
transfert de chaleur; **échange thermique**; échange de chaleur	**heat transfer**
transfert de masse	**mass transfer**
transformée de Fourier; carte de densité de Fourier; représentation de Fourier	**Fourier electron-density map**
transistor à effet de champ	**field effect transistor**
transition allostérique	**allosteric transition**
transporteur d'hydrogène	**hydrogen carrier**; carrier of hydrogen; electron carrying coenzyme
tréhalase	**trehalase**
tréhalose; mycose*; mycoside*	**trehalose**
tris-(hydroxyméthyl)aminométhane; TRIS*; THAM*; tris-hydroxy-méthylamino-méthane; 2-amino 2-hydroxyméthyl 1,3-propanediol	**tris(hydroxymethyl)aminomethane**; TRIS*; THAM*; tris(hydroxymethyl)methyl amine

tritium; T	**tritium**; T
Triton X 100	**Triton X-100**
trousse	**kit**
trypsine	**trypsin**
trypsinogène	**trypsinogen**
tryptophane; acide 2-amino 3-indoylpropionique; β-indolalanine; acide indolaminopropionique	**tryptophan**; 2-amino-3-indolepropionic acid; α-amino-β-3-indole propionic acid; amino-indole-propionic acid
tube enzymatique	**enzyme-coated tube**; enzyme tube
tube photomultiplicateur; phototube; **photomultiplicateur**	**photomultiplier**; photomultiplier tube
turbidimètre	**turbidimeter**
turbidimétrie	**turbidimetry**
turbidostat	**turbidostat**
type sauvage; **sauvage**	**wild type**
tyrosine; hydroxyphénylalanine; acide 2-amino-3-(p-hydroxyphényl) propionique	**tyrosine**; oxyphenylaminopropionic acid; p-hydroxyphenylalanine; 2-amino-3-(p-hydroxyphenyl) propionic acid; β-(p-hydroxyphenyl) alanine

U

ubiquinone; coenzyme Q; co-enzyme Q	**coenzyme Q**; ubiquinone
ubiquitaire; **enzyme ubiquitaire**	**ubiquitous enzyme**

ultracentrifugeuse; ultracentrifugeur	**ultracentrifuge**
ultrafiltration	**ultrafiltration**
ultrafiltration à haute performance	**high performance ultrafiltration**; HPUF
ultrafiltre; membrane d'ultrafiltration; membrane ultrafiltrante	**ultrafilter**; ultra-filter; ultrafiltration membrane
ultrafiltre à diffusion	**diffusive ultrafilter**
ultrasonation; sonication; ultrasonication; traitement ultrasonique; **sonification**	**sonication**; ultrasonic treatment
unité enzymatique internationale; unité enzymatique; unité internationale	**international unit**; enzyme unit; international enzyme unit
unité Svedberg; S; US*; unité S.F.*; uSf*; **Svedberg**	**Svedberg unit**; S
uréase	**urease**
urokinase	**urokinase**
US*; unité S.F.*; uSf*; **Svedberg**; unité Svedberg; S	**Svedberg unit**; S
usine pilote	**pilot plant**

V

valeur de S; constante de sédimentation; **coefficient de sédimentation**	**S value**; sedimentation coefficient; sedimentation constant
valorisation du lactosérum	**whey fermentation**

varech	**kelp**
verre à porosité contrôlée	**controlled pore glass**
verre poreux	**porous glass**
vieillissement moléculaire	**molecular ageing**; ageing
virage β; coude β	**β-bend**; beta bend; β-turn
vitamine	**vitamin**
vitamine B_2; riboflavine; lactoflavine	**riboflavin**; vitamin B_2; lactoflavin
vitesse de croissance spécifique	**specific growth rate**
vitesse de la réaction; **vitesse de réaction**	**reaction rate**; rate of reaction
vitesse de métabolisme; taux métabolique	**metabolic rate**
vitesse de réaction; vitesse de la réaction	**reaction rate**; rate of reaction
vitesse maximale; vitesse maximum; **V_{max}**	**V_{max}**; maximum velocity
vitesse volumétrique de chargement	**volumetric loading rate**
VM/2; ½Vm; moitié de la vitesse maximale; **Vmax/2**	**half the maximal velocity**; half-maximal velocity
V_M*; **volume mort** (2); volume interstitiel; volume d'exclusion; V_o*	**void volume**; V_o; excluded volume
V_{max}; vitesse maximale; vitesse maximum	**V_{max}**; maximum velocity
Vmax/2; VM/2; ½Vm; moitié de la vitesse maximale	**half the maximal velocity**; half-maximal velocity

V_o*; V_M*; **volume mort** (2); volume interstitiel; volume d'exclusion	**void volume**; V_o; excluded volume
voie métabolique	**metabolic pathway**
volume d'élution	**elution volume**
volume interstitiel; volume d'exclusion; V_o*; V_M*; **volume mort** (2)	**void volume**; V_o; excluded volume
volume mort (1)	**voidage**
volume mort (2); volume interstitiel; volume d'exclusion; V_o*; V_M*	**void volume**; V_o; excluded volume

W

western blot; **immunoblot**	**western blot**; western blotting

X

xérogel	**xerogel**
xylose	**xylose**
xylose-isomérase	**xylose isomerase**

Z

zymogène; proenzyme; préenzyme	**zymogen**; proenzyme; pre-enzyme

Bibliographie / Bibliography

ABERCROMBIE, M. et al. The Penguin Dictionary of Biology, 7th ed., Harmondsworth (England), Penguin Books, 1980, 323 p.

ACTON, Ronald T. and LYNN, J. Daniel (eds). Cell Culture and its Application, New York, Academic Press, 1977, 752 p. (International Cell Culture Congress, 1st, Birmingham, Ala, 1975)

ADAMS, R.L.P. Cell Culture for Biochemists, Amsterdam; New York, Elsevier/North-Holland, 1980, 292 p. (Laboratory Techniques in Biochemistry and Molecular Biology, vol. 8)

ADOLPHE, Monique et BARLOVATZ-MEIMON, Georgia. Culture de cellules animales. Méthodologies. Applications, Paris, Les Éditions INSERM, 1988, 436 p. (Technique en...)

ADRIAN, Jean et al. Dictionnaire de biochimie alimentaire et de nutrition, Paris, Technique et Documentation-Lavoisier, 1981, 233 p.

AGRIDOC-INSTITUT NATIONAL DE LA RECHERCHE AGRONOMIQUE (I.N.R.A.). Thésaurus. Constituants des organismes vivants, éd. provisoire, Versailles, Centre national de la recherche agronomique, Service de documentation, janvier 1977, 210 p.

AGRIDOC-INSTITUT NATIONAL DE LA RECHERCHE AGRONOMIQUE (I.N.R.A.). Thésaurus génétique. Liste alphabétique des termes et de leurs relations, éd. provisoire, Versailles, Centre national de la recherche agronomique, Service de documentation, décembre 1977, 89 p.

AGRIDOC-INSTITUT NATIONAL DE LA RECHERCHE AGRONOMIQUE (I.N.R.A.). Thésaurus. Virus et mycoplasmes des végétaux, Versailles, Centre national de la recherche agronomique. Service de documentation, juillet 1977, 59 p. (Préparé avec l'aide de la D.G.R.S.T. et du B.N.I.S.T.)

AHMAD, F. et al. (eds). Differentiation and Development, New York, Academic Press, 1978, 533 p. (Proceedings of the Miami Winter Symposium, January 1978, sponsored by the Department of Biochemistry, University of Miami School of Medicine)

AKOYUNOGLOU, G. et al. (eds). Cell Function and Differentiation, part A, New York, A.R. Liss, 1982, 520 p. (Proceedings of the Special FEBS Meeting on Cell Function and Differentiation, Athens, April 25-29, 1982) (Progress in Clinical and Biological Research, vol. 102A; Federation of European Biochemical Societies, vol. 64)

AKOYUNOGLOU, G. et al. (eds). Cell function and Differentiation, part B, New York, A.R. Liss, 1982, 515 p. (Proceedings of the Special FEBS Meeting on Cell Function and Differentiation, Athens, April 25-29, 1982) (Progress in Clinical and Biological Research, vol. 102B; Federation of European Biochemical Societies, vol. 65)

AKOYUNOGLOU, G. et al. (eds). Cell Function and Differentiation, part C, New York, A.R. Liss, 1982, 353 p. (Proceedings of the Special FEBS Meeting on Cell Function and Differentiation, Athens, April 25-29, 1982) (Progress in Clinical and Biological Research, vol. 102C; Federation of European Biochemical Societies, vol. 66)

ALBERTS, Bruce et al. Biologie moléculaire de la cellule, trad. de l'américain réalisée et dirigée par Marianne Minkowski, Paris, Flammarion Médecine-Sciences, 1986, 1146 p.

ALBERTS, Bruce et al. Molecular Biology of the Cell, New York, Garland Publishing, 1983, 1146 p.

AMBROSIONI, Jean-Claude. Culture de cellules de tumeurs mammaires humaines bénignes et malignes, thèse présentée à l'Université Claude Bernard, Lyon, pour obtenir le grade de docteur en médecine, soutenue le 22 novembre 1977, 69 p.

ANGELÉ, Hans-Peter (comp.). Dictionary of Chromatography containing about 4,000 terms: English, German, French, Russian, rev. ed., Heidelberg (West Germany), Hüthig, 1984, 132 p.

Annales d'anatomie pathologique, Paris, Masson. (Périodique)

Annales de biologie clinique, Paris, Expansion scientifique (Bulletin de la Société française de biologie clinique)

Annales de l'Institut Pasteur. Virologie, Amsterdam, Elsevier. (Périodique publié avec le concours du Centre national de la recherche scientifique)

Annales d'embryologie et de morphogénèse, Paris, Éditions du Centre national de la recherche scientifique. (Périodique)

Annales de médecine vétérinaire, Bruxelles, Université de Liège. (Périodique)

Annales de microbiologie, Paris, Masson. (Collection des Annales de l'Institut Pasteur) (Périodique)

Annales de pathologie, Paris, Masson. (Périodique)

Annales de recherche vétérinaires, Paris, Institut national de la recherche agronomique (I.N.R.A.). (Périodique)

Annales de virologie, Paris, Masson. (Périodique publié par l'Institut Pasteur avec le concours du Centre national de la recherche scientifique)

Annales médicales de Nancy et de l'Est, Nancy (France), Université de Nancy. (Périodique)

Annales pharmaceutiques françaises, Paris, Masson. (Périodique réalisé par l'Académie de pharmacie)

Annual Reports on Fermentation Processes, New York, Academic Press.

Annual Review of Biophysics and Bioengineering. Serial ed. by L. J. Mullins and others, Palo Alto (California), Annual Reviews Inc., 1976.

Applied Biochemistry and Biotechnology. Periodical, New Jersey, The Humana Press Inc., 1983.

Archiva Veterinaria, Bucarest, Institutul de Cercetari Veterinare si Biopreparate Pasteur. (Périodique)

Archives d'anatomie et de cytologie pathologiques, Paris, Semaine des hôpitaux. (Périodique)

Archives de biologie, Liège (Belgique), Imprimerie Vaillant-Carmanne. (Périodique)

Archives de l'Institut Pasteur de Madagascar, Tananarive (Madagascar), Institut Pasteur de Madagascar. (Périodique)

Archives de l'Institut Pasteur de Tunis, Tunis (Tunisie), Institut Pasteur de Tunis. (Périodique)

ARNAUD, C. Chimie organique, Paris, Masson, 1981, 138 p. (Memo-guides)

ASHWELL, Margaret (ed.). Clinical and Scientific Aspects of the Regulation of Metabolism, Boca Raton (Florida), CRC Press, 1980, 276 p. (Biochemistry of Cellular Regulation, vol. 2)

ASSOCIATION FRANÇAISE DE NORMALISATION (AFNOR). Norme française. Biotechnologies. Vocabulaire. Termes généraux, Paris, AFNOR, décembre 1986, 8 p. (NF-X42-000)

ASSOCIATION FRANÇAISE DE NORMALISATION (AFNOR). Norme française. Biotechnologies. Vocabulaire. Génie enzymatique, Paris, AFNOR, décembre 1986, 8 p. (NF-X42-001)

ASSOCIATION FRANÇAISE DE NORMALISATION (AFNOR). Norme française. Biotechnologies. Vocabulaire. Génie immunologique, Paris, AFNOR, décembre 1987, 11 p. (NF-X42-002)

ASSOCIATION FRANÇAISE DE NORMALISATION (AFNOR). Norme française. Biotechnologies. Méthodes de séparation. Définitions, Paris, AFNOR, juillet 1987, 6 p. (NF-X42-201)

ASSOCIATION FRANÇAISE DE NORMALISATION (AFNOR). Norme française. Biotechnologies. Matériel centrifuge. Définitions et classification, Paris, AFNOR, septembre 1987, 4 p. (NF-X42-202)

ASSOCIATION FRANÇAISE DE NORMALISATION (AFNOR). Recueil de normes françaises de verrerie de laboratoire et sécurité dans les laboratoires, Paris, AFNOR, 1983, 598 p.

ASSOCIATION FRANÇAISE DE NORMALISATION (AFNOR). Recueil de normes françaises de matériel biomédical, 2e éd., tome 1 : Matériel médical, Paris, AFNOR, 1984, 448 p.

ASSOCIATION FRANÇAISE DE NORMALISATION (AFNOR). Recueil de normes françaises de matériel biomédical, 2e éd., tome 2 : Matériel chirurgical et divers, Paris, AFNOR, 1984, 573 p.

Atlas de biologie, Paris, Stock, c1970, 566 p.

AUDIGIÉ, C. et al. Principes des méthodes d'analyse biochimique, tome 1, Paris, Doin, 1982, 190 p. (Biologie appliquée)

BACH, Jean-François et LESAVRE, Philippe. Immunologie, Paris, Flammarion Médecine-Sciences, 1989, 378 p. (Collection de la biologie à la clinique)

BALLS, M. and BILLETT, F.S. (eds). The Cell Cycle in Development and Differentiation, London, Cambridge University Press, 1973, 483 p. (British Society for Developmental Biology Symposium)

BANCROFT, John D. and COOK, Harry C. Manual of Histological Techniques, Edinburgh, Churchill Livingstone, 1984, 274 p.

BARMAN, Thomas E. Enzyme Handbook. Vol. 1, New York, Berlin, Heidelberg, Springer-Verlag, 1969, 499 p.

BASERGA, R. (ed.) and contributors. Tissue Growth Factor, Berlin, Springer-Verlag, 1981, 630 p. (Handbook of Experimental Pharmacology, vol. 57)

BASERGA, Renato (ed.). The Cell Cycle and Cancer, New York, Marcel Dekker, 1971, 481 p. (The Biochemistry of Disease. A Molecular Approach to Cell Pathology, vol. 1)

BASTIDE, P. et al. Enzymologie. Monographie annuelle de la Société française de biologie clinique. Paris, Expansion scientifique française, 1964, 370 p.

BEAUDRY, J.R. Génétique générale, Ville Mont-Royal, Décarie; Paris, Maloine, 1985, 501 p.

BECKER, Robert P. and JOHARI, Om (eds). Cell Surface Labeling, AMF O'Hare (Chicago), Scanning Electron Microscopy, 1979, 636 p. (Based on a workshop organized by E. de Harven and M.K. Nemanic)

BECK, F. and LLOYD, J.B. (eds). The Cell in Medical Science, vol. 4: Cellular Control Mechanisms. Cellular Responses to Environment, London, Academic Press, 1976, 429 p.

BECK, F. and LLOYD, J.B. (eds). The Cell in Medical Science, vol. 2: Cellular Genetics, Development and Cellular Specialization, London, Academic Press, 1974, 597 p.

BECK, F. and LLOYD, J.B. (eds). The Cell in Medical Science, vol. 3: Cellular Specialization (continued), London, Academic Press, 1975, 441 p.

BECK, F. and LLOYD, J.B. (eds). The Cell in Medical Science, vol. 1: The Cell and its Organelles, London, Academic Press, 1974, 366 p.

BEERS, Roland F., Jr. and TILGHMAN, R. Carmichael (eds). Cellular Modification and Genetic Transformation by Exogenous Nucleic Acids, Baltimore, The Johns Hopkins University Press, 1973, 332 p. (Sixth International Symposium on Molecular Biology held at the Thomas B. Turner Auditorium, The Johns Hopkins Medical Institutions, Baltimore, Maryland, June 8-9, 1972) (The Johns Hopkins Medical Journal, supplement no. 2)

BEETSCHEEN, Jean-Claude. La génétique du développement, Paris, Presses universitaires de France, 1984, 128 p. (Que sais-je?, n° 2106)

BEISSON, Janine. La génétique, 2e éd. mise à jour, Paris, Presses universitaires de France, 1973, 126 p. (Que sais-je?, n° 113)

BENDER, MIRION L. and others. The Bioorganic Chemistry of Enzymatic Catalysis. New York, Chichester, Brisbane, Toronto, Singapore, John Wiley & Sons Inc., 1984, 312 p.

BENEX, Jacqueline. Diagnostic immunologique des parasitoses à protozoaires et helminthes, Paris, Maloine, 1974, 212 p. (Techniques de base)

BENNINGTON, James L. (ed.). Saunders Dictionary & Encyclopedia of Laboratory Medicine and Technology, Philadelphia, W.B. Saunders Company, 1984, 1674 p.

BERKALOFF, A. et al. Biologie et physiologie cellulaire, nouv. éd. entièrement ref. et augm., vol. 1 : Membrane plasmique, etc., Paris, Hermann, 1977, 271 p. (Méthodes)

BERKALOFF, A. et al. Biologie et physiologie cellulaire, nouv. éd. entièrement ref. et augm., vol. 2 : Cellules et virus, etc., Paris, Hermann, 1978, 260 p. (Méthodes)

BERKALOFF, A. et al. Biologie et physiologie cellulaire, nouv. éd. entièrement ref. et augm., vol. 3 : Division cellulaire, etc., Paris, Hermann, 1981, 182 p. (Méthodes)

BERNAL, J.D. L'origine de la vie, trad. de l'anglais par Louis Thaler, Paris, Bordas, 1972, 383 p. (La grande encyclopédie de la nature, vol. 19)

BERNARD, M. et BUSNOT, F. Usuel de chimie générale et minérale. Nomenclature, atomistique. Données sur les solides et sur les solutions. Constantes physicochimiques. Renseignements pratiques. Paris, Dunod, Bordas, 1984, 636 p.

BERNARD, Sydney A. Structure et fonction des enzymes. Trad. par Françoise Labeyrie et al., Paris, Édiscience, 1969, 372 p.

BESANÇON, Robert M. (ed.). The Encyclopedia of Physics, 2nd ed., New York, Van Nostrand Reinhold Company, 1974, 1067 p.

BESSÉ, Bruno de. Termes techniques nouveaux. Termes officiellement recommandés par le Gouvernement Français, Paris, Feutry; Bruxelles, Éditions Louis Musin, 1982, 366 p.

BIETH, Joseph G. et KOVARI-ROSENBERG, Katalin L. Dictionnaire pratique français-anglais, anglais-français pour les biologistes, les chimistes et les médecins, Paris, Flammarion Médecine-Sciences, 1983, 271 p.

BINDER, Eugène. La génétique des populations, Paris, Presses universitaires de France, 1972, 128 p. (Que sais-je?, n° 1283)

BioBlock Scientific 87, Illkirch (France), Bioblock Scientific, 1987, 707 p. (Catalogue)

Biochimie, Paris, Société de chimie biologique. (Périodique mensuel publié avec le concours du Centre national de la recherche agronomique)

Biofutur, Paris, Biofutur S.A. (Le mensuel européen de biotechnologie)

Biotechnology and Applied Biochemistry, San Diego, Academic Press. (Formerly Journal of Applied Biochemistry)

Biotechnology, New York, Nature Publishing Co. (The International Monthly for Industrial Biology)

BITTAR, Edward E. Cell Biology in Medicine, New York, John Wiley & Sons, 1973, 723 p.

BLACQUE-BÉLAIR, A. et al. Dictionnaire des constantes biologiques et physiques. Applications cliniques et explorations paracliniques, 5e éd., Paris, Maloine, 1980, 2205 p.

BLAKISTON'S Gould Medical Dictionary, 4th ed., New York, McGraw-Hill, 1979, 1632 p.

BLANCH, Harvey W. et al. (vol. eds). Comprehensive Biotechnology. The Principles, Applications and Regulations of Biotechnology in Industry, Agriculture and Medicine, vol. 3 : The Practice of Biotechnology. Current Commodity Products, Oxford, Pergamon Press, 1985, 1136 p.

BLOEMENDAL, Hans (ed.). Cell Separation Methods, Amsterdam; New York Elsevier/North-Holland, 1977, 177 p. (Workshop on Methods in Cancer Research Held in Lunteren, the Netherlands on November 11-12, 1976. Organized under the auspices of the Scientific Council of the Netherlands Cancer Society [Koningin Wilhelmina Fonds])

BOIVIN P. et al. Enzymopathies. Fascicule premier, Paris, Masson & Cie, 1971, 272 p.

BONFILS, S. (réd. en chef). Biologie et gastro-entérologie, Paris, Masson. (Forum de recherches de la Société nationale française de gastro-entérologie) (Périodique trimestriel)

BOREL, Jean-Paul et al. Biochimie dynamique, Paris, Maloine; Montréal, Décarie, 1987, 799 p.

BOTTENSTEIN, Jane E. and SATO, Gordon (eds). Cell Culture in the Neurosciences, New York, Plenum Press, 1985, 383 p. (Current Topics in Neurobiology)

BOUHADDIOUI, Nadia. Approche d'une amélioration fonctionnelle du pancréas bio-artificiel : étude de biomatériaux permettant la diffusion dynamique de l'insuline produite par des îlots de Langerhans en culture, thèse présentée à l'Université des sciences et techniques du Languedoc pour obtenir le grade de docteur d'État mention sciences, soutenue le 30 octobre 1984, 218 feuillets.

BOUKHRISS-MGHAZLI, Souâd. L'effet des différents types de collagènes sur l'adhésivité et la croissance des chondrocytes articulaires maintenus en culture cellulaire, thèse pour l'obtention du diplôme de docteur de 3e cycle, soutenue le 17 juin 1982, présentée à l'Université Pierre et Marie Curie, 62 feuillets.

BOULANGER, P. et al. (directeurs). Exposés annuels de biochimie médicale, Paris, Masson.

BOURDON, J.L. et MARCHAL, N. Techniques bactériologiques, Paris, Doin, 1973, 335 p. (Biologie appliquée)

BOURGEOIS, Joanne et al. Précis de pharmacologie, Montréal, Éditions du Renouveau Pédagogique, 1977, 413 p.

BOUTHOUL, Gaston. Biologie sociale, 3e éd., Paris, Presses universitaires de France, 1976, 127 p. (Que sais-je?, n° 738)

BOUTOUTE, Danielle. Lexique de biologie humaine, Paris, Hachette, 1992, 239 p.

BOUVIER, François. L'information génétique. Les concepts de la biologie moderne, Toulouse, Privat, 1980, 208 p.

BRABANDER, M. de et al. (eds). Cell Movement and Neoplasia, Oxford, Pergamon Press, 1980, 194 p. (Proceedings of the annual meeting of the Cell Tissue and Organ Study Group, held at the Janssen Research Foundation, Beerse, Belgium, May 1979)

BRADBURY, S. et al. Dictionary of Light Microscopy, Oxford, Royal Microscopical Society, 1989, 139 p.

BRETON, Monique. Protéoglycanes synthétisés par les cellules musculaires lisses d'aorte : étude sur le tissu et en culture cellulaire – effet de l'insuline, thèse de doctorat d'État ès sciences naturelles présentée à l'Université Pierre et Marie Curie, Paris, soutenue le 18 avril 1985, 162 p.

BRICOUT, F. et al. Diagnostic séro-immunologique des viroses humaines et animales, Paris, Maloine, 1974, 581 p. (Techniques de base)

BRIMMER, Frances M. Histological Methods and Terminology. In Dictionary Form, Tucson (Arizona), The Mosaic Press, 1979, 173 p.

BROUIN, GEORGES et MOREAU, Claude (éditeurs scientifiques). Les équipements biomédicaux d'hôpital et de laboratoire, Paris, Maloine, 1981, 607 p.

BROWN, C.M. et al. Introduction to Biotechnology, Oxford, Blackwell Scientific Publications, 1987, 169 p. (Basic Microbiology, vol. 10)

BUCKINGHAM, Margaret (ed.). Development and Differentiation, Boca Raton (Florida), CRC Press, 1981, 254 p. (Biochemistry of Cellular Regulation, vol. 3)

BULL, Alan T. and DALTON, Howard (vol. eds.). Comprehensive Biotechnology. The Principles, Applications and Regulations of Biotechnology in Industry, Agriculture and Medicine, vol. 1 : The Principles of Biotechnology. Scientific Fundamentals, Oxford, Pergamon Press, 1985, 688 p.

BULL, Alan T. et al. Biotechnologies. Tendances et directives internationales, Paris, Organisation de coopération et de développement économique (OCDE), 1982, 99 p.

BULL, Alan T. et al. Biotechnology. International Trends and Perspectives, Paris, Organisation for Economic Co-operation and Development (OECD), 1982, 84 p.

Bulletin de l'Académie vétérinaire de France, Paris, Académie vétérinaire de France. (Trimestriel)

Bulletin de la Société des sciences vétérinaires et de médecine comparée de Lyon, Lyon, École nationale vétérinaire de Lyon.

Bulletin de la Société entomologique de France, Paris, Société entomologique de France.

Bulletin de l'Institut Pasteur, Paris, Masson.

Bulletin des sociétés d'ophtalmologie de France, Paris, sans éd.

Bulletin du cancer, Paris, Masson.

BU'LOCK, John and KRISTIANSEN, Bjorn (eds). Basic Biotechnology, London, Academic Press, 1987, 561 p.

BUREAU NATIONAL DE L'INFORMATION SCIENTIFIQUE ET TECHNIQUE. DÉLÉGATION GÉNÉRALE À LA RECHERCHE SCIENTIFIQUE ET TECHNIQUE. SERVICE DE DOCUMENTATION DE L'INSTITUT GUSTAVE-ROUSSY. Macrothésaurus des sciences et des techniques, Paris, Comité international pour la langue française; Bureau national de l'information scientifique et technique, 1978, 633 p.

BURGESS, Richard (ed.). Protein Purification. Micro to Macro, New York, Alan R. Liss, Inc., 1987, 510 p.

BURKE, Jack D. Cell biology, Baltimore, Williams & Wilkins, 1970, 343 p.

BUSCH, Harris (ed.). The Cell Necleus, vol. 2, New York, Academic Press, 1974, 564 p.

BUSCH, Harris (ed.). The Cell Nucleus, vol. 1, New York, Academic Press, 1974, 667 p.

BUSCH, Harris (ed.). The Cell Nucleus, vol. 3, New York, Academic Press, 1974, 584 p.

BUTTERFASS, Theodor. Patterns & Chloroplast Reproduction. A Developmental Approach to Protoplasmic Plant Anatomy, Wien, Springer-Verlag, 1979, 205 p. (Cell Biology Monographs, vol. 6)

CABANNE, F. et BONENFANT, J.L. (coordinateurs et secrétaires de rédaction). Anatomie pathologique. Principes de pathologie générale et spéciale, Paris, Maloine; Québec, Les Presses de l'Université Laval, 1980, 1444 p.

CAMBIER, Jean et al. Neurologie. Paris, Masson, 1989, 589 p.

CAMEFORT, H. Morphologie des végétaux vasculaires : cytologie, anatomie, adaptations, Paris, Doin, 1981, 432 p.

CAMPBELL, P.N. et SMITH, A.D. Biologie illustrée, trad. de l'anglais, Paris, Masson, 1985, 224 p.

CANADA. Groupe de travail sur la biotechnologie. Biotechnologie : un plan de développement pour le Canada, rapport du Groupe de travail sur la biotechnologie présenté au ministre d'État chargé des Sciences et de la Technologie, Ottawa, Le Groupe, 1981, 57 p.

CANADA. Ministère d'État chargé des Sciences et de la Technologie (MEST). La biotechnologie au Canada, Ottawa, MEST, 1980, 65 p. (Document explicatif du MEST, n° 11)

CANLAB Catalogue 79. Appareils et matériel de laboratoire pour les cliniques, les hôpitaux, l'industrie, l'enseignement et la recherche, Montréal, Canlab-Division de la distribution McGaw, 1978, 1054 p.

CARATINI, Roger. L'année de la science, Paris, Robert Laffont; Seghers, 1987, 551 p.

CARPENTIER, C. et JAMMAL, A. avec la coll. de WEISNAGEL, John. Vocabulaire de l'allergie, Montréal, Linguatech, 1981, 112 p.

CARR, Katherine E. Cell Structure. An Introduction to Biomedical Electron Microscopy, 3rd ed., Edinburgh (Scotland), Churchill Livingstone, 1982, 388 p.

CARR, Peter W. and BOWERS, Larry D. Immobilized Enzymes in Analytical and Clinical Chemistry. New York, Chichester, Brisbane, Toronto, Wiley Interscience (a division of John Wiley & Sons Inc.), c1980, 460 p.

CASSAGNE, H. Milieux de culture et leurs applications, 2e éd. entièrement rev. et augm., St-Mandé (France), Éditions de la Tourelle, 1966, 379 p. (Techniques de base)

CATEIGNE, Geneviève et MAURIN, Jacques. Isolement et étude des virus dans l'oeuf embryonné et en cultures cellulaires, St-Mandé (France), Édition de la Tourelle, 1965, 218 p. (Techniques de base)

CELLARD, Jacques et SOMMANT, Micheline. 500 mots nouveaux définis et expliqués, Gembloux (Belgique), Duculot, 1979, 101 p.

Cell-Cell Recognition, Cambridge, Cambridge University Press, 1978, 478 p. (Papers from a symposium sponsored by the Society for Experimental Biology, held at Oxford, August 31-September 2, 1977) (Symposia of the Society for Experimental Biology, no. 32)

Cell Kinetics: Normal Granulocytopoiesis and Megaloblastic Erythropoiesis, Copenhagen, Munksgaard; Baltimore, Williams & Wilkins, 1970, 87 p. (Series Haematologica, vol. 2, no. 4)

Cell Patterning, Amsterdam, Elsevier, 1975, 356 p. (Ciba Foundation Symposium new series, no. 29)

CENTRE DE PROSPECTIVE ET D'ÉVALUATION. MINISTÈRE DE LA RECHERCHE ET DE LA TECHNOLOGIE. MINISTÈRE DU REDÉPLOIEMENT INDUSTRIEL ET DU COMMERCE EXTÉRIEUR. Microencapsulation et technique de libération contrôlée, Paris, Centre de prospective et d'évaluation, 1985, 61 p. (TechTendances, Études Technologiques)

CENTRE NATIONAL DE LA RECHERCHE SCIENTIFIQUE (CNRS). Pascal lexique anglais-français. Exact Sciences and Technology. Life Sciences, Paris, CNRS, Centre de documentation scientifique et technique, 1985, no pagings.

CENTRE NATIONAL DE LA RECHERCHE SCIENTIFIQUE (CNRS). Pascal lexique français-anglais. Sciences exactes et technologie. Sciences de la vie, 1985, mise à jour, Paris, CNRS, Centre de documentation scientifique et technique, 1986, non paginé.

CHANG, Thomas Ming Swi (ed.) Biomedical Applications of Immobilized Enzymes and Proteins. Vol. 1, London, New York, Plenum Press, c1977, 2 vol.

CHANG, T.M.S. (ed.). Microencapsulation and Artificial Cells, Clifton (New Jersey), The Human Press, 1984, 320 p. (Proceedings of the 5th International Symposium on Microencapsulation Including Artificial Cells held in Montreal, Canada on May 2-3, 1983)

CHEREMISINOFF, Paul N. and OUELLETTE, Robert P. (eds) in collab. with BARTHOLOMEW, R.M. Biotechnology. Applications and Research, Lancaster (Penn.), Technomic Publishing Co. 1985, 699 p.

CHEVALIER, J. Précis de terminologie médicale. Introduction au domaine et au langage médical, 4e éd. enr. et mise à jour, Paris, Maloine, 1983, 208 p.

CHÈVREMONT, M. Notions de cytologie et histologie, 2e éd., vol. II, Liège (Belgique), Editions Desoer, 1966, 1210 p.

CHÈVREMONT, M. Notions de cytologie et histologie, 3e éd., vol. I, Paris, Maloine, 1975, 686 p.

CHIBATA, Ichiro (ed.). Immobilized Enzymes. Research and Development. Tokyo, Kodansha Ltd., New York, London, Sydney, Toronto, Halsted Press (a division of John Wiley & Sons Inc.), c1978, 284 p.

CHOPPLET, Marc (coord.) avec la part. de LAURY, Colette. Les biotechnologies dans le monde. Paris, Centre d'études des systèmes et des technologies avancées, 1985, 307 p.

CHOPPLET, Marc (coord.). Vocabulaire des biotechnologies, Paris, Centre d'études des systèmes et des technologies avancées (CESTA), 1987, 218 p.

Ciba Foundation Symposium 111: symposium on organic synthesis using enzyms (London, 1984). Enzymes in Organic Synthesis: proceedings. Ed. by Ruth Porter and Sarah Clarke, London, Pitman, 1985, 248 p.

CLARKSON, Bayard et al. (eds). Differentiation of Normal and Neoplastic Hematopoietic Cells, book A, Cold Spring Harbor (New York), Cold Spring Harbor Laboratory, 1978, 528 p. (Cold Spring Harbor Conferences on Cell Proliferation, vol. 5)

CLEAVER, James Edward. Thymidine Metabolism and Cell Kinetics, Amsterdam, North-Holland; New York, John Wiley & Sons, 1967, 259 p. (Frontiers of Biology, vol. 6)

CLEMENS, Michael, J. (ed.). Gene Expression, Boca Raton (Florida), CRC Press, 1980, 266 p. (Biochemistry of Cellular Regulation, vol. 1)

CLEMENT, F. and CECCARELLI, B. (eds). First International Symposium on Cell Biology and Cytopharmacology, Venise, Italy, New York, Raven Press, 1971, 475 p. (Symposium held in 1969) (Advances in Cytopharmacology, vol. 1)

COEURET, François et STORCK, Alain. Élément de génie électrochimique. Paris, Technique et Documentation-Lavoisier, 1984, 401 p.

COLLOCOTT, T.C. (ed.). Chambers Dictionary of Science and Technology, London, W. & R. Chambers, 1971, 1327 p.

COMMISSARIAT GÉNÉRAL DU PLAN. L'application des biotechnologies dans l'industrie chimique, Paris, Documentation française, 1985, 62 p.

COMMISSION NATIONALE DE PHARMACOPÉE. Pharmacopée française, 9e éd., Moulin-les-Metz (France), Maisonneuve, 1968, 2 vol.

Compendium des produits et spécialités pharmaceutiques. 16e éd., Ottawa, Association pharmaceutique canadienne, 1981, 614 p.

Comptes rendus des séances de l'Académie des sciences, série D : Sciences naturelles, Paris, Gauthier-Villars. (Périodique)

Comptes rendus des séances de l'Académie des sciences, série III : Sciences de la vie, Paris, Gauthier-Villars. (Périodique)

Comptes rendus des séances de la Société de biologie et de ses filiales, Paris, Société de biologie. (Périodique)

Comptes rendus hebdomadaires des séances de l'Académie des sciences, série D : Sciences naturelles, Paris, Gauthier-Villars. (Périodique)

Concise Encyclopedia of Biochemistry, 2nd ed. rev. and exp. by Thomas Scott and Mary Eagleson, Berlin, Walter de Gruyter, 1988, 649 p.

Concise Science Dictionary, Oxford, Oxford University Press, 1984, 758 p.

Conference on the Future of Enzyme Engineering Development (Tbilisi, 1978). Enzyme Engineering. Future Directions: proceedings. Ed. by Lemuel B. Wingard, Jr. and others, New York, Plenum Press, 1978, 521 p.

CONN, P. Michael (ed.). Cellular Regulation of Secretion and Release, New York, Academic Press, 1982, 586 p. (Cell Biology)

CONSIDINE, Douglas M. (ed.) and GLENN, D. (managing ed.). Van Nostrand's Scientific Encyclopedia, 6th ed., New York, Van Nostrand Reinhold Company, 1983, 3067 p.

Contactologia, éd. franç., Stuttgart (Allemagne fédérale), Ferdinand Enke Verlag. (Journal médical international de lentilles de contact)

COOBS, James. Dictionary of Biotechnology, New York, Elsevier, 1986, 330 p.

CORMACK, David H. Ham's Histology, 9th ed., Philadelphia, J.B. Lippincott Company, 1987, 732 p.

CORNISH-BOWDEN, Athel. Fundamentals of Enzyme Kinetics. London, Boston, Butterworths & Co. Publishers Ltd., 1979, 230 p.

CORNUBERT, R. Dictionnaire de chimie anglais-français. Mots et locutions fréquemment rencontrés dans les textes anglais et américains, 6e éd., Paris, Dunod; Bordas, 1977, 212 p.

COUJARD, R. et al. Précis d'histologie humaine, Paris, Masson, 1980, 752 p.

COUTE, Jean. Les mutations techniques et industrielles. Choix économiques, choix sociaux, Lyon, Chronique Sociale, 1986, 93 p.

COUTOULY, Gérard. Génie enzymatique, Paris, Masson, 1991, 244 p.

COX, Rody P. (ed). Cell Communication, New York, John Wiley & Sons, 1974, 262 p.

CRACIUN, Émile C. La culture des tissus en biologie expérimentale, Paris, Masson, 1931, 433 p.

CRÉPIN, Michel. Rétrovirus et encogènes, Paris, Les Éditions INSERM; Montrouge (France), John Libbey Eurotext, 1988, 294 p. (Recherches en – Research in)

CRISANTI-LASSIAZ, Patricia. Effets de rétrovirus aviaires sur la différenciation de la neurorétine d'embryons d'oiseaux en culture cellulaire, thèse d'État présentée à l'Université Paris VII pour l'obtention du grade de docteur ès sciences naturelles, soutenue le 3 juin 1985, 181 feuillets.

CRITCHLEY, Macdonald (ed. in chief). Butterworths Medical Dictionary. 2nd ed., London, Butterworths & Co., 1978, 1942 p. (First ed. by Sir Arthur Salusbury MacNalty)

CRITCHLEY, Macdonald (ed. in chief). Butterworths Medical Dictionary. 2nd ed., London, Butterworths & Co., 1989, 1942 p. (First ed. by Sir Arthur Salusbury MacNalty)

CROIZAT, Pierre et al. Hémostase et coagulation. Techniques usuelles, 2e éd. entièrement rem. et mise à jour, St-Mandé (France), Éditions de la Tourelle, 1968, 288 p. (Technique de base)

CRUICKSHANK, Robert (ed.). Medical Microbiology. A Guide to the Laboratory Diagnosis and Control of Infection, Edinburgh, E. & S. Livingstone, 1968, 1070 p.

Current Contents. Life Sciences, Philadelphia, Institute for Scientific Information. (Periodical)

CURRIE, Alan W. Basic Histology and Cytology for Medical Laboratory Scientists, Edinburgh, Churchill Livingstone, 1988, 161 p.

CURRIE, A.R. (ed.). The Cell and Cancer, London, Journal of Clinical Pathology, 1974, 136 p. (Symposium organized by the Royal College of Pathologists delivered in London in February 1973)

DADOUNE, Jean-Pierre et al. Histologie, Paris, Flammarion Médecine-Sciences, 1990, 462 p.

DAEMS, W. Th. et al. (eds). Cell Biological Aspects of Disease. The Plasma Membrane and Lysosomes, The Hague (The Netherlands), Leiden University Press, 1981, 337 p. (Boerhaave Series for Postgraduate Medical Education, vol. 19)

DAGENAIS, Gérard. Dictionnaire des difficultés de la langue française au Canada, 2e éd., Boucherville, Les Éditions françaises, 1967, 527 p.

DALTON, Albert J. and HAGUENAU, Françoise (eds). Tumors Induced by Viruses : Ultrastructural Studies, New York, Academic Press, 1962, 229 p. (Ultrastructure in Biological Systems, vol. 1)

DANA, Gilbert et al. Chimie organique, Paris, Presses universitaires de France, 1982, 222 p. (PUF-Sciences)

DARBON, Pierre et ROBIN, Jacques (coordonnateurs). Le jaillissement des biotechnologies, Paris, Fayard; Fondation Diderot, 1987, 239 p. (Nouvelle encyclopédie des sciences et des techniques)

DARNELL, James et al. La cellule. Biologie moléculaire, trad. de l'américain par André Ferron et al., Ville Mont-Royal, Décarie; Paris, Vigot, 1988, 1188 p.

DAVIS, Ronald W. et al. A Manual for Genetic Engineering. Advanced Bacterial Genetics, Cold Spring Harbor (New York), Cold Spring Harbor Laboratory, 1980, 254 p.

DAWSON, Mary. Cellular Pharmacology. The Effects of Drugs on Living Vertebrate Cells In Vitro, Springfield (Illinois), Charles C. Thomas, 1972, 317 p. (American Lecture, no. 810)

DELAMARE, Jacques. Dictionnaire abrégé des termes de médecine, Paris, Maloine, 1990, 368 p.

DELAMARE, Jean et Thérèse avec la coll. de DELAMARE, Jacques. Dictionnaire français-anglais des termes de médecine / English-French Dictionary of Medical Terms, 2e éd. rev. et augm., Paris, Maloine, 1986, 542 p.

DEMAIN, Arnold L. and SALOMON, Nadine A. (eds). Manual of Industrial Microbiology and Biotechnology, Washington, D.C., American Society for Microbiology, 1986, 466 p.

DEMEYER, Albert et al. La conversion bioénergétique du rayonnement solaire et les biotechnologies, Paris, Technique et Documentation-Lavoisier, 1982, 314 p.

DENNEY, R.C. A Dictionary of Chromatography, 2nd ed., New York, John Wiley & Sons, 1982, 229 p.

DE REUCK, A.V.S. and KNIGHT, Julie (eds). Cell Differentiation, London, J. & A. Churchill, 1967, 257 p. (A Ciba Foundation Symposium)

Des gènes aux protéines. Paris, Pour la Science S.A.R.L., 1985, 230 p. (Bibliothèque Pour la Science)

DETHLEFSON, Lyle A. (section ed.). Cell Cycle Effects of Drugs, Oxford, Pergamon Press, 1986, 339 p. (International Encyclopedia of Pharmacology and Therapeutics, section 121)

Developments in Industrial Microbiology, Arlington (Virginia), The Society for Industrial Microbiology. (Annual)

DE WITT, William. Biology of the Cell. An Evolutionary Approach, Philadelphia, W.B. Saunders Company, 1977, 568 p.

Dictionnaire de médecine Flammarion, 2e éd., Paris, Flammarion Médecine-Sciences, 1985, 935 p.

Dictionnaire de médecine Flammarion, 3e éd., Paris, Flammarion Médecine-Sciences, 1989, 948 p.

Dictionnaire des termes techniques. Termes usuels, Paris, La Villeguérin Éditions, 1986, 198 p.

Dictionnaire encyclopédique Quillet, Paris, Librairie Aristide Quillet, 1975, 10 vol.

DIDIER, René. Chimie générale. Classes préparatoires aux grandes écoles scientifiques. Premier cycle universitaire IUT, 5e éd., Paris, Technique et Documentation-Lavoisier, 1984, 496 p. (Collection de sciences physiques)

Dimension Science, Ottawa, Conseil national de recherches Canada. (Périodique)

Dimensions Science et Technologie, Montréal, Science et Technologie Mondex. (Le magazine national de l'actualité scientifique)

DINGLE, J.T. and GORDON, J.L. Cellular Interactions, Amsterdam; New York, Elsevier/North-Holland, 1981, 295 p. (Research Monographs in Cell and Tissue Physiology, vol. 6)

DIRKSEN, Ellen R. et al. (eds). Cell Reproduction: in Honor of Daniel Mazia, New York, Academic Press, 1978, 711 p. (Proceedings of the ICN-UCLA 1978 Spring Symposia on Molecular and Cellular Biology held in Keystone, Colorado, March 1978) (ICN-UCLA Symposia on Molecular and Cellular Biology, vol. 12)

DOLLANDER, A. Éléments d'embryologie, 4e éd., Paris, Flammarion Médecine-Sciences, 1979, 394 p.

DOMART, A. et BOURNEUF, J. (directeurs) et coll. Larousse de la médecine. Santé-hygiène, Paris, Librairie Larousse, 1971, 3 vol.

DOMART, A. et BOURNEUF, J. (directeurs). Nouveau Larousse médical, Paris, Librairie Larousse, 1981, 1142 p.

DONADINI, J.-C. et ESCOFFIER, J.-P. Supplément au lexique technique des produits chimiques, éd. princeps, Vincennes (France), Société des annuaires internationaux Rousset (S.A.I.R.), 1978, 657 p.

DONADINI, J.-C. et G. Lexique technique des produits chimiques, nouv. éd., Vincennes (France), Société des annuaires internationaux Rousset (S.A.I.R.), 1978, 2136 p.

Dorland's Illustrated Medical Dictionary, 27th ed., Philadelphia, W.B. Saunders Company, 1988, 1888 p.

DOUZOU, Pierre et al. Les biotechnologies, Paris, Presses universitaires de France, 1983, 128 p. (Que sais-je?, n° 2127)

DOX, Ida et al. Melloni's Illustrated Medical Dictionary, Baltimore, Williams & Wilkins, 1979, 530 p.

DRURY, R.A.B. and WALLINGTON, E.A. Carleton's Histological Technique, 5th ed., Oxford, Oxford University Press, 1980, 520 p.

DUMON, Roger. La valorisation énergétique du bois et de la biomasse. L'énergie verte. Les objectifs scientifiques de demain, n° 12, Paris, Masson et Cie, 1982, 201 p.

DUPAYRAT, Jacques. Dictionnaire chimique et technologique des sciences biologiques anglais-français, Paris, Technique et Documentation-Lavoisier, 1988, 138 p.

DURAND, G. et MONSAN, P. Les enzymes immobilisées. Série synthèses bibliographiques, n° 5, Paris, C.D.I.U.P.A., 1974, 341 p.

DURAND, M. et FAVARD, P. La cellule. Structure et anatomie moléculaire, 2e éd. rev., corr. et augm., Paris, Hermann, 1974, 383 p. (Méthodes)

DURANTEAU, André. Dictionnaire élémentaire de médecine, Paris, Seuil, 1981, 565 p.

DURANTEAU, André. Dictionnaire médical, Paris, Seuil, 1971, 383 p.

DUVAL, Clément et Raymonde. Dictionnaire de la chimie et de ses applications, 3e éd., Paris, Technique et Documentation-Lavoisier, 1978, 1087 p.

DUVE, Christian de. Une visite guidée de la cellule vivante, trad. franç. de Alain Amar-Costesec, Paris, Pour la Science S.A.R.L., 1987, 437 p.

EBNER, Kurt E. (ed.). Subunit Enzymes. Biochemistry and Functions. Enzymology 2, New York, Marcel Dekker Inc., 1975, 332 p.

Encyclopaedia Universalis, 2e éd., Paris, Encyclopaedia Universalis France, 1984, 22 vol.

Encyclopédie des sciences industrielles Quillet. Nouvelle encyclopédie de mécanique, d'électricité et d'électronique, Paris, Librairie Aristide Quillet, 1973, 4 vol.

Encyclopédie internationale des sciences et des techniques, Paris, Les Presses de la Cité, 1969, 10 vol.

Encyclopédie médico-chirurgicale, constamment tenue à jour, Paris, Éditions Techniques. (Fondée par A. Laffont et F. Durieux)

Encyclopédie scientifique et technique, trad. par Noël Schumann et al., Paris, Lidis, 1973, 5 vol.

Endeavour, New Series, Oxford, Pergamon Press. (Periodical)

Enzyme and Microbial Technology. Periodical, Guildford (England), Science and Technology Press, vol. 5, no. 3, 1983.

Enzyme, Basel (Switzerland), S. Karger. (Journal of Enzyme Physiology and Pathology)

ERNST, Richard. Dictionnaire général de la technique industrielle anglais-français / English-French Comprehensive Dictionary of Engineering and Technology, tome 10, Paris, Éditions de l'Usine Nouvelle; Wiesbaden (West Germany), Oscar Brandstetter Verlag, 1984, 1399 p.

ETTER, Lewis E. Glossary of Words and Phrases used in Radiology, Nuclear Medicine and Ultrasound, 2nd ed., Springfield (Illinois), Charles C. Thomas, 1970, 355 p.

EUR Brussels, Commission of the European Communities. (Periodical issued in various languages)

EUROPEAN FEDERATION OF CHEMICAL ENGINEERING. Working Party on Distillation. Six-Language Vocabulary of Distillation Terms: English, Français, Espagnol, Russkii, Italiano, Deutsch, London, Institution of Chemical Engineers, 1967, 62 p.

EVANS, A. Glossary of Molecular Biology, New York, John Wiley & Sons, 1974, 56 p.

FAIN-MAUREL, M.A. Biologie. Biologie cellulaire, tome 1, Montreuil (France), Bréal, 1980, 176 p. (PCEM)

FAIN-MAUREL, M.A. Biologie. Biologie cellulaire, tome 2, Montreuil (France), Bréal, 1980, 160 p. (PCEM)

FALLON, A. et al. Applications of HPLC in Biochemistry, Amsterdam, Elsevier, 1987, 338 p. (Laboratory Techniques in Biochemistry and Molecular Biology, vol. 17)

FANTAPIÉ, Alain et BRULÉ, Marcel (directeurs). Dictionnaire des néologismes officiels. Tous les mots nouveaux, Paris, Franterm, 1984, 543 p.

FAURE, M. et al. Les techniques de l'immunofluorescence et les réactions immunoenzymatiques. Applications au diagnostic des maladies de l'homme à l'étude et au dépistage des maladies des animaux aux recherches en biologie et en pathologie, cours de l'Institut Pasteur, Paris, Maloine, 1977, 556 p. (Techniques de base)

FAWCETT, Don Wayne. The Cell, 2nd ed., Philadelphia, W.B. Saunders Company, 1981, 862 p.

Fédération Générale Agroalimentaire-CFDT. Alternatives pour aujourd'hui. La biomasse. Énergie verte. La France des points chauds, Paris, Montholon Service, Éditions Syres, 1981, 269 p.

FEDOROFF, S. and HERTZ, L. (eds). Cell, Tissue, and Organ Cultures in Neurobiology, New York, Academic Press, 1977, 693 p. (Proceedings of the international workshop on cell, tissue and organ cultures in neurobiology held at the University of Saskatchewan, Saskatoon, Canada, March 20-22, 1977)

FERSHT, Alan. Enzyme Structure and Mechanism. 2nd ed., New York, W.N. Freeman and Company, 1985, 475 p.

FIELDS, Bernard N. and KNIPE, David M. (eds). Fields Virology, 2nd ed., New York, Raven Press, 1990, 2 vol.

FINE, Jean M. et ROPARTZ, C. Technique d'électrophorèse de zones. Applications à l'étude des protéines sériques, St-Mandé (France), Éditions de la Tourelle, 1968, 276 p. (Techniques de base)

FINE, J.M. Électrophorèse et immunoélectrophorèse en pratique courante. Applications à l'exploration des protéines sériques en pathologie, Paris, Maloine, 1981, 119 p. (Techniques de base)

FIRKET, Henri. La cellule vivante, 8e éd. mise à jour, Paris, Presses universitaires de France, 1982, 128 p. (Que sais-je?, n° 989)

FISHLOCK, David et ANTEBI, Elizabeth. Le génie de la vie, Neuilly (France), Hologramme, 1985, 239 p.

FONTAINE, R. Médecine, anglais et français, Ottawa, Secrétariat d'État, Bureau des traductions, Centre de terminologie, mars 1974, 124 p. (Bulletin de terminologie, n° 152)

FRAENKEL-CONRAT, Heinz. The Viruses. Catalogue, Characterization and Classification, New York, Plenum Press, 1985, 268 p.

FRÈRE, Jean-Marie et GERDAY, Charles. Les méthodes de purification et d'analyse des protéines, Paris, Masson, 1981, 128 p. (Techniques de laboratoire, n° 8)

FRESNHEY, R. Ian. Culture of Animal Cells. A Manual of Basic Technique, New York, A.R. Liss, 1983, 295 p.

FRIEDRICH, Peter. Supramolecular Enzyme Organization: Quaternary Structure and Beyond. Oxford, Pergamon Press, Budapest, Akadémiai kiado, c1984, 300 p.

FROMMERZ, Hans et KING, Alexander. Terminologie chimique franco-anglaise. Une introduction à la chimie en français et en anglais / French-English Chemical Terminology. An Introduction to Chemistry in French and English, trad. de Jack Rousset, Paris, Gauthier-Villars; Weinheim (West Germany), Verlag Chemie; GMBH, 1968, 561 p.

FROST, John K. The Cell in Health and Disease. An Evaluation of Cellular Morphologic Expression of Biologic Behavior, 2nd ed. rev., Basel (Switzerland), S. Karger, 1986, 314 p. (Monographs in Clinical Cytology, vol. 2)

FULLMAN, Bernard. La biochimie électronique, 2e éd., Paris, Presses universitaires de France, 1969, 125 p. (Que sais-je?, n° 1075)

GALTIER-BOISSIÈRE (dir.) et coll. Larousse Médical illustré, éd. entièrement ref. et augm. d'un supplément, Paris, Librairie Larousse, 1952, 1214 p.

GARIÉPY, Y. et al. Pharmacologie, Montréal, Éditions du Renouveau Pédagogique, 1971, 242 p.

GARNIER, Marcel et al. Dictionnaire des termes de médecine, 22e éd. rev. et augm. par Jacques Delamare avec la coll. de François Delamare et Elizabeth Gélis-Malville, Paris, Maloine, 1989, 1031 p.

GARNIER, Marcel et DELAMARE, Valery. Dictionnaire des termes techniques de médecine, 21e éd. rev. et augm. par Jean Delamare et Jacques Delamare avec la coll. de François Delamare, Paris, Maloine, 1985, 873 p.

GARTNER, Leslie P. et al. Histology, Baltimore, Williams & Wilkins, 1988, 342 p. (Board Review Series)

GAUMER, Françoise. Contribution à l'étude de la glande interrénale de la grenouille verte par la culture de cellules, thèse présentée à la Faculté des sciences, Université de Haute-Normandie, pour l'obtention du diplôme de docteur de 3e cycle, biologie expérimentale, soutenue le 5 juillet 1984, 110 feuillets.

GAUTHERET, R.J. (comp.). La culture des tissus et des cellules des végétaux. Résultats généraux et réalisations pratiques, travaux dédiés à la mémoire de Georges Morel, Paris, Masson, 1977, 261 p.

GELLERAT, Marion. Contrôle de l'oxygénation des cultures cellulaires sur microporteurs, thèse présentée à la Faculté de pharmacie, Université de Lyon, pour le diplôme d'État de docteur en pharmacie, soutenue le 25 février 1982, 96 p.

GENTOU, C. et al. La cellule / The Cell / La celula, Paris, Éditions DGDL, 1983, 88 p.

GÉRARD-MARCHANT, Rémi. Glossaire d'histopathologie des tumeurs humaines, Paris, Masson, 1971, 144 p.

GERHARDT, Bernt. Microbodies/Peroxisomen pflanzlicher zellen. Morphologie, Biochemie, Funktion und Entwicklung eines Zellorganells: with an English assessment, Wien, Springer-Verlag, 1978, 283 p. (Cell Biology Monographs, vol. 5)

GIRODET, Jean. LOGOS. Grand dictionnaire de la langue française, Paris, Bordas, 1976, 3 vol.

GLADSTONE, William J. Dictionnaire anglais-français des sciences médicales et paramédicales / English-French Dictionary of Medical and Paramedical Sciences, 3e éd., St-Hyacinthe, Edisem; Paris, Maloine, 1990, 1099 p.

GLADSTONE, W.J. Vocabulaire de médecine et des sciences connexes anglais-français, français-anglais / Vocabulary of Medicine and Related Sciences, English-French, French-English, Paris, Masson, 1970, 298 p.

GOLDSPINK, G. (ed.). Differentiation and Growth of Cells in Vertebrate Tissues, London, Chapman and Hall, 1974, 323 p.

GONIK-RACHMAN, Flore. Essai d'isolement et de multiplication en culture cellulaire du virus de l'hépatite B (virus HB), thèse présentée à l'Université de Paris-Sud pour obtenir le titre de docteur d'université, soutenue le 6 mai 1975, 71 p.

GORENFLOT, Robert. Biologie végétale, vol. 1 : appareil végétatif, Paris, Masson, 1986, 238 p.

GOVE, Philip Babcock (ed. in chief). Webster's Third New International Dictionary of the English Language Unabridged, 18th ed., Springfield (Mass.) G. & C. Merriam Company, 1981, 2662 p.

Grand Dictionnaire encyclopédique Larousse, Paris, Librairie Larousse, 1982, 10 vol.

GRANDERYE, L.M. Dictionnaire de chimie, Paris, Dunod, 1962, 655 p.

Grand Larousse de la langue française, Paris, Librairie Larousse, 1971, 7 vol.

Grand Larousse encyclopédique, éd. familiale, Paris, Librairie Larousse, 1973, 24 vol.

Grand Larousse universel, 2e éd., Paris, Librairie Larousse, 1986, 15 vol.

GRANNER, D.K. et al. HARPER. Précis de biochimie, Québec, Les Presses de l'Université Laval; Paris, Éditions Eska, 1989, 797 p.

GRAVEL, Jean-Paul et al. Basic Modern Chemistry, 2nd ed., Scarborough (Ontario), McGraw-Hill, 1969, 414 p.

GRENOBLE-RECHERCHES POUR L'ENSEIGNEMENT DES SCIENCES PHYSIQUES (GREP). Dictionnaire de physique et de chimie. Enseignement secondaire. Formation permanente, vol. 1 : Programmes de seconde, Paris, Hachette, 1978, 415 p.

GRENOBLE-RECHERCHES POUR L'ENSEIGNEMENT DES SCIENCES PHYSIQUES (GREP). Dictionnaire de physique et de chimie. Enseignement secondaire. Formation permanente, vol. 2 : Première CDE, Paris, Hachette, 1979, 640 p.

GRENOBLE-RECHERCHES POUR L'ENSEIGNEMENT DES SCIENCES PHYSIQUES (GREP). Dictionnaire de physique et de chimie. Enseignement secondaire. Formation permanente, vol. 3 : Terminales CDE, Paris, Hachette, 1980, 892 p.

GRIFFIN, A. Clark and SHAW, Charles R. (eds). Carcinogens, Identification and Mechanisms of Action, New York, Raven Press, 1979, 487 p. (The University of Texas System Cancer Center, M.D. Anderson Hospital and Tumor Institute, 31st annual Symposium on Fundamental Cancer Research, 1978)

GROS, François. Les secrets du gène, Paris, Éditions Odile Jacob; Seuil, 1986, 411 p.

GROSSMAN, Lawrence and MOLDAVE, Kivie (eds). Methods in Enzymology, vol. 65: Nucleic Acids, part 1, New York, Academic Press, 1980, 968 p.

GROUPE DE RÉFLEXION SUR LA SÉCURITÉ DES APPLICATIONS INDUSTRIELLES DES BIOTECHNOLOGIES. Rapport du groupe de réflexion sur la sécurité des applications industrielles des biotechnologies, Paris, Documentation française, 1981, 294 p.

GURALNIK, David B. (ed. in chief). Webster's New World Dictionary, 2nd college ed., Toronto, Nelson, Foster & Scott, 1970, 1692 p.

HADJIOLOV, A.A. The Nucleolus and Ribosome Biogenesis, Wien, Springer-Verlag, 1985, 268 p. (Cell Biology Monographs, vol. 12)

HALL, Carl W. Dictionary of Drying, New York, Marcel Dekker, 1979, 350 p.

HAMON, M. et al. Abrégés de chimie analytique, tome 3 : Méthodes spectrales et analyse organique, 1980, 225 p. (Abrégés de Pharmacie)

HAMPEL, Clifford A. and HAWLEY, Gessner G. Glossary of Chemical Terms, 2nd ed., New York, Van Nostrand Reinhold Company, 1982, 306 p.

HAN, Seong S. and HOLMSTEDT, Jan O.V. Human Microscopic Anatomy, New York, McGraw-Hill, 1981, 641 p.

HARRAP'S Standard French and English Dictionary, part two, English-French, edited by J.E. Mansion, London-Toronto-Wellington-Sydney, 1972.

HARRIS, E.L.V. and ANGAL, S. (eds). Protein purification methods. A practical approach, Oxford, IRL Press at Oxford University Press, 1989, 317 p.

HARRIS, Morgan. Cell Culture and Somatic Variation, New York, Holt, Rinehart and Winston, 1964, 547 p.

HASSELBERGER, Francis X. Use of Enzymes and Immobilized Enzymes, Chicago, Nelson-Hall, c1978, 220 p.

HATANO, Sadashi et al. (eds). Cell Motility: Molecules and Organization, Baltimore, University Park Press, 1979, 696 p. (Proceedings of Yamada Conference I on Cell Motility Controlled by Actin, Myosin, and Related Proteins held at Nagoya on September 11-13, 1978)

HAWLEY, Gessner G. (ed.). The Condensed Chemical Dictionary, 8th ed. rev., New York, Van Nostrand Reinhold Company, 1971, 971 p.

HAY, Elizabeth D. (ed.). Cell Biology of Extracellular Matrix, New York, Plenum Press, 1981, 417 p.

HEDDLE, John A. (ed.). Mutagenicity, New Horizons in Genetic Toxicology, New York, Academic Press, 1982, 471 p. (Cell Biology)

HERBERT, W.J. et al. (eds). Dictionary of Immunology, Oxford, Blackwell Scientific Publications, 1985, 240 p.

Hérédité et manipulations génétiques, Paris, Pour la Science S.A.R.L., 1982, 204 p. (Bibliothèque Pour la Science)

High Technology, Boston, High Technology Publishing Corp. (Periodical)

HOLTZMAN, Eric. Lysosomes. A Survey, Wien, Springer-Verlag, 1976, 298 p. (Cell Biology Monographs, vol. 3)

HOULD, René. Histologie descriptive et éléments d'histopathologie, Montréal, Décarie; Paris, Maloine, 1982, 303 p.

HOULD, René. Techniques d'histopathologie et de cytopathologie, Montréal, Décarie; Paris, Maloine, 1984, 385 p.

HULL, Roger et al. Virology: Directory & Dictionary of Animal, Bacterial and Plant Viruses, New York, Macmillan, 1989, 325 p.

HUMASON, Gretchen L. Animal Tissue Techniques, 2nd ed., San Francisco, W.H. Freeman and Company, 1967, 569 p.

HUMEAU, C. L'essentiel sur la cellule, 2e éd., Montpellier (France), Euromed, 1982, 195 p.

HUMPHREY, Arthur E. and COONEY, Charles L. (vol. eds). Comprehensive Biotechnology. The Principles, Applications and Regulations of Biotechnology in Industry, Agriculture and Medicine, vol. 2 : The Principles of Biotechnology. Engineering Considerations, Oxford, Pergamon Press, 1985, 632 p.

Hybridoma Techniques, Cold Spring Harbor (New York), Cold Spring Harbor Laboratory, 1980, 65 p. (EMBO, SKMB Course 1980, Basel)

HYNES, Richard O. and Fox, C. Fred (eds). Tumor Cell Surfaces Malignancy, New York, A.R. Liss, 1980, 961 p. (Proceedings of the ICN-UCLA Symposium held at Keystone, Colorado, March 18 - March 23, 1979) (Progress in Clinical and Biological Research, vol. 41)

ICN. Biochemicals, Organic Chemicals, Radiochemicals, Cell Biology, ImmunoBiologicals, Diagnostics. 1992-1993.

Illustrated Stedman's Medical Dictionary, 24th ed., Baltimore, The Williams & Wilkins Company, 1982, 1678 p.

International Business Week, New York, McGraw-Hill. (Periodical)

International Symposium on Analysis and Control of Immobilized Enzyme Systems (Compiègne, France, 1975). Analysis and Control of Immobilized Enzyme Systems: proceedings. Ed. by Daniel Thomas and Jean-Pierre Kernevez, Amsterdam, Oxford, North-Holland Publishing Company, New York, American Elsevier Publishing Company Inc., 1976, 306 p.

In Vitro, Rockville (Maryland), Tissue Culture Association. (Periodical)

JACQUILLAT, C. et al. Les Cancers. Guide clinique, pronostique et thérapeutique, Paris, Maloine; Ville Mont-Royal, Décarie, 1986, 521 p.

JAKOBY, William B. and PASTAN, Ira H. (eds). Methods in Enzymology, vol. 58: Cell Culture, New York, Academic Press, 1979, 642 p.

JASMIN, G. (vol. ed.). Cell Markers, Basel (Switzerland), S. Karger, 1981, 293 p. (Methods and Achievements in Experimental Pathology, vol. 10)

JENSEN, Kaj Gert (ed.). Leukocytes: Eosinophils, Basophils, Biochemistry, Copenhagen, Munksgaard, 1968, 93 p. (Series haemotologica, vol. 1, no. 4)

JOLY, Hubert et al. Dictionnaire des industries, Paris, Conseil international de la langue française (CILF), 1986, 1082 p.

Journal de microscopie et de biologie cellulaire, Paris, Société française de microscopie électronique.

Journal de microscopie, Paris, Société française de microscopie électronique. (Périodique publié avec le concours du Centre national de la recherche scientifique)

Journal officiel de la République française. Textes d'intérêt général, Paris, Imprimerie des Journaux officiels, n° 90-57. (Périodique)

Journal of Molecular Biology, London, Academic Press.

Journal of Natural Products, Cincinnati, American Society of Pharmacognosy.

JUNQUEIRA, L. Carlos et al. 1989 Basic Histology, 6th ed., Norwalk (Connecticut), Appleton & Lange, 1989, 514 p.

KABBADJ, Khadija. Étude de la stéroïdogenèse dans les cellules corticosurrénaliennes en culture : régulation de l'activité de la β-hydroxystéroïde déshydrogénase, thèse présentée à l'Université de Dijon, U.E.R. des sciences de la vie et de l'environnement, pour obtenir le grade de doctorat de troisième cycle, soutenue le 28 novembre 1983, 174 feuillets.

KALMAR, Jacques M. Qu'est-ce qu'une culture de cellules?, Saint-Raphaël (France), Éditions Les Bardes, 1983, 24 p.

KAMOUN, Pierre. Appareils et méthodes en biochimie, 3e éd., Paris, Flammarion Médecine-Sciences, 1987, 373 p.

KARKINEN-JAASKELAINEN, Marketta et al. (eds). Cell Interactions in Differentiation, London, Academic Press, 1977, 415 p. (Sixth Sigrid Jusélius Foundation Symposium: Helsinki, Finland, August 1976)

KARLSON, Peter. Biochimie, 4e éd. rev. et augm., trad. de l'allemand par Annie et Jean-Pierre Garel, Paris, Doin; Deren & Cie, 1964, 403 p.

KARP, Gerard. Cell Biology, 2nd ed., New York, McGraw-Hill, 1976, 896 p.

KELLY, Douglas E. Bailey's Textbook of Microscopic Anatomy. 18th ed., Baltimore, Williams & Wilkins, 1984, 909 p.

KENT, James A. (ed.). Riegel's Handbook of Industrial Chemistry, 8th ed., New York, Van Nostrand Reinhold Company, 1983, 979 p.

KERVRAN, Yves-Marie en coll. avec SHELLY, Marc. Les nouveaux espoirs de la médecine, Paris, Calmann-Lévy, 1982, 284 p.

KIERMAYER, O. (ed.). Cytomorphogenesis in Plants, Wien, Springer-Verlag, 1981, 839 p. (Cell Biology Monographs, vol. 8)

KIERNAN, J.A. Histological and Histochemical Methods, Oxford, Pergamon Press, 1981, 344 p.

KING, Ann C. (comp.). The Language of Biotechnology. A Glossary, Bartlesville (Okla.), Provesta Corporation, 1984, 48 p.

KING, Robert C. A Dictionary of Genetics, 2nd ed. rev., New York, Oxford University Press, 1974, 375 p.

KING, Robert C. A Dictionary of Genetics, 4th ed., New York, Oxford University Press, 1990, 406 p.

KING, Robert C. and STANSFIELD, William D. A Dictionary of Genetics, 3rd ed., New York, Oxford University Press, 1985, 480 p.

KIRCHNER, H. and SCHELLENKENS, H. (eds). The Biology of the Interferon System, Amsterdam, Elsevier, 1985, 654 p. (Proceedings of the 1984 TNO-ISIR Meeting on the Biology of the Interferon, held in Heidelberg, West Germany, 21-25 October, 1984)

KIRK, Clive JC. (ed.). Basic Medical Laboratory Technology, 2nd ed., London, Pitman, 1982, 366 p.

KIRK-OTHMER. Concise Encyclopedia of Chemical Technology. An Authoritative Abridgment of the 26-Volume Kirk-Othmer Third Edition, New York, John Wiley & Sons, 1985, 1318 p.

KIRK-OTHMER. Encyclopedia of Chemical Technology, 3rd ed., New York, John Wiley & Sons, 1978, 24 vol.

KNOX, Peter (ed.). The Cell Surface, Boca Raton (Florida), CRC Press, 1981, 316 p. (Biochemistry of Cellular Regulation, vol. 4)

KRAUSE, William J. and CUTTS, J. Harry. Concise Text of Histology, Baltimore, Williams & Wilkins, 1981, 429 p.

KRUH, Jacques. Biochimie. Études médicales et biologiques, vol. 1 : Biologie cellulaire et moléculaire, 4e éd. entièrement rem., ref. et augm., Paris, Hermann, 1987, 291 p. (Méthodes)

KRUH, Jacques. Biochimie. Études médicales et biologiques, vol. 2 : Métabolismes, 4e éd. entièrement ref., augm. et rév., Paris, Hermann, 1983, 252 p. (Méthodes)

KRUSE, Paul F., Fr. and PATTERSON, M.K., Jr (eds). Tissue Culture. Methods and Applications, New York, Academic Press, 1973, 868 p.

KUCHLER, Robert J. Biochemical Methods in Cell Culture and Virology, Stroudsburg (Penn.), Dowden, Hutchison & Ross, 1977, 331 p.

La biologie moléculaire, Paris, Hachette, 1977, 242 p. (Encyclopédie du monde actuel, n° 4470; Le livre de poche)

La biologie, vol. 2 : Les êtres vivants, Verviers (Belgique), Gérard et Cie, 1973, 679 p. (Marabout Université, n° 8)

La biologie, vol. 1 : Les structures, Verviers (Belgique), Gérard et Cie, 1973, 710 p. (Marabout Université, n° 7)

LACKIE, J.M. and DOW, J.A.T. (eds). The Dictionary of Cell Biology, London, Academic Press, 1989, 262 p.

La Clé des Mots, Paris, Conseil international de la langue française (CILF). (Revue européenne de terminologie)

L'Actualité terminologique/Terminology Update, Ottawa, Secrétariat d'État, Centre de terminologie. (Bulletin mensuel)

L'admirable machine humaine, trad. de l'américain par Jacques Guiod, Paris, Chêne, 1987, 384 p.

La Grande Encyclopédie, Paris, Librairie Larousse, 1971, 60 vol.

LAMERTON, L.F. and FRY, R.J. (eds). LCELL Proliferation, Oxford, Blackwell Scientific Publications, 1963, 241 p. (A Guiness Symposium held at University of Dublin, Trinity College)

LANDAU, Sidney I. (ed. in chief) and MANUILA, Alexandre (consulting ed.). International Dictionary of Medicine and Biology, in three volumes, New York, John Wiley & Sons, 1986.

La Presse Médicale, Paris, Masson. (Périodique)

La Recherche, Paris, Société d'éditions scientifiques. (Périodique)

LARPENT, Jean-Paul et LARPENT-GOURGAUD, Monique. Éléments de microbiologie, Paris, Hermann, 1985, 464 p.

LARPENT, Jean-Paul et LARPENT-GOURGAUD, Monique. Manuel pratique de microbiologie, Paris, Hermann, 1985, 230 p. (Méthodes)

LASH, James W. and BURGER, Max M. (eds). Cell and Tissue Interactions, New York, Raven Press, 1977, 317 p. (Society of General Physiologists, vol. 32)

LASKIN, A.I. and others (ed.). Enzyme Engineering. Serial, vol. 7, New York, The New York Academy of Sciences, 1983, 596 p.

LE DOUARIN, N. (ed.). Cell Lineage, Stem Cells and Cell Determination, Amsterdam; New York, Elsevier/North-Holland, 1979, 378 p. (International Workshop on Cell Lineage, Stem Cells and Cell Determination, Seillac, France, 1979) (Inserm Symposium, no. 10)

LEESON, Thomas S. et LEESON, C. Roland. Histologie, trad. de : Histology par J. Chevreau, Paris, Masson et Cie, 1971, 451 p.

LEHNINGER, Albert L. Biochemistry. The Molecular Basis of Cell Structure and Function, 2nd ed., New York, Worth Publishers, 1975, 1104 p.

LEHNINGER, Albert L. Biochimie. Bases moléculaires de la structure et des fonctions cellulaires, trad. de la 2e éd. par P. Cartier et P. Kamoun, Paris, Flammarion Médecine-Sciences, 1977, 1088 p.

LEHNINGER, Albert L. Principles of Biochemistry, New York, Worth Publishers, 1982, 1011 p.

Le Lait, Lyon, Lons-Le-Saunier. (Revue scientifique française de diffusion internationale)

L'encyclopédie des champignons, trad. par Leonard Caporali, Paris, Éditions Atlas, 1980, 280 p.

LENDER, Théodore et al. Dictionnaire de biologie, Paris, Presses universitaires de France, 1992, 437 p.

Le Nouvel Économiste. Périodique, Paris, Les Informations/Le Nouvel Économiste, n° 337, mai 1982.

LÉPINE, Pierre. Dictionnaire français-anglais, anglais-français des termes médicaux et biologiques / Dictionary English-French, French-English of Medical and Biological Terms, 2e éd., Paris, Flammarion Médecine-Sciences, 1974, 876 p.

LÉPINE, Pierre. Les vaccinations, Paris, Presses universitaires de France, 1975, 128 p. (Que sais-je?, n° 1618)

LÉPINE, Pierre. Les virus, 4e éd. mise à jour, Paris, Presses universitaires de France, 1973, 125 p. (Que sais-je?, n° 945)

Le Progrès Scientifique, Paris, Délégation générale à la recherche scientifique et technique (DGRST). (Bimestriel)

Les molécules de la vie, Paris, Pour la Science S.A.R.L., 1984, 215 p. (Bibliothèque Pour la Science)

LEUNG, Albert Y. Encyclopedia of Common Natural Ingredients used in Food, Drugs and Cosmetics, New York, John Wiley & Sons, 1980, 409 p.

LÉVÊQUE, Pierre et al. Les applications industrielles des radioéléments. Paris, Éditions Eyrolles, Éditions Gauthier-Villars, 1962, 352 p.

LÉVY, Elie. Dictionnaire de physique, Paris, Presses universitaires de France, 1988, 892 p.

LEWIN, Benjamin (ed.). Gene Expression, vol. 2: Eucaryotic Chromosomes, 2nd ed., New York, John Wiley & Sons, 1980, 1160 p.

LEWIN, Benjamin (ed.). Genes, New York, John Wiley & Sons, 1983, 715 p.

Lexis. Larousse de la langue française, Paris, Librairie Larousse, 1977, 1950 p.

L'HÉRITIER, Ph. Dictionnaire de génétique, Paris, Masson, 1979, 260 p.

LILLIE, R.D. H.J. Conn's Biological Stains, 9th ed., Baltimore (Maryland), The Williams & Wilkins Company, 1977, 692 p.

LIM, Franklin (ed.). Biomedical Applications of Microencapsulation, Boca Raton (Florida), CRC Press, 1984, 160 p.

L'Ingénieur, Montréal, Publications l'Ingénieur. (Périodique)

LINTS, Frédéric. Génétique, Bruxelles, Office international de librairie; Paris, Technique et Documentation-Lavoisier, 1981, 580 p.

LITTLE, R. John et JONES, C. Eugene. A Dictionary of Botany, New York, Van Nostrand Reinhold Company, 1980, 400 p.

LLOYD, Clive W. and REES, David A. (eds). Cellular Control in Differentiation, London, Academic Press, 1981, 324 p. (Based on the Unilever Jubilee Symposium held in Vlaardingen, Holland, during December 1980)

LOCQUIN, Marcel et LANGERON, Maurice. Manuel de microscopie, Paris, Masson, 1978, 352 p.

LOEBL, Suzanne et SPRATTO, George R. Précis de pharmacologie, trad. par Hélène Dulude et al., Montréal, Éditions du Renouveau Pédagogique, 1987, 1218 p.

LORD-DUBÉ, Hélène et L'ITALIEN, Roselyne. Hématologie, Montréal, Décarie; Paris, Maloine, 1983, 335 p.

LOUISOT, Pierre. Biochimie générale et médicale, structurale, métabolique, sémiologique, Villeurbanne (France), SIMEP, 1983, 1007 p.

LOVASY, E. et VEILLON, E. Dictionnaire des termes d'anatomie, d'embryologie et d'histologie, Paris, Maloine, 1971, 624 p.

LUCE, J.-P. Le liquide céphalo-rachidien. Techniques d'études, St-Mandé (France), Éditions de la Tourelle, 1964, 112 p. (Techniques de base)

LUCOTTE, Gérard. ABC de génie génétique. Initiation aux techniques de clonage, de séquençage et d'expression des gènes eucaryotes, Paris, InterÉdition, 1983, 190 p.

LUCOTTE, Gérard. Techniques de clonage moléculaire, Paris, Technique et Documentation-Lavoisier, 1991, 181 p.

L'Usine Nouvelle, Paris, Compagnie Européenne d'Éditions. (Mensuel)

LWOFF, André. L'ordre biologique. Une synthèse magistrale des mécanismes de la vie, 2e éd., Verviers (Belgique), Gérard et Cie, 1970, 181 p. (Marabout Université, n° 209)

LYNCH, Matthew J. et al. Techniques de laboratoire médical et pathologie clinique, tome I, Paris, Maloine, 1976, 738 p.

LYNCH, Matthew J. et al. Techniques de laboratoire médical et pathologie clinique, tome II, Paris, Maloine, 1976.

MAHUZIER, G. et HAMON, M. avec la coll. de FARINOTTI, R. Abrégés de chimie analytique, tome 2 : Méthodes de séparation, 2e éd. rév. et augm., 1986, 262 p. (Abrégés de Pharmacie)

MAILLET, Marc. Biologie cellulaire, 4e éd. ref. et augm., Paris, Masson, 1985, 300 p.

MANIATIS, T. et al. Molecular Cloning. A Laboratory Manual, Cold Spring Harbor (New York), Cold Spring Harbor Laboratory, 1982, 545 p.

MANUILA, A. et al. Dictionnaire français de médecine et de biologie, en quatre volumes, Paris, Masson, 1970.

MANUILA, A. et al. Dictionnaire français de médecine et de biologie, en vingt fascicules, 2e éd., n° 20, Paris, Masson, 1982, 192 p. (Supplément présentant de nouvelles définitions)

MANUILA, A. et al. Petit dictionnaire médical, 2e éd., Paris, Masson; Vevey (Suisse), DELTA, 1980, 566 p.

MARCHAL, N. et al. Le laboratoire de bactériologie médicale. Équipement. Techniques de base. Sécurité, nouv. éd., Paris, Doin, 1988, 495 p. (Biologie appliquée)

MARCHAL, N. et al. Les milieux de culture pour l'isolement et l'identification biochimique des bactéries, Paris, Doin, 1987, 505 p.

MARCHESI, Vincent T. and GALLO, Robert C. (eds). Differentiation and Function of Hematopoietic Cell Surfaces, New York, A.R. Liss, 1982, 298 p. (Proceedings of the UCLA Symposium held at Keystone, Colorado, February 15-20, 1981) (UCLA Symposia on Molecular and Cellular Biology, new series, vol. 1)

MARCHESI, Vincent T. et al. (eds). Cell Surface Carbohydrates and Biological Recognition, New York, A.R. Liss, 1978, 674 p. (Proceedings of the ICN-UCLA Symposium held at Keystone, Colorado, February 1977) (Progress in Clinical and Biological Research, vol. 23)

MARÉCHAL, J.F. le et SOULIÉ, L. Dictionnaire pratique de la chimie, Paris, Hatier, 1983, 158 p.

MARTIN, E.A. (ed.). Dictionary of Life Sciences, 2nd ed. rev., New York, Pica Press, 1984, 396 p.

MARY, Joëlle. Réalisation de cultures cellulaires en suspension de type mixotrophe et essais d'induction de pigments bétalaïques chez Myrtillocactus geometrirans (Mart.) Cons. (T.), thèse présentée à la Faculté des sciences et des techniques de l'Université de Nice pour obtenir le grade de docteur de spécialité (développement des végétaux), soutenue le 30 novembre 1982, 96 feuillets, 7 feuillets de plus.

MATHIEU, J.P. et al. Dictionnaire de physique, 2e éd. rév. et augm., Paris, Masson; Eyrolles, 1985, 568 p.

MATTHEWS, R.E.F. Classification and Nomenclature of Viruses, Basel (Switzerland), S. Karger, 1979, 160 p. (Third Report of the International Committee on Taxonomy of Viruses)

MATTHEWS, R.E.F. Classification et nomenclature des virus, trad. de l'anglais par J. Maurin, Paris, Masson; Québec, Les Presses de l'Université Laval, 1980, 223 p. (Troisième rapport du Comité international de taxonomie des virus)

MAZLIAK, Paul. Les modèles moléculaires des biomembranes, Paris, Hermann, 1987, 135 p.

MCGILVERY, Robert W. and GOLDSTEIN, Gerald W. Biochemistry. A Functional Approach, 3rd ed., Philadelphia, W.B. Saunders Company, 1983, 909 p.

McGraw-Hill Encyclopedia of Science & Technology, 5th ed., New York, McGraw-Hill, 1982, 15 vol.

Médecine et maladies infectieuses, Paris, Société française d'éditions médicales. (Périodique)

Medical Microbiology. The Practice of Medical Microbiology, Edinburgh, Churchill Livingstone, 1975, 587 p.

MILLER, P.L. (ed.). Aspects of Cell Motility, London, Cambridge University Press, 1968, 370 p. (Symposia of the Society for Experimental Biology, no. 22)

MIOCQUE, M. et al. Abrégé de chimie organique — Fonctions complexes. Molécules d'intérêt biologique. Tome 2, 2e éd., Abrégés de pharmacie, Paris, Masson et Cie, 1982, 291 p.

MIOCQUE, M. et al. Abrégé de chimie organique — Généralités. Fonctions simples. Tome 1, 2e éd., Abrégés de pharmacie, Paris, Masson et Cie, 1981, 272 p.

MITCHELL, James (ed. in chief) and STEIN, Jess (editorial ed.). The Random House Encyclopedia, New York, Random House, 1977, 2856 p.

MOISSEEFF, Michaël. Biogenèse de monoterpènes par des cellules de raisin muscat cultivées in vitro, thèse présentée à l'Institut national polytechnique de Toulouse, École nationale supérieure agronomique, pour obtenir le grade de docteur de spécialité en biotechnologie végétale, soutenue le 19 avril 1983, 107 feuillets.

Molecular and Cellular Biochemistry: An International Journal of Chemical Biology in Health and Disease, Winnipeg, University of Manitoba.

Molecular and Cellular Biology, Washington, D.C., American Society for Microbiology. (Periodical)

MOMBRIAL, Françoise. Mécanisme de régulation des récepteurs LH/HCG, de la stéroïdogenèse et de l'état de désensibilisation dans les cultures de cellules de Leidig porcines, thèse présentée devant l'Université Claude-Bernard, Lyon, pour obtenir le doctorat de troisième cycle, spécialité : biochimie, soutenue le 10 octobre 1983, 75 feuillets.

MONNIER, Denys et ZAHLER, Janine. Cours de chimie et éléments de chimie nucléaire. 14e éd., Genève, Librairie de l'Université Georg et Cie S.A., 1984.

MONTGRAIN, Claude. La microscopie des liquides biologiques et pathologiques à l'état frais, Paris, Maloine, 1976, 61 p. (Techniques de base)

MOO-YOUNG, M. et al. (eds). Biotechnology Advances. Research Review and Patent Abstract, Oxford, Pergamon Press. (An international Review Journal)

MORA, Peter T. (ed). Cell Surfaces and Malignancy, Bethesda (Maryland), National Institutes of Health, 1974, 293 p. (A Workshop sponsored by the John E. Fogarty International Center for Advanced Study in the Health Sciences, National Institutes of Health, September 11-13, 1974, Bethesda, Maryland) (Fogarty International Center Proceedings, no. 24)

MORETTI, Jean-Marie et DINECHIN, Oliver de. Le défi génétique. Manipulations. Diagnostics précoces. Insémination. Contraception, Paris, Le Centurion, 1982, 160 p. (Faire notre histoire)

MORRISSET, Richard et DELAGE, Jocelyne. Le sida : fléau réel ou fictif?, Montréal, Les Éditions La Presse, 1986, 179 p.

MORROW, John. Eukaryotic Cell Genetics, New York, Academic Press, 1983, 260 p. (Cell Biology)

MOSBACH, Klaus (ed.). Methods in Enzymology, vol. 44: Immobilized Enzymes, New York, Academic Press, 1979, 999 p.

MOSBACH, Klaus (ed.). Methods in Enzymology, vol. 135: Immobilized Enzymes and Cells, part B, Orlando (Florida), Academic Press, 1987, various pagings.

MOSCONA, A.A. (ed.). The Cell Surface in Development, New York, John Wiley & Sons, 1974, 334 p. (Papers of a symposium organised by a scientific committee of the International Society of Developmental Biologists and held at the University of Montreal in Aug. 1973 in conjunction with the quadrennial congress of the Society)

M/S médecine sciences, Paris, Flammarion Médecine-Sciences. (Mensuel international de communications scientifiques en langue française)

NAJJAR, V.A. (ed.). Enzyme Induction and Modulation, Boston, M. Nijhoff, 1983, 325 p. (Developments in Molecular and Cellular Biochemistry)

Nature, London, Macmillan Journals. (Periodical)

NEF, Claudine. Accumulation et excrétion d'alcaloïdes indoliques synthétisés par des cellules de Catharantus roseus cultivées en milieu renouvelé privé d'auxine : influence de la modulation de pH externe, thèse présentée à l'Institut national de Toulouse pour obtenir le grade de docteur de troisième cycle, biotechnologie générale, soutenue le 13 juin 1983, 110 p., 36 feuillets de plus.

NEZELOF, C. et al. Techniques microscopiques, Paris, Flammarion Médecine-Sciences, 1972, 287 p.

NICHOLS, Warren W. and MURPHY, Donald G. (eds). Regulation of Cell Proliferation and Differentiation, New York, Plenum Press, 1977, 204 p. (Proceedings of the Institute for Medical Research Workshop on Regulation of Cell Proliferation and Differentiation held in Camden, New Jersey, May 15-17, 1975) (Cellular Senescence and Somatic Cell Genetics, vol. 1)

NICHOLS, Warren W. and MURPHY, Donald G. (eds). Senescence. Dominant or Recessive in Somatic Cell Crosses?, New York, Plenum Press, 1977, 123 p. (Proceedings of the Institute for Medical Research Symposium held in May 1976) (Cellular Senescence and Somatic Cell Genetics, vol. 2)

NICHOLS, Warren W., MURPHY, Donald G. (eds) and associate eds. DNA Repair Processes, Miami, Symposia Specialists; New York, Stratton Intercontinental Medical Book Corporation, 1977, 286 p. (Third Annual Workshop sponsored by the Institute for Medical Research and the Nation Institute on Ageing) (Cellular Senescence and Somatic Cell Genetics, vol. 4)

NICOLAS, Didier. Lexique de génie génétique et de biologie moléculaire, anglais-français et français-anglais, Paris, La Maison du dictionnaire, 1990, 98 p.

NICOLSON, Garth L. et al. (eds). Cell Surface Receptors, New York, A.R. Liss, 1976, 520 p. (Proceedings of the ICN-UCLA Conference held at Squaw Valley, California, March 2-7, 1975) (Progress in Clinical and Biological Research, vol. 8)

NOBEL, Albert. Dictionary of Medical Objects / Medizinisches sachworterbuch / Dictionnaire d'objets médicaux / Medicinae rerum verborum index, Berlin, Springer-Verlag, 1983, 1344 p.

Nouveau dictionnaire pratique Quillet, Paris, Librairie Aristide Quillet, 1974, 4 vol.

NOVIKOFF, Alex B. and HOLTZMANN, Eric. Cell and Organelles, New York, Holt, Rinehart and Winston, 1970, 337 p. (Modern Biology)

NUZZOLO, Lucio and VELLUCI, Augusto. Tissue Culture Techniques, St-Louis, Warren H. Green, 1983, 239 p.

OBSERVATOIRE FRANÇAIS DES TECHNIQUES AVANCÉES. Les enjeux technologiques des années 1985-1990, Paris, Documentation française, 1983, 182 p. (Cahiers d'études et de recherches, n° 1)

OLIVER, Stephen G. and WARD, John M. A Dictionary of Genetic Engineering, Cambridge, Cambridge University Press, 1985, 153 p.

ORIA, M. et RAFFIN, J. Anatomie et physiologie. Microbiologie et secourisme. Hygiène, 10e éd., Paris, Hatier, 1965, 479 p.

OTTO, James H. and TOWLE, Albert. Modern Biology, New York, Holt, Rinehart and Winston, 1973, 8 vol.

OWENS, Albert H. Jr. et al. (eds). Tumor Cell Heterogeneity : Origins and Implications, New York, Academic Press, 1982, 520 p. (Papers presented at the Fourth Annual Bristol-Myers Symposium on Cancer Research, held at the John Hopkins Oncology Center, Dec. 3-4, 1981) (Bristol-Myers Cancer Symposia, no. 4)

PADILLA, G.M. The Cell Cycle. Gene-Enzyme Interaction New York, Academic Press, 1969, 399 p. (Cell Biology)

PADIRAC, Dominique. La biotechnologie. Des cellules domestiquées, Lyon, Chronique Sociale, 1985, 206 p. (Synthèse)

PAGE, Michael I. The Chemistry of Enzyme Action. Amsterdam, New York, Oxford, Elsevier Science Publishers B.V., 1984, 568 p.

PANNETIER, Guy. Chimie physique générale. Atomistique, liaisons chimiques et structures moléculaires, 3e éd., Paris, Masson et Cie, 1969, 700 p.

Panorama du XXe siècle. Encyclopédie du monde contemporain, Paris, Librairie Larousse, 1975, 9 vol. (Découvrir XXe siècle)

PARKER, Sybil P. (ed. in chief). McGraw-Hill Dictionary of Biology, New York, McGraw-Hill, 1985, 384 p.

PARKER, Sybil P. (ed. in chief). McGraw-Hill Dictionary of Chemical Terms, New York, McGraw-Hill, 1984, 470 p.

PARKER, Sybil P. (ed. in chief). McGraw-Hill Dictionary of Chemistry, New York, McGraw-Hill, 1984, 665 p.

PARKER, Sybil P. (ed. in chief). McGraw-Hill Dictionary of Scientific and Technical terms, 4th ed., New York, McGraw-Hill, 1989, 2088 p.

PARKER, Sybil P. (ed. in chief). McGraw-Hill Encyclopedia of Chemistry, New York, McGraw-Hill, 1983, 1195 p.

PASTEUR, Nicole et al. Manuel technique de génétique par électrophorèse des protéines, Paris, Techniques et Documentation-Lavoisier, 1987, 217 p.

Pathologie biologie. Paris, Semaine des hôpitaux. (Périodique)

PAUL, John. Cell Culture and Tissue Culture, 5th ed., Edinburgh (Scotland), Churchill Livingstone, 1975, 484 p.

PENASSE, L. Les enzymes : cinétique et mécanisme d'action, Paris, Masson et Cie, 1974, 227 p.

PENSO, G. and BALDUCCI, D. Tissue Cultures in Biological Research, Amsterdam, Elsevier, 1963, 468 p.

PERCHERON, F. et al. Abrégé de biochimie générale, vol. 1 : Bioénergétique. Protides. Enzymologie. Acides nucléiques, 2e éd. rev. et augm., Paris, Masson, 1985, 266 p. (Abrégés de Pharmacie)

PERCHERON, F. et al. Abrégé de biochimie générale, vol. 2 : Chromoprotéides. Glucides. Glycoprotéines. Lipides. Oxydations biologiques. Inter-relations métaboliques, 2e éd. rev., Paris, Masson, 1985, 298 p. (Abrégés de Pharmacie)

PERCHERON, F. et al. Abrégé de biochimie structurale et métabolique, vol. 1 : Bioénergétique. Protéides. Enzymologie. Acides nucléiques, 3e éd. rev. et augm., Paris, Masson, 1991, 286 p. (Abrégés de Pharmacie)

Petit Larousse illustré, Paris, Librairie Larousse, 1977, 1793 p. (dictionnaire encyclopédique pour tous)

PETRICCIANI, John C. et al. (eds). Cell Substrates. Their Use in the Production of Vaccines and Other Biologicals, New York, Plenum Press, 1979, 220 p. (Proceedings of the Second Annual Symposium on Cell Substrates and their Use in the Production of Vaccines and Other Biologicals, held October 23-26, 1978) (Advances in Experimental Medicine and Biology, vol. 118)

PFEIFFER, John, Les Rédacteurs des Éditions Time-Life et coll. La cellule, trad. de l'anglais par Madeleine G. King, Amsterdam, Time-Life International, 1972, 200 p. (Life le monde des sciences)

PIERMONT, Laurent. L'énergie verte, Paris, Seuil, 1982, 233 p. (Points Sciences)

PIRAUX, H. Les radio-isotopes et leurs applications industrielles, Paris, Dunod, 1962, 271 p. (Bibliothèque technique Philips)

PITCHER, Wayne H. (ed.). Immobilized Enzymes for Food Processing. Boca Raton (Florida), CRC Press Inc., c1980, 219 p.

PLAY-DUPONT, Dominique. Les collagènes placentaires humains : préparation industrielle, analyse et application en culture de cellules, thèse présentée devant l'Université Claude-Bernard, Lyon, pour obtenir le doctorat de troisième cycle, spécialité biologie cellulaire et moléculaire, soutenue le 20 octobre 1983, 153 p.

POIRIER, J., RIBADEAU DUMAS, J.L. et coll. Abrégé d'histologie, 2e éd. rev. et corr., Paris, Masson, 1981, 248 p.

POLICARD, A. Cytologie moléculaire des membranes et compartiments de la cellule animale, Paris, Masson, 1970, 122 p.

Pollution Atmosphérique, Paris, Société de la revue Pollution Atmosphérique. (Revue trimestrielle)

POSTE, George and NICOLSON, Garth L. (eds). Dynamic Aspects of Cell Surface Organization, Amsterdam, New York, Elsevier/North-Holland, 1977, 745 p. (Cell Surface Reviews, vol. 3)

POSTE, George and NICOLSON, Garth L. (eds). The Cell Surface in Animal Embryogenesis and Development, Amsterdam; New York, Elsevier/North-Holland, 1976, 766 p. (Cell Surface Reviews, vol. 1)

POSTE, George and NICOLSON, Garth L. (eds). Virus Infection and the Cell Surface, Amsterdam; New York, Elsevier/North-Holland, 1977, 342 p. (Cell Surface Reviews, vol. 2)

POSTE, Georges and NICOLSON, Garth L. (eds). Cytoskeletal Elements and Plasma Membrane Organization, Amsterdam; New York, Elsevier/North-Holland, 1981, 349 p. (Cell Surface Reviews, vol. 7)

POURCEL, Christine. I- Clonage du génome du virus de l'hépatite B dans Escherichia coli et étude de l'expression du gène de l'antigène de surface du virus dans des cellules animales en cultures. II- Construction de vecteurs dérivés du bactériophage $^{\lambda}$PLAC5, thèse de doctorat ès sciences naturelles, présentée à l'Université Paris VII, soutenue le 14 décembre 1982, 213 p.

Pour la Science, éd. française de Scientific American, Paris, Pour la Science S.A.R.L. (Revue scientifique mensuelle)

POUSTIS-DELPONT, Claudine. Étude des récepteurs de la neurotensine dans des cellules en culture, thèse présentée à la Faculté des sciences et des techniques de l'Université de Nice pour l'obtention du grade de docteur de 3e cycle, soutenue le 17 juin 1983, 126 feuillets.

PREECE, A.W. and LIGHT, P. Ann (eds). Cell electrophoresis in Cancer and Other Clinical Research, Amsterdam; New York, Elsevier/North-Holland, 1981, 314 p. (Proceedings of the 2nd Workshop on Cell Electrophoresis, Comparison of Techniques for Assessment of Cell Surface Phenomena, Bristol, United Kingdom, May 26-29, 1981) (Developments in Cancer Research, vol. 6)

Preparative Biochemistry, New York, Marcel Dekker. (An international Journal for Rapid Communication)

PRETLOW, Thomas G. and Theresa P. (eds). Cell Separation. Methods and Selected Applications, vol. 1, New York, Academic Press, 1982, 330 p.

PRÉVOST, CH. Traité de chimie organique générale, Tome 1, Dunod Université, Paris, Dunod, 1967, 319 p.

PRÉVOST, CH. Traité de chimie organique — Principaux types de réactions. Glucides. Tome 2, Dunod Université, Paris, Dunod, 1970, 388 p.

PRÉVOT, A.-R., GUILLERMET, F.N. et coll. Techniques pour les diagnostics des anaérobies, 3e éd. entièremcnt rev. et augm., Paris, Maloine, 1977, 160 p. (Techniques de base)

PRICE, Nicolas C. and STEVENS, Lewis. Fundamentals of Enzymology. Oxford, New York, Oxford University Press, c1982, 454 p.

Proceedings of the National Academy of Sciences of the United States of America, Washington, D.C., National Academy of Sciences. (Periodical)

PYE, E. Kendall and WINGARD, Lemuel B. (ed). Enzyme Engineering. Serial, vol. 2, New York, London, Plenum Press, 1973, 470 p.

Quarterly Reviews of Biophysics, Cambridge, Cambridge University Press. (Official Organ of the International Union for Pure and Applied Biophysics)

QUASTEL, Michael R. (ed.). Cell Biology and Immunology of Leukocyte Function, New York, Academic Press, 1979, 959 p. (Proceedings of the Twelfth International Leukocyte Culture Conference held at the Ben Gurion University of the Negev, Beer Sheva, Israel, June 25-30, 1978)

QUÉBEC (Ville). Comité d'études des termes de médecine. Glossaire des termes pharmaceutiques, Montréal, Laboratoires Ayerst, 1969, 55 p. (Avec la coll. de l'Office de la langue française)

Québec Science, Québec, Les Presses de l'Université du Québec. (Le magazine sans frontières)

QUEMADA, G. (dir.). Dictionnaire de termes nouveaux des sciences et des techniques, Conseil international de la langue française (CILF); Agence de coopération culturelle et technique, Paris, CILF, 1983, 605 p. (Publié avec le concours du Secrétariat d'État du Canada)

QUIOT, Jean-Marie. Recherches sur la culture in vitro de cellules d'insectes et l'action de germes entomopathogènes en culture cellulaire, thèse présentée à l'Université des sciences et techniques du Languedoc, Académie de Montpellier, pour obtenir le grade de docteur ès sciences naturelles, soutenue le 5 juin 1975, 280 feuillets.

RABILLOUD, Thierry. Études des variations des protéines nucléaires des cellules en culture de Drosophila meganolaster dans différentes conditions d'expression du génome, thèse présentée à l'Université Paris VII en vue de l'obtention du grade de docteur de troisième cycle, spécialité biochimie fondamentale, 1985, 163 p.

RAIKOV, Igor Borisovitch. The Protozoan Nucleus. Morphology and Evolution, trans. from the Russian by Nicholas Brobov and Marina Verkhovtseva, Wien, Springer-Verlag, 1982, 474 p. (Cell Biology Monographs, vol. 9)

RAO, Potu N. et al. (eds). Premature Chromosome Condensation. Application in Basic, Clinical, and Mutation Research, New York, Academic Press, 1982, 381 p. (Cell Biology)

RAPIN, Maurice. Le Grand Dictionnaire encyclopédique médical, Paris, Flammarion Médecine-Sciences, 1986, 2 vol.

RBM : revue européenne de biotechnologie médicale, Paris, SEPFI S.A.R.L.

Recueil de médecine vétérinaire, Paris, Association pour la publication du Recueil de médecine vétérinaire; École nationale vétérinaire Alfort. (Périodique)

REGNAULT, Jean-Pierre. Immunologie générale, Montréal, Décarie, 1988, 480 p.

RELYVELD, Edgar et CHERMANN, Jean-Claude. Les protéines, Paris, Presses universitaires de France, 1970, 124 p. (Que sais-je?, n° 679)

REVEL, Jean-Paul et al. (eds). Cell Shape and Surface Architecture, New York, A.R. Liss, 1977, 629 p. (Proceedings of the ICN-UCLA Symposium held at Squaw Valley, California, March 7-12, 1976) (Progress in Clinical and Biological Research, vol. 17)

Reviews of Magnetic Resonance in Medicine, New York, Pergamon Press. (An International Review Journal)

Revue de l'Institut Pasteur de Lyon, Édition Lama.

Revue de médecine vétérinaire, Toulouse, École nationale de vétérinaire de Toulouse.

Revue Neurologique, Paris, Société française de neurologie.

Revue roumaine de virologie, Bucarest, Academia de Stiin te Medicale

RICARD, Jacques. Cinétique et mécanismes d'action des enzymes. Cinétique enzymatique phénoménologique, Paris, Doin Éditeurs, 1973, 209 p.

RICHONNIER, Michel. Les métamorphoses de l'Europe : de 1769 à 2001, Paris, Flammarion Médecine-Sciences, 1985, 266 p.

RICHTER, Goetz W. and SCARPELLI, Dante G. (eds). Cell Membranes. Biological and Pathological Aspects, Baltimore, Williams & Wilkins, 1971, 180 p.

RIEGER, R. et al. Glossary of Genetics and Cytogenetics. Classical and Molecular, 4th ed. completely rev., Berlin, Springer-Verlag, 1976, 647 p.

RIEGER, R. et al. Glossary of Genetics and Cytogenetics. Classical and Molecular, 5th ed., Berlin, Springer-Verlag, 1991, 553 p.

Robert-Collins dictionnaire français-anglais, anglais-français / Collins-Robert French-English, English-French Dictionary, 2e éd., Paris, Le Robert; London, Collins, 1987, 768, 929 p.

ROBERTIS, E.D.P. de and E.M.F., Jr. de. Cell and Molecular biology, 7th ed., Philadelphia, Saunders College, 1980, 673 p.

ROBERTIS, E.D.P. de et al. Cell Biology, 6th ed., Philadelphia, W.B. Saunders Company, 1975, 615 p.

ROBERTIS, E.D.P. de et E.M.F., Jr de. Biologie cellulaire et moléculaire, trad. de la 7e éd. par André Lemonde et Clément Delisle, Québec, Les Presses de l'Université Laval; Paris, Maloine, 1983, 758 p.

ROBERT, Paul. Dictionnaire alphabétique et analogique de la langue française, Paris, Société du Nouveau Littré, 1977, 2173 p.

ROBERT, Paul et coll. Le Grand Robert de la langue française. Dictionnaire alphabétique et analogique de la langue française, 2e éd. entièrement rev. et enr., Paris, Le Robert, 1985, 9 vol.

ROBERT, Paul et coll. Le Petit Robert 1. Dictionnaire alphabétique et analogique de la langue française, nouv. éd. rev., corr. et mise à jour, Paris, Le Robert, 1986, 2174 p.

ROBERTSON, J. David. Le microscope et la vie, trad. de l'américain par Francine Fardoulis, Paris, Bordas, 1972, 383 p. (La grande encyclopédie de la nature, n° 20)

ROBSON, Barry and GARNIER, Jean. Introduction to Proteins and Protein Engineering, New York, Elsevier, 1988, 699 p.

ROGERS, Andrew W. Cells and Tissues. An Introduction to Histology and Cell Biology, London, Academic Press, 1983, 242 p.

ROITT, Ivan M. et al. Immunology, London, Gower Medical Publishing, 1985, no pagings.

ROSEN, Fred S. et al. Dictionary of Immunology, New York, Elsevier, 1989, 223 p.

ROSEN, Fred S. et al. Dictionary of Immunology, New York, Stockton Press, 1989, 223 p.

ROSNAY, Joël de. Biotechnologies et bio-industrie, Paris, Seuil; Documentation française, 1980, 344 p.

ROSSIGNOL, Jean-Luc. Génétique, 3e éd. rev. et augm., Paris, Masson, 1985, 288 p.

ROUSSEL, Guy. Étude immunocytochimique comparative de protéines «marqueurs» des éléments gliaux dans le tissu nerveux et dans les cultures de cellules nerveuses, thèse présentée à l'U.E.R. des sciences de la vie et de la terre, Université Louis-Pasteur, Strasbourg, pour obtenir le grade de docteur ès sciences, soutenue le 6 septembre 1982, 183 feuillets, 65 feuillets de plus.

ROWSON, K.E.K. et al. A Dictionary of Virology, Oxford, Blackwell Scientific Publications, 1981, 230 p.

RUSSEL, Gordon E. (ed.). Biotechnology & Genetic Engineering Reviews, Newcastle upon Tyne (England), Intercept. (Serial)

SAHONDRAMANARIVO, Ginette. Culture organotypique et cellulaire de l'antre gastrique de rat : études cytochimique et immunocytochimique des cellules à mucus, à gastrine et à somatostatine, thèse présentée devant l'Université Paul-Sabatier de Toulouse en vue de l'obtention du doctorat de 3e cycle, option : physiologie de la nutrition, soutenue le 24 février 1982, 103 feuillets, 47 feuillets de plus.

SANDOR, G. Sémiologie biologique des protéines sériques, Paris, Maloine, 1975, 398 p. (Techniques de base)

SANFORD, Katherine K. (ed.). Third Decennial Review Conference Cell: Tissue and Organ Culture. Gene Expression and Regulation in Cultured Cells, Bethesda (Maryland), U.S. Department of Health, Education and Welfare, Public Health Service, National Institutes of Health, National Cancer Institute, May 1978, 401 p. (A Conference held in Lake Placid, New York, September 13-17, 1976) (National Cancer Institute Monograph, no. 48)

SARMANT, Jean-Pierre. Dictionnaire de physique, Paris, Hachette, 1981, 311 p.

SASSON, Albert. Les biotechnologies. Défis et promesses. Paris, Organisation des Nations Unies pour l'éducation, la science et la culture (UNESCO), 1983, 336 p. (Sextant, n° 2)

SATO, Gordon (ed.). Tissue Culture of the Nervous System, New York, Plenum Press, 1973, 288 p. (Current Topics in Neurobiology, vol. 1)

SAUER, H.W. (ed.). Cellular Ageing, Basel (Switzerland), S. Karger, 1984, 276 p. (Monographs in Developmental Biology, vol. 17)

SAUNDERS, Grady F. (ed.). Cell Differentiation and Neoplasia, New York, Raven Press, 1978, 549 p. (The University of Texas System Cancer Center, M.D. Anderson Hospital and Tumor Institute, 30th annual Symposium on Fundamental Cancer Research, 1977)

SCHECHTER, E. Membranes biologiques. Structures. Transports. Bioénergétique, Paris, Masson, 1984, 221 p.

SCHEIDER, William. La Nutrition, trad. de : Nutrition : Basic Concepts and Applications par Louise Berger et Céline Broomfield, Montréal, McGraw-Hill, 1985, 548 p.

SCHLIWA, Manfred. The Cytoskeleton. An Introductory Survey, Wien, Springer-Verlag, 1986, 326 p. (Cell Biology Monographs, vol. 13)

SCHMIDT, J.E. Attorney's Dictionary of Medicine and World Finder, 17th ed., New York, Matthew Binder, 1982, 3 vol.

SCHREIDER, Eugène. La biologie humaine, 3e éd. mise à jour, Paris, Presses universitaires de France, 1976, 126 p. (Que sais-je?, n° 1156)

SCHULTER, Dennis and LEVITZKI, Alexander (eds). Cellular Receptors for Hormones and Neurotransmitters, Chichester (England), John Wiley & Sons, 1980, 412 p.

SCHUMM, Dorothy E. Essentials of Biochemistry, Philadelphia, F.A. Davis Company, 1988, 535 p. (Essentials of Medical Education)

Science Dimension, Ottawa, National Research Council Canada. (Periodical)

Science et Vie, Paris, Excelsior Publications. (Périodique)

Sciences et Avenir, Paris, Sciences et Avenir. (Revue de grande information scientifique)

Science & Technologies, Montréal, Science et Technologie Mondex. (Magazine québécois du développement industriel)

Science, Washington, D.C., American Association for the Advancement of Science. (Periodical)

Scientific American, New York, Scientific American. (Published monthly)

SCRIBAN, René (coord.). Biotechnologie, 2e éd. rev. et augm., Paris, Technique et Documentation-Lavoisier, 1984, 662 p.

SECCHI, J. et LEVAQUE, D. Atlas d'histologie / Histology Atlas, Paris, Maloine, 1981, 270 p.

SERRÉ, Robert. Dictionnaire contextuel anglais-français de la chromatographie, Ottawa, Robert Serré, 1981, 106 p.

SHEELER, Philip and BIANCHI, Donald E. Cell Biology. Structure, Biochemistry, and function, 2nd ed., New York, John Wiley & Sons, 1983, 668 p.

SHERMAN, Michael I. (ed.). Concepts in Mammalian Embryogenesis, Cambridge (Mass.), MIT Press, 1977, 404 p. (Cell Monograph, vol. 1)

SIGOT, Michel. La culture d'organes, Paris, Presses universitaires de France, 1968, 128 p. (Que sais-je?, n° 1288)

SIMPSON, J.A. and WEINER, E.S.C. (co-eds). The Oxford English Dictionary, 2nd ed., Oxford, Clarendon Press, 1989, 20 vol.

SINGLETON, Paul and SAINSBURY, Diana. Dictionary of Microbiology and Molecular Biology, 2nd ed., Chichester (England), John Wiley & Sons, 1987, 1019 p.

SINGLETON, Paul and SAINSBURY, Diana. Dictionary of Microbiology, Chichester (England), John Wiley & Sons, 1987, 481 p.

SLIOSBERG, A. (comp.). Elsevier's Medical Dictionary in Five Languages: English/American, French, Italian, Spanish, and German, 2nd rev. ed., Amsterdam, Elsevier, 1975, 1452 p.

SMITH, John Edwin. Biotechnology, London, Edward Arnold, 1981, 73 p. (The Institute of Biology's Studies in Biology, no. 136)

SMITH, John Edwin. Biotechnology Principles, Washington, D.C., American Society for Microbiology; Wokingham (England), Van Nostrand Reinhold Company, 1985, 119 p. (Aspects of Microbiology, vol. 11)

SOLOMONS, T.W. Graham. Organic Chemistry, 3rd ed., New York, John Wiley & Sons, 1984, 1095 p.

SOLOTOROVSKY, Morris (ed.). Cell Culture in the Study of Bacterial Disease, New Brunswick, Rutgers University Press, 1965, 121 p. (Rutgers University. The Annual Research Conferences of the Bureau of Biological Research)

SORG, Clemens, SCHIMPL, Annelisse (eds) and LANDY, Maurice (discussion ed.). Cellular and Molecular Biology of Lymphokines, Orlando (Florida), Academic Press, 1985, 845 p. (International Lymphokine Workshop 1984 at Schloss Elmau, West Germany)

SOULÉ, Jean-Claude. Fermenteur à contrainte de cisaillement contrôlée : influence des contraintes de cisaillement sur la cinétique de croissance de cellules végétales cultivées in vitro, thèse présentée à l'Institut national polytechnique de Toulouse pour obtenir le grade de docteur ingénieur, soutenue le 10 novembre 1983, 152 p., 42 feuillets de plus.

SOURNIA, J.-C. Pour un langage médical vivant, Paris, Comité d'étude des termes médicaux français; Laboratoires Roussel, 1980, 36 p.

SOURNIA, Jean-Charles (dir.). Dictionnaire de génétique, Conseil international de la langue française (CILF); Agence de coopération culturelle et technique, Paris, CILF, 1991, 351 p.

SOWERS, Arthur E. (ed.). Cell fusion, New York, Plenum Press, 1987, 540 p.

Spectrum 87/88 Catalog of Preparative Molecular Separation Products for the Third Millenium, Los Angeles, Spectrum Medical Industries, 1987, 46 p.

SPIER, R.E. and GRIFFITHS, J.B. (eds). Animal Cell Biotechnology, vol. 1, London, Academic Press, 1985, 347 p.

SPIER, R.E. and GRIFFITHS, J.B. (eds). Animal Cell Biotechnology, vol. 2, London, Academic Press, 1985, 475 p.

SPIER, R.E. and GRIFFITHS, J.B. (eds). Animal Cell Biotechnology, vol. 3, London, Academic Press, 1988, 450 p.

STANIER, R.Y. et al. Microbiologie générale, 2e éd., Paris, Masson, 1966, 615 p.

STEIN, Gary S. and JANET L. (eds). Recombinant DNA and Cell Proliferation, Orlando (Florida), Academic Press, 1984, 360 p. (Cell Biology)

STENESH, J. Dictionary of Biochemistry and Molecular Biology, 2nd ed., New York, John Wiley & Sons, 1989, 525 p.

STENESH, J. Dictionary of Biochemistry, New York, John Wiley & Sons, 1975, 344 p.

STOLKOWSKI, Joseph. Les enzymes. 5e éd., Que sais-je?, n° 434, Paris, Presses Universitaires de France, 1973, 126 p.

SUNKARA, Prasad S. (ed.). Novel Approaches to Cancer Chemotherapy, Orlando (Florida), Academic Press, 1984, 383 p. (Cell Biology)

SWANSON, Carl P. and WEBSTER, Peter L. The Cell, New Jersey, Prentice-Hall, Inc., 1985, 374 p.

SWILLENS, Stéphane and DUMONT, Jacques E. (eds). Cell Regulation by Intracellular Signals, New York, Plenum Press, 1982, 334 p. (Proceedings of a Nato Advanced Study Institute on Control of the Growth and Function of Differenciated Cells by Intracellular Signals, held July 14-23, 1980, in Nivelles, Belgium) (Nato Advanced Study Institutes, series A: Life Sciences, vol. 44)

TAUB, Mary (ed.). Tissue Culture of Epithelial Cells, New York, Plenum Press, 1985, 288 p.

Techniques de l'Ingénieur, Paris, Techniques de l'Ingénieur. (Série)

TEDESCHI, Henry. Cell Physiology. Molecular Dynamics, New York, Academic Press, 1974, 724 p.

TEDESCHI, Henry. Mitochondria. Structure, Biogenesis, and Transducing Functions, Wien, Springer-Verlag, 1976, 164 p. (Cell Biology Monographs, vol. 11)

The Chromosome. Structural and Functional Aspects, Gaithersburg (Maryland), The Tissue Culture Association, 1965, 107 p. (A symposium organized by Dr. George Yerganian, Miami, June 1-4, 1965) (In Vitro, vol. 1)

The (New) Encyclopaedia Britannica, 15th ed., Chicago, Encyclopaedia Britannica, 1985, 32 vol.

The Encyclopedia Americana, international ed., New York, Americana Corporation, 1979, 30 vol.

The Journal of Biological Chemistry, Bethesda (Maryland), The American Society of Biological Chemists.

THEWLIS, J. Concise Dictionary of Physics and related subjects, Oxford, Pergamon Press, 1973, 366 p.

THOMAS, Clayton L. (ed.). Taber's Cyclopedic Medical Dictionary, 15th ed., Philadelphia, F.A. Davis Company, 1985, 2170 p.

THOMAS, Clayton L. (ed.). Taber's Cyclopedic Medical Dictionary, 16th ed., Philadelphia, F.A. Davis Company, 1985, 2401 p.

THOMPSON, James S. et Margaret W. Précis de génétique médicale, trad. de l'américain par Jaime Wietzerbin, Paris, Doin, 1978, 368 p.

THOMSON, William A.R. Black's Medical Dictionary, 32nd ed., New York, Barnes and Noble, 1979, 973 p.

TIMBERS, G. E., and MARSHALL, D. Biogas as a Farm Energy Source. Ottawa, Engineering and Statistical Research Institute, Agriculture Canada, Research Branch, Report 1-297, 1981, 102 p.

Time, New York Time. (The weekly news magazine)

TONER, Peter G. Cell Structure. An Introduction to Biological Electron Microscopy, 2nd ed., Edinburg (Scotland), Churchill Livingstone, 1968, 190 p.

TOOTILL, Elizabeth (ed.). The Facts on File Dictionary of Biology, New York, Facts on File, 1981, 282 p.

Topics in Enzyme and Fermentation Biotechnology 2. Serial ed. by Alan Wiseman, Chichester, New York, Brisbane, Toronto, Ellis Horwood Ltd., Halsted Press (a division of John Wiley & Sons Inc.), c1978, 304 p.

Topics in Enzyme and Fermentation Biotechnology 5. Serial ed. by Alan Wiseman, Chichester, New York, Brisbane, Toronto, Ellis Horwood Ltd., Halsted Press (a division of John Wiley & Sons Inc.), c1981, 359 p.

Topics in Enzyme and Fermentation Biotechnology 6. Serial ed. by Alan Wiseman, Chichester, New York, Brisbane, Toronto, Ellis Horwood Ltd., Halsted Press (a division of John Wiley & Sons Inc.), c1982, 232 p.

Topics in Enzyme and Fermentation Biotechnology 7. Serial ed. by Alan Wiseman, Chichester, New York, Brisbane, Toronto, Ellis Horwood Ltd., Halsted Press (a division of John Wiley & Sons Inc.), c1983, 314 p.

Topics in Enzyme and Fermentation Biotechnology 9. Serial ed. by Alan Wiseman, Chichester, New York, Brisbane, Toronto, Ellis Horwood Ltd., Halsted Press (a division of John Wiley & Sons Inc.), c1984, 217 p.

Topics in Enzyme and Fermentation Biotechnology 10. Serial ed. by Alan Wiseman, Chichester, New York, Brisbane, Toronto, Ellis Horwood Ltd., Halsted Press (a division of John Wiley & Sons Inc.), c1985, 218 p.

TORREY, S. (ed.). Enzyme Technology. Preparation, Purification, Stabilization, Immobilization. Recent Advances, New Jersey, Noyes Data Corporation, 1983, 308 p.

TRAN, Thi Phuong Lan. Recherche des lieux d'interactions du TPA dans les cellules en culture, thèse de doctorat d'État ès sciences naturelles présentée à l'Université Pierre et Marie Curie, Paris, soutenue le 6 mars 1985, pagination multiple.

Trends in Biotechnology, Amsterdam, Elsevier. (Periodical)

TREVAN, Michael D. Immobilized Enzymes. An Introduction and Application in Biotechnology. Chichester, New York, Brisbane, Toronto, John Wiley & Sons Inc., 1980, various pagings.

UNION DES GROUPEMENTS D'ACHATS PUBLICS (UGAP). Guide hospitalier, vol.1 : Laboratoires, Paris, UGAP, 1985, 188 p.

URLICH, Myriam et RIVKINE, Hélène. Électronique. Biotechnologie, Québec, Office de la langue française, Direction des communications, Service des publications, 1984, 70 p. (Néologie en marche, n° 36)

VAILLANCOURT, J. Lexique anglais-français. Termes techniques à l'usage des biologistes, Ottawa, Éditions de l'Université d'Ottawa, 1978, 427 p.

VAN BLERKOM, Jonathan and MOTTA, Pietro. The Cellular Basis of Mammalian Reproduction, Baltimore; Munich, Urban & Schwarzenberg, 1979, 252 p.

VANDEN EECKHOUDT, Jean-Pierre. Cours de biologie, vol. 5 : Biologie générale, Liège (Belgique), Sciences et lettres, 1966, 211 p.

VANDEN EECKHOUDT, Jean-Pierre. Cours de biologie, vol. 4 : Microbiologie et physiologie, Liège (Belgique), Sciences et lettres, 1964, 155 p.

VAN GANSEN, P. Biologie générale, Paris, Masson, 1983, 379 p.

VAN HOOF, Henri. Précis pratique de traduction médicale anglais-français, Paris, Maloine, 1986, 309 p.

VAN WYLEN, Gordon J. et SONNTAG, Richard E. Thermodynamique appliquée, trad. par Pierre Desrochers, Montréal, Éditions du Renouveau Pédagogique, 1981, 736 p.

VASIL, Indra K. (ed. in chief). Cell Culture and Somatic Cell Genetics of Plants, vol. 2: Cell Growth, Nutrition, Cytodifferentiation and Cryopreservation, Orlando (Florida), Academic Press, 1985, 330 p.

VASIL, Indra K. (ed. in chief). Cell Culture and Somatic Cell Genetics of Plants, vol. 1: Laboratory Procedures and their Applications, Orlando (Florida), Academic Press, 1984, 825 p.

VASIL, Indra K. (ed. in chief). Cell Culture and Somatic Cell Genetics of Plants, vol. 3: Plant Regeneration and Genetic Variability, Orlando (Florida), Academic Press, 1986, 657 p.

VIRATELLE, Odile. Enzymologie. Travaux dirigés. Méthodes, Paris, Hermann, 1974, 257 p.

Vocabulaire électronique international. Électrochimie et électrométallurgie. 2e éd., Genève, Bureau Central de la C.E.I., 1960, 68 p.

VOGEL, Gunter et ANGENMANN, Hartmut. Atlas de biologie, trad. par Anne Sebish et al., Paris, Stock, 1970, 566 p.

WAKELEY, Sir Cecil (ed.). The Faber Medical Dictionary, 2nd ed., Philadelphia, Lippincott, 1975, 483 p.

WALKER, Peter M.B. (ed.). Chambers Science and Technology Dictionary, Cambridge, W. & R. Chambers, 1988, 1008 p.

WALTON, John et al. (eds). The Oxford Companion to Medicine, Oxford, Oxford University Press, 1986, 2 vol.

WATSON, James D. Biologie moléculaire du gène, 3e éd., trad. par P. Kourilsky et al., Paris, InterÉditions, 1978, 764 p.

WATSON, James D. et al. Recombinant DNA. A Short Course, New York, Scientific American Books, 1983, 260 p.

WATSON, James D. Molecular Biology of the Gene, 3rd ed., Menlo Park (California), W.A. Benjamin, 1976, 739 p.

WAYBER, Matthew J. (ed. in chief). Pharmacology, Biochemistry, and Behavior, New York, Pergamon Journals. (Periodical)

WEETALL, Howard H. and ROYER, Garfield P. (ed.). Enzyme Engineering. Serial, vol. 5, New York, London, Plenum Press, 1979, 485 p.

WEETALL, Howard H. (ed.). Immobilized Enzymes, Antigens, Antibodies, and Peptides. Preparation and Characterization, New York, Marcel Dekker, 1975, 661 p. (Enzymology, vol. 1)

WEIL, J.-H. et coll. Biochimie générale, 5e éd., Paris, Masson, 1987, 508 p.

WEIL, J.-H. et coll. Biochimie générale, 6e éd., Paris, Masson, 1990, 546 p.

WEISS, Leon. (ed.). Cell and Tissue Biology, Baltimore (Maryland), Urban & Schwarzenberg, 1988, 1158 p.

WEISS, Leon. The Cells and Tissues of the Immune System. Structure, Functions, Interactions, Englewood (New Jersey), Prentice-Hall, 1972, 252 p. (Prentice-Hall Foundations of Immunology)

WEISS, Robin et al, (eds). Molecular Biology of Tumor Viruses. RNA Tumor Viruses, 2nd ed., vol. 1, Cold Spring Harbor (New York), Cold Spring Harbor Laboratory, 1984, 1292 p. (Cold Spring Harbor Monograph)

WEISSMANN, Gerald and CLAIBORNE, Robert (eds). Cell Membranes. Biochemistry, Cell Biology, and Pathology, New York, HP Pub. Co., 1975, 283 p.

WEPIERRE, Jacques. Abrégés de pharmacologie générale et moléculaire, 2e éd. rev. et augm., Paris, Masson, 1981, 203 p. (Abrégés de Pharmacie)

WHALEY, William Gordon. The Golgi Apparatus, New York, Springer-Verlag, 1975, 190 p. (Cell Biology Monographs, vol. 2)

WHEATER, Paul R. et al. Functional Histology, 2nd ed., New York, Churchill Livingstone, 1987, 348 p.

WHEATER, Paul R. et al. Histologie fonctionnelle, 2e ed., Paris, Medsi/McGraw-Hill, 1988, 351 p.

WHITSON, Gary L. (ed.). Nuclear-Cytoplasmic Interactions in the Cell Cycle, New York, Academic Press, 1980, 342 p. (Cell Biology)

WILLIAMS, D.F. (ed.). Definitions in Biomaterials, Amsterdam, Elsevier, 1987, 71 p. (Proceedings of a Consensus Conference of the European Society for Biomaterials, Chester, England, March 3-5, 1986) (Progress in Biomedical Engineering, no. 4)

WILLIAMS, Roger J. and LANSFORD, Edwin M., Jr. (eds). The Encyclopedia of Biochemistry, New York, Reinhold Publishing Corporation, 1967, 876 p.

WILLMER, E.N. (ed.). Cells and Tissues in Culture. Methods, Biology and Physiology, vol. 1, London, Academic Press, 1965, 788 p.

WILLMER, E.N. (ed.). Cells and Tissues in Culture. Methods, Biology and Physiology, vol. 2, London, Academic Press, 1965, 809 p.

WILLMER, E.N. (ed.). Cells and Tissues in Culture. Methods, Biology and Physiology, vol. 3, London, Academic Press, 1966, 826 p.

WILSON, Jean D. and FOSTER, Daniel W. Williams. Textbook of Endocrinology, 7th ed., Philadelphia (PA), W.B. Saunders Co., 1985, 1413 p.

WINGARD Lemuel B., JR. and others. Applied Biochemistry and Bioengineering – Immobilized Enzyme Principles. Vol. 1, New York, London, Toronto, Sydney, San Francisco, Academic Press, 1976, 364 p.

WINGARD Lemuel B., JR. and others. Applied Biochemistry and Bioengineering – Enzyme Technology. Vol. 2, New York, London, Toronto, Sydney, San Francisco, Academic Press, 1979, 306 p.

WINGARD Lemuel B., JR. and others. Applied Biochemistry and Bioengineering – Analytical Applications of Immobilized Enzymes and Cells. Vol. 3, New York, London, Toronto, Sydney, San Francisco, Academic Press, 1981, 314 p.

WINGARD, Lemuel B., JR. (ed.). Enzyme Engineering. Biotechnology and Bioengineering Symposium no. 3, New York, London, Sydney, Toronto, Interscience Publishers (a division of John Wiley & Sons Inc.), 1972, 415 p.

WISEMAN, Alan (ed.). Handbook of Enzyme Biotechnology. 2nd ed., Chichester, New York, Rexdale (Ontario), Brisbane, Ellis Horwood Ltd., Halsted Press (a division of John Wiley & Sons Inc.), c1985, 457 p.

WISEMAN, Alan (ed.). Principles of Biotechnology, Glasgow (Scotland), Surrey University Press, 1983, 217 p.

WOLSTENHOLME, G.E.W. and KNIGHT, Julie (eds). Growth Control in Cell Cultures, Edinburgh (Scotland), Churchill Livingstone, 1971, 275 p. (A Ciba Foundation Symposium)

WOOLF, Neville. Cell, Tissues and Disease. The Basis of Pathology, London, Baillière Tindall, 1977, 248 p.

WRIGHT, N.A. and CAMPLEJOHN, R.S. (eds). Psoriasis. Cell Proliferation, Edinburgh (Scotland), Churchill Livingstone, 1983, 413 p.

WU, Ray (ed.). Methods in Enzymology, vol. 68: Recombinant DNA, New York, Academic Press, 1979, 555 p.

YULE, John-David (ed.). Concise Encyclopedia of the Sciences, New York, Facts on File, 1980, 590 p.

ZABORSKY, Oskar. Immobilized Enzymes. Cleveland, CRC Press (a division of The Chemical Rubber), c1973, 175 p.

ZIMMERMAN, A.M. et al. (eds). Drugs and the Cell Cycle, New York, Academic Press, 1973, 331 p. (Cell Biology)

ZUBAY, Geoffrey (coord.). Biochemistry, Reading (Mass.), Addison-Wesley Publishing Company, 1983, 1268 p.

Autres publications des Services de traduction

Bulletins de terminologie

- Additifs alimentaires
- Administration municipale
- Administration publique et gestion
- Agriculture
- Bancaire
- Barrages
- Bourse et placement
- Budgétaire, comptable et financier
- Céramiques techniques
- CFAO mécanique
- Conditionnement d'air
- Constitutionnel (Lexique)
- Couche d'ozone
- Cuivre et ses alliages
- Fiscalité
- Génériques en usage dans les noms géographiques du Canada
- Génie cellulaire (structure cellulaire)
- Génie génétique
- Guerre spatiale
- Hélicoptères
- Industries graphiques
- Intelligence artificielle
- Langage Ada
- Libre-échange
- Logement et sol urbain
- Lois fédérales (Lexique juridique)
- Loisirs et parcs
- Matières dangereuses utilisées au travail
- Micrographie
- Nomenclature française des oiseaux d'Amérique du Nord

Other Translation Services Publications

Terminology Bulletins

- Ada Language
- Advanced Ceramics
- Agriculture
- Air-Conditioning
- Artificial Intelligence
- Banking
- Budgetary, Accounting and Financial
- CAD/CAM Mechanical Engineering
- Cell Engineering (Cell Structure)
- Collection of Definitions in Federal Statutes
- Constitutional (Glossary)
- Copper and its Alloys
- Dams
- Educational Technology and Training
- Emergency Preparedness
- Federal Statutes (Legal Glossary)
- Food Additives
- Free Trade
- French Nomenclature of North American Birds
- Generic Terms in Canada's Geographical Names
- Genetic Engineering
- Global Warming (Contributors to the Greenhouse Effect)
- Graphic Arts
- Hazardous Materials in the Workplace
- Health Services
- Helicopters
- Housing and Urban Land
- Medical Signs and Symptoms

- Pensions
- Protection civile
- Quaternaire
- Réchauffement climatique (les agents à effet de serre)
- Recueil des définitions des lois fédérales
- Sémiologie de l'appareil locomoteur (signes cliniques)
- Sémiologie de l'appareil locomoteur (signes d'imagerie médicale)
- Sémiologie médicale
- Services de santé
- Station spatiale
- Statistique et enquêtes
- Technologie éducative et formation
- Titres de lois fédérales
- Transport des marchandises dangereuses
- Transports urbains
- Vérification publique

- Micrographics
- Municipal Administration
- Ozone Layer
- Parks and Recreation
- Pensions
- Public Administration and Management
- Public Sector Auditing
- Quaternary
- Signs and Symptoms of the Musculoskeletal System (Clinical Findings)
- Signs and Symptoms of the Musculoskeletal System (Medical Imaging Signs)
- Space Station
- Space War
- Statistics and Surveys
- Stock Market and Investment
- Taxation
- Titles of Federal Statutes
- Transportation of Dangerous Goods
- Urban Transportation

Collection Lexique

- Aménagement du terrain
- Caméscope
- Chauffage central
- Classification et rémunération
- Diplomatie
- Dotation en personnel
- Droits de la personne
- Économie
- Éditique
- Emballage
- Enseignement postsecondaire
- Explosifs
- Géotextiles
- Gestion des documents
- Gestion financière
- Immobilier
- Industries graphiques
- Matériel de sécurité
- Mécanique des sols et fondations
- Planification de gestion
- Pluies acides

Glossary Series

- Acid Rain
- Camcorder
- Central Heating
- Classification and Pay
- Construction Projects
- Desktop Publishing
- Diplomacy
- Economics
- Explosives
- Financial Management
- Geotextiles
- Graphic Arts
- Human Rights
- Labour Relations
- Management Planning
- Meetings
- Packaging
- Parliamentary Procedure
- Postsecondary Education
- Realty
- Records Management
- Reprography

- Procédure parlementaire
- Projets de construction
- Relations du travail
- Reprographie
- Réunions
- Services sociaux

- Security Equipment
- Site Development
- Social Services
- Soil Mechanics and Foundations
- Staffing

Collection Lexiques ministériels

- Assurance-chômage
- Emploi
- Immigration

Departmental Glossary Series

- Employment
- Immigration
- Unemployment Insurance

Langue et traduction

Language and Translation

- Aide-mémoire d'autoperfectionnement à l'intention des traducteurs et des rédacteurs
- Guide du rédacteur de l'administration fédérale
- Lexique analogique
- Repères - T/R
- The Canadian Style: A Guide to Writing and Editing
- Vade-mecum linguistique

Autres publications

- Bibliographie sélective : Terminologie et disciplines connexes

Other Publications

- Selective Bibliography: Terminology and Related Fields

- Compendium de terminologie chimique (version française du *Compendium of Chemical Terminology*)

L'Actualité terminologique

Bulletin d'information portant sur la recherche terminologique et la linguistique en général. (Abonnement annuel, 4 numéros)

On peut se procurer toutes les publications en écrivant à l'adresse suivante :

Groupe Communication
Canada – Édition
Ottawa (Ontario)
K1A 0S9
tél. : (819) 956-4802

ou chez votre libraire local.

Terminology Update

Information bulletin on terminological research and linguistics in general. (Annual subscription, 4 issues)

All publications may be obtained at the following address:

Canada Communication
Group – Publishing
Ottawa, Ontario
K1A 0S9
tel.: (819) 956-4802

or through your local bookseller.

Groupe Communication [illegible] Canada Communication [illegible]
Canada — Édition [illegible] Group — Publishing
Ottawa (Ontario) [illegible] Ottawa, Ontario
K1A 0S9 [illegible] K1A 0S9
[illegible] (819) [illegible] Tel. (819) 956-4802